建筑施工企业关键岗位技能图解系列丛书

现场电工

本书编委会　编

哈尔滨工程大学出版社
Harbin Engineering University Press

内容简介

本书从电工基础知识，常用电工工具、仪表和电工材料，电工识图基本知识，施工现场电工的基本要求与职责，施工现场临时用电安全管理，柴油发电机组安装，变压器安装，配电线路，配电装置安装，常用电动机安装与运行，施工现场保护接零、接地及防雷，施工现场电气照明装置，施工用电的电气防火和防爆等方面，以技能图解的形式，系统、翔实地介绍了现场电工必须了解、掌握的相关知识。

本书体例新颖，实用性和针对性强，可供建筑工程现场电工及施工管理人员参考使用。

图书在版编目（CIP）数据

现场电工/《建筑施工企业关键岗位技能图解系列丛书》编委会编. —哈尔滨：哈尔滨工程大学出版社，2008.2
（建筑施工企业关键岗位技能图解系列丛书）
ISBN 978-7-81133-182-0

Ⅰ. 现…　Ⅱ. 建…　Ⅲ. 建筑工程—电工—图解
Ⅳ. TU85-64

中国版本图书馆 CIP 数据核字（2008）第 022377 号

出版发行：哈尔滨工程大学出版社
社　　址：哈尔滨市南岗区东大直街 124 号
邮　　编：150001
发行电话：0451－82519328
传　　真：0451－82519699
经　　销：新华书店
印　　刷：北京通州京华印刷制版厂
开　　本：787mm×1092mm　1/16
印　　张：24
字　　数：694 千字
版　　次：2008 年 5 月第 1 版
印　　次：2009 年 1 月第 2 次印刷
定　　价：52.00 元
http：//press. hrbeu. edu. cn
E-mail：heupress@hrbeu. edu. cn
网上书店：www. kejibook. com
对本书内容有任何疑问及建议，请与本书责编联系。邮箱：dayi88@sina. com

出版说明

近些年来，为了适应建筑业的发展需要，国家对建筑设计、建筑结构、施工质量验收等一系列标准规范进行了大规模的修订。同时，各种建筑施工新技术、新材料、新设备、新工艺已得到广泛的应用。作为建筑施工企业关键岗位的管理人员（如施工员、质检员、安全员、预算员、材料员等），他们既是工程项目经理进行工程项目管理命令的执行者，同时也是广大建筑施工工人的领导者。他们的管理能力、技术水平的高低，直接关系到建设项目能否有序、高效率、高质量完成，同时也关系到工程建设单位的信誉、前途和发展，甚至于整个建筑业的发展。

如何提高这些关键岗位管理人员的管理能力和技术水平，已经成为建筑施工企业继续发展的一个重要课题。同时，这些管理人员自己也十分渴望参加培训、学习，迫切需要一些可供工作时参考并具有较高实用价值的知识性、资料性读物。为满足建筑施工企业关键岗位管理人员对技术和管理知识的需求，提高他们的管理能力和技术水平，我们组织了一批长期工作在工程施工一线的专家学者，并在走访了大量的施工现场，征询施工现场管理人员的意见和要求的基础上，精心编写了《建筑施工企业关键岗位技能图解系列丛书》。

本套丛书共包括以下分册：

1.《施工员》（建筑工程）

2.《施工员》（安装工程）

3.《预算员》（建筑工程）

4.《预算员》（安装工程）

5.《监理员》（建筑工程）

6.《监理员》（安装工程）

7.《质检员》

8.《安全员》

9.《材料员》

10.《测量员》

11.《资料员》

12.《现场电工》

与市面上已经出版的同类书籍相比，本套丛书具有如下特点。

（1）本套丛书将建筑施工企业关键岗位的管理工作拆分为若干个技能要点来进行阐述，每一个技能要点都用框线图对其主要内容进行归纳总结，随后对关键岗位管理人员必备的业务知识和操作技能进行具体的描述。从面到线，从线到点，所有内容一目了然，便于读者随时查找，解决工作中遇到的问题。

（2）本套丛书将建筑施工企业关键岗位的管理人员工作时涉及的工作职责、专业技术知识、业务管理和质量管理实施细则以及有关的专业法规、标准和规范等知识全部融为一体，内容翔实，解决了管理人员工作时需要到处查阅资料的问题。

（3）丛书从建筑施工企业关键岗位管理人员的需求出发，既重视对施工管理理论知识的阐述，又在收集整理工程施工现场管理经验的基础上，注重对工程施工管理人员实际工作能力的培养，做到深入浅出，通俗易懂。

（4）本套丛书资料翔实、内容丰富、图文并茂、编撰体例新颖，注重对建筑施工企业关键岗位管理人员管理水平和专业技术知识的培养，力求做到文字通俗易懂、叙述的内容一目了然。

本套丛书的编写人员均是多年从事建筑施工企业管理的技术人员，丛书是他们长期从事建筑工程施工管理工作的经验积累与总结。丛书主要编写人员有：皮振毅、郭智多、瞿义勇、卜永军、张学贤。另外，刘超、梁贺、胡丽光、彭顺、卢晓雪、杜翠霞、吴丽娜、王景文、陈海霞、韩国栋等也参加了丛书的部分编写工作。

本套丛书在编写过程中得到了许多工程施工单位和工程施工人员的支持与帮助，参考并引用了有关部门、单位和个人的资料，在此一并表示深切的感谢。由于编者的水平有限，书中错误及疏漏之处在所难免，恳请广大读者和专家批评。

丛书编委会

目　　录

第一章　电工基础知识

技能图解 1　常用物理量、单位及其换算

技能结构框线图

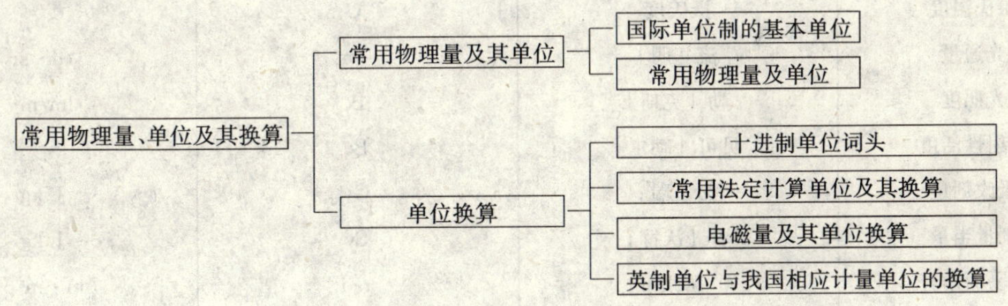

图 1-1　常用物理量、单位及其换算

技能要点 1：常用物理量及其单位

1. 国际单位制的基本单位

国际单位制的基本单位及其导出单位见表 1-1 及表 1-2。

表 1-1　国际单位制的基本单位

量的名称	单位名称	单位符号
长　度	米	m
质　量	千克（公斤）	kg
时　间	秒	s
电　流	安［培］	A
热力学温度	开［尔文］	K
物质的量	摩［尔］	mol
发光强度	坎［德拉］	cd

表 1-2　具有专门名称的国际单位制导出单位

量的名称	单位名称	单位符号	其他表示示例
频　率	赫［兹］	Hz	S^{-1}
力；重力	牛［顿］	N	$kg \cdot m/s^2$
压强；应力	帕［斯卡］	Pa	N/m^2
能量；功；热	焦［耳］	J	$N \cdot m$
功率；辐射通量	瓦［特］	W	J/s
电荷量	库［仑］	C	$A \cdot s$
电位；电压；电动势	伏［特］	V	W/A

表 1-2（续）

量的名称	单位名称	单位符号	其他表示示例
电　容	法［拉］	F	C/V
电　阻	欧［姆］	Ω	V/A
电　导	西［门子］	S	A/V
磁通量	韦［伯］	Wb	V·S
磁通量密度，磁感应强度	特［斯拉］	T	Wb/m^2
电　感	亨［利］	H	Wb/A
摄氏温度	摄氏度	℃	
光通量	流［明］	lm	cd·sr
光照度	勒［克斯］	lx	lm/m^2
放射性活度	贝可［勒尔］	Bq	
吸收剂量	戈［瑞］	Gy	J/kg
剂量当量	希［沃特］	Sv	J/kg
平面角	弧度	rad	$m \cdot m^{-1}$
立体角	球面度	sr	$m^2 \cdot m^{-2}$

注：平面角和立体角的单位又称为国际单位制的辅助单位。

2. 常用物理量及单位

常用物理量及单位见表 1-3。

表 1-3　常用物理量及其单位

量的名称		量符号	单位名称	单位符号
时间和空间	［平面］角	α，β，γ，θ，φ 等	弧度	rad
	立体角	Ω	球面度	sr
	长度	l，(L)	米	m
	宽	b	米	m
	高	h	米	m
	厚	δ，d，t	米	m
	半径	r，R	米	m
	直径	d，D	米	m
	程长，距离	s	米	m
	面积	A，S	平方米	m^2
	体积，容积	V	立方米	m^3
	时间，时间间隔，持续时间	t	秒	s
	角速度	ω	弧度每秒	rad/s
	角加速度	α	弧度每二次方秒	rad/s^2
	速度	v，u，ω，c	米每秒	m/s
	加速度	a	米每二次方秒	m/s^2
	重力加速度，自由落体加速度	g	米每二次方秒	m/s^2

表 1-3（续一）

	量的名称	量符号	单位名称	单位符号
周期	周期	T	秒	s
	时间常数	τ，T	秒	s
	频率	f，v	赫［兹］	Hz
	转速	n	每秒	s^{-1}
			转每分	r/min
	角频率	ω	弧度每秒	rad/s
			每秒	s^{-1}
力学	质量	m	千克	kg
	密度	ρ	千克每立方米	kg/m^3
	相对密度	d		
	线密度	ρ_l	千克每米	kg/m
	动量	p	千克米每秒	kg · m/s
	动量矩，角动量	L	千克二次方米每秒	$kg \cdot m^2/s$
	转动惯量	I，J	千克二次方米	$kg \cdot m^2$
	力	F	牛［顿］	N
	重力	W（P，G）	牛［顿］	N
	力矩	M	牛［顿］米	N · m
	转矩，力偶矩	T	牛［顿］米	N · m
	压力，压强	p	帕［斯卡］	Pa
	弹性模量	E	帕［斯卡］	Pa
	摩擦系数	μ，f		
	功	W，A	焦［耳］	J
	能［量］	E，W	焦［耳］	J
	势能，位能	E_p，V	焦［耳］	J
	动能	E_k，T	焦［耳］	J
	功率	P	瓦［特］	W
热学	热力学温度	T	开［尔文］	K
	摄氏温度	t，θ	摄氏度	℃
	线［膨］胀系数	a_1	每开尔文	K^{-1}
	热，热量	Q	焦［耳］	J
	热流量	Φ	瓦［特］	W
	热导率，（导热系数）	λ，k	瓦［特］每米开［尔文］	W/（m · k）
	热容	C	焦［耳］每开［尔文］	J/k
	比热容	c	焦［耳］每千克开［尔文］	J/（kg · k）
	熵	S	焦［耳］每开［尔文］	J/k
	比熵	s	焦［耳］每千克开［尔文］	J/（kg · k）
	内能	U，E	焦［耳］	J
	焓	H，I	焦［耳］	J
	比内能	u，e	焦［耳］每千克	J/kg
	比焓	h，i	焦［耳］每千克	J/kg

表 1-3（续二）

量的名称		量符号	单位名称	单位符号
电学和磁学	电流	I	安［培］	A
	电荷［量］	Q，q	库［仑］	c
	电荷［体］密度	ρ，η	库［仑］每立方米	c/m^3
	电荷面密度	σ	库［仑］每平方米	c/m^2
	电场强度	E，K	伏［特］每米	V/m
	电位，（电势）	v，φ	伏［特］	V
	电位差，（电势差），电压	U	伏［特］	V
	电动势	E	伏［特］	V
	电通［量］密度，电位移	D	库［仑］每平方米	c/m^2
	电通［量］，电位移通量	ψ	库［仑］	C
	电容	C	法［拉］	F
	介电常数，电容率	ε	法［拉］每米	F/m
	真空介电常数，真空电容率	ε_0	法［拉］每米	F/m
	电极化强度	P	库［仑］每平方米	c/m^2
	电偶极矩	p，p_e	库［仑］米	c·m
	电流密度	J，S，δ	安［培］每平方米	A/m^2
	电流线密度	A，a	安［培］每米	A/m
	磁场强度	H	安［培］每米	A/m
	磁位差，（磁势差）	U_m	安［培］	A
	磁通势，（磁位势）	F，F_m	安［培］	A
	磁通［量］密度，磁感应强度	B	特［斯拉］	T
	磁通［量］	Φ	韦［伯］	Wb
	磁矢位，（磁矢势）	A	韦［伯］每米	Wh/m
	自感	L	亨［利］	H
	互感	M，L_{12}	亨［利］	H
	磁导率	μ	亨［利］每米	H/m
	真空磁导率	μ_0	亨［利］每米	H/m
	［面］磁矩	m	安［培］平方米	A·m^2
	磁化强度	H_i，M	安［培］每米	A/m
	磁极化强度	B_i，J	特［斯拉］	T
	［直流］电阻	R	欧［姆］	Ω
	［直流］电导	G	西［门子］	S
	电阻率	ρ	欧［姆］米	Ω·m
	电导率	γ，σ，κ	西［门子］每米	S/m
	磁阻	R_m	每亨［利］	H^{-1}
	磁导	Λ，P	亨［利］	H

表 1-3（续三）

	量的名称	量符号	单位名称	单位符号
电学和磁学	绕组的匝数	N		
	相数	m		
	极对数	p		
	相［位］差，相［位］移	φ	弧度	rad
	阻抗，复数阻抗	Z	欧［姆］	Ω
	阻抗模，阻抗	$\|Z\|$	欧［姆］	Ω
	电抗	X	欧［姆］	Ω
	［交流］电阻	R	欧［姆］	Ω
	品质因数	Q		
	导纳，（复数导纳）	Y	西［门子］	S
	导纳模（导纳）	$\|Y\|$	西［门子］	S
	电纳	B	西［门子］	S
	［交流］电导	G	西［门子］	S
	功率，有功功率	P	瓦［特］	W
	无功功率	Q，P_q	乏	var
	表观功率，视在功率	S，P_s	伏［特］安［培］	V·A
	电能［量］	W	焦［耳］或千瓦［小］时	J 或 kW·h
光学	发光强度	I，I_e	坎［德拉］	cd
	光通量	Φ，Φ_e	流［明］	lm
	光量	Q，Q_e	流［明］秒	lm·s
	［光］亮度	L，L_e	坎［德拉］每平方米	cd/m^2
	光出射度	M，M_e	流［明］每平方米	lm/m^2
	［光］照度	E，E_e	勒［克斯］	lx
	爆光量	H	勒［克斯］秒	lx·s
	光视效能	K	流［明］每瓦［特］	lm/W
	折射率	n		
声学	波长	λ	米	m
	声速	c	米每秒	m/s
	声［源］功率	W，P	瓦［特］	W
	声能通量	Φ	瓦［特］	W
	声强度	I	瓦［特］每平方米	W/m^2
	声阻抗率	Z_s	帕［斯卡］秒每米	Pa·s/m
	［声］特性阻抗	Z_c	帕［斯卡］秒每米	Pa·s/m
	声阻抗	Z_a	帕［斯卡］秒每立方米	$Pa \cdot s/m^3$
	声质量	M_a	千克每四次方米	kg/m^4
	声压级	L_p，L	分贝	dB
	声强级	L_I	分贝	dB
	声功率级	L_W	分贝	dB
	隔声量，传声损失	R	分贝	dB
	吸声量	A	平方米	m^2

表 1-3（续四）

量的名称		量符号	单位名称	单位符号
物理化学和分子物理学	物质的量	n，ν	摩［尔］	mol
	摩尔质量	M	千克每摩［尔］	kg/mol
	摩尔体积	V_m	立方米每摩［尔］	m^3/mol
	摩尔内能	U_m	焦［耳］每摩［尔］	J/mol
	扩散系数	D	平方米每秒	m^2/s
原子物理学和核物理学	电子［静止］质量	m_e	千克	kg
	质子［静止］质量	m_p	千克	kg
	元电荷	e	库［仑］	C
	波尔半径	a_0	米	m
	核半径	R	米	m
	［放射性］活度	A	贝可［勒尔］	Bq
	衰变常数	λ	每秒	S^{-1}
	半衰期	$T_{1/2}$	秒	S
核反应和电离辐射	反应能	Q	焦［耳］	J
	截面	σ	平方米	m^2
	粒子注量	Φ	每平方米	m^{-2}
	吸收剂量	D	戈［瑞］	Gy
	剂量当量	H	希［沃特］	Sy
	比释动能	K	戈［瑞］	Gy
	照射量	X	库［仑］每千克	C/kg

技能要点 2：单位换算

1. 十进制单位词头

大多数法定计量单位都是按 10 的倍数和分数进行换算的。10 进制单位词头见表 1-4。

表 1-4　用于构成十进倍数和分数单位的词头

所表示的因数	词头名称	词头符号
10^{24}	尧［它］	Y
10^{21}	泽［它］	Z
10^{18}	艾［可萨］	E
10^{10}	拍［它］	P
10^{12}	太［拉］	T
10^{9}	吉［咖］	G
10^{6}	兆	M
10^{3}	千	k
10^{2}	百	h
10^{1}	十	da
10^{-1}	分	d
10^{-2}	厘	c

表 1-4（续）

所表示的因数	词头名称	词头符号
10^{-3}	毫	m
10^{-6}	微	μ
10^{-9}	纳［诺］	n
10^{-12}	皮［可］	P
10^{-15}	飞［母托］	f
10^{-18}	阿［托］	a
10^{-21}	仄［普托］	z
10^{-24}	幺［科托］	y

注：词头百（h）、十（da），分（d）与厘（c）一般用于某些长度、面积和体积单位。

组合形式的单位在加词头时，一般只加一个，并尽量在组合单位中的第一个单位采用词头。

应用示例：$1M\Omega=10^6\Omega$；$1pF=10^{-12}F$

2. 常用法定计量单位及其换算

常用法定计量单位及其换算见表 1-5。

表 1-5 常用法定计量单位及其换算

物理量名称	法定计量单位		非法定计量单位		单位换算
	单位名称	单位符号	单位名称	单位符号	
长度	米	m	费密		1 费密＝1fm＝10^{-15}m
	海里	n mile	埃	Å	1Å＝0.1nm＝10^{-10}m
			英尺	ft	1ft＝0.3048m
			英寸	in	1in＝0.0254m
			英里	mile	1mile＝1609.344m
			密耳	mil	1mil＝25.4×10^{-6}m
面积	平方米	m^2	公亩	a	1a＝10^2m^2
			公顷	ha	1ha＝10^4m^2
			平方英尺	ft^2	$1ft^2$＝0.0929030m^2
			平方英寸	in^2	$1in^2$＝6.4516×$10^{-4}m^2$
			平方英里	$mile^2$	$1mile^2$＝2.58999×10^6m^2
体积，容积	立方米	m^3	立方英尺	ft^3	$1ft^3$＝0.0283168m^3
	升	L，(l)	立方英寸	in^3	$1in^3$＝1.63871×$10^{-5}m^3$
			英加仑	Ukgal	1Ukgal＝4.54609dm^3
			美加仑	USgal	1USgal＝3.78541dm^3
质量	千克，（公斤）	kg	磅	lb	1lb＝0.45359237kg
			英担	cwt	1cwt＝50.8023kg
	吨	t	英吨	ton	1ton＝1016.05kg
			短吨	sh ton	1sh ton＝907.185kg
			盎司	oz	1oz＝28.3495g
			格令	gr，gn	1gr＝0.06479891g
			夸特	qr，qtr	1qr＝12.7006kg
			米制克拉		1 米制克拉＝2×10^{-4}kg

表 1-5（续一）

物理量名称	法定计量单位		非法定计量单位		单位换算
	单位名称	单位符号	单位名称	单位符号	
温度	开［尔文］ 摄氏度 华氏度 兰氏度	K ℃ ℉ °R	—	—	表示温度差和温度间隔时 1℃＝1K 表示温度的数值时 $t=T-273.15$ 表示温度差和温度间隔时 1℉$=\frac{5}{9}$℃ 表示温度的数值时 $T=\frac{5}{9}(T_F+459.67)$ $t=\frac{5}{9}(T_F-32)$ 表示温度差和温度间隔时 1°R$=\frac{5}{9}$K 表示温度数值时 $t=\frac{5}{9}T_R-273.15$ 式中 t——摄氏温度（℃） T——热力学温度（K） T_F——华氏温度（℉） T_R——兰氏温度（°R）
旋转速度	每秒 转每分	S^{-1} r/min		rpm	lrpm＝1r/min＝（1/60）s^{-1}
力；重力	牛［顿］	N	达因	dyn	1dyn＝10^{-5}N
			千克力	kgf	1kgf＝9.80665N
			磅力	1bf	1 1bf＝4.44822N
			吨力	tf	1tf＝9.80665×10^3N
压力，压强；应力	帕［斯卡］	Pa	巴	bar	1bar＝10^5Pa
			千克力每平方厘米	kgf/cm^2	1kgf/cm^2＝0.0980665MPa
			毫米水柱	mmH_2O	1mmH_2O＝9.80665Pa
			毫米汞柱	mmHg	1mmHg＝133.322Pa
			托	Torr	1Torr＝133.322Pa
			工程大气压	at	1at＝98066.5Pa＝98.0665kPa
			标准大气压	atm	1atm＝101325Pa＝101.325kPa
			磅力每平方英尺	$1bf/ft^2$	1lbf/ft^2＝47.8803Pa
			磅力每平方英寸	$1bf/in^2$	1lbf/in^2＝6894.76Pa＝6.89476kPa

表 1-5（续二）

物理量名称	法定计量单位		非法定计量单位		单位换算
	单位名称	单位符号	单位名称	单位符号	
能量；功热	焦［耳］	J	尔格	erg	$1erg=10^{-7}J$
	电子伏	ev	千克力米	kgf·m	1kgf·m=9.80665J
	千瓦小时	kW·h	英马力小时	hp·h	1hp·h=2.68452MJ
			卡	cal	1cal=4.1868J
			热化学卡	calth	1calth=4.1840J
			马力小时		1 马力小时=2.64779MJ
			电工马力小时		1 电工马力小时=2.68560MJ
			英热单位	Btu	1Btu=1055.06J=1.05506kJ
					1kW·h=3.6MJ
功率，辐射通量	瓦［特］	W	千克力米每秒	kgf·m/s	1kgf·m/s=9.80665W
			马力，米制马力	法 ch，cv 德 Ps	1ch=735.499W
			英马力	hp	1hp=745.700W
			电工马力		1 电工马力=746W
			卡每秒	cal/s	1cal/s=4.1868W
			千卡每小时	kcal/h	1kcal/h=1.163W
			热化学卡每秒	calth/s	1calth/s=4.184W
			伏安	VA	1VA=1W
			乏	Var	1var=1W
			英热单位每小时	Btu/h	1Btu/h=0.293071W
电导	西［门子］	S	欧姆	Ω	1Ω=1S
磁通量	韦［伯］	Wb	麦克斯韦	Mx	$1Mx=10^{-8}Wb$
磁通量密度，磁感应强度	特［斯拉］	T	高斯	Gs，G	$1Gs=10^{-4}T$
光照度	勒［克斯］	lx	英尺烛光	$1m/ft^2$	$1lm/ft^2=10.76lx$
速度	米每秒	m/s	英尺每秒	ft/s	1ft/s=0.3048m/s
	节	kn	英寸每秒	in/s	1in/s=0.0254m/s
			英里每小时	mile/h	1mile/h=0.44704m/s
	千米每小时	km/h			1km/h=0.277778m/s
	米每分	m/min			1m/min=0.0166667m/s
加速度	米每二次方秒	m/s^2	英尺每二次方秒 伽	ft/s^2 Gal	$1ft/s^2=0.3048m/s^2$ $1Gal=10^{-2}m/s^2$

表 1-5（续三）

物理量名称	法定计量单位		非法定计量单位		单位换算
	单位名称	单位符号	单位名称	单位符号	
线密度，纤度	千克每米 特［克斯］	kg/m tex	旦［尼尔］ 磅每英尺 磅每英寸	den 1h/ft 1h/in	$1den=0.111112\times10^{-6}kg/m$ 1lb/ft=1.48816kg/m 1lb/in=17.8580kg/m
密度	千克每立方米	kg/m^3	磅每立方英尺 磅每立方英寸	$1b/ft^3$ $1b/in^3$	$1lb/ft^3=16.0185kg/m^3$ $1lb/in^3=27679.9kg/m^3$
比容（比体积）	立方米每千克	m^3/kg	立方英尺每磅 立方英寸每磅	ft^3/lb in^3/lb	$1ft^3/lb=0.0624280m^3/kg$ $1in^3/lb=3.61273\times10^{-5}m^3/kg$
质量流率	千克每秒	kg/s	磅每秒 磅每小时	lb/s lb/h	1lb/s=0.453592kg/s $1lb/h=1.25998\times10^{-4}kg/s$
体积流率	立方米每秒 升每秒	m^3/s L/s	立方英尺每秒 立方英寸每小时	ft^3/s in^3/h	$1ft^3/s=0.0283168m^3/s$ $1in^3/h=4.55196\times10^{-9}m^3/s$
转动惯量	千克二次方米	$kg\cdot m^2$	磅二次方英尺 磅二次方英寸	$lb\cdot ft^2$ $lb\cdot in^2$	$1lb\cdot ft^2=0.0421401kg\cdot m^2$ $1lb\cdot in^2=2.92640\times10^{-4}kg\cdot m^2$
动量	千克米每秒	kg·m/s	磅英尺每秒	lb·ft/s	1lb·ft/s=0.138255kg·m/s
角动量	千克二次方米每秒	$kg\cdot m^2/s$	磅二次方英尺每秒	$lb\cdot ft^2/s$	$1lb\cdot ft^2/s=0.0421401kg\cdot m^2/s$
力矩	牛顿米	N·m	千克力米 磅力英尺 磅力英寸	kgf·m 1bf·ft 1bf·in	1kgf·m=9.80665N·m 1lbf·ft=1.35582N·m 1lbf·in=0.112985N·m
［动力］粘度	帕斯卡秒	Pa·s	泊 厘泊 千克力秒每平方米 磅力秒每平方英尺 磅力秒每平方英寸	P，Po cP $kgf\cdot s/m^2$ $1bf\cdot s/ft^2$ $1bf\cdot s/in^2$	$1P=10^{-1}Pa\cdot s$ $1cP=10^{-3}Pa\cdot s$ $1kgf\cdot s/m^2=9.80665Pa\cdot s$ $1lbf\cdot s/ft^2=47.8803Pa\cdot s$ $1lbf\cdot s/in^2=6894.76Pa\cdot s$
运动粘度，热扩散率	二次方米每秒	m^2/s	斯［托克斯］ 厘斯［托克斯］ 二次方英尺每秒 二次方英寸每秒	st cst ft^2/s in^2/s	$1st=10^{-4}m^2/s$ $1cst=10^{-6}m^2/s$ $1ft^2/s=9.29030\times10^{-2}m^2/s$ $1in^2/s=6.4516\times10^{-4}m^2/s$
比能	焦耳每千克	J/kg	千卡每千克 热化学千卡每千克 英热单位每磅	kcal/kg kcalth/kg Btu/lb	1kcal/kg=4186.8J/kg 1kcalth/kg=4184J/kg 1Btu/lb=2326J/kg

表 1-5（续四）

物理量名称	法定计量单位		非法定计量单位		单位换算
	单位名称	单位符号	单位名称	单位符号	
比热容，比熵	焦耳每千克开尔文	J/（kg·K）	千卡每千克开尔文 热化学千卡每千克开尔文 英热单位每磅华氏度	kcal/（kg·K） kcalth/（kg·K） Btu/（lb·℉）	1kcal/（kg·K）=4186.8J/（kg·K） 1kcalth/（kg·K）=4184J/（kg·K） 1Btu/（lb·℉）=4186.8J/（kg·K）
传热系数	瓦特每平方米开尔文	W/（m^2·K）	卡每平方厘米秒开尔文 千卡每平方米小时开尔文 英热单位每平方英尺小时华氏度	cal/（cm^2·s·K） kcal/（m^2·h·K） Btu/（ft^2·h·℉）	1cal/（cm^2·s·K）=41868W/（m^2·K） 1kcal/（m^2·h·K）=1.163W/（m^2·K） 1Btu/（ft^2·h·℉）=5.67826W/（m^2·K）
热导率	瓦特每米开尔文	W/（m·K）	卡每厘米秒开尔文 千卡每米小时开尔文 英热单位每英尺小时华氏度	cal/（cm·s·K） kcal/（m·h·K） Btu/（ft·h·℉）	1cal/（cm·s·K）=418.68W/（m·K） 1kcal/（m·h·K）=1.163W/（m·K） 1Btu/（ft·h·℉）=1.73073W/（m·K）

3. 电磁量及其单位换算

常用电磁量及其单位换算见表 1-6。

表 1-6 常用电磁量及单位换算

量的名称	符号	单位名称和符号	换算关系	备注
电流	I	安 A 毫克 mA	$1A=10^3mA$ $1A=10^6\mu A$	在交流电路中，用符号 i 表示瞬时值，用 I 表示有效值（均方根值）
电流	I	微安 μA 千安 kA	$1A=10^{-3}kA$	在交流电路中，用符号 i 表示瞬时值，用 I 表示有效值（均方根值）
电荷	Q q	库（仑） C 安（培）·（小）时 A·h	1C=1A·s 1A·h=3600C	
电场强度	E	伏每米 V/m		
电位，电势 电压；电位差 电动势	V；ϕ U（V） E	伏 V 毫伏 mV 微伏 μV 千伏 kV	$1V=10^3mV$ $1V=10^6\mu V$ $1V=10^{-3}kV$	在交流电路中，用符号 u、e 表示瞬时值，用 U、E 表示有效值（均方根值）

表 1-6（续）

量的名称	符号	单位名称和符号	换算关系	备注
电容	C	法（拉） F 微法 μF 皮法 pF	$1F=10^6\mu F$ $1F=10^{12}pF$	
介电常数 真空介电常数 相对介电常数	ε ε_0 ε_r	法每米 F/m		
磁场强度	H	安每米 A/m		
磁势	F	安 A 吉伯 At	1At=1A	
磁通（量）	Φ	韦（伯） Wb 麦克斯韦 Mx	$1Wb=10^8Mx$	
电感	L	亨（利） H	1H=1Wb/A	电感：自感和互感的统称
磁导率 真空磁导率 相对磁导率	μ μ_0 μ_r	亨每米 H/m		
［直流］电阻	R	欧［姆］ Ω 千欧 kΩ 兆欧 MΩ	$1\Omega=10^3k\Omega$ $1\Omega=10^{-6}M\Omega$	绝缘电阻的单位用 MΩ
电导	G	西［门子］ S	$1S=\frac{1}{\Omega}$	
电导率	γ，σ	西每米 S/m		
电阻率	ρ	欧米 Ω·m		
相［位］差 相［位］移	φ	弧度 rad 度（°）	$1°=\frac{\pi}{180}rad$	
阻抗［交流］ 电阻电抗	Z R X	欧 Ω	$Z=R+jX$	
品质因数	Q	无量纲量		Q=X/R
导纳	Y	西［门子］S	S=1/Ω	
［有功］功率	P	瓦［特］ W 千瓦 kW 兆瓦 MW	$1W=10^{-3}kW$ $1W=10^{-6}MW$	$P=ui$ 为瞬时功率 u：瞬时电压 i：瞬时电流
视在功率 （表观功率）	S P	瓦 W 伏安 V·A		交流电路中用 V·A
无功功率	Q P_q P_Q	瓦 W 乏 var 千乏 kvar		
功率因数	λ	无量纲量		λ=P/S，习惯用 cosφ
电能 有功电能	W_j W_P	焦［耳］ J 千瓦时 kW·h	1kW·h=3.6MJ	kW·h 又称为度
频率	f，λ	赫［兹］ Hz	1Hz=1/s	
角频率	ω	弧度每秒 rad/s		
绕组匝数	N	匝 t		
相数	m	相		

4. 英制单位与我国相应计量单位的换算

英制单位与我国相应计量单位的换算见表 1-7。

表 1-7　英制单位与我国相应计量单位的换算

量的名称	英制名称和单位	换算关系
长度	英寸　in 英尺　ft 码　yd	1in＝25.4mm 1ft＝12in＝0.305m 1yd＝3ft＝0.914m
面积	平方英寸　in^2	$1in^2=645.2mm^2$
体积	立方英寸　in^3 加仑　gal	$V1in^3=16.4cm^3$ $1gal=277.4in^3=4.55dm^3$
质量	磅　lb 盎司　oz	1lb＝0.454kg $1oz=\frac{1}{16}lb=28.3g$
力	磅力　lbf	1lbf＝4.45N
功率	马力　hp	1hp＝745.4W
温度	华氏度　℉	$1℉=\frac{5}{9}K=\frac{5}{9}℃$

注：1. 换算关系的数值一般为近似值。

2. 关于温度量：设 T 为热力学温度；θ 为摄氏温度；t 为华氏温度，其数值换算关系为：

$$T=\theta+273.15=\frac{5}{9}(t+459.67)$$

$$\theta=T-273.15=\frac{5}{9}(t-32)$$

$$t=\frac{9}{5}T-459.67=\frac{9}{5}\theta+32$$

技能图解 2　基本电气额定值

技能结构框线图

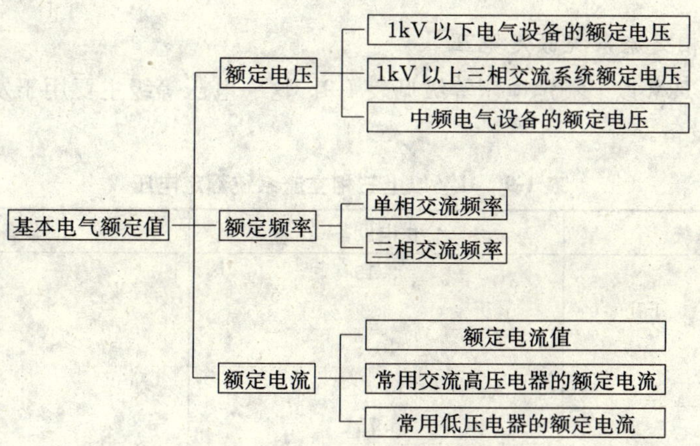

图 1-2　基本电气额定值

技能要点1：额定电压

1. 1kV以下电气设备的额定电压

用于直流和50Hz交流的系统、电气设备和电子设备的额定电压等级见表1-8。

表1-8 1kV以下电气设备的额定电压 (V)

直流		单相交流		三相交流	
受电设备	供电设备	受电设备	供电设备	受电设备	供电设备
1.5	1.5				
2	2				
3	3				
6	6	6	6		
12	12	12	12		
24	24	24	24		
36	36	36	36	36	36
		42	42	42	42
48	48				
60	60				
72	72				
		100+	100+	100+	100+
110	115				
		127*	133*	127*	133*
220	230	220	230	220/380	230/400
400▽，440	400▽，460			380/660	400/690
800▽	800▽				
1000▽	1000▽				
				1140**	1200**

注：1. 电气设备和电子设备分为供电设备和受电设备两大类。受电设备的额定电压也是系统的额定电压。

2. 直流电压为平均值，交流电压为有效值。

3. 在三相交流栏下，斜线“/”之上为相电压，斜线之下为线电压，无斜线者都是线电压。

4. 带“+”号者为只用于电压互感器、继电器等控制系统的电压。带“▽”号者为使用于单台供电的电压。带“*”号者只用于矿井下、热工仪表和机床控制系统的电压。带“**”号者只限于煤矿井下及特殊场合使用的电压。

2. 1kV以上三相交流系统额定电压

50Hz三相交流1kV以上额定电压等级见表1-9。这一电压等级主要用于发电机、变压器、送电线路和高压用电设备。

表1-9 1kV以上三相交流系统额定电压 (kV)

受电设备与系统	供电设备	设备最高电压
3	3.15	3.5
6	6.3	6.9
10	10.5	11.5
	13.8*	
	15.75*	
	18*	

表 1-9（续）

受电设备与系统	供电设备	设备最高电压
	20*	
35		40.5
63		69
110		126
220		252
330		363
500		550
750		

注：带"*"者只适用于发电机。

3. 中频电气设备的额定电压

一般中频（50～10kHz）工业电气设备的额定电压等级见表 1-10。

表 1-10　一般中频工业电气设备的额定电压　(V)

类别		单相	三相（线电压）
通用电气设备		9，12，16，20，26，36，60，90，115，220，375，500，750，1000，1500，2000，3000	42，115，160，220，350
受电设备	电热装置	（250），375，500，750，1000，1500，2000，3000	—
	机床电器	—	115，220，350
	纺织电机	—	115，130*，160*
	控制微电机	9，12，16，20，26，36，60，90，115，220	
	电动工具	—	42，220
供电设备	中频发电机及装置	115，220，375，500，750，1000，1500，2000，3000	115，160*，220，350，550*
	移动电源设备	115，230	208，230，400

注：*仅限于人造纤维的纺锭使用。

技能要点 2：额定频率

电气设备在额定参数下的频率称为额定频率。一般工业电气设备（包括通用电气设备、电热装置、机床电器、纺织电机、控制电机和电动工具）单相和三相交流频率见表 1-11。

表 1-11　额定频率　(Hz)

电力供电系统及设备	舰船电气设备	航空电气设备	一般工业电气设备					
			通用电气设备	电热装置	机床电气设备	纺织电机	控制电机	电动工具
50	50	50	50	50	50	50	50	50
	—	—	—	—	—	(75)	—	—
	—	—	100	—	—	100	—	—
	—	—	—	—	—	*133	—	—

表 1-11（续）

电力供电系统及设备	舰船电气设备	航空电气设备	一般工业电气设备					
			通用电气设备	电热装置	机床电气设备	纺织电机	控制电机	电动工具
	—	—	150	150	150	150	—	150
	—	—	—	—	—	—	—	—
	—	—	200	—	—	200	—	200
	—	—	—	—	—	(300)	—	300
	—	—	—	—	—	—	(330)	—
	400	400	400	400	400	400	400	400
			—	—	—	—	(427)	
			—	(500)	—	—	(500)	
			600	—	600	600	—	
			800	—	800	—	—	
			1000	1000	1000	1000	1000	
			1500	—	1500			
			—	—	** 2000			
			2500	2500	2500			
			—	—	(3000)			
			4000	4000	4000			
			8000	8000				
			10000	10000				

注：1. 50Hz 称为工频。
2. 带括号的值，在设计新产品时不推荐采用。
3. * 133Hz 仅限于人造纤维的纺锭用。
4. ** 2000Hz 仅限于轴承磨削用。
5. 额定频率允许偏差值规定为±0.2%、±0.5%、±1%、±2%、±5%、±10%六种，按设备需要选用。
6. 电力供电系统及设备的额定频率的允许偏差值规定为±1%。

技能要点 3：额定电流

以电流为主参数的交、直流电气设备和电子设备的额定电流见表 1-12。

表 1-12　额定电流值　(A)

1	1.25	1.6	2	2.5	3.15	4	5	6.3	8
10	12.5	16	20	25	31.5	40	50	63	80 (75)
100	125 (120)	160 (150)	200	250	315 (300)	400	500	630 (600)	800 (750)
1000	1250 (1200)	1600 (1500)	2000	2500	3150 (3000)	4000	5000	6300 (6000)	8000
10000	12500 (12000)	16000 (15000)	20000	25000					

注：括号内的值，仅限于老产品使用。

常用高、低压电器的额定电流见表 1-13 和表 1-14。

表 1-13 常用交流高压电器的额定电流 (A)

项 目	额定电流
断路器、隔离开关	200，400，630，（1000），1250，1600，2000，3150，4000，5000，6300，8000，10000，12500，16000，20000，25000
负荷开关	10，16，31.5，50，100，200，400，630，1250，1600，2000，3150，400，5000，6300，8000，10000，12500，16000，20000，25000
熔断器	2，3.15，5，6.3，10，16，20，31.5，40，50，（75），80，100，（150），160，200，315，400
熔 丝	（3），3.15，5，（7.5），8，10，（15），16，20，3.15，40，50，80，100，（150），160，200

注：括号内的数值尽量不用。

表 1-14 常用低压电器的额定电流 (A)

项 目	额定电流
通用开关电器	6.3（6），10，16（15），25，31.5，40，50，63（60），100，160（150），200，250，315（300），400，500，630（600），800，1000，1250，1600，2000，2500，3150，4000，5000，6300，8000，10000，12500，16000
控制电器	1，2.5，5，10，16（15），20，25，40，63（60），100，160（150），250，400，630（600），1000
熔断器的熔体	1，2，2.5，3.15（3），4，5，6.3（6），10，16（15），20，25，31.5（30），（35），40，（45），50，63（60），80，100，125，160（150），200，250，315（300），400，500，630（600），800，1000

注：括号内的数值尽量不采用。

第二章　常用电工工具、仪表和电工材料

技能图解3　常用电工工具

技能结构框线图

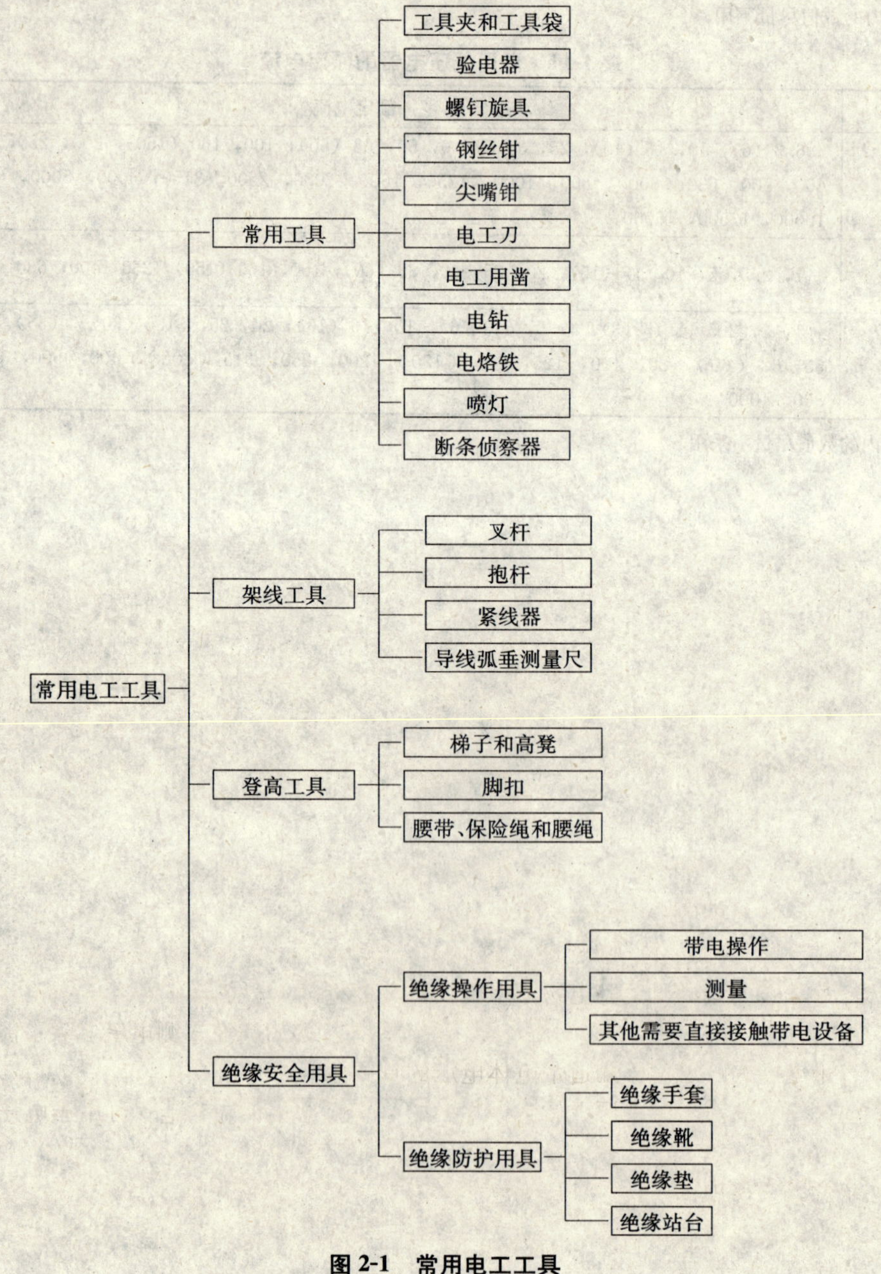

图2-1　常用电工工具

技能要点1：常用工具

1. 工具夹和工具袋

(1) 工具夹。工具夹是装夹电工随身携带常用工具的器具（图2-2）。工具夹常用皮革或帆布制成，分为插装一件、三件和五件工具等几种。使用时，佩挂在背后右侧的腰带上，以便随手取用和归放工具。

(2) 工具袋。工具袋（图2-2）常用帆布制成，是用来装锤子、凿子、手锯等工具和零星器材的背包。工作时一般斜挎肩上。

2. 验电器

验电器是检验导线和电气设备是否带电的一种电工常用工具，分为低压验电器和高压验电器两种（本书只简单介绍低压验电器）。

低压验电器又称试电笔、测电笔（简称电笔），是电工最常用的一种检测工具，用于检查低压电气设备是否带电。检测电压的范围为60～500V。常用的有钢笔式和螺钉旋具式两种，前端是金属探头，内部依次装接氖泡、安全电阻和弹簧，弹簧与后端外部的金属部分相接触。按其显示元件不同分为氖管发光指示式和数字显示式两种。

氖管发光指示式验电器由氖管、电阻、弹簧、笔身和笔尖等部分组成［图2-3（a）、（b）］，数字显示式验电器如图2-3（c）所示。

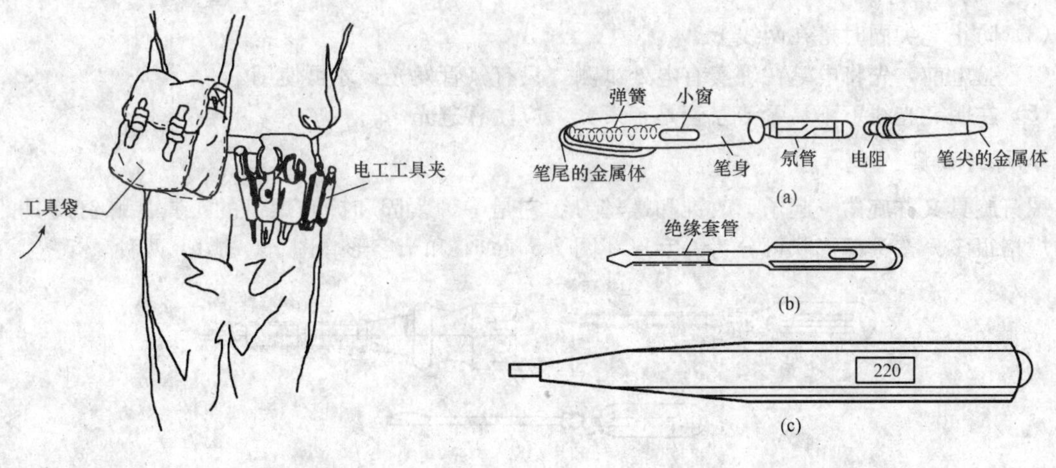

图2-2　工具夹和工具袋

图2-3　低压验电器

（a）钢笔式；（b）螺钉旋具式；（c）数字显示式

使用低压验电器，必须按图2-4所示正确姿势握笔，以食指触及笔尾的金属体，笔尖触及被测物体，使氖管小窗背光朝向自己。当被测物体带电时，电流经带电体、电笔、人体到大地形成通电回路。只要带电体与大地之间的电位差超过60V，电笔中的氖管就发光，电压高发光强，电压低发光弱。用数字显示式测电笔验电，其握笔方法与氖管指示式电笔相同，但带电体与大地间的电位差在2～500V之间，电笔都能显示出来。由此可见，使用数字式测电笔，除了能知道线路或电气设备是否带电以外，还能够知道带电体电压的具体数值。

电笔使用前一定要在有电的电源上检查电笔中的氖泡是否损坏；电笔不可用于电压高于规定范围（500V）的电源，以免发生危险。

使用时应注意以下事项：

(1) 一般用右手握住电笔，左手背在背后或插在衣裤口袋中。

(2) 人体的任何部位切勿触及与笔尖相连的金属部分。

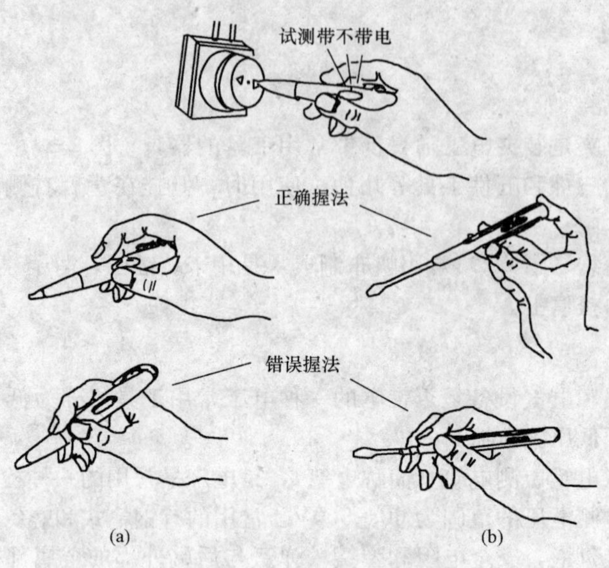

图 2-4 低压验电器握法

(a) 钢笔验电器握法；(b) 螺钉旋具式验电器握法

(3) 防止笔尖同时搭在两线上。

(4) 验电前，先将电笔在确实有电处试测，只有氖管发光，才可使用。

(5) 在明亮光线下不易看清氖管是否发光，应注意避光。

3. 螺钉旋具

螺钉旋具又称旋凿、起子、改锥和螺丝刀，它是一种紧固和拆卸螺钉的工具。螺钉旋具的式样和规格很多，按头部形状可分为一字形［图 2-5（a)］和十字形［图 2-5（b)］两种。

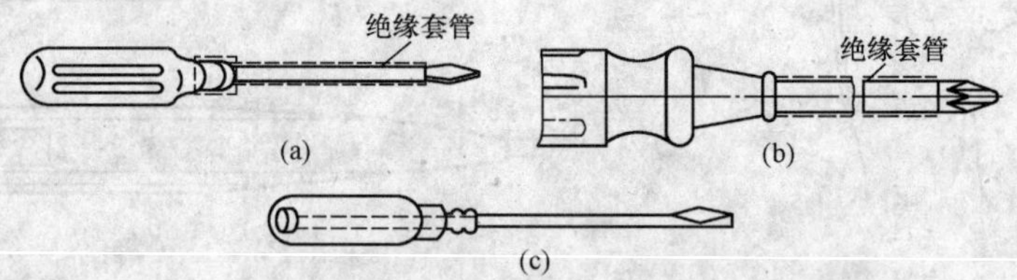

图 2-5 螺钉旋具

(a) 一字形螺钉旋具；(b) 十字形螺钉旋具；

(c) 穿心金属杆螺钉旋具（电工禁用）

一字形螺钉旋具常用的有 50mm、100mm、150mm 和 200mm 等规格，电工必备的是 50mm 和 150mm 两种。

螺钉旋具的使用注意事项如下：

(1) 电工不可使用金属杆直通柄顶的螺钉旋具［图 2-5（c)］，使用螺钉旋具紧固或拆卸带电的螺钉时，手不得触及螺钉旋具的金属杆，否则很容易造成触电事故。

(2) 为了防止螺钉旋具的金属杆触及皮肤或触及邻近带电体，应在金属杆上套上绝缘管。

4. 钢丝钳

钢丝钳有绝缘柄［图 2-6（a)］和裸柄［图 2-6（g)］两种。绝缘柄钢丝钳为电工专用钳（简称电工钳），常用的有 150mm、175mm 和 200mm 三种规格。裸柄钢丝钳电工禁用。

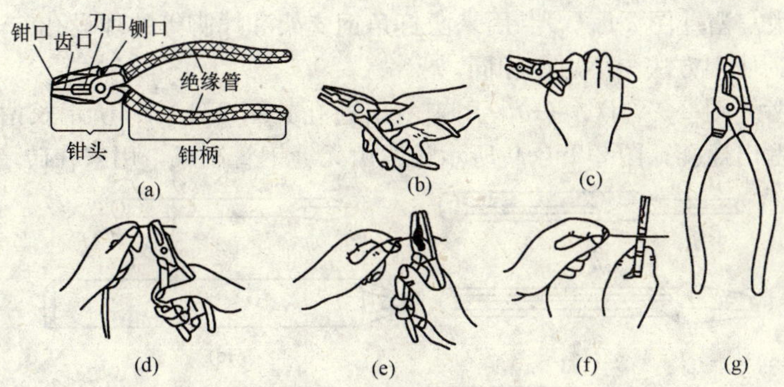

图 2-6　钢丝钳使用方法

(a) 绝缘柄钢丝钳；(b) 握法；(c) 紧固螺母；(d) 弯绞导线；
(e) 剪切导线；(f) 侧切钢丝；(g) 裸柄钢丝钳（电工禁用）

电工钳的用法可以概括为四句话：剪切导线用刀口，剪切钢丝用侧口，扳旋螺母用齿口，弯绞导线用钳口。

使用电工钳应注意以下事项：

(1) 使用前，应检查绝缘柄的绝缘是否良好。

(2) 用电工钳剪切带电导体时，不得用钳口同时剪切相线和零线，或同时剪切两根相线。

5. 尖嘴钳

尖嘴钳（图 2-7）的头部尖细，适于在狭小的工作空间操作。尖嘴钳也有裸柄和绝缘柄两种。裸柄尖嘴钳电工禁用，绝缘柄的耐压强度为 500V，常用的有 130mm、160mm、180mm、200mm 四种规格。

尖嘴钳的握法与使用注意事项同电工钳。

6. 电工刀

是用来剖削导线线头，切割木台缺口，削制木榫的专用工具，其外形如图 2-8 所示。使用时应注意以下几点：

(1) 剖削导线绝缘层时，刀口应朝外，刀面与导线应成较小的锐角。

(2) 电工刀刀柄无绝缘保护，不可在带电导线或带电器材上剖削，以免触电。

(3) 电工刀不许代替手锤敲击使用。

图 2-7　尖嘴钳　　　　**图 2-8　电工刀**

7. 电工用凿

电工常用的凿有圆榫凿、小扁凿、大扁凿和长凿等几种。

(1) 圆榫凿。圆榫凿［图 2-9 (a)］又称麻线凿或鼻冲，用于在混凝土结构的建筑物上凿打木榫孔。

(2) 小扁凿。小扁凿［图 2-9 (b)］用来在砖墙上凿打方形榫孔。电工常用凿口宽约 12mm 的小扁凿。凿孔时，也要经常拔出凿身，以利排出灰沙、碎砖，同时观察墙孔开凿得是否平整，大小是否合适，孔壁是否垂直。

(3) 大扁凿。大扁凿［图 2-9（c）］用来凿打角钢支架和撑脚等的埋设孔穴。电工常用凿口宽约 16mm 的大扁凿。使用方法与小扁凿相同。

(4) 长凿。长凿［图 2-9（d）、（e）］用来凿出通孔。图 2-9（d）所示长凿由中碳圆钢制成，用来在混凝土墙上凿出通孔；图 2-9（e）所示长凿由无缝钢管制成，用来在砖墙上凿出通孔。

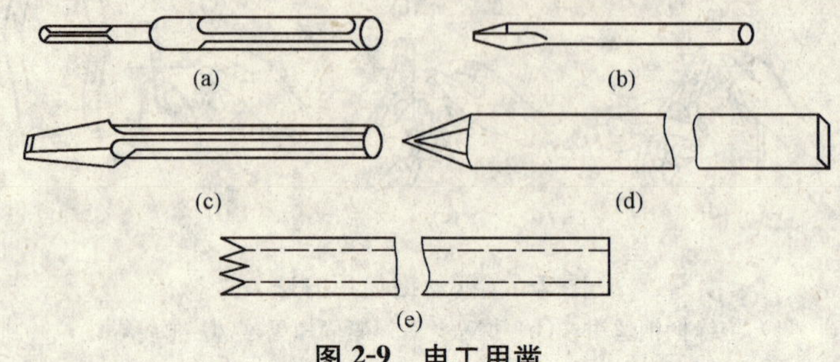

图 2-9 电工用凿

（a）圆榫凿；（b）小扁凿；（c）大扁凿；（d）在混凝土墙上凿孔用的长凿；（e）在砖墙上凿孔用的长凿

8. 电钻

(1) 使用前，先检查各部状态是否良好。使用没有绝缘手把的电钻时，必须先戴好绝缘手套。

(2) 移动电钻时，禁止提携电线或钻头。使用中发生故障或暂停操作时，要立即切断电源。

(3) 架空使用电钻或朝上钻孔时，要采取安全防护措施。

(4) 钻薄铁板时，要用平钻头；钻深孔要在钻杆上做记号，要不断退铁屑，临钻透时压力要轻。

(5) 雨雪天禁止在露天使用电钻。

9. 电烙铁

电烙铁是钎焊（也称锡焊）的热源，其规格有 15W、25W、45W、75W、100W、300W 等多种。功率在 45W 以上的电烙铁，通常用于强电元件的焊接，弱电元件的焊接一般使用 15W、25W 功率等级的电烙铁。电烙铁有外热式和内热式两种，见图 2-10 所示。

使用电烙铁应注意以下事项：

(1) 为了不影响电烙铁头的拆装，使用过程中应轻拿轻放，不得敲击电烙铁，以免损坏内部发热元件。

(2) 烙铁头应经常保持清洁，使用时可常在石棉毡上擦几下以除去氧化层。

(3) 烙铁使用日久，烙铁头上可能出现凹坑，影响正常焊接。此时可用锉刀对其整形，加工到符合要求的形状再浸锡。

(4) 使用中的电烙铁不可搁在木架上，而应放在特制的烙铁架（图 2-11）上，以免烫坏导线或其他物件引起火灾。

(5) 使用烙铁时不可随意甩动，以免焊锡溅出伤人。

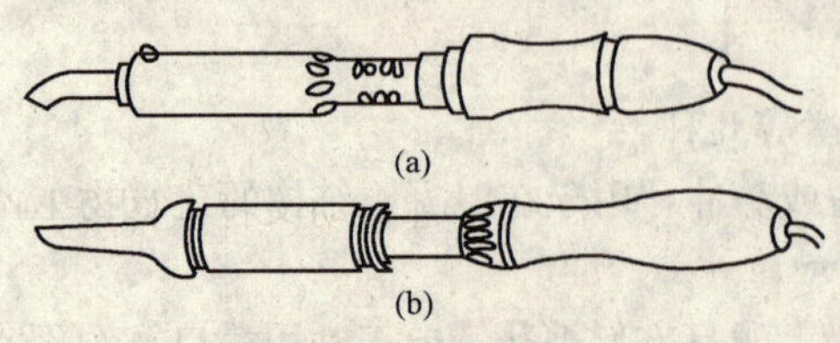

图 2-10 电烙铁

（a）外热式电烙铁；（b）内热式电烙铁

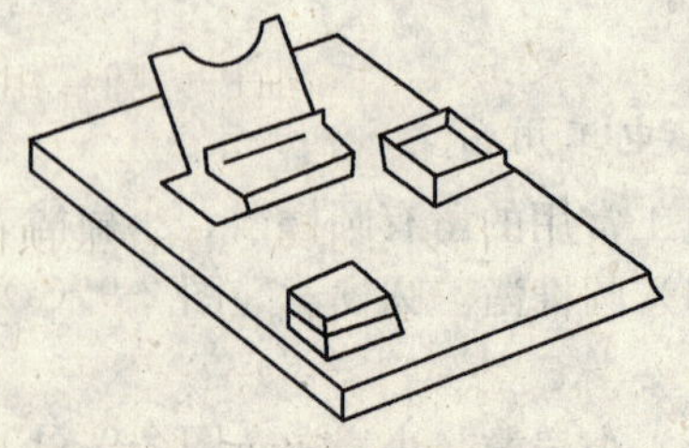

图 2-11 烙铁架

10. 喷灯

喷灯是利用喷射火焰对工件进行局部加热的工具。有汽油喷灯、煤油喷灯和酒精喷灯。结构如图 2-12 所示。使用时应注意以下事项：

(1) 使用前应仔细检查油桶是否漏油，喷嘴是否通畅，有无漏气处。并按喷灯所要求的燃料油种类，禁止在煤油或酒精喷灯内注入汽油使用。

(2) 喷灯的加油、放油和修理应在熄火后方可进行。

(3) 喷灯点火时，喷嘴前严禁有人，工作场所无可燃物。

(4) 先在点火碗内注入燃料油，作为点燃用，待喷嘴烧热后再慢慢打开进油阀，打气加压前应先关闭进油阀。

11. 断条侦察器

用于检查电动机转子。如图 2-13 所示，由一大一小两只线圈和铁心组成。使用时，先将被测转子放在大铁心 1 上，线圈接 220V 交流电。慢慢转动被测转子。如果转子有断条，则相当于变压器的二次线圈开路，流过线圈的电流将下降。使用时应注意以下事项：

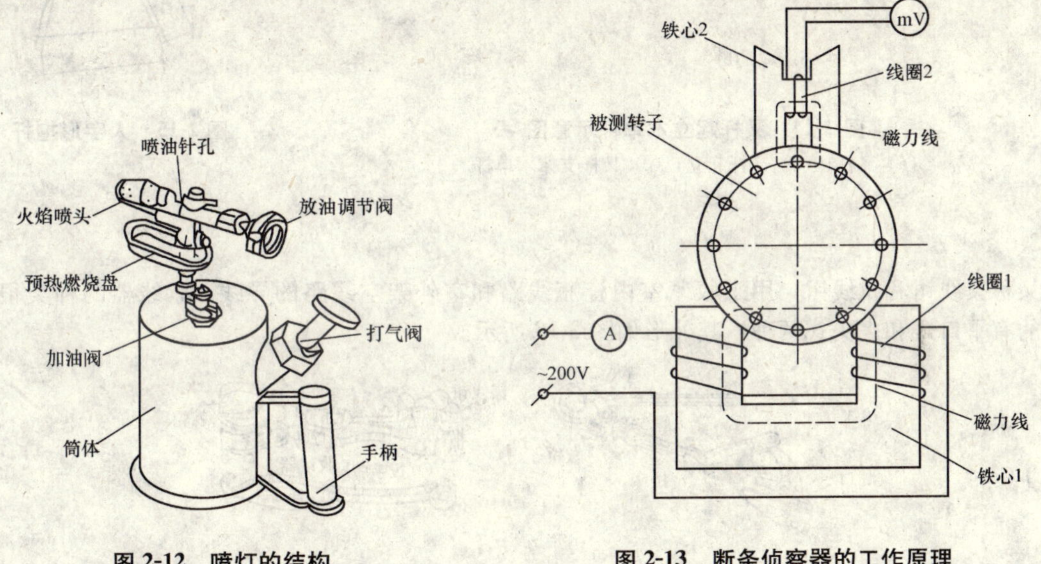

图 2-12　喷灯的结构　　　　图 2-13　断条侦察器的工作原理

(1) 检查时，电流表读数的变化不应超过 5%，否则需逐槽检查。

(2) 逐槽检查时，再将小线圈放在被测转子外圆，铁心口对准被测的鼠笼条，组成另一只变压器。

技能要点 2：架线工具

1. 叉杆

叉杆由 U 形铁叉和细长的圆杆组成 [图 2-14 (a)]。叉杆在立杆时用来临时支撑电杆和用于起立 9m 以下的木单杆。

(1) 将电杆移至坑口，使杆根顶住滑板。

(2) 用杠子将电杆头部抬起，随即用叉杆顶住，再逐步向杆根交替移动叉杆 [图 2-14 (b)]，使杆头不断升高。当杆头升高到一定高度时，增加三根叉杆，使电杆起立。

(3) 当电杆起立到将近垂直时，将一根叉杆转至对面，以防电杆向对面倾倒，并抽出滑板，同时将另两根叉杆分别向左、右岔开，使三根叉杆成三角位置支撑电杆，以防电杆向左、右倾斜 [图 2-14 (c)]。

2. 抱杆

有单抱杆和人字形抱杆两种。人字形抱杆是将两根相同的细长圆杆，在顶端用钢绳交叉绑扎成人字形。抱杆高度按电杆高度的 1/2 选取，抱杆直径平均为 16～20mm，根部张开宽度为抱杆长度的 1/3，其间用 ϕ12 钢绳连锁（图 2-15）。

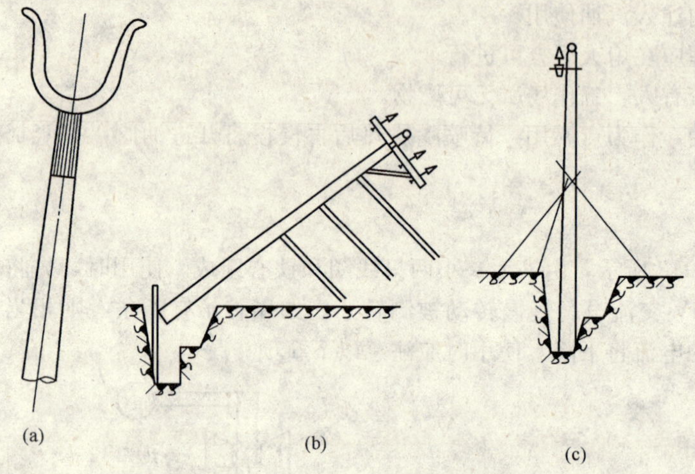

图 2-14 叉杆起立木单杆示意图

（a）叉杆；（b）叉杆起立；（c）叉杆支撑木单杆

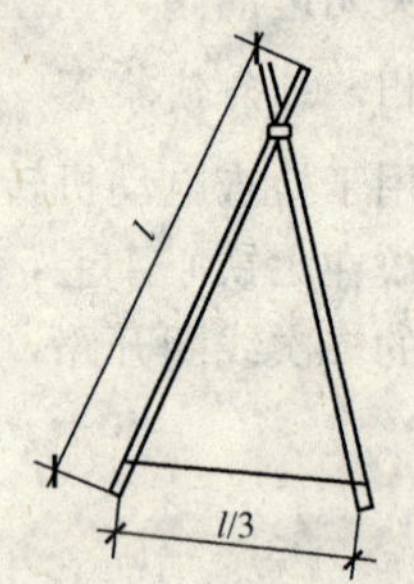

图 2-15 人字形抱杆

3. 紧线器

又称紧线钳和拉线钳，用来收紧室内瓷瓶线路和室外架空线路的导线。紧线器的种类很多，常用的有平口式和虎头式两种，其外形如图 2-16 所示。

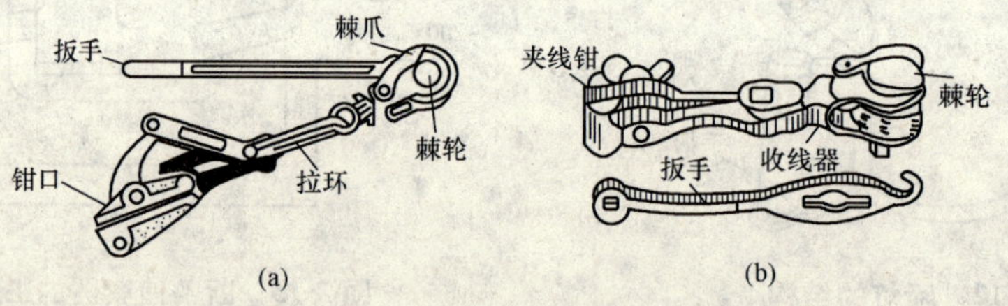

图 2-16 紧线器

（a）平口式；（b）虎头式

使用时应注意以下事项：

（1）应根据导线的粗细，选用相应规格的紧线器。

（2）使用紧线器时，如果发现有滑线（逃线）现象，应立即停止使用，采取措施（如在导线上绕一层铁丝）将导线确实夹牢后，才可继续使用。

（3）在收紧时，应紧扣棘爪和棘轮，以防止棘爪脱开打滑。

4. 导线弧垂测量尺

导线弧垂测量尺又称弛度标尺，用来测量室外架空线路导线弧垂，其外形如图 2-17 所示。

使用时应根据表 2-1 所示值，先将两把导线弧垂测量尺上的横杆调节到同一位置上；接着将两把标尺分别挂在所测档距的同一根导线上（应挂在近瓷瓶处），然后两个测量者分别从横杆上进行观察，并指挥紧线；当两把测量尺上的横杆与导线的最低点成水平直线时，即可判定导线的弛度已调整到预定值。

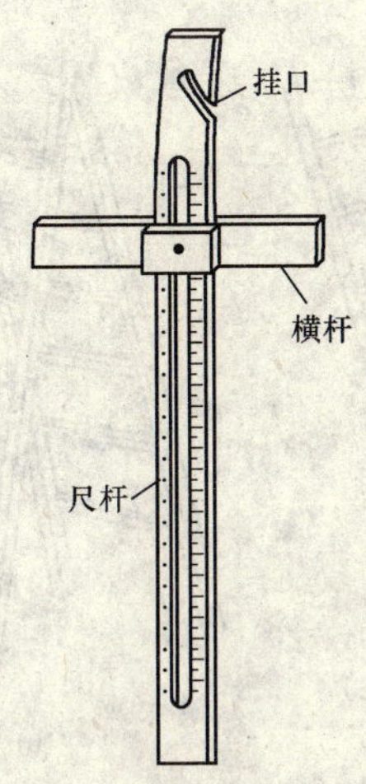

图 2-17 导线弧垂测量尺

表 2-1 架空导线弧垂参考值

弛度(m) 档距(m) 环境温度(℃)	30	35	40	45	50
−40	0.06	0.08	0.11	0.14	0.17
−30	0.07	0.09	0.12	0.15	0.19
−20	0.08	0.11	0.14	0.18	0.22
−10	0.09	0.12	0.16	0.20	0.25
0	0.11	0.15	0.19	0.24	0.30
10	0.14	0.18	0.24	0.30	0.38
20	0.17	0.23	0.30	0.38	0.47
30	0.21	0.28	0.37	0.47	0.58
40	0.25	0.35	0.44	0.56	0.69

技能要点 3：登高工具（用具）

登高工具是指电工进行高空作业所需的工具和装备。为了保证高空作业的安全，登高工具必须牢固可靠。电工完成高空作业时，要特别注意人身安全。

1. 梯子和高凳

梯子和高凳可用木材或竹材制作，切不可用金属材料制作。梯子和高凳应坚固可靠，能够承受电工身体和携带工具的质量。梯子分为直梯（也称靠梯）和人字梯两种［图 2-18（a）、（b）］。

使用梯子和高凳应注意以下事项：

（1）使用前应严格检查梯子是否损伤、断裂，脚部有无防滑材料和是否绑扎防滑安全绳。

（2）梯子放置必须稳固，梯子与地面的夹角以 60°左右为宜，顶部应与建筑物靠牢。

（3）人字梯放好后，要检查四只脚是否同时着地。作业时不可站立在人字梯最上面两档工作。

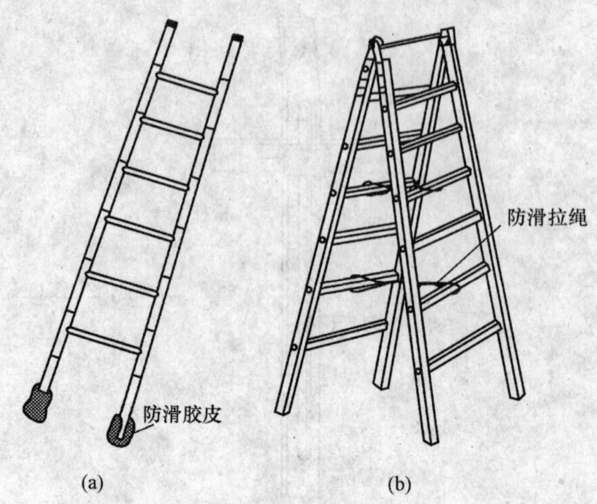

图 2-18　电工用梯

(a) 直梯；(b) 人字梯

(4) 在梯子上工作，应备有工具袋，上下梯子时工具不得拿在手中，工具和物体不得上下抛递，要防止落物伤人。

(5) 在室外高压线下或高压室内搬动梯子时，应放倒由两人抬运，并且与带电体保持足够的安全距离。

2. 脚扣

脚扣又称铁脚，是一种攀登电杆的工具。脚扣分为两种：一种是扣环上有铁齿，供登木杆用[图 2-19 (a)]；另一种是扣环上裹有橡胶，供登混凝土杆用 [图 2-19 (b)]。

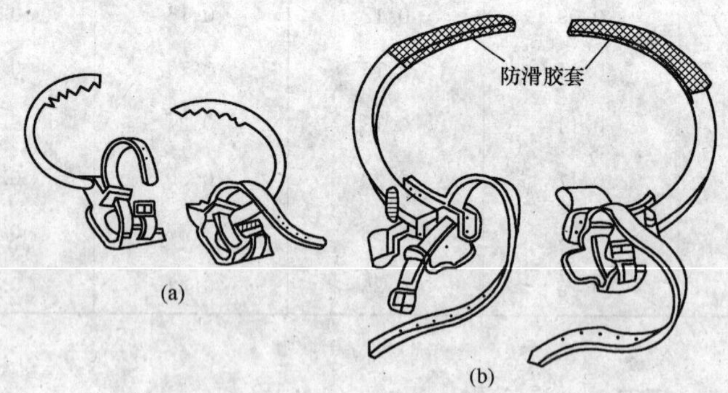

图 2-19　脚扣

(a) 登木杆用；(b) 登混凝土杆用

使用时应注意以下事项：

(1) 脚扣攀登速度较快，容易掌握，但在杆上操作不灵活、不舒适，容易疲劳，所以只适于在杆上短时工作用。

(2) 登杆前首先应检查脚扣是否损伤，型号与杆径是否相配，脚扣防滑胶套是否牢固可靠，然后将安全带系于腰部偏下位置，戴好安全帽。

(3) 为了保证在杆上进行作业时人体保持平稳，两只脚扣应如图 2-20 所示方法定位。

(4) 下杆时，同样要手脚协调配合，往下移动身体，其动作与上杆时相反。

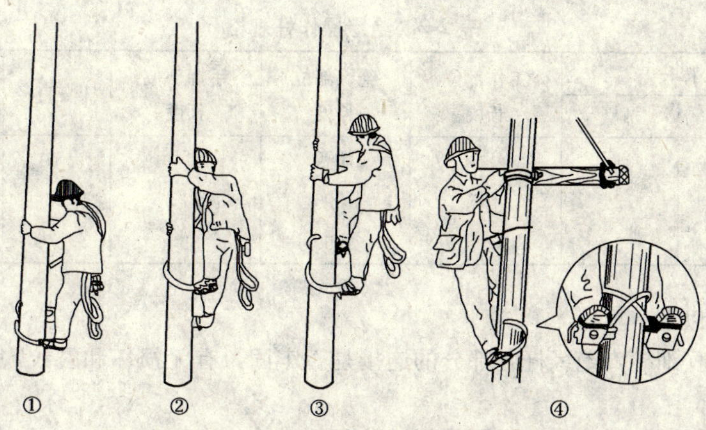

图 2-20 脚扣登杆定位方法

3. 腰带、保险绳和腰绳

腰带、保险绳和腰绳是电工高空操作必备用品，其外形如图 2-21 所示。

使用时应注意以下各项：

(1) 腰绳应系结在臀部上端，而不是系在腰间。

(2) 使用时应将其系结在电杆的横担或抱箍下方，要防止腰绳窜出电杆顶端而造成工伤事故。

技能要点 4：绝缘安全用具

电工绝缘安全用具，按其功能可分为绝缘操作用具和绝缘防护用具两大类。

1. 绝缘操作用具

绝缘操作用具，主要是在带电操作、测量和其他需要直接接触带电设备的环境下使用的绝缘用具。

绝缘操作杆由工作部分、绝缘部分和手握部分组成，如图 2-22 所示。

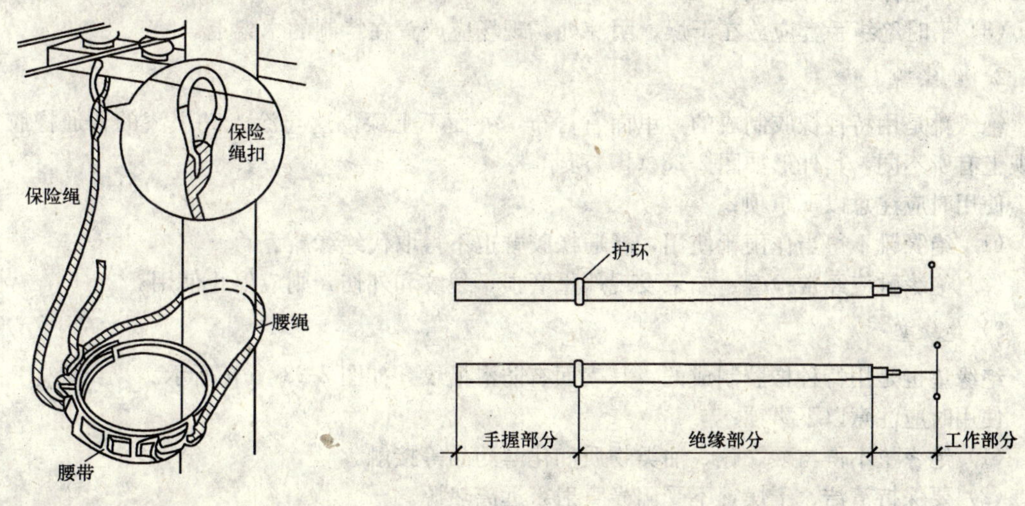

图 2-21 腰带、保险绳和腰绳

图 2-22 绝缘操作杆

为了保证操作人员有足够的安全距离，在不同工作电压下所使用的操作杆规格亦不相同，不可任意取用。绝缘操作杆规格与工作电压的对应关系如表 2-2 所列。

表 2-2 绝缘操作杆规格 (mm)

规格	棒长		工作部位长度	绝缘部位长度	手握部位长度	棒身直径	钩子宽度	钩子终端直径
	全长	节数						
500V	1640	1	185	1000	455	38	50	13.5
10kV	2000	2		1200	615			
35kV	3000	3		1950	890			

使用时应注意以下事项：

(1) 使用前应仔细检查绝缘杆各部分的连接是否牢固，有无损坏和裂纹，并用清洁干燥的毛巾擦拭干净。

(2) 手握绝缘杆进行操作时，手不得超过护环。

(3) 雨天室外使用的绝缘杆，应加装喇叭形防雨罩，防雨罩宜装在绝缘部分的中部，罩的上口必须与绝缘部分紧密结合，以防止渗漏，罩的下口与杆身应保持 20～30mm 距离。

(4) 操作时要戴干净的线手套或绝缘手套，以防止因手出汗而降低绝缘杆的表面电阻，使泄漏电流增加，危及操作者的人身安全。

2. 绝缘防护用具

绝缘防护用具，主要指对可能发生的电气伤害起防护作用的绝缘用具。

绝缘手套、绝缘靴、绝缘垫和绝缘站台统称为绝缘防护用具，如图 2-23 所示。

1) 绝缘手套

绝缘手套用绝缘性能良好的特种橡胶制成，用于防止泄漏电流、接触电压和感应电压对人体的伤害，其外形如图 2-23 (a) 所示。

使用时应注意以下事项：

(1) 使用前绝缘手套应进行外观检查，不应有粘胶、裂纹、气泡和外伤。

(2) 戴上绝缘手套后，手容易出汗，因此应在绝缘手套内衬上吸汗手套（如普通线手套），以增加手与带电体的绝缘强度。

(3) 平时绝缘手套应放在干燥、阴凉处，现场应放置在特制的木架上。

2) 绝缘靴

绝缘靴是用特种橡胶制成的，里面有衬布，外面不上漆，这与涂光亮黑漆的普通橡胶水鞋在外观上有所不同，其外形如图 2-23 (b) 所示。

使用时应注意以下事项：

(1) 绝缘靴不得当作雨靴使用，普通橡胶鞋也不得取代绝缘靴。

(2) 绝缘靴应经常检查，如果发现严重磨损、裂纹和外伤，则应停止使用。

3) 绝缘垫

绝缘垫也是用特种橡胶制成的，其表面有防滑槽纹，如图 2-23 (c) 所示。

使用时应注意以下事项：

(1) 绝缘垫不得与酸、碱、油类物质和化学药品等接触。

(2) 要保持清洁、干燥，不受阳光直射，远离热源。

(3) 每隔一段时间应使用温水清洗一次。

4) 绝缘站台

绝缘站台是电工带电操作用的辅助保护用具，它可取代绝缘靴和绝缘垫。其外形如图 2-23 (d) 所示。

使用时应注意以下事项：

（1）台面的边缘不得伸出支持绝缘瓷瓶的边缘。

（2）支撑台面的绝缘瓷瓶高度（从地面至站台面）不应小于 100mm。

（3）绝缘站台应放置在坚硬、干燥的地点。

（4）用于室外时，如果地面松软，则应在站台下面垫一块坚实的垫板，以免台脚陷入泥土或站台触及地面而降低其绝缘性能。

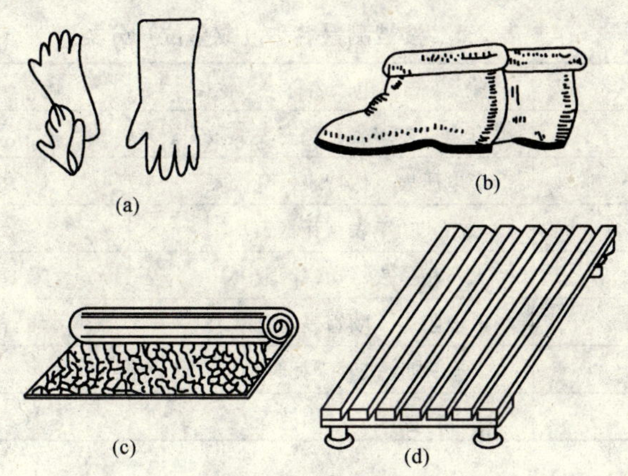

图 2-23　绝缘防护用具

（a）绝缘手套；（b）绝缘靴；（c）绝缘垫；（d）绝缘站台

技能图解 4　常用电工仪表

技能结构框线图

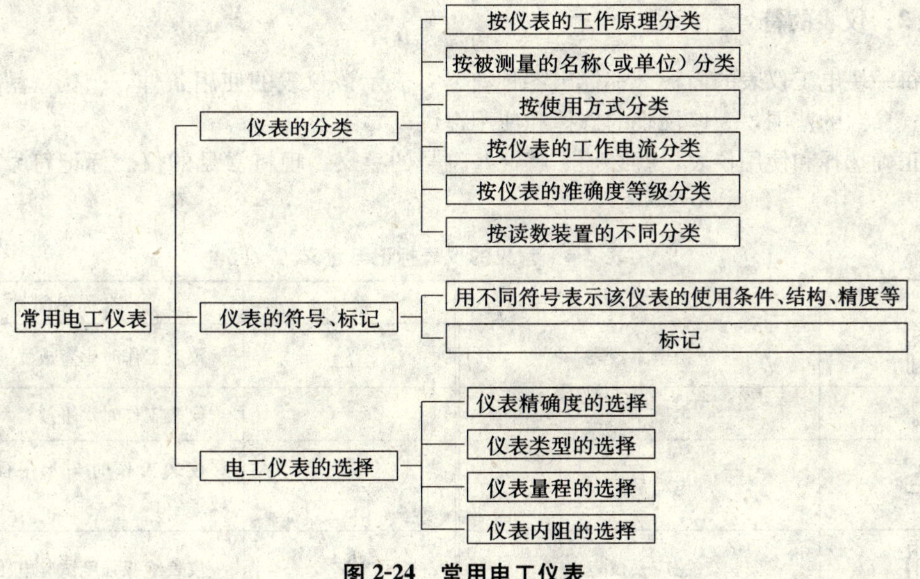

图 2-24　常用电工仪表

技能要点 1：仪表的分类

1. 按仪表的工作原理分类

主要有磁电式、电磁式、电动式、感应式等。

2. 按被测量的名称（或单位）分类

该种分类见表 2-3。

表 2-3　按被测量名称（或单位）分类

被测量名称	电表名称	表示符号
电流（安培）	电流表（安培表、毫安表、微安表）	A、mA、μA
电压（伏特）	电压表（伏特表、毫伏表）	V、mV
功率（瓦特）	功率表（瓦特表）	W
相　位	相位表（功率因数表）	$\cos\varphi$
电阻（欧姆、兆欧）	电阻表（欧姆表、兆欧表）	Ω、MΩ
电能（千瓦时）	电度表（千瓦时表）	kW · h
频率（赫兹）	频率表（周波表）	Hz

3. 按使用方式分类

可分为安装式（或称配电盘表）和可携带式仪表。

4. 按仪表的工作电流分类

有直流仪表、交流仪表、交直流两用仪表。

5. 按仪表的准确度等级分类

可分为 0.1、0.2、0.5、1.0、1.5、2.5、5.0 七级。

6. 按读数装置的不同分类

可分为指针式、数字式等。

技能要点 2：仪表的符号、标记

通常每一块电工仪表的面板上都标出各种符号，表示该仪表的使用条件、结构、精确度等级和所测电气参数的范围，为该仪表的选择和使用提供重要依据。

为了正确选择和使用仪表，就必须了解这些符号的意义。现将常见的仪表标记符号和它们的意义列于表 2-4 中。

表 2-4　常见的仪表标记与意义

符号	名称和含义	符号	名称和含义
	磁电系仪表	⊥	仪表工作时垂直放置
	电磁系仪表	⌐¬	仪表工作时水平放置
	电动系仪表	∠60°	仪表工作时与水平面倾斜 60° 放置
	感应系仪表	☆	仪表绝缘强度试验电压为 500V

表 2-4（续）

符号	名称和含义	符号	名称和含义
—	直流	☆（星内2）	仪表绝缘强度试验电压为 2000V
～	交流	（无标记）	A 组仪表，使用条件：工作环境 0～＋40℃
≃	交直流两用	△（内B）	B 组仪表，使用条件：工作环境 −20～＋50℃
≋	三相交流	▽（内c）	C 组仪表，使用条件：工作环境 −40～＋60℃
(1.5)	准确度等级 例如 1.5 级	□（内Ⅲ）	防御外磁场能力第Ⅲ级

技能要点 3：电工仪表的选择

要完成一项电工测量任务，首先要根据测量的要求，合理选择仪表和测量方法。所谓合理选择仪表，就是根据工作环境、经济指标和技术要求等恰当地选择仪表的类型、精度和量程，并选择正确的测量电路和测量方法，以达到要求的测量精确度。

1. 仪表精确度的选择

仪表的精确度指仪表在规定条件下工作时，在它的标度尺工作部分的全部分度线上，可能出现的基本误差。基本误差是在规定条件下工作时，仪表的绝对误差与仪表满量程之比的百分数。仪表的精确度等级用来表示基本误差的大小。精确度等级越高，基本误差越小。精确度等级与基本误差如表 2-5 所列。

表 2-5　仪表等级和基本误差值

仪表等级	0.1	0.2	0.5	1.0	1.5	2.5	5.0
基本误差（%）	±0.1	±0.2	±0.5	±1.0	±1.5	±2.5	±5.0

2. 仪表类型的选择

（1）测量对象是直流信号还是交流信号。测量直流信号，一般可选用磁电式仪表，如果用磁电式仪表测量交流电流和电压，还需要加整流器。测量交流信号一般选用电动式或电磁式仪表。

（2）被测交流信号是低频还是高频。对于 50Hz 工频交流信号，电磁式和电动式仪表都可以使用。

（3）被测信号的波形是正弦波还是非正弦波。若产品说明书中无专门说明，则测量仪表一般都以正弦波的有效值划分刻度。

3. 仪表量程的选择

由于基本误差是以绝对误差与满量程之比的百分数取得的，因此对同一只仪表来说，在不同量程上，其相对误差是不同的。

4. 仪表内阻的选择

测量时，电压表与被测电路并联，电流表与被测电路串联，仪表内阻对被测电路的工作状态必然产生影响。

技能图解5 仪表测量机构及其工作原理

技能结构框线图

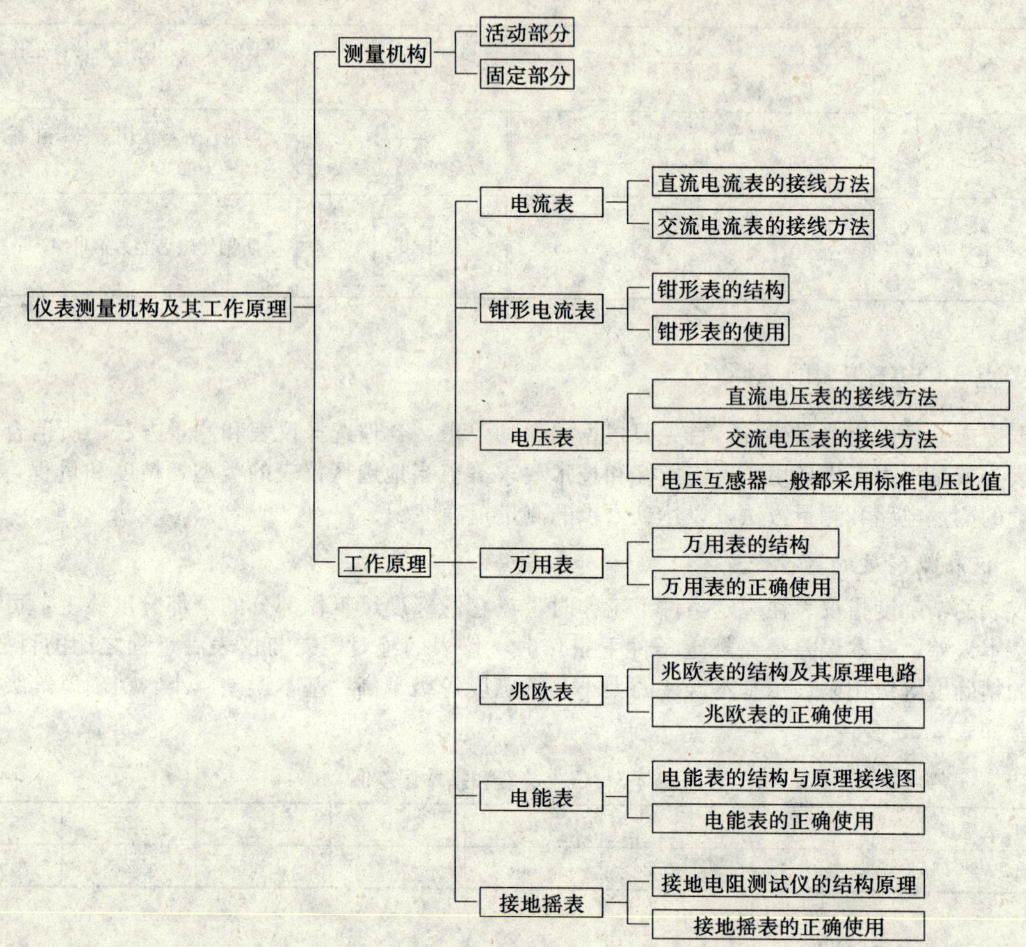

图 2-25 仪表测量机构及其工作原理

技能要点1：测量机构

仪表的测量机构可分为两个部分：活动部分及固定部分。用以指示被测量数值的指针就装在活动部分上。测量机构的主要作用是接受测量线路送来的电磁能量，产生转动力矩、反作用力矩和阻尼力矩，使指针稳定偏转，指示读数。由于产生转动力矩的方法各有不同，从而构成各种结构类型不同的仪表。

技能要点2：工作原理

常见的几种指示仪表的简单工作原理如下：

(1) 磁电系仪表：是利用固定的永久磁铁的磁场与通有直流电流的可动线圈间的相互作用而产生转动力矩，使指针偏转。它主要用来作直流仪表。

(2) 电磁系仪表：一个通有电流的固定线圈所产生的磁场与活动部分的铁片相互作用，或处在此磁场中的固定铁片与活动铁片间的相互作用产生转动力矩。它可以作安装式仪表及一般交直流携带式仪表。

(3) 电动系仪表：通有电流的固定线圈所产生的磁场与通有电流的可动线圈间的相互作用产生转动力矩。它可以制成交直流标准表及一般携带式仪表。

1. 电流表

电流表的内阻很小，使用时应串接在电路中，如图 2-26 所示。直流电流表使用时还须注意电流正负极性，避免接错。

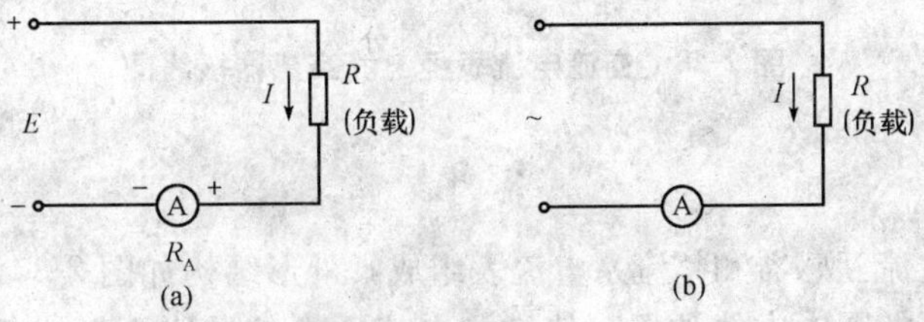

图 2-26　电流表的接线方法

(a) 直流电流的测量；(b) 交流电流的测量

(1) 直流电流表的接线方法。接线前要搞清电流表极性。通常直流电流表的接线柱旁边标有“+”和“−”两个符号，“+”接线柱接直流电路的正极，“−”接线柱接直流电路的负极。接线方法如图 2-26 (a) 所示。

分流器在电路中与负载串联，使通过电流表的电流只是负载电流的一部分，而大部分电流则从分流器中通过，这样就扩大了电流表的测量范围（图 2-27)。

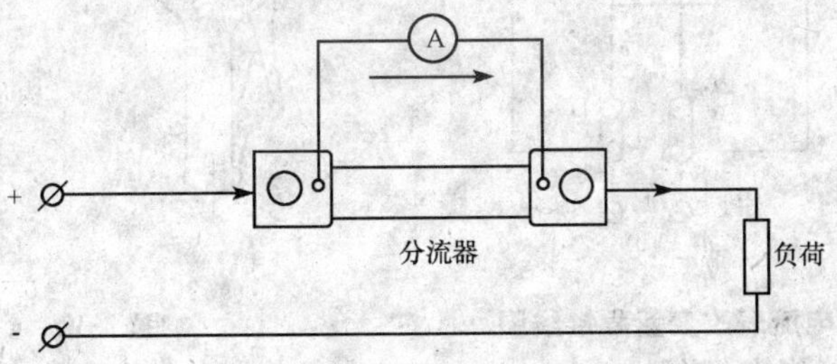

图 2-27　附有分流器的直流电流表接线图

如果分流器与电流表之间的距离超过了所附定值导线的长度，则可用不同截面和不同长度的导线代替，但导线电阻应在 0.035Ω±0.002Ω 以内。

(2) 交流电流表的接线方法。交流电流表一般采用电磁式仪表，其测量机构与磁电式的直流电流表不同，它本身的量程比直流电流表大。在电力系统中常用的 1T1—A 型电磁式交流电流表，其量程最大为 200A。在这一量程内，电流表可以直接串联于负载电路中，接线方法如图 2-26 (b) 所示。

电磁式电流表采用电流互感器来扩大量程，其接线方法如图 2-28 所示。

多量程电磁式电流表，通常将固定线圈绕组分段，再利用各段绕组串联或并联来改变电流的量程，如图 2-29 所示。

2. 钳形电流表

当用一般电流表测量电路的电流时，需要切断电路，将电流表或电流互感器的初级线圈串接到被测电路中。而用钳形电流表则可在不切断电路的情况下测量电流，使用很方便。

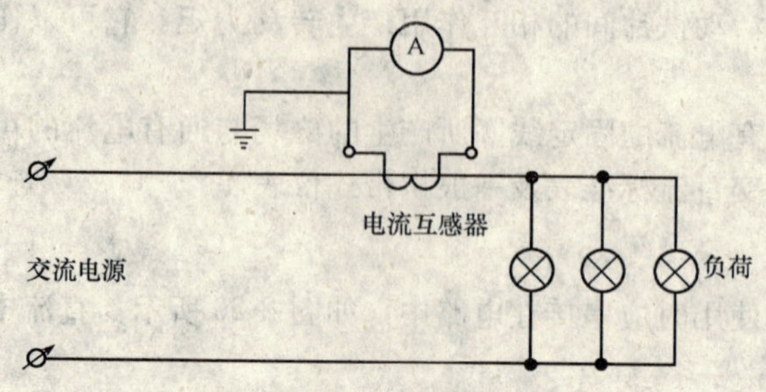

图 2-28 交流电流表经电流互感器接线图

1）钳形表的结构

钳形电流表是由电流互感器和整流系电流表组成，外形结构如图 2-30 所示，电流互感器的铁心在捏紧扳手时即张开如图中虚线位置，使被测电流通过的导线不必切断就可进入铁心的窗口，然后放松扳手，使铁心闭合。这样，通过电流的导线相当于互感器的初级绕组，而次级绕组中将出现感应电流，与次级相连接的整流系电流表指示出被测电流的数值。

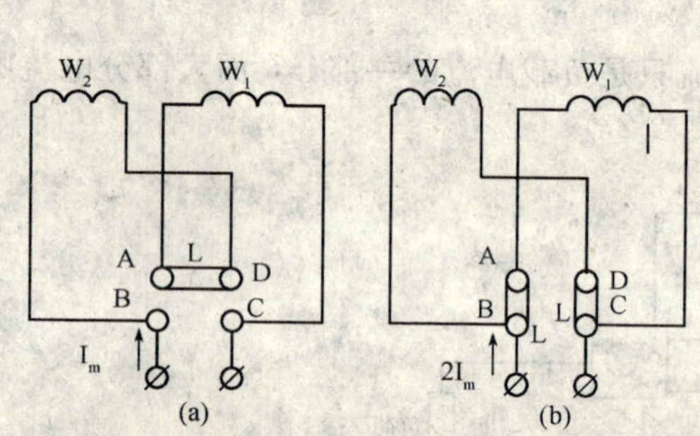

图 2-29 双量程电磁式电流表改变量程接线图

（a）绕组串联；（b）绕组并联

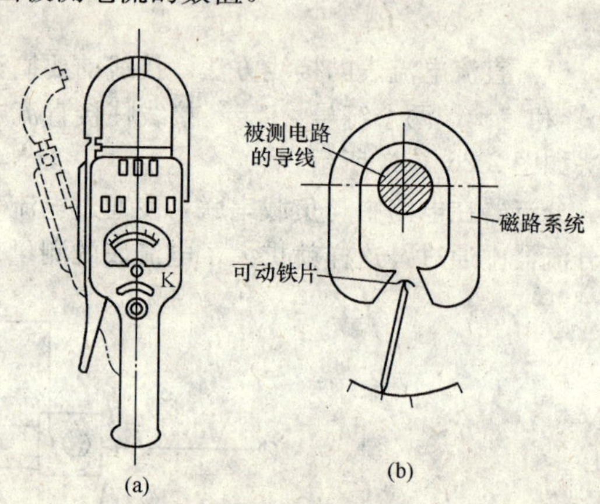

图 2-30 钳形电流表

（a）外形图；（b）结构示意图

2）钳形表的使用

这种钳形电流表使用方便，但准确度较低。通常只用在不便于拆线或不能切断电路的情况下进行测量。

（1）估计被测电流大小，将转换开关置于适当量程；或先将开关置于最高档，根据读数大小逐次向低档切换，使读数超过刻度的 1/2，得到较准确的读数。

（2）测量低压可熔保险器或低压母线电流时，测量前应将邻近各相用绝缘板隔离，以防钳口张开时可能引起相间短路。

（3）有些型号的钳形电流表附有交流电压量限，测量电流、电压时应分别进行，不能同时测量。

（4）测量 5A 以下电流时，为获得较为准确的读数，若条件许可，可将导线多绕几圈放进钳口测量，此时实际电流值为钳形表的示值除以所绕导线圈数。

（5）测量时应戴绝缘手套，站在绝缘垫上。读数时要注意安全，切勿触及其他带电部分。

（6）钳形电流表应保存在干燥的室内，钳口处应保持清洁，使用前应擦拭干净。

3. 电压表

测量电路电压的仪表叫做电压表，也称伏特表，表盘上标有符号“V”。因量程不同，电压表又分为毫伏表、伏特表、千伏表等多种品种规格，在其表盘上分别标有 mV、V、kV 等字样。电压表分为直流电压表和交流电压表，二者的接线方法都是与被测电路并联（图 2-31）。

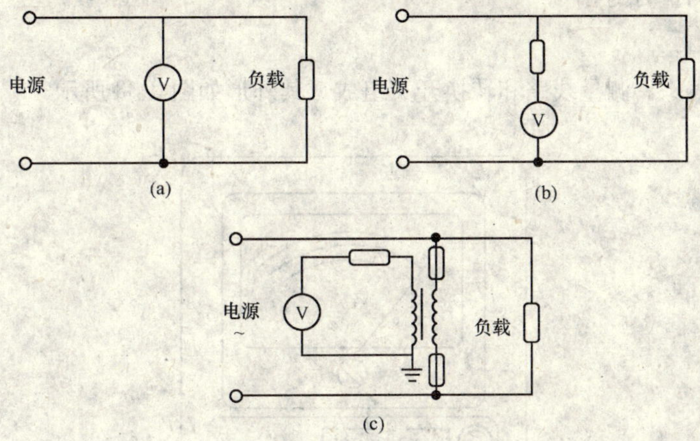

图 2-31　电压表接线

（a）电压表的直接接入；（b）电压表通过附加电阻接入；
（c）交流电压表经电压互感器接入

（1）直流电压表的接线方法。在直流电压表的接线柱旁边通常也标有“+”和“−”两个符号，接线柱的“+”（正端）与被测量电压的高电位连接；接线柱的“−”（负端）与被测量电压的低电位连接［图 2-31（a）］。正负极不可接错，否则，指针就会因反转而打弯。

（2）交流电压表的接线方法。在低压线路中，电压表可以直接并联在被测电压的电路上。在高压线路中测量电压，由于电压高，不能用普通电压表直接测量，而应通过电压互感器将仪表接入电路［图 2-31（b）］。

（3）为了测量方便，电压互感器一般都采用标准的电压比值，例如 3000/100V、6000/100V、10000/100V 等。其二次绕组电压总是 100V。因此，可用0～100V的电压表来测量线路电压。通过电压互感器来测量时［图 2-31（c）］，一般都将电压表装在配电盘上，表盘上标出规算好了的刻度值，从表盘上可以直接读取所测量的电压值。

为了防止因电表过载而损坏，可采用二极管来保护。保护二极管的接线方法如图 2-32 所示。

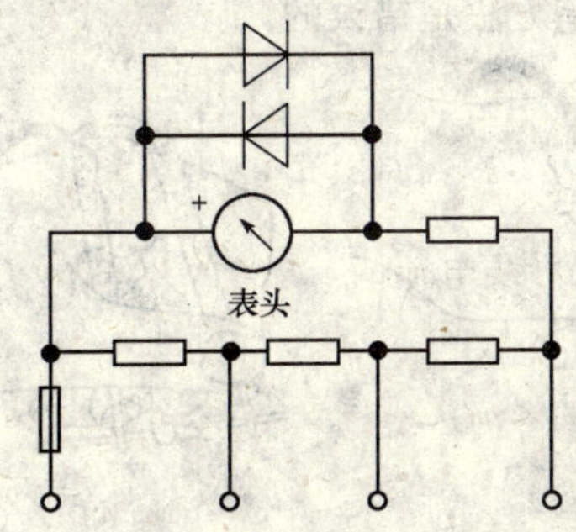

图 2-32　表头的二极管保护示意图

4. 万用表

万用表采用磁电系测量机构（亦称表头）配合测量线路实现各种电量的测量。实质上万用表是多量限直流电流表，多量限直流电压表，多量限整流系交流电压表和多量限欧姆表等所组成；合用一个表头，表盘上有相当于测量各种量值的几条标度尺。根据不同的测量对象可以通过转换开关的选择来达到测量目的。

1）万用表的结构

万用表主要由表头、测量线路和转换开关组成，其外形如图 2-33 所示。

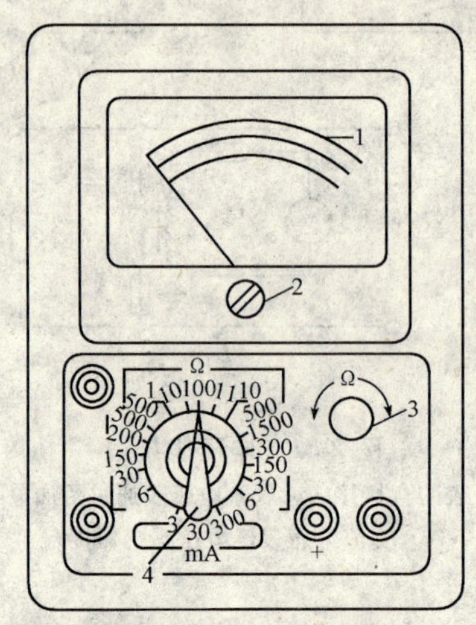

图 2-33 万用表外形

1—刻度表；2—表针调整旋钮；3—调零旋钮；4—转换开关

（1）指针式万用表。指针式万用表主要由指示部分、测量电路、转换装置三部分组成。

（2）数字式万用表。数字式万用表采用了大规模集成电路和液晶数字显示技术。与指针式万用表相比，数字式万用表具有许多特有的性能和优点：读数方便、直观，不会产生读数误差；准确度高；体积小，耗电省；功能多。许多数字式万用表还具有测量电容、频率、温度等功能。

2）万用表的正确使用

指针式万用表使用时应注意以下各项：

（1）测量时，应用右手握住两支表笔，手指不要触及表笔的金属部分和被测元器件，如图 2-34（a）所示。图 2-34（b）的握笔方法是错误的。

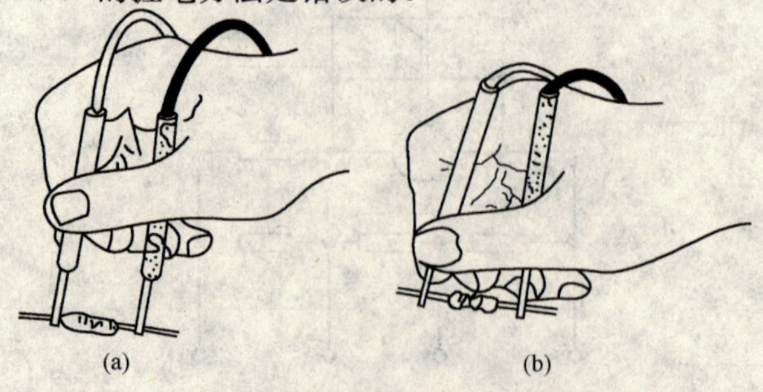

图 2-34 万用表表笔的握法

（a）正确；（b）错误

(2) 测量过程中不可转动转换开关，以免转换开关的触头产生电弧而损坏开关和表头。

(3) 使用 R×1 挡时，调零的时间应尽量缩短，以延长电池使用寿命。

(4) 万用表使用后，应将转换开关旋至空档或交流电压最大量程档。

数字式万用表使用时应注意以下事项：

(1) 不宜在阳光直射和有冲击的场所使用。不能用来测量数值很大的强电参数。

(2) 长时间不使用应将电池取出，再次使用前，应检查内部电池的情况。

(3) 被测元器件的引脚氧化或有锈迹，应先清除氧化层和锈迹再测量，否则无法读取正确的测量值。

(4) 每次测量完毕，应将转换开关拨到空档或交流电压最高档。

5. 兆欧表

1) 兆欧表的结构及其原理电路

在电机、电器和供用电线路中，绝缘材料的好坏对电气设备的正常运行和安全用电有着重大影响，而绝缘电阻是绝缘材料性能的重要标志。

绝缘电阻是用兆欧表来测量的，它是一种简便的测量大电阻的指示仪表，其标度尺的单位是兆欧，用 MΩ 来表示，1MΩ＝1000000Ω。

兆欧表又称“摇表”，外形如图 2-35 所示，其原理电路如图 2-36 所示。

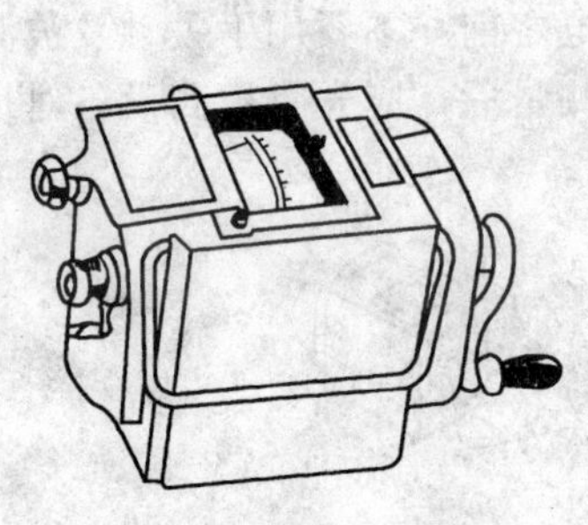

图 2-35　兆欧表外形

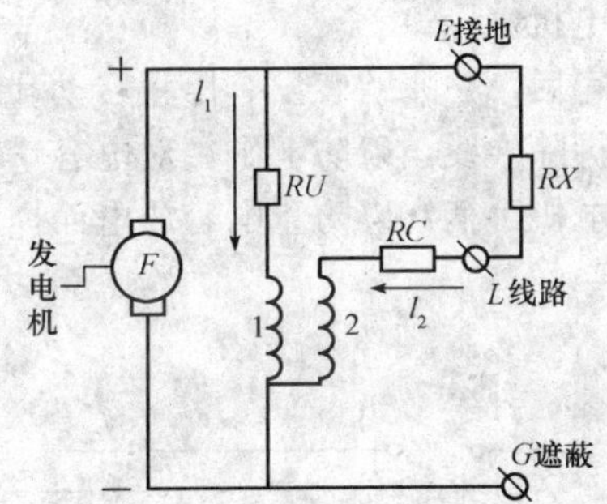

图 2-36　兆欧表的原理电路

F—发电机；*RC*，*RU*—附加电阻；1、2—动圈；
RX—待测绝缘电阻

选用兆欧表的额定电压应与被测线路或设备的工作电压相对应，兆欧表电压过低会造成测量结果不准确；过高则可能击穿绝缘。其额定电压的选择见表 2-6。另外兆欧表的量程也不要超过被测绝缘电阻值太多，以免引起测量误差。

表 2-6　兆欧表额定电压的选择

被测对象	被测设备的额定电压（V）	兆欧表的额定电压（V）
线圈绝缘电阻	500 以下 500 以上	500 1000
电力变压器线圈绝缘电阻 电机线圈绝缘电阻	500 以上	1000～2500
发电机线圈绝缘电阻	500 以下	1000
电气设备绝缘电阻	500 以下 500 以上	500～1000 2500
瓷瓶		2500～5000

2）兆欧表的正确使用

（1）电测量前必须切断被测设备的电源，并接地短路放电，确实证明设备上无人工作后方可进行。被测物表面应擦拭干净，有可能感应出高电压的设备，应作好安全措施。

（2）兆欧表在测量前的准备：兆欧表应放置在平稳的地方，接线端开路，摇发电机至额定转速，指针应指在“∞”位置；然后将“线路”、“接地”两端短接，缓慢摇动发电机，指针应指在“0”位。

（3）作一般测量时只用“线路”和“接地”两个接线端，在被试物表面泄漏严重时应使用“屏蔽”端，以排除漏电影响。接线不能用双股绞线。

（4）兆欧表上有分别标有“接地（E）”、“线路（L）”和“保护环（G）”的三个端钮。

测量线路对地的绝缘电阻时，将被测线路接于 L 端钮上，E 端钮与地线相接［图 2-37（a）］；

测量电动机定子绕组与机壳间的绝缘电阻时，将定子绕组接在 L 端钮上，机壳与 E 端钮连接［图 2-37（b）］；

测量电缆芯线对电缆绝缘保护层的绝缘电阻时，将 L 端钮与电缆芯线连接，E 端钮与电缆绝缘保护层外表面连接，将电缆内层绝缘层表面接于保护环端钮 G 上［图 2-37（c）］。

保护环 G 的作用如图 2-38 所示。其中图 2-38（a）为未使用保护环，两层绝缘表面的泄漏电流也流入线圈，使读数产生误差。图 2-38（b）为使用保护环后，绝缘表面的泄漏电流不经过线圈而直接回到发电机。

（5）测量完后，在兆欧表没有停止转动和被测设备没有放电之前，不要用手去触及被测设备的测量部分或拆除导线，以防电击。对电容量较大的设备进行测量后，应先将被测设备对地短路后，再停摇发电机手柄，以防止电容放电而损坏兆欧表。

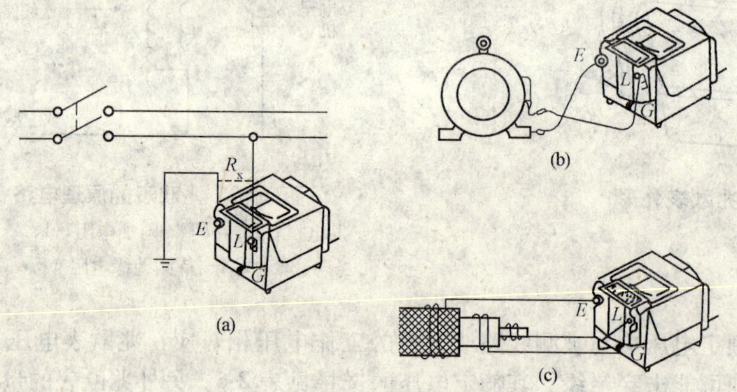

图 2-37　用兆欧表测量绝缘电阻的接线

（a）测线路绝缘电阻；（b）测电动机绝缘电阻；（c）测电缆绝缘电阻

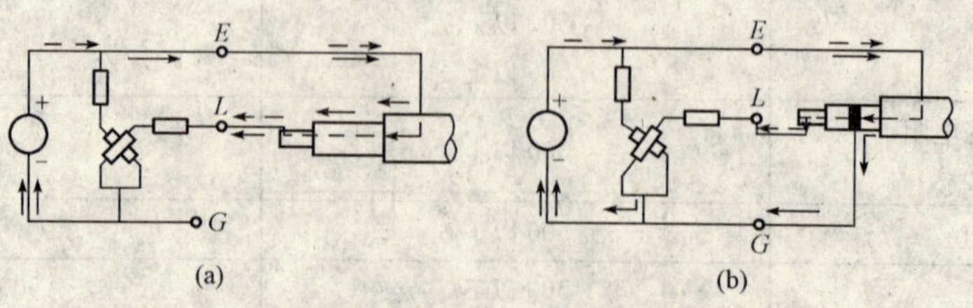

图 2-38　保护环的作用

（a）未使用保护环；（b）使用保护环

6. 电能表

1）电能表的结构与原理接线图

电能表是专门用来测量电能的，是一种能将电能累计起来的积算式仪表。

根据工作原理，可分为感应式电能表，磁电式电能表，电子式电能表等。原理接线图如图2-39所示。

感应式交流电能表广泛应用于各种电能计量场所，是使用量最多的电气仪表。在结构上，三相表和单相表的电磁元件和圆盘个数不等，其他零件的种类基本相同，只是外形有所差别。其转动原理完全一样。

2）电能表的正确使用

（1）单相电能的测量应使用单相电能表，其接线如图 2-40 所示。正确的接法是：电源的火线从电能表的 1 号端子进入电流线圈，从 2 号端子引出接负载；零线从 3 号端子进入，从 4 号端子引出。

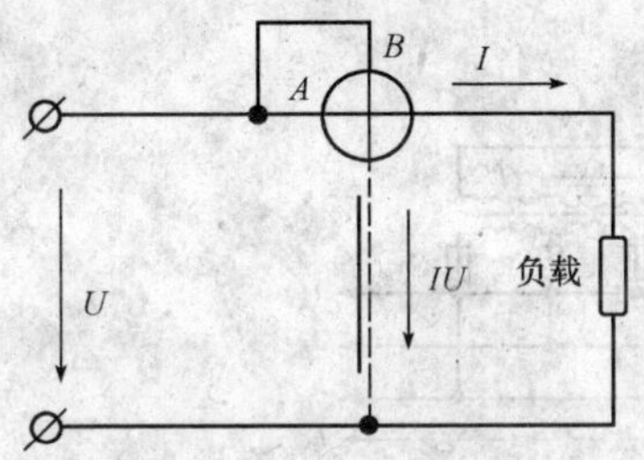

图 2-39　电能表原理接线图

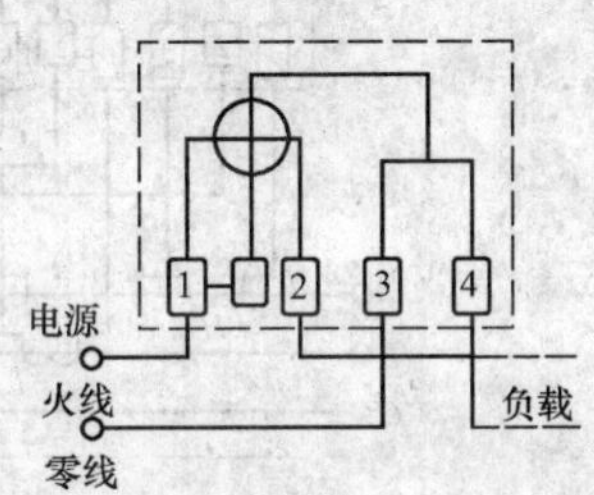

图 2-40　DD 型单相电能表测量电能的接线

（2）三相电能的测量。三相三线有功电能表的接线有直接接入和间接接入两种，如图 2-41（a）、（b）、（c）所示。

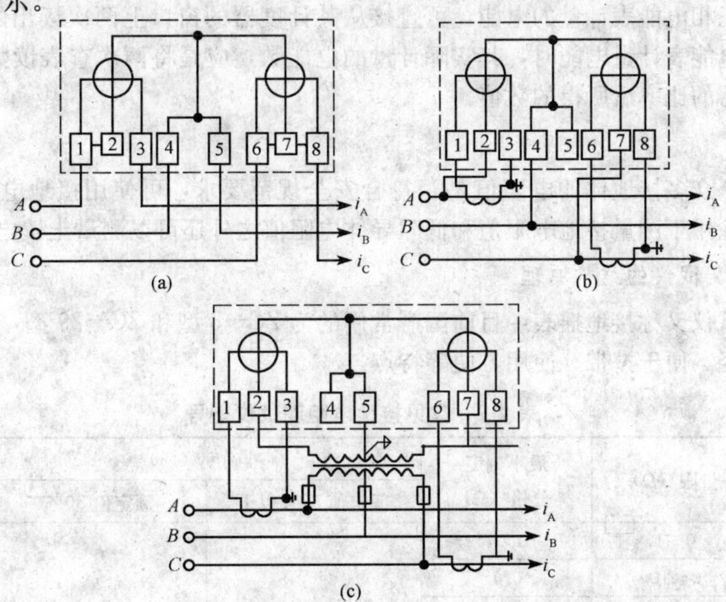

图 2-41　三相三线有功电能表测量三相有功电能的接线

（a）直接接入；（b）经电流互感器接入；（c）经电流互感器、电压互感器接入

三相有功电能的测量，可根据负荷情况，使用三相三线有功电能表或三相四线有功电能表。当三相负荷平衡时，可使用三相三线表，当三相负荷不平衡时，应使用三相四线表。

三相四线有功电能表的接线也有直接接入和间接接入两种，如图 2-42（a）、（b）、（c）所示。

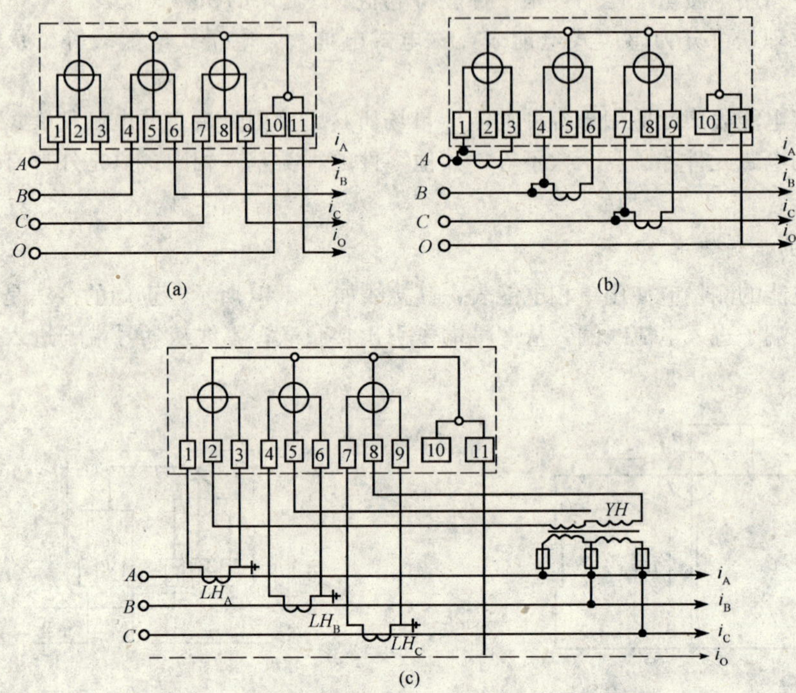

图 2-42　三相四线有功电能表测量三相有功电能的接线

（a）直接接入；（b）经电流互感器接入；（c）经电流互感器、电压一感器接入

直接接入式三相电能表计量的电能，可直接从其计度器的窗口上两次读出的差中算出。采用间接接入式三相电能表计量电能时，其实际计量的电能数，应是将两次查表读数的差乘以电流互感器和电压互感器的比率后所得的数值。

7. 接地摇表

在施工现场，众多接地体的电阻值是否符合安全规范要求，可使用接地电阻测试仪来测量。接地电阻测试仪除用于测量接地电阻值和低阻导体电阻值之外还可以测量土壤电阻率。

1）接地电阻测试仪的结构原理

接地电阻测试仪又称接地摇表，目前国产常用的为 ZC—8 型和 ZC—29 型，见表 2-7，它们具有体积小、质量轻、便于携带、使用方便等特点。

表 2-7　常见接地电阻测试仪型号

型　号	量限（Ω）	最小刻度分格（Ω）	准确度（%）		电　源
			额定值 30%以下	额定值 30%	
ZC—8	0～1	0.01	为额定值的±1.5	为指示值的±5	手摇发电机
	0～10	0.1			
	0～100	1			
	0～10	0.1			
	0～100	1			
	0～1000	10			

表 2-7（续）

型　号	量限（Ω）	最小刻度分格（Ω）	准确度（%）		电　源
			额定值 30%以下	额定值 30%	
ZC—29	0～10	0.1	为额定值的±1.5	为指示值的±5	手摇发电机
	0～100	1			
	0～1000	10			

测量接地电阻的基本原理如图 2-43 所示。

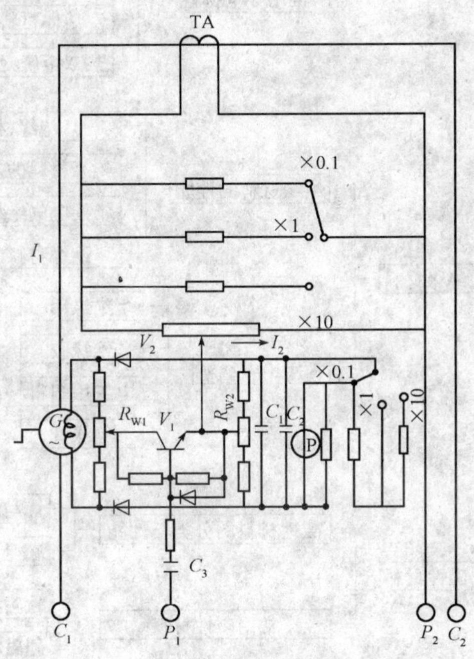

图 2-43　接地电阻测试仪工作原理图

接地摇表由手摇发电机、检流计、电流互感器和滑线变阻器等构成。当手摇发电机转动时，便产生交流电动势，交流电流从发电机的一个极开始，经由电流互感器一次绕组，接地极、大地和探测针后回到发电机的另一个极构成回路。

此时电流互感器便感应出电流，使检流计指针偏转并指示被测电阻值。

2）接地摇表的正确使用

(1) 测量前准备：测量前，应将接地装置的接地引下线与所有电气设备断开。

同时按测量接地电阻或低阻导体电阻以及测量土壤电阻率不同的使用目的，对照有关仪表的使用说明正确接线。

(2) 测量：测量时，应先将仪表放在水平位置，检查检流计指针是否对在中心线上（如不在中心线上，应调整到中心线上），然后将“倍率标度”放在最大倍数上，慢慢转动发电机摇把，同时旋转“测量标度盘”，使检流计指针平衡。

当指针接近中心线时，加快摇把转速，达到 120r/min，再调整测量标度盘，使指针指于中心线上。此时用测量标度盘的读数乘以倍率标度的倍数即得所测的接地电阻值。

技能图解 6　常用电工材料

技能结构框线图

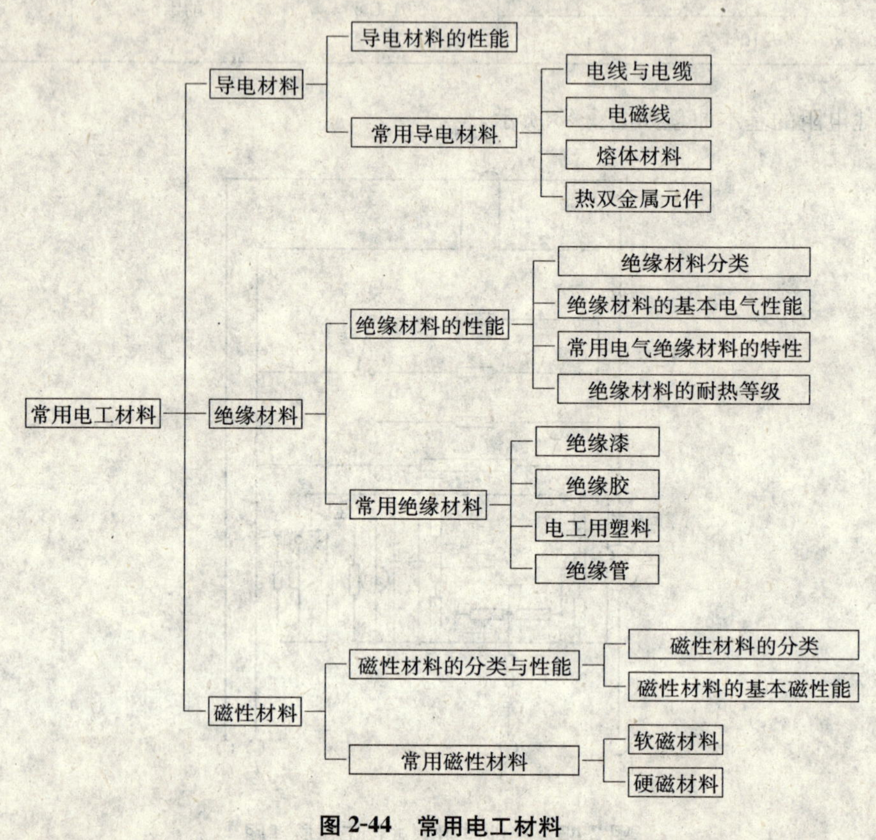

图 2-44　常用电工材料

技能要点 1：导电材料

1. 导电材料的性能

导电材料包括固体、液体，在某些情况下也有气体。在常温时，金属材料（除汞外都是固体）是主要的导电材料。导电材料分为一般用途导电材料和特殊用途导电材料。其分类及用途见表 2-8。

表 2-8　导电金属主要特性和用途

名称	密度（$\times10^3$kg/m^3）	熔点（℃）	抗拉强度（MPa）	电阻率（$\times10^{-8}\Omega\cdot$m）	电温系数（$\times10^{-3}$/℃）	主要特性	主要用途
银 Ag	10.49	961.0	160～180	1.59	4.1	有最好的导电性和导热性，抗氧化，易加工易焊	航空导线、耐高温导线、射频电缆等导体和镀层
铜 Cu	8.96	1084.9	200～220	1.72	3.93	有良好的导电性和导热性，耐腐蚀，易加工易焊	各种导线电缆导体、母线和载流零件等

表 2-8（续）

名称	密度 （$\times10^3$kg/m^3）	熔点 （℃）	抗拉强度 （MPa）	电阻率 （$\times10^{-8}\Omega\cdot$m）	电温系数 （$\times10^{-3}$/℃）	主要特性	主要用途
金 Au	19.30	1064.4	130～140	2.40	3.40	有良好的导电性和导热性，抗氧化，易加工易焊	电子材料等特殊用途
铝 Al	2.70	660.4	70～80	2.90	4.23	导电性和导热性良好，抗氧化，易加工，轻质	各种导线电缆导体、母线和载流零件等
钠 Na	0.97	92.8		4.6	5.40	比重特小，熔点低，活泼，易与水作用	有可能作实际的导体
钼 Mo	10.20	2620±10	700～1000	5.7	3.30	强度硬度高，耐磨，熔点高，脆性大，高温易氧化，需要特殊加工	超高温导体、电焊机电极
钨 W	19.30	2410±10	1000～1200	5.3	4.50	强度硬度高，耐磨，熔点高，脆性大，高温易氧化，需要特殊加工	电光源灯丝，电焊机电极，电子管灯丝、电极等
锌 Zn	7.14	419.6	110～150	6.10	3.79	抗氧化耐腐蚀	导体保护层和干电池阴极等
镍 Ni	8.90	1453	400～500	6.84	6.0	抗氧化，高温强度高，耐辐射	高温导体保护层等特殊导体、电子管电极等
铁 Fe	7.86	1538	250～330	9.78	5.0	机械强度高，压力加工电阻率较高，交流损耗大，易腐蚀	功率不大的广播线、电话线、爆破导线等
铂 Pt	21.45	1770	140～160	9.85	3.9	抗氧化抗化学耐腐蚀性特好，易压力加工	精密电表和电子仪器的零件等
锡 Sn	7.30	232.0	15～27	12.6	4.2	塑性好，耐腐蚀，强度低	导体保护层、焊料熔丝
铅 Pb	11.34	327.5	10～30	21.9	3.90	塑性好，耐腐蚀，强度低，比重大，熔点低	熔丝、蓄电池极板、电缆保护层等
汞 Hg	13.55	−38.87		95.8	0.89	液体，沸点为357℃，加热易氧化，蒸汽对人有害	水银整流器、水银灯和水银开关等

最常用的导电金属为铜和铝，但在某些特殊场合，也需要用铜或铝的合金或其他金属合金；电热材料需具有较大的电阻系数，常选用镍铬合金或铁铬铝合金；电光源的灯丝熔点高，则选用钨丝等作为导电材料。

铜导线的导电性能、焊接性能和机械强度都比铝导线好，因此要求较高的动力线、电气设备的控制线和电机电器的线圈等大部分采用铜导线。但铝的密度小（$2.7\times10^3 kg/m^3$），是铜的1/3（铜为$8.9\times10^3 kg/m^3$），且资源丰富，价格便宜。因此铝导线成本低，质量轻，目前主要在架空线、照明线和汇流排等方面广泛应用。

2. 常用导电材料

导电材料分为一般导电材料（电线电缆）和特种导电材料。电线电缆专门用于传导电流，其品种很多。按照性能、结构、制造工艺及使用特点不同，一般分为裸导线和裸导体制品、电磁线、电气装备用电线电缆、电力电缆和通信电缆。注意产品型号中用“T”代表铜，以L代表铝，以“R”代表软，以“Y”代表硬。

1）电线与电缆

制造电线与电缆的主要导电材料是铜和铝。铜的导电性能、机械强度均优于铝；但铝的密度小、质量轻、价格便宜。所以在架空、照明线等领域，铝成为铜的最好代用品。由于铝焊接困难，质硬塑性差，因而在维修电工中广泛应用的仍是铜导线。

电线与电缆品种很多，按照性能、结构、制造工艺及使用特点，分为以下五类：电气装备用电线电缆、电磁线、裸导线和裸导体制品、电力电缆和通信电线电缆。

一般用途铜铝导体性能比较如下：

（1）电导率，铝约为铜的61%。

（2）密度，铝约为铜的30%。

（3）机械强度，铝约为铜的50%。

（4）比强度（抗拉强度/密度），铝约为铜的130%。

（5）在单位长度电阻相同情况下，其质量铝约为铜的50%。

（6）电阻随温度的变化，铝的电阻温度系数略大于铜，约为铜的107%。不同温度下铜、铝导体的电阻率和电导率见表2-9。

（7）可焊接性，铝比铜差。

（8）价格，铝资源丰富，其价格比铜低。

表2-9 铜铝导体在不同温度下的电阻率和电导率

温度（℃）	电阻率（$\Omega\cdot mm^2/m$）		电导率（%IACS）	
	铜	铝	铜	铝
0	0.0158	0.0261	109	66
10	0.0165	0.0272	104	63
20	0.0172	0.0282	100	61
30	0.0178	0.0294	97	59
35	0.0185	0.0300	93	57
40	0.0188	0.0305	91	56
50	0.0192	0.0316	90	54
60	0.0200	0.0327	86	53
70	0.0206	0.0338	83	51
75	0.0212	0.0343	81	56
80	0.0216	0.0349	80	49
90	0.0219	0.0360	79	48
100	0.0226	0.0371	76	46

2）电磁线

电磁线又称为绕组线，它是以绕组形式在磁场中切割磁力线而产生感应电动势或者通以电流产生磁场，是专门用于实现电能和磁能相互转换场合并有绝缘层的导线。电磁线用于制造电机、变压器、各种电器的线圈。按照绝缘层特点和用途可分为漆包线、绕包线、无机绝缘线和特种电磁线。

（1）漆包线由导电线芯和绝缘层组成。漆包线的绝缘层是将绝缘漆均匀涂覆在导电线芯上，经过烘干而形成的漆膜。常用漆包线的类别、型号、主要用途及优缺点见表 2-10。

表 2-10　常用漆包线的类别、型号、主要用途及优缺点

类别	型　号	耐温等级（℃）	优　点	缺　点	主要用途
油性漆包线	Q	A（105）	漆膜均匀；介质损耗角小	耐刮性差；耐溶剂性差	中、高频线圈及仪表电器的线圈
缩醛漆包线	QQ−1、QQ−2 QQ−3 QQL−1QQL−2 QQS−1QQS−2 QQB−1 QQLB	E（120）	耐冲击性好；耐刮性好；水解性能良好	卷绕时漆膜易产生裂纹	普通中小电机、微电机绕组和油浸变压器的线圈、电器仪表用线圈
聚氨酯漆包线	QA−1 QA−2 QA−3	E（120）	在高频条件下介质损耗角小；可以直接焊接；着色性好，可制不同颜色线	过载性能差；热冲击及耐刮性能较差	要求 Q 值稳定的高频线圈，电视线圈和仪表用的微细线圈
聚酯漆包线	QZ−1， QZ（G）−1 QZ−2， QZ（G）−2 QZL−1， QZL−2 QZB QZLB	B（130） 其中 QZ（G）、 QZB 型 为 F（155）	在干燥和潮湿条件下，耐电压击穿性能好；软化击穿性能好；热冲击性较好	耐水解性差；与聚氯乙烯氯丁橡胶等含氯高分子化合物不相溶	通用中小电机的绕组、干式变压器和电器仪表的线圈
聚酰亚胺漆包线	QY−1 QY−2 QYB−1 QYB−2	220	漆膜耐热性最好；软化击穿和热击穿性好，能承受短期过载负荷；耐低温耐辐射，耐溶剂及化学药品腐蚀性好	耐刮性差；耐碱性差；在含水密封系统中容易水解；漆膜受卷绕时，应力容易产生裂纹	耐高温电机、干式变压器、密封式继电器及电子元件

（2）绕包线是指导电线芯或漆包线上利用天然丝、玻璃丝、绝缘纸或合成树脂等进行紧密绕包，形成绝缘层，部分绕包线在绕包好后再经过浸渍（或胶）的处理，构成组合绝缘的电磁线。绕包线的主要品种、特点和主要用途见表 2-11。

表 2-11 常用绕包线的主要品种、特点和主要用途

类别	产品名称	型号	特点			主要用途
			耐热等级（℃）	优点	局限性	
玻璃丝包线及玻璃丝包漆包线	双玻璃丝包圆铜线 双玻璃丝包圆铝线 双玻璃丝包扁铜线 双玻璃丝包扁铝线 单玻璃丝包聚酯漆包扁铜（铝）线 单玻璃丝包聚酯漆包圆铜线 双玻璃丝包聚酯漆包扁铜（铝）线	SBEC SBELC SBECB SBELCB QZSBCB QZSBLCB QZSBC QZSBECB QZSBELCB	B（130）	过负载性优；耐电晕性优；玻璃丝包漆包线的耐潮性好	弯曲性较差；耐潮性较差	作发电机，大、中型电动机，牵引电机，干式变压器中的绕组
	单玻璃丝包缩醛漆包圆铜线	QQSBC	E（120）	过负载性优；耐电晕耐潮	弯曲性较差	
	双玻璃丝包聚酯亚胺漆包扁铜线 单玻璃丝包聚酯亚胺漆包扁铜线	QZYSBEFB QZYSBFB	F（155）	过负载性优；耐电晕性优；耐潮性优	弯曲性较差	
	硅有机漆双玻璃丝包圆铜线 硅有机漆双玻璃丝包扁铜线	SBEG SBEGB	H（180）	过负载性优；耐电晕性优；硅有机漆浸渍改进了耐水耐潮性能	弯曲性较差；硅有机漆浸渍粘合能力较差；绝缘层的机械强度较差	
	双玻璃丝包聚酰亚胺漆包扁铜线 单玻璃丝包聚酰亚胺漆包扁铜线	QYSBEGB QYSBGB	H（180）	过负载性优；耐电晕性优；耐潮性优	弯曲性较差	
纸包线	纸包圆铜（铝）线 纸包扁铜（铝）线	Z（ZL） ZB（ZLB）	A（105）指在油中或浸渍处理后	耐电压击穿性优；价格便宜	绝缘纸容易破坏	作油浸电力变压器中的线圈
丝包线及丝包漆包线圆铜线	双丝包 单丝包油性漆包 单丝包聚酯漆包 双丝包油性漆包 双丝包聚酯漆包	SE SQ SQZ SEQ SEQZ	A（105）指在油中或浸渍处理后	绝缘层的机械强度较好；油性漆包线的介质损耗角正切值小；丝包漆包线的电性能优	如果不浸渍，丝包线的耐潮性差	用于仪表、电信设备的线圈和探矿电缆线芯

3）熔体材料

熔体是熔断器的主要部件。不同的熔体，对相同的熔化电流，其熔化时间相差也很大。

（1）纯金属熔体材料，最常用的为银、铜、铝、锡、铅和锌等。在特殊场合也可采用其他金属作熔体。

银具有优良的导热、导电性能，其导电性能在接近氧化的高温下亦不显著降低；耐腐蚀性好，与填料的相容性好；富于延性，能制成各种精确尺寸和复杂外形的熔体；焊接性好；在受热过程中，能与其他金属形成共晶而不致损害其稳定性等。

铜有良好的导电、导热性能，机械强度高；但在温度较高时易氧化，故其熔断特性不够稳定；铜质熔体熔化时间短，金属蒸气少，有利于灭弧。铜宜作精度要求较低的熔体。

（2）低熔点合金熔体材料通常由不同成分的铋、镉、锡、铅、锑、铟等组成，熔点一般为 60～200℃，见表 2-12。它们具有对温度反应敏感的特性，故可用来制成温度熔断器的熔体，广泛用于保护电炉、电热器等电热设备的过热。

表 2-12　低熔点合金的成分（质量分数）和熔点

化学成分（%）					熔点（℃）
Bi	Pb	Sn	Cd	其他	
20	20	—	—	Hg 60	20
45	23	8	5	In 19	47
49	18	12	—	In 21	57
50	27	13	10	—	70
52	40	—	8	—	92
53	32	15	—	—	96
54	26	—	20	—	103
55.5	44.5	—	—	—	124
56	—	40	—	Zn 4	130
29	43	28	—		132
57	—	43	—		138
—	32	50	18		145
50	50	—	—		160
15	41	44	—		164
33	—	67	—		166
—	—	67	33		177
—	38	62	—		183
20	—	80	—		200

（3）熔体的熔断特性除与选用材料直接有关外，还与熔体的外形、尺寸、安装方式及其他影响其散热的因素有密切关系。表 2-13 为熔体元件的各种外形、结构和使用寿命的关系。

表 2-13　熔体元件的形状、结构和寿命的关系

熔体元件的形状		熔体元件结构	寿命	说　明
线	梯形线 均匀直线	卷线形	长	元件无缺口，无应力集中，是最理想的形状。卷线结构，只需细小的变形，就可吸收很大的伸长 直线形结构，需要很大的变形，才能吸收伸长
		管内螺旋形	中	
		直线形	短	
	缺口线	管内螺旋形	短	元件带缺口，产生应力集中

表 2-13（续）

熔体元件的形状		熔体元件结构	寿命	说　明
带	带缺口和开孔的带	管内螺旋形	中	元件带缺口，有应力集中，但元件自身产生的变形，即可少量吸收伸长
		直线形	短	
	开孔带	波浪形	中	元件带缺口，有应力集中。伸长的吸收集中于缺口部分。根据元件的结构，缺口部的变形有大有小。元件形状以直线形寿命最差
		锯齿形	中	
	缺口带	管内螺旋形	短	
		直线形	极短	

4）热双金属元件

热双金属元件是由两种热膨胀系数相差悬殊的金属复合而成的。这两种金属分别称之为主动层和被动层。主动层的线膨胀系数约为（17～27）$\times10^{-6}$/℃，被动层金属的线膨胀系数约为（2.6～9.7）$\times10^{-6}$/℃。当电流流过热双金属元件或将热双金属元件放置在电器的某一部位，温度升高后，双金属元件因膨胀系数不同而弯曲变形，从而产生一个推力，使与之相连的触头改变通断状态。

热双金属元件结构简单，动作可靠，广泛应用于电气控制和电动机的过载保护。

（1）热双金属元件的分类及用途（表 2-14）。

（2）热双金属元件的主要技术数据（表 2-15、表 2-16）。

表 2-14　常用热双金属的种类及用途

类　型	特点及用途
通用型	适用于多种用途和中等使用温度范围的品种，有较高的灵敏度和强度
高温型	适用于 300℃以上的温度下工作。有较高的强度和良好的抗氧化性能，其灵敏度较低
低温型	适用于 0℃以下温度工作。性能要求与通用型相近
高灵敏型	具有高灵敏度、高电阻等特性，但其耐腐蚀性较差
电阻型	在其他性能基本不变的情况下，有高低不同的电阻率可供选用。适用于各种小型化、标准化的电器保护装置
耐腐蚀型	有良好的耐腐蚀性。适合于腐蚀性介质中使用。性能要求与通用型相近
特殊型	具有各种特殊性能

表 2-15　通用型热双金属元件主要技术数据

型号	旧型号	电阻率 μΩ·cm (20±5℃)	比弯曲 (10^{-6}/℃)（室温～+150℃）	线性温度范围（℃）	允许使用温度范围（℃）
5J1306A	Rs	6±10%	13.8±5%	−20～150	−70～200
5J1306B		6±10%	13.5±5%	−20～150	−70～200
5J1411A	R8，R9	11±10%	14.9±5%	−20～150	−70～200
5J1411B	R10，R12	11±10%	14.2±5%	−20～150	−70～200

表 2-15（续）

型号	旧型号	电阻率 μΩ·cm (20±5℃)	比弯曲 (10^{-6}/℃)（室温～+150℃）	线性温度范围 (℃)	允许使用温度范围 (℃)
5J1417A		17±10%	14.9±5%	−20～150	−70～200
5J1417B		17±10%	14.2±5%	−20～150	−70～200
5J1220A	R20	20±8%	12.3±5%	−20～150	−70～200
5J1220B		20±8%	12.0±5%	−20～150	−70～200
5J1325A	R25	25±8%	13.9±5%	−20～150	−70～200
5J1325B		25±8%	13.5±5%	−20～150	−70～200
5J1430A	R33	30±7%	14.8±5%	−20～150	−70～200
5J1430B		30±7%	14.0±5%	−20～150	−70～200
5J1435A		35±7%	14.8±5%	−20～150	−70～200
5J1435B		35±7%	14.0±5%	−20～150	−70～200
5J1440A		40±7%	14.8±5%	−20～150	−70～200
5J1440B		40±7%	14.0±5%	−20～150	−70～200
5J1455A	R52	55±7%	14.9±5%	−20～150	−70～200
5J1455B		55±7%	14.1±5%	−20～150	−70～200
5J14140	R141	140±5%	14.5±5%	−20～150	−70～200

表 2-16　高灵敏型热双金属元件主要技术数据

型号	旧型号	电阻率 μΩ·cm (20±5℃)	比弯曲 (10^{-6}/℃)（室温～+150℃）	线性温度范围 (℃)	允许使用温度范围 (℃)
5J20110	5J11	110±5%	20.5±5%	−20～150	−70～200
5J1378	5J18	78±5%	13.8±5%	−20～180	−70～350
5J1480	5J18	80±5%	14.0±5%	−20～180	−70～350
5J1070	5J23	70±5%	10.6±10%	+20～350	−70～500
5J0756	5J25	56±5%	7.5±10%	0～400	−70～500

技能要点 2：绝缘材料

绝缘材料的基本特征主要反映在使用中所发生的导电、极化、损耗、老化、击穿等过程变化，它们对电工产品的性能起到重要的作用。所以衡量绝缘材料的性能好坏的主要性能指标除电阻率外还有击穿强度和损耗角正切 $\tan\delta$。此外在不同场合下还要求绝缘材料有一定的强度、延展性、良好的导热性、耐热耐蚀性和抗射线防老化的能力等。

1. 绝缘材料的性能

1）绝缘材料的分类

绝缘材料的种类很多，有气体绝缘材料，液体绝缘材料和固体绝缘材料。常用绝缘材料的分类及特点见表 2-17。

表 2-17 绝缘材料的分类及特点

序号	类别	主要品种	特点及用途
1	气体绝缘材料	空气、氮、氢、二氧化碳、六氟化硫、氟里昂	常温、常压下的干燥空气，环绕导体周围，具有良好的绝缘性和散热性 用于高压电器中的特种气体具有高的电离场强和击穿场强，击穿后能迅速恢复绝缘性能，不燃、不爆、不老化、无腐蚀性，导热性好
2	液体绝缘材料	矿物油、合成油、精制蓖麻油	电气性能好，闪点高，凝固点低，性能稳定，无腐蚀性。主要用作变压器、油开关、电容器、电缆的绝缘、冷却、浸渍和填充
3	绝缘纤维制品	绝缘纸、纸板、纸管、纤维织物	经浸渍处理后，吸湿性小，耐热、耐腐蚀，柔性强，抗拉强度高。主要用作电缆、电机绕组等的绝缘
4	绝缘漆、胶、熔敷粉末	绝缘漆、环氧树脂、沥青胶、熔敷粉末	以高分子聚合物为基础，能在一定条件下固化成绝缘膜或绝缘整体，起绝缘与保护作用
5	浸渍纤维制品	漆布、漆绸、漆管和绑扎带	以绝缘纤维制品为底料，浸以绝缘漆，具有一定的机械强度、良好的电气性能，耐潮性、柔软性好。主要用作电机、电器的绝缘衬垫，或线圈、导线的绝缘与固定
6	绝缘云母制品	天然云母、合成云母、粉云母	电气性能、耐热性、防潮性、耐腐蚀性良好。主要用于电机、电器主绝缘和电热电器绝缘
7	绝缘薄膜、粘带	塑料薄膜、复合制品、绝缘胶带	厚度薄（0.006～0.5mm），柔软，电气性能好，用于绕组电线绝缘和包扎固定
8	绝缘层压制品	层压板、层压管	由纸或布作底料，浸或涂以不同的胶粘剂，经热压或卷制成层状结构，由气性能良好，耐热，耐油，便于加工成特殊形状，广泛用作电气绝缘构件
9	电工用塑料	酚醛塑料、聚乙烯塑料	由合成树脂、填料和各种添加剂配合后，在一定温度、压力下，加工成各种形状，具有良好的电气性能和耐腐蚀性，可用作绝缘构件和电缆护层
10	电工用橡胶	天然橡胶、合成橡胶	电气绝缘性好，柔软，强度较高。主要用作电线、电缆绝缘和绝缘构件

2）绝缘材料的基本电气性能

绝缘材料的基本电气性能就是其绝缘性。反映绝缘性的主要特性参数是泄漏电流、电阻率、绝缘电阻、介质损耗角、击穿强度等。

(1) 泄漏电流。在绝缘材料两端加一直流电压后，会有一定的电流流过绝缘体。这一电流主要由下列部分组成：

①瞬时充电电流。几何电容充电电流，随时间迅速减小（充电完毕）；

②吸收电流。由缓慢极化产生，随时间逐渐减小（极化完成）；

③漏电电流。材料电阻电流，变化很小。

漏电电流又称泄漏电流，其大小反映了材料的绝缘性，数值越小，绝缘性越好，一般为微安级。

(2) 表面电阻率和体积电阻率。在绝缘材料两端所加直流电场强度与泄漏电流之间符合欧姆定律所揭示的关系，即

$$\rho = E/j \tag{2-1}$$

式中 E——直流电场强度（V/mm）；

j——泄漏电流密度（A/mm^2）；

ρ——电阻率。

在固体绝缘材料中，漏电电流分为表面电流和体积电流两部分，其电阻率也相应分为两部分：

表征材料表面的绝缘特性，称为表面电阻率，符号为 ρ_s，单位为 Ω；

表征材料内部的绝缘特性，称为体积电阻率，符号为 ρ_v，单位为 Ω · cm。绝缘材料的体积电阻率一般大于 10^9 Ω · cm。

(3) 绝缘电阻和吸收比。绝缘材料两端所加直流电压 U 和泄漏电流 I 之比，称为绝缘电阻 (R)，单位为兆欧（MΩ）。

$$R=U/I \tag{2-2}$$

为了消除充电电流和吸收电流的影响，应读取加入直流电压一定时间以后的数值。

绝缘电阻通常采用兆欧表测量。

由于充电电流和吸收电流的影响，其绝缘电阻是变化的（导体的直流电阻是不变的）。良好的绝缘，其绝缘电阻应越来越高。用吸收比来表示。

$$K_a=R_{60}/R_{15} \tag{2-3}$$

式中　K_a——吸收比，其值越大，绝缘越好，一般应大于 1.3；

R_{60}——加上直流电压后 60s 的电阻值（Ω）；

R_{15}——加上直流电压后 15s 的电阻值（Ω）。

在通常情况下，绝缘电阻随温度升高而减小，吸收比亦有一定变化。

(4) 介质损耗角正切值 tanδ。当在绝缘材料两端加一交流电压 U 后，充电电流和吸收电流的一部分为无功电容电流，而泄漏电流主要为有功电流（电阻电流），两者的比值为

$$\tan\delta=I_R/I_C \tag{2-4}$$

式中　I_R——电阻电流；

I_C——无功电流；

tanδ——介质损耗角正切值。

显然，tanδ（%）反映了材料的绝缘性，其值越小，绝缘性越好。

(5) 击穿强度。当施加于绝缘材料两端的交流电场强度高于某一临界值后，其电流剧增，绝缘材料完全失去其绝缘性能，这种现象称为击穿。其临界电场强度称为击穿强度 E_d，单位为 kV/cm 或 kV/mm。

(6) 相对介电常数。绝缘材料两端面之间相当于一电容器，其电容量为 C，其值与假定其间为真空时电容量 C_0 之比，称为相对介电系数 ε_r。

$$\varepsilon_r=C/C_0 \tag{2-5}$$

ε_r 总大于 1。ε_r 越大，其绝缘性越好。

3) 常用电气绝缘材料的特性

常用电气绝缘材料的特性见表 2-18。

表 2-18　常用电气绝缘材料的主要特性

绝缘材料	密度 (kg/dm³)	电阻率 (Ω · cm)	介电损耗角正切值 tanδ× (10^{-3})		相对介电常数		击穿强度 (kV/mm)	热稳定性 (J/℃)
			50Hz	1MHz	50Hz	1MHz		
氨基塑料一压制材料	1.5	10^{11}	100	—	7	6	8～15	100～120
胶木	1.3	10^{11}	5	20	4～6.5	5～10	10～12	150
琥珀	0.9～1.1	$>10^{18}$	1	5	2.8	—	50～70	250
沥青一填料	1.1～1.6	10^{15}	—	—	—	—	20～40	110

表 2-18（续一）

绝缘材料	密度 (kg/dm³)	电阻率 (Ω·cm)	介电损耗角正切值 tanδ× (10^{-3})		相对介电常数		击穿强度 (kV/mm)	热稳定性 (J/℃)
			50Hz	1MHz	50Hz	1MHz		
克罗分	1.3～1.7	—	1～2	—	5	—	16	—
环氧树脂	1.25	10^{16}	6	15	3.6	3.6	15～40	80
玻璃	2.5	10^{14}	5	8	8	16	20～50	150
云母	2.6～3.2	10^{16}	0.5	0.2	6	8	60～180	800
橡胶	0.95	10^{15}	5	65	2.65	—	16～50	60
胶木板	1.8	10^{11}	40	25	5	5	40～50	125
硬橡胶	1.15	10^{16}	14	7	3	—	15～40	60
胶纸板	1.4	10^{10}	80	80	5	—	20～30	120
硬瓷	2.4	10^{12}	20	10	6	6	35	800
玻璃漆布	1.4	10^{12}	—	—	—	—	—	150
空气（干燥）	1.3×10^{-3}	—	<0.1	<0.1	1	1	2.4	—
硅酸镁	2.7	10^{12}	1	2	6	6	38	500
三聚氰胺树脂	1.5	—	—	—	6	8	10～15	150
云母板（模塑）	3.0	10^{15}	1	0.3	5	—	30～38	750
云母玻璃板	2.8～3.2	10^{10}	10	18	8	—	15	400
上克罗分纸张	0.9	10^{15}	4	—	5	2.9	60	100
上石蜡纸张	0.8	10^{15}	7	38	3	—	60	100
石蜡、固体	0.9	10^{17}	4	9	2	2	15～35	35
石蜡油	0.85	—	0.08	0.3	3	3	16	—
胶纸板	1.2	10^{10}	60	90	5	5	10～20	125
酚醛树脂	1.25	10^{12}	50	30	5	5	20	155
酚醛压制材料	1.8	10^{11}	30	20	4～6	4～6	10～20	150
介电性有机玻璃	1.18	10^{15}	60	20	3.6	2.8	30～45	80
聚酰胺	1.1～1.2	10^{11}	—	20	30	6	—	60
聚乙烯	0.95	10^{16}	0.2	0.2	2.2	2.2	50	40
聚异丁烯	0.93	10^{15}	0.4	0.4	2.2	2.2	23	—
聚氨酯	1.2	10^{10}	12	45	3.4	3.2	20	50
聚苯乙烯	1.05	10^{14}	0.2	0.3	2.5	2.5	50	70
聚四氟乙烯	2.1	10^{18}	0.5	0.5	2	2	20～40	100
聚氯乙烯（PVC）	1.4	10^{13}	13	18	3.2	2.9	40～90	75
硬瓷	2.2	10^{15}	15	10	5	6	30～35	600
压制厚纸板	1.2	10^{9}	30	50	4	4	6～11	80
石英	2.7	10^{16}	0.1	0.1	2	3	2	1000

表 2-18（续二）

绝缘材料	密度 (kg/dm³)	电阻率 (Ω·cm)	介电损耗角正切值 tanδ×（10^{-3}）		相对介电常数		击穿强度 (kV/mm)	热稳定性 (J/℃)
			50Hz	1MHz	50Hz	1MHz		
石英玻璃	2.2	10^{16}	0.5	0.5	4.2	4	25～40	1000
金红石陶瓷	3.9	10^{13}	1	0.8	50～100	50～100	10～20	500
虫胶漆	1.1	10^{15}	3.8	10	3.3	—	10～15	80
硅（有机）橡胶	2.0	10^{13}	1.0	3	6	—	20～30	220
硅（有机）绝缘油	0.95	10^{14}	0.1	0.1	2.8	2.8	50	80
皂石	2.5	10^{12}	3	2	6.5	6	20～30	500
钛陶瓷	3～4.5	10^{13}	0.3～2	0.3	12～40	12～40	10～25	500
变压器油	0.84	10^{18}	0.1	0.2	2.5	2.5	12～20	80
聚苯乙烯塑料	1.05	10^{16}	0.1	0.2	2.3	2.3	50	70
硫化纤维	1.3	10^{8}	50	—	4	—	5	80
水（蒸馏）	1.0	10^{10}	—	—	80	—	—	—
软橡胶	1.0	10^{15}	15	—	2.5	—	20	50
塞璐珞	1.35	10^{10}	40	50	3	—	40	40
醋酸纤维素	1.3	10^{13}	10	60	5.5	4.5	32	40

4）绝缘材料的耐热等级

绝缘材料的耐热等级见表 2-19。

表 2-19 绝缘材料的耐热等级

耐热分级	极限温度 (℃)	耐热等级定义	相当于该耐热等级的绝缘材料
Y	90	用经过试验证明，在 90℃极限温度下，能长期使用的绝缘材料或其组合物所组成的绝缘结构	未浸渍过的棉纱、丝及纸等材料或其组合物
A	105	用经过试验证明，在 105℃极限温度下，能长期使用的绝缘材料或其组合物所组成的绝缘结构	浸渍过的或者浸在液体电介质中的棉纱、丝及纸等材料或其组合物
E	120	用经过试验证明，在 120℃极限温度下，能长期使用的绝缘材料或其组合物所组成的绝缘结构	合成有机薄膜、合成有机瓷漆等材料或其组合物
B	130	用经过试验证明，在 130℃极限温度下，能长期使用的绝缘材料或其组合物所组成的绝缘结构	合适的树脂粘合或浸渍，涂覆后的云母、玻璃纤维、石棉等，以及其他无机材料、合适的有机材料或其组合物
F	155	用经过试验证明，在 155℃极限温度下，能长期使用的绝缘材料或其组合物所组成的绝缘结构	合适的树脂粘合或浸渍，涂覆后的云母、玻璃纤维、石棉等，以及其他无机材料、合适的有机材料或其组合物

表 2-19（续）

耐热分级	极限温度（℃）	耐热等级定义	相当于该耐热等级的绝缘材料
H	180	用经过试验证明，在 180℃极限温度下，能长期使用的绝缘材料或其组合物所组成的绝缘结构	合适的树脂（如有机硅树脂）粘合或浸渍，涂覆后的云母、玻璃纤维、石棉等材料或其组合物
C	>180	用经过试验证明，在超过 180℃的温度下，能长期使用的绝缘材料或其组合物所组成的绝缘结构	合适的树脂粘合或浸渍，涂覆后的云母、玻璃纤维等，以及未经浸渍处理的云母、陶瓷、石英等材料或其组合物。C级绝缘的极限温度，应根据不同的物理、力学、化学和电气性能来确定

2. 常用绝缘材料

电工绝缘材料种类繁多，应用广泛，这里只介绍电气安装、维修工作中最常用的一些绝缘材料。

1）绝缘漆

(1) 有溶剂浸渍漆。有溶剂浸渍绝缘漆具有渗透性好，储存期长，使用方便，价格较便宜，但它应与溶剂稀释、混合。常用有溶剂漆见表 2-20，其中的溶剂见表 2-21。

表 2-20　常用有溶剂漆的品种、组成、特性和用途

序号	名　称	型　号	主要组成	耐热等级	特性和用途
1	沥青漆	1010	石油沥青、干性植物油、松脂酸盐，溶剂为二甲苯和 200 号溶剂汽油	A	耐潮性好。供浸渍不要求耐油的电机线圈
2	油改性醇酸漆	1030	亚麻油、桐油、松香改性醇酸树脂，溶剂为 200 号溶剂汽油	B	耐油性和弹性好。供浸渍在油中工作的线圈和绝缘零部件
3	丁基酚醛醇酸漆	1031	蓖麻油改性醇酸树脂、丁醇改性酚醛树脂，溶剂为二甲苯和 200 号溶剂汽油	B	耐潮性、内干性较好，机械强度较高。供浸渍线圈，可用于湿热地区
4	三聚氰胺醇酸漆	1032	油改性醇酸树脂、丁醇改性三聚氰胺树脂，溶剂为二甲苯和 200 号溶剂汽油	B	耐潮性、耐油性、内干性较好，机械强度较高，且耐电弧。供浸渍在湿热地区使用的线圈
5	醇酸玻璃丝包线漆	1230	干性植物油改性醇酸树脂	B	耐油性和弹性好，粘结力较强。供浸涂玻璃丝包线
6	环氧酯漆	1033	干性植物油酸、环氧树脂、丁醇改性三聚氰胺树脂，溶剂为二甲苯和丁醇	B	耐潮性、内干性好，机械强度高，粘结力强。可供浸渍用于湿热地区的线圈
7	环氧醇酸漆	H30－6	酸性醇酸树脂与环氧树脂共聚物、三聚氰胺树脂	B	耐热性、耐潮性较好，机械强度高，粘结力强。可供浸渍用于湿热地区的线圈

表 2-20（续）

序号	名 称	型 号	主要组成	耐热等级	特性和用途
8	聚酯浸渍漆	155	干性植物油改性对苯二甲酸聚酯树脂，溶剂为二甲苯和丁醇	F	耐热性、电气性能较好，粘结力强。供浸渍F级电机电器绕组
9	有机硅浸渍漆	1053	有机硅树脂，溶剂为二甲苯	H	耐热性和电气性能好，但烘干温度较高。供浸渍H级电机电器绕组和绝缘零部件
10	低温干燥有机硅漆	9111	有机硅树脂，固化剂，溶剂为甲苯	H	耐热性较1053稍差，但烘干温度低，干燥快。用途同1053
11	聚酯改性有机硅漆	931	聚酯改性有机硅树脂，溶剂为二甲苯	H	粘结力较强，耐潮性和电气性能好，烘干温度较1053低，若加入固化剂可在105℃固化，用途同1053
12	有机硅玻璃丝包线漆	1152	有机硅树脂，溶剂为甲苯或二甲苯	H	漆膜柔软，机械强度高。供浸涂H级玻璃丝包线
13	聚酰胺酰亚胺浸渍漆		聚酰胺酰亚胺树脂，溶剂为二甲基乙酰胺，稀释剂为二甲苯	H	耐热性优于有机硅漆，电气性能优良，粘结力强，耐辐照性好。供浸渍耐高温或在特殊条件下工作的电机、电器线圈

表 2-21 常用溶剂的性能及用途

序 号	名 称	沸点（℃）	闪点（闭口法）（℃）	适用范围
1	溶剂汽油	120～200	33	油性漆、沥青漆、醇酸漆等
2	煤油	165～285	71～73	
3	松节油	150～170	30	
4	苯	80.1	-11	沥青漆、聚酯漆、聚氨酯漆、醇酸漆、环氧树脂漆和有机硅漆等
5	甲苯	110.6	4	
6	二甲苯	135～145	29.5	
7	丙酮	56.2	9	环氧树脂漆、醇酸漆等
8	环己酮	156.7	47	
9	乙醇	78.3	14	酚醛漆、环氧树脂漆等
10	丁醇	117.8	35	聚酯漆、聚氨酯漆、环氧树脂漆、有机硅漆等
11	甲酚	190～210	—	聚酯漆、聚氨酯漆等
12	糠醛	161.8	60（开口法）	聚乙烯醇缩醛漆
13	乙二醇乙醚	135.1	40	聚酰亚胺漆
14	二甲基甲酰胺	154～156	—	
15	二甲基乙酰胺	164～167	—	

(2) 无溶剂浸渍漆。无溶剂浸渍漆由合成树脂、固化剂和活性稀释剂组成。其特点是固化快、流动性和浸透性好，绝缘整体性好。常用无溶剂浸渍漆见表 2-22。

表 2-22 常用无溶剂漆的品种、组成、特性和用途

序号	名称	主要组成	耐热等级	特性和用途
1	110 环氧无溶剂漆	6101 环氧树脂、桐油酸酐、松节油酸酐、苯乙烯	B	粘度低，击穿强度高，贮存稳定性好。可用于沉浸小型低压电机、电器线圈
2	672－1 环氧无溶剂漆	672 环氧树脂、桐油酸酐、苄基二甲胺	B	挥发物少，固化快，体积电阻高。适于滴浸小型电机、电器线圈
3	9102 环氧无溶剂漆	618 或 6101 环氧树脂、桐油酸酐、70 酸酐、903 或 901 固化剂、环氧丙烷丁基醚	B	挥发物少，固化较快。可用于滴浸小型低压电机、电器线圈
4	111 环氧无溶剂漆	6101 环氧树脂、桐油酸酐、松节油酸酐、苯乙烯、二甲基咪唑乙酸盐	B	粘度低，固化快，击穿强度高。可用于滴浸小型低压电机、电器线圈
5	H30－5 环氧无溶剂漆	苯基苯酚环氧树脂、桐油酸酐、二甲基咪唑	B	
6	594 型环氧无溶剂漆	618 环氧树脂、594 固化剂、环氧丙烷丁基醚	B	粘度低，体积电阻率高，贮存稳定性好。可用于整浸中型高压电机、电器线圈
7	9101 环氧无溶剂漆	618 环氧树脂、901 固化剂、环氧丙烷丁基醚	B	粘度低，固化较快，体积电阻率高，贮存稳定性好。可用于整浸中型高压电机、电器线圈
8	剂漆 1034 环氧聚酯无溶	618 环氧树脂、甲基丙烯酸聚酯、不饱和聚酯、正钛酸丁酯、过氧化二苯甲酰、萘酸钴、苯乙烯	B	挥发物较少，固化快，耐霉性较差。用于滴浸小型低压电机，电器线圈
9	聚丁二烯环氧聚酯无溶剂漆	聚丁二烯环氧树脂、甲基丙烯酸聚酯、不饱和聚酯、邻苯二甲酸二丙烯酯、过氧化二苯甲酰、萘酸钴、对苯二酚	B	粘度较低，挥发物较少，固化较快，贮存稳定性好，耐热性较 1034 高。用于沉浸小型低压电机、电器线圈
10	5152－2 环氧聚酯酚醛无溶剂漆	6101 环氧树脂、丁醇改性甲酚甲醛树脂、不饱和聚酯、桐油酸酐、过氧化二苯甲酰、苯乙烯、对苯二酚	B	粘度低，击穿强度高，贮存稳定性好。用于沉浸小型低压电机、电器线圈
11	FIU 环氧聚酯无溶剂漆	不饱和聚酯亚胺树脂、618 和 6101 环氧酯、桐油酸酐、过氧化二苯甲酰、苯乙烯、对苯二酚	F	粘度低，挥发物较少，击穿强度高，贮存稳定性好。用于沉浸小型 F 级电机、电器线圈
12	319－2 不饱和聚酯无溶剂漆	二甲苯树脂、改性间苯二甲酸不饱和聚酯、苯乙烯、过氧化二异丙苯	F	粘度较低，电气性能较好，贮存稳定性好。可用于沉浸小型 F 级电机、电器线圈

2）绝缘胶

绝缘胶是广泛用于电缆和电器套管的浇注绝缘材料。

（1）电缆浇注胶（表 2-23）。

表 2-23 电缆浇注胶的组成、性能和用途

序号	名称	型号	主要成分	软化点（℃）（环球法）	收缩率（%）150→20℃	击穿电压（kV/2.5mm）	特性和用途
1	黄电缆胶	1810	松香或松香甘油酯、机油	40～50	≯8	＞45	电气性能较好，抗冻裂性好。适于浇注10kV以上电缆接线盒和终端盒
2	沥青电缆胶	1811 1812	石油沥青或石油沥青、机油	65～75或85～95	≯9	＞35	耐潮性较好。适于浇注10kV以下电缆接线盒和终端盒
3	环氧电缆胶		环氧树脂、石英粉、聚酰胺树脂	—	—	＞82	密封性好，电气、力学性能高。适于浇注户内10kV以上电缆终端盒。用它浇注的终端盒结构简单，体积较小

（2）沥青电缆胶主要技术数据（表 2-24）。

表 2-24 常用沥青电缆胶主要技术数据

序号	型号	软化点（℃）≥	冻裂点（℃）≤	电流击穿强度（kV）≥	主要用途
1	1811－1 1812－2	45～55	－45	40	用作浇灌室外高低压电缆的终端连接线匣总门及铁路电讯器材等
2	1811－2 1812－2	55～65	－35	40	用作浇灌室外高低压电缆的终端匣、接线匣总门等，又为冷库的优良绝缘材料
3	1811－3 1812－3	65～75	－30	45	用作浇灌室外高低压电缆的终端匣、接线匣、棉纱带铝筒、铁路信号电缆等
4	1811－4 1812－4	75～85	－25	50	用在温度较高的室内，作浇灌高低压电缆的终端匣、接线匣等
5	1811－5 1812－5	85～95	－25	60	用于浇灌变压器内、外绝缘体

（3）环氧树脂胶。环氧树脂胶主要由环氧树脂（主体）、固化剂、增塑剂、填料等组成。

①环氧树脂：常用环氧树脂的种类及特性见表 2-25。

表 2-25 常用环氧树脂的种类及特性

序号	环氧树脂型号	环氧值(mol/100g)(盐酸吡啶法)	挥发物%≤(110℃3h)	熔点(℃)	软化点(℃)(水银法)	有机氯值(mol/100g)	无机氯值(mol/100g)	特性
1	E—51(618)	0.48～0.54	2	—	—	0.02	0.005	为双酚A型环氧树脂，粘度低，粘合力强，使用方便
2	E—44(6101)	0.41～0.47	1	—	12～20	0.02	0.005	为双酚A型环氧树脂，粘度比618稍高，其他性能相仿
3	E—42(634)	0.38～0.45	1	—	21～27	0.02	0.005	为双酚A型环氧树脂，粘度比6101稍高，收缩率较小，为常用浇注树脂
4	E—35(637)	0.3～0.4	1	—	20～35	0.02	0.005	为双酚A型环氧树脂，粘度比634稍高
5	E—37(638)	0.23～0.38	1	—	40～55	0.02	0.005	为双酚A型环氧树脂，粘度比637稍高，但收缩率小
6	R—122(6207)	—	—	185	—	—	—	为脂环族环氧树脂，耐热性高，固化物热变形温度300℃。用适当固化剂配合时粘度低
7	H—75(6201)	0.61～0.64	—	—	—	—	—	为脂环族环氧树脂，粘度低，工艺性好，可室温固化，热膨胀系数小，耐沸水
8	W—95(300，400)	1～1.03	—	55	—	—	—	为脂环族环氧树脂，固化物机械强度比双酚A型环氧树脂高50%，延伸性好，耐热性高
9	V—17(2000)	0.16～0.19	—	—	—	—	—	为环氧化聚丁二烯树脂，耐热性好
10	A—95(695)	0.9～0.95	—	95～115	—	—	—	为脂环族环氧树脂，固化物交联密度高，马丁耐热达200℃，耐电弧性优异

注：括号中的型号为旧型号。

②固化剂：环氧树脂必须加入固化剂后才能固化。常用固化剂有酸酐类固化剂和胺类固化剂。胺类固化剂由于毒性大，已不常用了。常用酸酐类固化剂的种类及特性见表 2-26。

表 2-26 常用酸酐类固化剂的种类及特性

序号	名称	型号或代号	外观	分子量	熔点(℃)	用量(%)	固化条件		特性
							温度(℃)	时间(h)	
1	邻苯二甲酸酐	PA	白色或红色粉末	148	128～131	30～45	120 130 150	20～30 2 10	固化物电气性能好，固化时放出热量小，但易升华，固化时间长。可用于大型浇注
2	顺丁烯二酸酐	MA	白色结晶	98.06	52.8	30～40	100 150	2 24	易升华，刺激性大，固化物电气性能好，但机械性能差
3	均苯四甲酸二酐	PMDA	白色粉末	218	286	13～21	120 220	3 2	固化物热变形温度高，但固化工艺较复杂，成本高
4	内次甲基四氢邻苯二甲酸酐	NA	白色结晶	164.6	164～167	60～80	100 260	1 20	固化物耐热性好，但需高温固化，使用困难
5	四氢化苯二甲酸酐异构体混合物	70	低粘度液体	152	−3～−5	150～180	180	2	使用方便，固化物耐热性好
6	桐油酸酐	TOA	低粘度液体	—	—	100～200	100 80	5 20	使用方便，成本低，固化物弹性好，但不耐冷冻
7	环戊二烯顺酐加成物	647	白色或浅黄色固体	137～147	34	60～80	100 150	8 3	使用时需进行预聚合，否则气味大，固化物弹性好

③增塑剂：在环氧树脂中加入适量增塑剂，可提高固化物的抗冲击性。常用的增塑剂是聚酯树脂，一般用量为15%～20%。

④填充剂：为了减少固化物的收缩率，提高导热性、形状稳定性、耐腐蚀性和机械强度，以及降低成本，通常应加入适量的填充剂。常用填充剂有石英粉、石棉粉等。

3）电工用塑料

电工用塑料一般是由合成树脂、填料和各种少量的添加剂等配制而成的粉状，粒状或纤维状高分子材料，在一定的温度和压力下加工成各种规格、形状的电工设备绝缘零部件以及作为电线电缆绝缘和护层材料。电工塑料质轻，电气性能优良，有足够的硬度和机械强度，易于用模具加工成型，因此在电气设备中得到广泛的应用。常用电绝缘高分子聚合物材料的主要性能见表 2-27。

表 2-27 常用电绝缘高分子聚合物材料的主要性能

性能	软聚氯乙烯	硬聚氯乙烯	聚四氟乙烯	聚酰亚胺
密度（$\times10^3$kg·m^{-3}）	1.16～1.35	1.30～1.58	2.1～2.2	1.4～1.6
熔点或软化温度/℃	75～105	70～105	327	
连续工作最高温度/℃	65	55	260	260
低温脆化温度/℃	−30		−180	−196
线膨胀系数（$\times10^{-6}$K^{-1}）	7～25	5～10	9～10	1～6
电阻率/Ω·m	10^9～10^{13}	10^{14}	10^{13}～10^{16}	10^{14}～10^{15}
击穿强度/MV·m^{-1}	0.3～0.4	0.4～0.5	20～60	40
相对介电常数（1MHz）	3.3～4.5	2.8～3.1	1.8～2.2	2～3
tanδ（1MHz）（$\times10^{-4}$）	400～1400	60～190	2.5	20～50

电线电缆用热塑性塑料，多由聚乙烯和聚氯乙烯制成。

聚乙烯（PE）：具有优异的电气性能，其相对介电系数和介质损耗几乎与频率无关，且结构稳定，耐潮耐寒，但长期工作温度应低于70℃。

聚氯乙烯（PVC）：分绝缘级与护层级两种，其中绝缘级按耐温条件分别为65℃、80℃、90℃和105℃四种，护层级耐温65℃。聚氯乙烯机械性能优异电气性能良好，结构稳定，具有耐潮、耐电晕、不延燃、成本低、加工方便等优点，且其绝缘耐压等级为10kV/mm。

4）绝缘管

绝缘管主要用于电器引线、电气安装导线穿管，起绝缘和保护作用。常用绝缘管的种类及规格系列见表2-28。

表2-28　常用绝缘管的种类及规格

序　号	名　　称	规格系数（mm）	备　注
1	硬聚氯乙烯管	外径：10，12，16，20，25，32，40，50，63，75，90，110，125，140，160，180，200，225，250，280 壁厚：1.5，2.0，2.5，3.0，4.0，4.5，5.0，5.5，6.0，7.0，7.5，8.0，8.5，9.0，10.0 长度：4000	分轻型、重型两类
2	软聚氯乙烯管	内径：1，2，3，4，5，6，8，10，12，14，16，18，20，22，25，30，32，36，40，50 壁厚：0.4，0.6，0.7，0.9，1.0，1.2，1.4，1.8	
3	有机玻璃管	外径：20，25，30，35，40，45，50，55，60，70，75，80，85，90，95，100，110 壁厚：2～10 长度：300～1300	
4	酚醛层压纸管、布管、玻璃布管	内径：6，8，10，12，14，16，18，20，22，25，28，30，35，38，40，45，50，55，60，65，70，75，80，85，90，95，100，105，110，120，130，140，150，160，180，200，220，250 壁厚：1.5，2，2.5，3，4，5，6，8，9，10，12，14，16，18，20 长度：450，600，950，1200，1450，1950，2450	
5	聚四乙烯管	内径：2.0，2.5，3.0，4.0，5，6，8，10，12，14，16，18，20，25 壁厚：0.2，0.3，0.4，0.5，1.0，1.5，2.0	

技能要点3：磁性材料

1．磁性材料的分类与性能

1）磁性材料的分类

磁性材料分为软磁材料（导磁材料）和硬磁材料（永磁材料）。两种磁性材料的特点及用途见表2-29。

表 2-29　磁性材料的种类及特点

序　号	类　　别	主要品种	特点及用途
1	软磁材料	纯铁、铸铁、碳钢、低碳钢片、硅钢片、铁镍合金等	磁导率高，矫顽力低，易于饱和。用于变压器、电机、电磁铁铁心，传递、转换能量和信息
2	永磁材料	铝镍钴合金、铁氧体、稀土钴等	矫顽力和剩余磁感应强度高，磁性稳定。用于能产生恒定磁通的磁路中，作为磁场源

2）磁性材料的基本磁性能

（1）软磁材料。软磁材料的主要特点是导磁率高、剩磁弱。这类材料在较弱的外界磁场作用下，就能产生较强的磁感应，而且随着外界磁场的增强，很快就达到磁饱和状态；当外界磁场去掉后，它的磁性就基本消失。常用的有硅钢板和电工用纯铁两种。

硅钢板的主要特性是电阻率高，适用于各种交变磁场，分为热轧和冷轧两种。

常用的热轧硅钢板有 D_{21}、D_{22}、D_{23}、D_{32}、D_{42} 和 D_{43} 几种。

冷轧硅钢板又有单取向和无取向之分。单取向冷轧硅钢板的导磁率与轧制方向有关，沿轧制方向的导磁率最高，与轧制方向垂直时导磁率最低，有 Q_3、Q_4、Q_5 和 Q_6 几种型号。无取向冷轧硅钢板的导磁率没有方向性，有 W_{21}、W_{22}、W_{32} 和 W_{33} 几种。机修电工常用的硅钢板厚度有 0.35mm 和 0.5mm 两种，前者多用于各种变压器和电器，后者用于各种交直流电机。

电工用纯铁与硅钢板相反，电阻率很低，一般只用于直流磁场，常用的型号有 DT3、DT4、DT5、DT6 几种。

（2）硬磁材料。硬磁材料的主要特点是剩磁强。这类材料在外界磁场的作用下，不容易产生较强的磁感应，但当其达到磁饱和状态以后，即使把外界磁场去掉，还能在较长时间内保持较强磁性。对硬磁材料的基本要求是剩磁强、磁性稳定。常用的有 13 号、32 号、52 号和 60 号铝镍钴及 40 号、56 号、70 号铝镍钴钛合金。主要用来制造永磁电机和微电机的磁极铁心。

2. 常用磁性材料

1）软磁材料

软磁材料主要用来制作传递、转换能量和信息的磁性零件，其主要功能是用来减少回路的磁阻，增强磁回路的磁通量。

软磁材料的种类很多，性能特点各异，应用范围也有别，如表 2-30 所示。

表 2-30　软磁材料的种类、性能和应用范围

品　种	主要特点	应用范围
电工用纯铁	含碳量在 0.04%以下，饱和磁感应强度高，冷加工性好，但电阻率低，铁损高，有磁时效现象	一般用于直流磁场
硅钢片	铁中加入 0.8%～4.5%的硅，就是硅钢。它和电工纯铁相比，电阻率增高，铁损降低，磁时效基本消除，但导热系数降低，硬度提高，脆性增大	作电机、变压器、继电器、互感器、开关等产品的铁心
铁镍合金	和其他软磁材料相比，在低磁场下，磁导率高，矫顽力低，但对应力比较敏感	用于制作频率在 1MHz 以下低磁场中工作的器件
铁铝合金	和铁镍合金相比，电阻率高，密度小，但磁导率低，随着含铝量增加，硬度和脆性增大，塑性变差	用于制作低磁场和高磁场下工作的器件
软磁铁氧体	烧结体，电阻率非常高，饱和磁感应强度低，温度稳定性也较差	用于制作高频或者较高频率范围内的电磁元件

(1) 电工用纯铁。电工用纯铁的主要特点是 B_s 高、H_c 低。主要在直流或低频下使用，一般用作继电器铁心、电磁铁磁轭等。其主要特性见表 2-31。

表 2-31 电工用纯铁的主要特性

磁性等级	牌号	H_c (A/m) ≤	μ_m ($\times 10^{-3}$H/m) ≥	磁感应强度（T）≥				
				B_5	B_{10}	B_{25}	B_{50}	B_{100}
普级	DT3、DT4、DT5、DT6	96	7.50	1.4	1.5	1.62	1.71	1.80
高级	DT3A、DT4A、DT5A、DT6A	72	8.75					
特级	DT4E、DT6E	48	11.30					
超级	DT4C、DT6C	32	15.00					

注：B_5、B_{10}、B_{25}、B_{50}、B_{100} 分别表示 H 为 500、1000、2500、5000、10000A/m 时的磁感应强度。

(2) 硅钢片。硅钢片又称电工钢片，是在铁内加入少量的硅冶炼而成的，磁性能较好，主要用于 50Hz 交流电磁器件，如电力变压器、电机、互感器等。常用的硅钢片有热轧型（DR 型）、冷轧无取向型（DW 型）、冷轧取向型（DQ 型）等。硅钢片的性能见表 2-32。

表 2-32 硅钢片的主要性能

名 称	厚度 (mm)	牌 号	铁损 $P_{15/50}$ (W/kg)	磁感应强度 B_{50}/T
热轧硅钢片	0.50	DR21—50	6.1	1.59
	0.50	DR22—50	5.3	1.61
	0.50	DR23—50	5.1	1.64
	0.50	DR32—50	4.0	1.61
	0.35	DR32—35	3.2	1.61
	0.50	DR42—50	3.15	1.56
	0.50	DR43—50	2.90	1.55
	0.35	DR44—35	2.80	1.56
	0.35	DR45—35	2.50	1.54
冷轧无取向硅钢片	0.35	DW270—35	2.70	1.58
	0.35	DW310—35	3.10	1.60
	0.35	DW360—35	3.60	1.61
	0.35	DW435—35	4.35	1.65
	0.35	DW500—35	5.00	1.65
	0.35	DW550—35	5.50	1.66
	0.50	DW315—50	3.15	1.58
	0.50	DW360—50	3.60	1.60
	0.50	DW400—50	4.00	1.61
	0.50	DW465—50	4.65	1.65
	0.50	DW540—50	5.40	1.65
	0.50	DW620—50	6.20	1.66
	0.50	DW800—50	8.00	1.69

表 2-32（续）

名称	厚度(mm)	牌号	铁损 $P_{15/50}$ (W/kg)	磁感应强度 B_{50}/T
冷轧取向硅钢片	0.30	DQ122G－30	1.22	1.88
	0.30	DQ133G－30	1.33	1.88
	0.30	DQ133－30	1.33	1.79
	0.30	DQ147－30	1.47	1.77
	0.30	DQ162－30	1.62	1.74
	0.30	DQ179－30	1.79	1.71
	0.30	DQ196－30	1.96	1.68
	0.35	DQ126G－35	1.26	1.88
	0.35	DQ137G－35	1.37	1.88
	0.35	DQ151－35	1.51	1.77
	0.35	DQ166－35	1.66	1.74
	0.35	DQ183－35	1.83	1.71
	0.35	DQ200－35	2.00	1.68
	0.35	DQ230－35	2.30	1.63

(3) 铁镍合金。电机工程中使用的铁镍合金有 4 个牌号：1J50、1J51、1J79、1J85 冷轧钢材。常用的铁镍合金的种类、特性和主要用途见表 2-33。常用铁镍合金的牌号、主要成分和直流磁性能见表 2-34。不同频率下的交流磁性能范围见表 2-35。

表 2-33 常用铁镍合金的种类、特性和主要用途

种类	牌号	含镍量范围(%)	特性	主要用途
1J50 类	1J46、1J50 1J54	36～50	饱和磁感应强度高，磁导率低和矩顽力较大	中小功率变压器、扼流圈和控制微电机等的铁心
1J51 类	1J51 1J52 1J34	34～50	具有晶粒取向或磁场热处理后具有磁畴取向，沿易磁化方向磁化具有矩形磁滞回线。其他磁性与 1J50 类相近	中小功率的、高灵敏度的磁放大器，中小功率的脉冲变压器和记忆元件
1J65 类	1J65 1J67	65 左右	磁场热处理后，获得磁畴取向，沿易磁化方向直流磁导率最高，磁滞回线呈矩形。但磁性不太稳定	中等功率的磁放大器和扼流圈，计算机的记忆元件。但合金的电阻率低，不宜在较高的频率下使用
1J79 类	1J79、1J80 1J83、1J76	74～80	在低磁场下有很高的最大磁导率，初始磁导率仅次于 1J85 类合金，矫顽力也很低，但饱和磁感应强度不高	在低磁场下使用的高灵敏性的小型功率变压器、小功率磁放大器、继电器、扼流圈和磁屏蔽等
1J85 类	1J85 1J86 1J77	80 81 77	具有最高的初始磁导率，极低的矫顽力和很高的最大磁导率，对微弱信号反应灵敏，电阻率比 1J79 类高。但饱和磁感应强度低，应力对磁性的影响很明显	仪表和电信工业中作扼流圈、音频变压器、高精度电桥变压器、互感器、快速磁放大器以及精密电表中的动片和定片

表 2-34 常用铁镍合金冷轧带材的牌号、主要成分和直流磁性能

牌号	主要成分质量分数（%）			厚度（mm）	直流磁性能				
	Ni	Mo	Fe和其他		初始磁导率 μ_i/（H/m）≥	最大磁导率 μ_m（H/m）≥	矫顽力 H_c（A/m）≤	饱和磁感应强度 B_s（Wb/m²）≥	磁场为80（A/m）时的 B_r/B 值 ≥
1J50	49～51		余量	0.10～0.19 0.20～0.34 0.35～1.00	0.0040 0.0045 0.0056	0.0400 0.0500 0.0625	14.4 11.2 9.6	1.50 1.50 1.50	
1J51	40～51		余量	0.05～0.09 0.1		0.0625 0.0750	16 14.4	1.50 1.50	0.90 0.90
1J79	78～80	3.8～4.1	余量	0.10～0.19 0.20～0.34 0.35～1.00	0.0250 0.0275 0.0300	0.188 0.225 0.250	2.0 1.6 1.2	0.75 0.75 0.75	
1J85	79～81	4.80～5.2	余量	0.10～0.19 0.20～0.34 0.35～1.00	0.0375 0.0500 0.0625	0.188 0.225 0.312	1.6 1.2 0.8	0.70 0.70 0.70	

表 2-35 常用铁镍合金冷轧带材在不同频率下的交流磁性能范围

牌 号	频率（Hz）	厚度（mm）	初始磁导率 μ_i（H/m）	最大磁导率 μ_m（H/m）	磁场强度为80（A/m）时			铁损（W/kg）		
					矫顽力（A/m）	磁感应强度（Wb/m²）	剩磁比	P_{10}	P_{12}	P_{14}
1J50	50	0.35	0.0052～0.0156	0.0394～0.0563	16.0～25.6	0.957～1.25	0.815～0.935	—	—	—
		0.10	0.00408～0.0106	0.0510～0.0818	10.4～17.6	1.08～1.20	0.83～0.92	0.195～0.36	0.31～0.68	0.61～1.85
	400	0.35	0.0073～0.0076	0.0123～0.0169	—	—	—	—	—	—
		0.10	0.00413～0.0104	0.0318～0.0533	18.4～31.2	1.08～1.20	0.87～0.92	3.10～5.50	4.95～9.20	9.35～14.0
	800	0.10	0.004～0.0104	0.0229～0.0402	24.8～41.6	1.08～1.20	0.90～0.92	8.55～15.5	13.0～23.5	22.5～38.5
	2000	0.10	0.00331～0.0079	0.0316～0.0245	40.8～67.2	0.94～1.15	0.92～0.97	30.5～63.0	51.0～105	78.5～147.0

表 2-35（续）

牌号	频率 (Hz)	厚度 (mm)	初始磁导率 μ_i（H/m）	最大磁导率 μ_m（H/m）	磁场强度为 80（A/m）时			铁损（W/kg）		
					矫顽力 (A/m)	磁感应强度 (Wb/m^2)	剩磁比	P_{10}	P_{12}	P_{14}
1J51	400	0.05	—	—	19.2～29.0	1.25～1.47	0.93～0.99	2.13～4.21	2.54～5.37	2.98～10.5
		0.02	—	—	20～28.8	1.40～1.50	0.94～0.98	2.83～3.98	3.71～5.20	4.93～6.73
	800	0.05	—	—	22～31.6	1.25～1.47	0.93～0.99	4.25～9.25	5.10～11.9	5.95～23.2
		0.02	—	—	22.4～31.2	1.40～1.50	0.945～0.98	6.20～8.46	8.17～11.1	10.9～16.0
	2000	0.05	—	—	29.6～39.6	1.245～1.44	0.94～0.995	21.4～25.6	28.1～35.8	36.1～50.8
		0.02	—	—	26.4～32	1.35～1.47	0.955～0.98	18.2～24.2	23.9～30.3	31.8～53.8
1J79	50	0.35	0.0212～0.0563	0.0833～0.114	10.4～15.6	0.71～0.80	0.79～0.84	—	—	—
		0.10	0.0225～0.050	0.143～0.236	1.6～6.64	0.71～0.78	0.68～0.85	—	—	—
	400	0.35	0.0155～0.0188	0.0248～0.0368	43.2～59.2	0.67～0.78	0.79～0.92	—	—	—
		0.10	0.020～0.040	0.0588～0.123	4.8～14.4	0.71～0.78	0.75～0.85	—	—	—
	800	0.10	0.0188～0.0338	0.0364～0.0818	8.0～24.0	0.70～0.78	0.78～0.87	—	—	—
	2000	0.10	0.0125～0.0223	0.0119～0.0457	19.2～48.0	0.70～0.77	0.85～0.89	—	—	—

（4）铁氧体软磁材料。铁氧体软磁材料主要以三氧化二铁组成，外观呈黑色，硬而脆。与合金软磁材料比，电阻率高出近千倍，密度小一半，磁导率相近，但居里点和饱和磁感应强度低，磁性能受温度影响大。故主要适用于1000～1000MHz 的中、高频和超高频中。如镍锌铁氧体可用于几十至几百 MHz 的宽频带变压器、脉冲变压器、电感、功率变压器、中长波及短波天线等。

铁氧体软磁材料的牌号及性能和主要用途如表 2-36 所述。

表 2-36 铁氧体软磁材料的牌号及性能和主要用途

牌号	初磁导率 μ_i（$\times 4\pi \times 10^{-7}$H/m）	饱和磁感应强度 B_m（T）	矫顽力 H_c（A/m）	居里点 T_c（℃）	电阻率 ρ（Ωm）	适用频率 f（MHz）	主要用途
R20	20	0.30	1200	350	10^4	80	磁芯
R60	60	0.35	320	300	10^3	12	磁棒
R100	100	0.25	240	250	10^3	0.5～12	磁棒

表 2-36（续）

牌　号	初磁导率 μ_i ($\times 4\pi\times 10^{-7}$H/m)	饱和磁感应强度 B_m（T）	矫顽力 H_c (A/m)	居里点 T_c (℃)	电阻率 ρ (Ωm)	适用频率 f (MHz)	主要用途
R200	200	0.26	120	200	10^3	≤5	弱电
R1K	1000	0.34	32	150	1	0.5	变压
R6K	6000	0.32	20	100	10^{-1}	0.2	变压
R10K	10000	0.32	12	85	10^{-1}	0.1	变压

2）硬磁材料

一般把矫顽力 $H_c>10^4$ A/m 的磁性材料归为硬磁材料。硬磁材料的品种和用途如表 2-37 所示。

表 2-37　硬磁材料的品种和主要用途

硬磁材料品种			用途举例
铝镍钴合金	铸造铝镍钴	铝镍钴 13	TKmc 转速表、636 转速表、2500V 兆欧表、三相三线有功电度表，微电机、G75—200 汽车发电机
		铝镍钴 20 铝镍钴 32	CD—Z1 话筒、MF14、15 型万用表、单相标准电度表、电压表、电流表、G41 电表、C32 电压表，ZY03、04 长型电机、消防泵磁电机、双线笔式记录仪、质谱仪
		铝镍钴 40	200W 扬声器组、手提 3W 扬声器、L2B—3 双线笔式记录仪、SC60 示波器
	粉末烧结铝镍钴、铝镍钴 9、铝镍钴 25		解放牌汽车电流表、爆光表、电器灭弧触头、受话器、301—X 型机踏两用车里程表、GL—20 直流继电器、ZY02—1 直流电机、1CZ—AV 表、T301 钳形表
铁氧体硬磁材料钡铁氧体			仪表阻尼元件、扬声器、磁电机、磁性软水器
稀土钴硬磁材料			行波管、小型电机、副励磁机、拾音器、精密磁电式仪表、磁推轴承、医疗设备
塑性变形硬磁材料			里程表、罗盘仪、计量仪表、微电机、继电器

（1）铝镍钴合金。铝镍钴合金按制造工艺的不同分为铸造铝镍钴合金（亦称铸造磁钢）和粉末烧结铝镍钴合金（亦称烧结磁钢）。

铝镍钴合金材料的性能、用途等参数分别见表 2-38、表 2-39、表 2-40。

表 2-38　铝镍钴硬磁材料名称、代号及用途

类　别	牌号名称	代号	特征	主要用途
铸造铝镍钴系永磁材料	铝镍 8 铝镍 10 铝镍钴 13	LN8 LN10 LNG13	各向同性	一般磁电式仪表、永磁电机、磁分离器、微电机、里程表
	铝镍钴 20 铝镍钴 32 铝镍钴 32H 铝镍钴 40 铝镍钴钛 32 铝镍钴钛 40	LNG20 LNG32 LNG40 LNGT32	热磁处理各相异性	精密磁电式仪表、永磁电机、流量计、微电机、磁性支座、传感器、扬声器、微波器件

表 2-38（续）

类　别	牌号名称	代号	特征	主要用途
铸造铝镍钴系永磁材料	铝镍钴 52	LNG52	定向结晶 各相异性	精密磁电式仪表、永磁电机、微电机、地震检波器、磁性支座、扬声器、微波器件
	铝镍钴 60			
	铝镍钴钛 56	LNGT56		
	铝镍钴钛 70			
	铝镍钴钛 72	LNGT72		
	铝镍钴钛 85			
粉末烧结铝镍钴永磁材料	烧结铝镍 9		各向同性	微电机、永磁电机、继电器、小型仪表
	铝镍钴 25		热磁处理 各相异性	
	铝镍钴钛 28			

表 2-39　铝镍钴系硬磁材料的化学成分

类　别	牌号名称	化学成分（质量百分比）								
		铝	镍	钴	钛	铜	硅	硫	铌	铁
铸造铝镍钴系	铝镍 8	13.5	34	—	—	—	1			余
	铝镍 10	13	25.5	—	—	3				余
	铝镍钴 13	10	21	12	—	6				余
	铝镍钴 20	10	19	18	—	3				余
	铝镍钴 32	8	14	24	—	3				余
	铝镍钴 32H	8	14	24	1.5	3				余
	铝镍钴 40	8	14	24		3				余
	铝镍钴钛 32	7	15	34	5	4				余
	铝镍钴钛 40	8	14	38	8	3				余
	铝镍钴 52	8	14	24		3				余
	铝镍钴 60	8	14	24		4				余
铸造铝镍钴系	铝镍钴钛 56	7	15	34	5	4		0.2		余
	铝镍钴钛 70	8	14	38	8	3				余
	铝镍钴钛 72	7	15	34	5	3		0.2	1	余
	铝镍钴钛 85	7	15	34	5	3			1	余
粉末烧结铝镍钴系	铝镍 9	13	26			3				余
	铝镍钴 25	9	14	25		3				余
	铝镍钴钛 28	7	15	34	5	4				余

表 2-40　铝镍钴系硬磁材料的磁性能

类别	牌号名称	剩余磁感应强度 B_r	矫顽力 H_c	最大磁能积 $(BH)_{max}$	回复磁导率 μ_{rec}	磁温度系数 α_B	居里点 T
		T	(kA/m)	(kJ/m³)	10^{-6} (H/m)	(%·℃$^{-1}$)	(℃)
铸造铝镍钴系	铝镍 8	0.45	57	8.0			
	铝镍 10	0.60	36	10.0	7.5～8.5	−0.022	760
	铝镍钴 13	0.68	48	13.0	7.5～8.5		810
	铝镍钴 20	0.90	52	20			
	铝镍钴 32	1.20	44	32	4.4～6.0	−0.016	890
	铝镍钴 32H	1.10	56	32	4.0～5.7		
	铝镍钴 40	1.25	48	40			
	铝镍钴钛 32	0.8	100	32	3.0～4.5	−0.020	850
	铝镍钴钛 40	0.72	140	40			

表 2-40（续）

类别	牌号名称	剩余磁感应强度 B_r	矫顽力 H_c	最大磁能积 $(BH)_{max}$	回复磁导率 μ_{rec}	磁温度系数 α_B	居里点 T
		T	(kA/m)	(kJ/m³)	10^{-6} (H/m)	(%·℃$^{-1}$)	(℃)
铸造铝镍钴系	铝镍钴 52	1.30	56	52	3.0～4.5	−0.016	890
	铝镍钴 60	1.35	60	60	3.0～4.5		890
	铝镍钴钛 56	0.95	104	56	3.0～4.5	−0.020～−0.025	850
	铝镍钴钛 70	0.90	145	70			
	铝镍钴钛 72	1.05	111	72	2.5～4.0	−0.020～−0.025	850
	铝镍钴钛 85	1.08	120	85	2.5～3.8		850
粉末烧结铝镍钴系	铝镍 9	0.5	35	9	7.5～8.5		760
	铝镍钴 25	1.05	46	25	4.0～5.4		890
	铝镍钴钛 28	0.70	95	28			

（2）铁氧体硬磁材料。铁氧体硬磁材料是一类氧化物硬磁材料，其特点是矫顽力很高，剩磁较小，最大磁能积不大，但最大回复磁能积却较大。

铁氧体硬磁材料的品种、用途、磁性能及化学成分分别见表 2-41 和表 2-42。

表 2-41 铁氧体永磁材料品种、用途及化学成分

牌号名称	特性	化学成分	主要用途
铁氧体 10T	各向同性	$BaO \cdot 6Fe_2O_3$	永磁点火电机、永磁电机、永磁选矿机、永磁吊头、磁推轴承、磁分离器、扬声器、微波器件、磁医疗片
铁氧体 15	各向异性	$BaO \cdot 6Fe_2O_3$	
铁氧体 20		$BaO \cdot 6Fe_2O_3$	
铁氧体 25		$SrO \cdot 6Fe_2O_3$	
铁氧体 30		$SrO \cdot 6Fe_2O_3$	
铁氧体 35		$SrO \cdot 6Fe_2O_3$	

表 2-42 铁氧体材料的磁性能

牌号名称	剩余磁感应强度 B_r/T	矫顽力 H_c/(kA/m)	最大磁能积 $(BH)_{max}$/(kJ/m³)	回复磁导率 μ_{rec} 10^{-6}H/m	磁温度系数 α_B (%·℃$^{-1}$)	居里点 T (℃)
铁氧体 10T	0.20	128～160	6.4～9.6	1.3～1.6	−0.18～−0.20	450
铁氧体 15	0.28～0.36	128～192	14.3～17.5	1.3～1.6	−0.18～−0.20	450
铁氧体 20	0.32～0.38	128～192	18.3～21.5	1.3～1.6	−0.18～−0.20	450
铁氧体 25	0.35～0.39	152～208	22.3～25.5	1.3～1.6	−0.18～−0.20	450
铁氧体 30	0.38～0.42	160～216	26.3～29.5	1.3～1.6	−0.18～−0.20	450
铁氧体 35	0.40～0.44	176～224	30.3～33.4	1.3～1.6	−0.18～−0.20	450

（3）稀土钴硬磁材料。稀土钴硬磁材料是由部分稀土金属和钴形成。目前常见的稀土钴硬磁材料有钐钴、镨钴、混合稀土钴等品种。

稀土钴永磁材料的品种、磁性能及化学组成见表 2-43 和表 2-44。

表 2-43　稀土钴永磁材料品种、用途及化学成分

牌号名称	特性	化学成分	主要用途
铈钴铜 60	各	32%Ce、51%Co、10%Cu、余 Fe	低速转矩电机、启动电机、力矩电机、传感器、磁推轴承、助听器、电子聚焦装置
混合稀土钴 95	向	30%混合稀土，6%Sm，余 Co	
混合稀土钴 110	异	15%混合稀土，22%Sm，余 Co	
钐钴 125	性	37%Sm，余 Co	

表 2-44　稀土钴永磁材料的磁性能

牌号名称	剩余磁感应强度 B_r/T	矫顽力 H_c/(kA/m)	最大磁能积 $(BH)_{max}$/(kJ/m³)	回复磁导率 μ_{rec} 10^{-6}H/m	磁温度系数 α_B (%·℃$^{-1}$)	居里点 T (℃)
铈钴铜 60	0.55～0.70	270～400	60～80	1.1～1.4	−0.09～−0.125	≈500
混合稀土钴 95	0.70～0.80	320～480	95～110	1.3～1.5	−0.04～−0.07	≈475
混合稀土钴 110	0.80～0.95	440～550	110～130	1.3～1.5	−0.045～−0.06	≈525
钐钴 125	0.82～0.95	500～660	125～160	1.3～1.4	−0.03～−0.05	≈725

第三章　电工识图基本知识

技能图解 7　电气图的基本构成

技能结构框线图

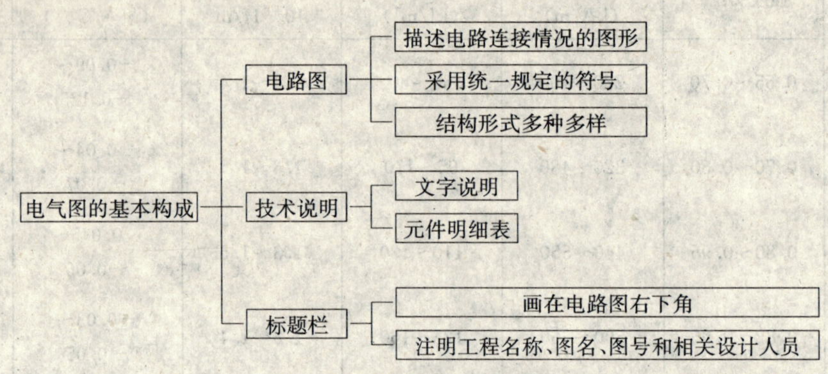

图 3-1　电气图的基本构成

技能要点 1：电路图

在设计、安装和修理电气设备时，需要用描述电路连接情况的图形表示实际电路，这就是电路图。绘制电路图时，要采用统一规定的符号代表各种元件及其连接方式。

实际电路的结构形式和所能完成的任务是多种多样的，能进行电能的传输、分配与转换，如图 3-2 所示的就是电力系统示意图。

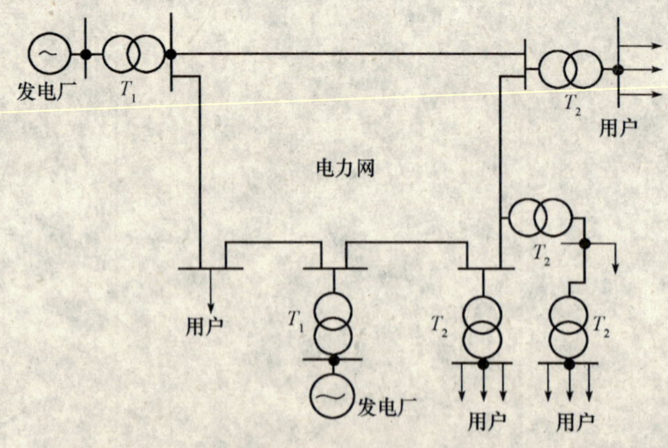

图 3-2　电力系统示意图

技能要点 2：技术说明

电气图中的文字说明和元件明细表等总称为技术说明。文字说明注明电路的某些要点及安装要求等，通常写在电路图的右上方，若说明较多，也可另附页说明。元件明细表列出电路中各种元件的符号、规格和数量等。元件明细表以表格形式写在标题栏的上方，元件明细表中序号自下而上编排。

技能要点 3：标题栏

标题栏画在电路图的右下角，其中注明工程名称、图名、图号，还有设计人、制图人，审核人、批准人的签名和日期等。标题栏是电路图的重要技术档案，栏目中的签名者对图中的技术内容各负其责。

技能图解 8　电气符号

技能结构框线图

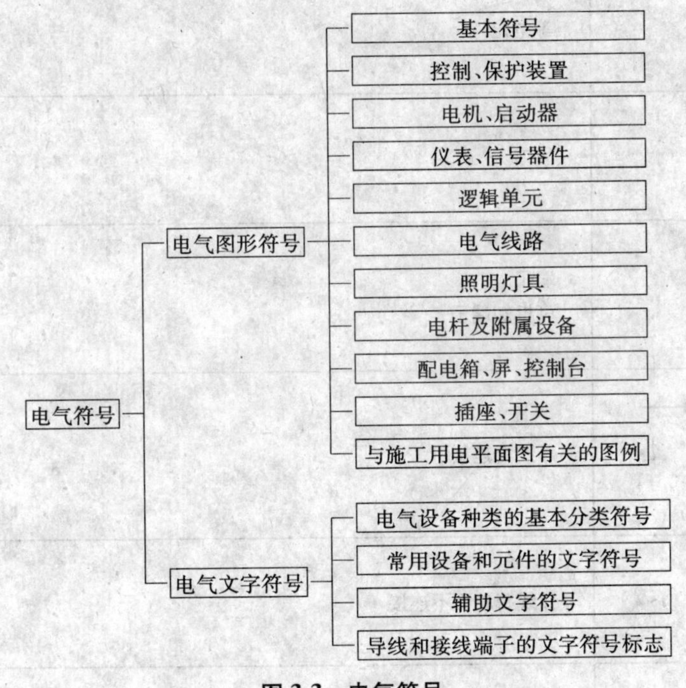

图 3-3　电气符号

技能要点 1：电气图形符号

1. 基本符号

电气图形基本符号及说明见表 3-1。

表 3-1　电气图形基本符号及说明

图形符号	说　明
—	直流 注：电压可标注在符号右边，系统类型可标注在左边
～	交流　频率或频率范围以及电压的数值应标注在符号的右边，系统类型应标注在符号的左边
≂	交直流

表 3-1（续）

图形符号	说　明
+　-	正极、负极
	运动、方向或力
	能量、信号传输方向
	接地一般符号 注：如表示接地的状况或作用不够明显，可补充说明
或	接机壳
	等电位
	故障
	端子 可拆卸端子
或	导线的连接
	导线跨越而不连接
或	电阻器一般符号
	电容器一般符号
	电感器、线圈、绕组、扼流圈
	原电池或蓄电池 注：长线代表阳极，短线代表阴极，为了强调，短线可画粗些

2. 控制、保护装置

控制、保护装置图形符号及说明见表 3-2。

表 3-2　控制、保护装置图形符号及说明

图形符号	说　明
	动合（常开）触点 注：本符号也可以用作开关一般符号
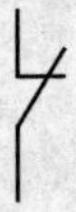	动断（常闭）触点
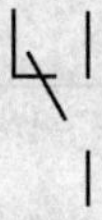	先断后合的转换触点
	中间断开的双向触点
形式1 　形式2 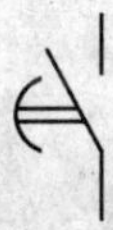	当操作器件被吸合时延时闭合的动合触点
形式1 　形式2 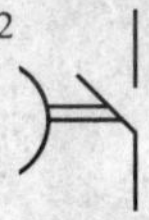	当操作器件被释放时延时断开的动合触点
形式1 　形式2 	当操作器件被释放时延时闭合的动断触点
形式1 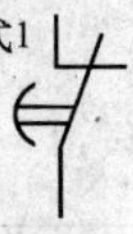　形式2 	当操作器件被吸合时延时断开的动断触点
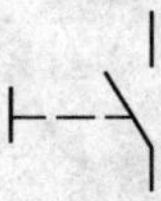	手动开关的一般符号
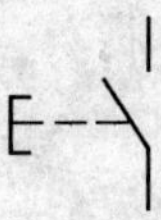	按钮开关（不闭锁）
	位置开关，动合触点 限制开关，动合触点

表 3-2（续一）

图形符号	说　明
	位置开关，动断触点 限制开关，动断触点
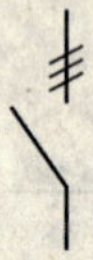	多极开关一般符号（单线表示）
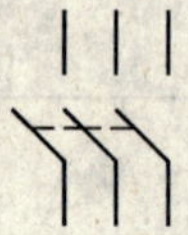	多极开关一般符号（多线表示）
	接触器（在非动作位置触点断开）
	具有自动释放的接触器
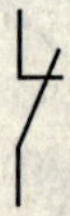	接触器（在非动作位置触点闭合）
	断路器
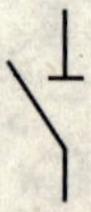	隔离开关
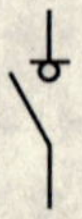	负荷开关（负荷隔离开关）
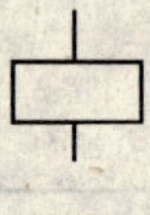	操作器件一般符号

表 3-2（续二）

图形符号	说　　明
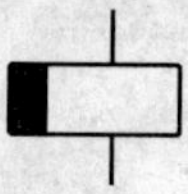	缓慢释放（缓放）继电器的线圈
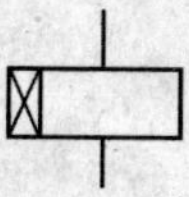	缓慢吸合（缓吸）继电器的线圈
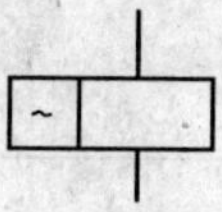 ~	交流继电器的线圈
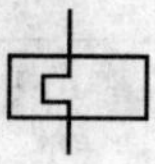	热继电器的驱动器件
	热继电器触点
	熔断器一般符号
	熔断器式开关
	熔断器式隔离开关
	跌开式熔断器
	避雷器
●	避雷针

3. 电机、启动器

电机、启动器图形符号及说明见表 3-3。

表 3-3　电机、启动器图形符号及说明

图形符号	说　明
	电机一般符号　符号内的星号必须用下述字母代替： C—同步交流机 G—发电机 GS—同步发电机 M—电动机 MG—能作为发电机或电动机使用的电机 MS—同步电动机 SM—伺服电机 TG—测速发电机 TM—力矩电动机 IS—感应同步器
 M	交流电动机
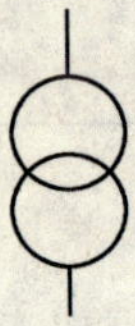	双绕组变压器 电压互感器
	三绕组变压器
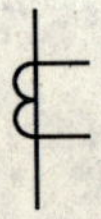	电流互感器
	电抗器，扼流圈
	自耦变压器
	电动机启动器一般符号 注：特殊类型的启动器可以在一般符号内加上限定符号
	自耦变压式启动器
	星形（Y）—三角形（△）启动器

4. 仪表、信号器件

仪表、信号器件图形符号及说明见表 3-4。

表 3-4　仪表、信号器件图形符号及说明

图形符号	说　明
V	电压表
A	电流表
cosφ	功率因数表
Wh	电度表（瓦特小时计）
	钟（二次钟、副钟）一般符号
	闪光型信号灯
	电铃
	电喇叭
	蜂鸣器
	电动气笛
	调光器
t	限时装置

5. 逻辑单元

逻辑单元图形符号及说明见表 3-5。

表 3-5　逻辑单元图形符号及说明

图形符号	说　明
≥1	“或”单元通用符号 只有一个或一个以上的输入呈现“1”状态，输出才呈现“1”状态

表 3-5（续）

图形符号	说　明
&	“与”单元通用符号 只有所有输入呈现“1”状态，输出才呈现“1”状态
=1	“异或”单元 只有两个输入之一呈现“1”状态，输出才呈现“1”状态
1	非门，反相器 只有输入呈现外部“1”状态，输出才呈现外部“0”状态
1	反相器（用极性符号表示） 只有输入呈现 H（高）电平，输出才呈现 L（低）电平
≥m	逻辑门槛单元 只有呈现“1”状态输入的数目等于或大于限定符号中以 m 表示的数值，输出才呈现“1”状态
=m	等于 m 单元　只有呈现“1”状态输入的数目等于限定符号中以 m 表示的数值，输出才呈现“1”状态

6. 电气线路

电气线路图形符号及说明见表 3-6。

表 3-6　电气线路图形符号及说明

图形符号	说　明
	导线、导线组、电线、电缆、电路、传输通路（如微波技术）、线路、母线（总线）一般符号 注：当用单线表示一组导线时，若需示出导线数可加小短斜线或画一条短斜线加数字表示
	柔软导线
	绞合导线（示出二股）
	屏蔽导线
	不需要示出电缆芯数的电缆终端头

表 3-6（续）

图形符号	说明
	电缆直通接线盒（示出带三根导线）单线表示
	电缆连接盒，电缆分线盒（示出带三根导线 T 形连接）单线表示
F T V S F	电话 电报和数据传输 视频通路（电视） 声道（电视或无线电广播） 示例：电话线路或电话电路
	地下线路
	水下（海底）线路
	架空线路
	沿建筑物明敷设通信线路
	滑触线
	中性线
	保护线
	保护和中性共用线
	具有保护线和中性线的三相配线
	向上配线
	向下配线
	垂直通过配线
	电缆铺砖保护
	电缆穿管保护 注：可加注文字符号表示其规格数量
	电缆预留 母线伸缩接头
	接地装置 （1）有接地极 （2）无接地极

7. 照明灯具

照明灯具图形符号及说明见表 3-7。

表 3-7 照明灯具图形符号及说明

图形符号	说明
 ⊗	灯一般符号 信号灯一般符号 注：1. 如果要求指示颜色，则在靠近符号处标出下列字母： RD 红，BU 蓝，YE 黄，WH 白，GN 绿 2. 如要指出灯的类型，则在靠近符号处标出下列字母： Ne 氖，Xe 氙。Na 钠，Hg 汞，I 碘，IN 白炽，EL 电发光，ARC 弧光，FL 荧光，IR 红外线，UV 紫外线，(LED) 发光二极管
	投光灯一般符号
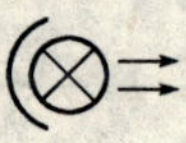	聚光灯
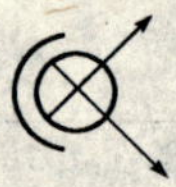	泛光灯
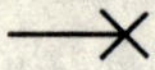	示出配线的照明引出线位置
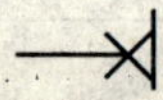	在墙上的照明引出线（示出配线在左边）
	荧光灯一般符号

8. 电杆及附属设备

电杆及附属设备图形符号及说明见表 3-8。

表 3-8 电杆及附属设备图形符号及说明

图形符号	说明
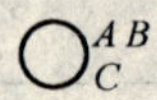 ○ $^{AB}_{C}$	电杆的一般符号（单杆、中间杆） 注：可加注文字符号表示： *A*—杆材或所属部门； *B*—杆长； *C*—杆号
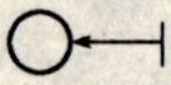	带撑杆的电杆
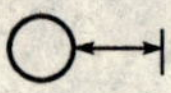	带撑拉杆的电杆

表 3-8（续）

图形符号	说　明
$a\frac{b}{c}Ad$	带照明灯的电杆 （1）一般画法 a—编号 b—杆型 c—杆高 d—容量 A—连接相序 （2）需要示出灯具的投照方向时
$a{\cdot}b\frac{c}{d}\alpha{\cdot}A$　θ	装有投光灯的架空线电杆 一般画法 a—编号；b—投光灯型号；c—容量；d—投光灯安装高度；α—俯角；A—连接相序；θ—偏角 注：投照方向偏角的基准线可以是坐标轴线或其他基准线
	拉线一般符号（示出单方拉线）
	有高桩拉线的电杆

9. 配电箱、屏、控制台

配电箱、屏、控制台图形符号及说明见表 3-9。

表 3-9　配电箱、屏、控制台图形符号及说明

图形符号	说　明
11 12 13 14 15 16	端子板（示出带线端标记的端子板）
	屏、台、箱、柜一般符号
	动力或动力-照明配电箱 注：需要时符号内可标示电流种类符号
	信号板、信号箱（屏）
	照明配电箱（屏） 注：需要时允许涂红
	事故照明配电箱（屏）
	多种电源配电箱（屏）

10. 插座、开关

插座、开关图形符号及说明见表 3-10。

表 3-10 插座、开关图形符号及说明

图形符号	说明
	单相插座 暗装 密闭（防水） 防爆
	带保护接点插座 带接地插孔的单相插座 暗装 密闭（防水） 防爆
	带接地插孔的三相插座 带接地插孔的三相插座暗装
	密闭（防水） 防爆
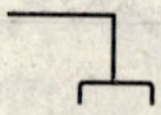	电信插座的一般符号 注：可用文字或符号加以区别 如：TP—电话 TX—电传 TV—电视 *—扬声器（符号表示） M—传声器 FM—调频
	带熔断器的插座

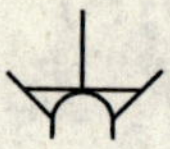

表 3-10（续一）

图形符号	说　明
	开关一般符号
	单极开关 暗装 密闭（防水）
	防爆
	双极开关 暗装 密闭（防水） 防爆
	三极开关 暗装 密闭（防水） 防爆
	单极拉线开关
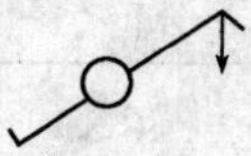	单极双控拉线开关
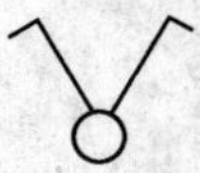	多拉开关（如用于不同照度）

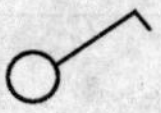

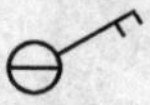

表 3-10（续二）

图形符号	说　明
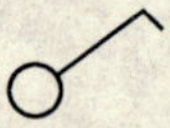	单极限时开关
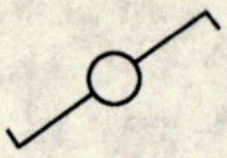	双控开关（单极三线）
	具有指示灯的开关
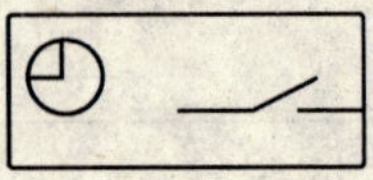	定时开关
	钥匙开关
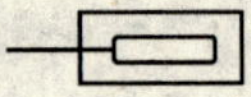	电阻加热装置
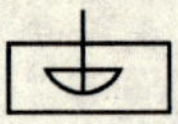	电弧炉
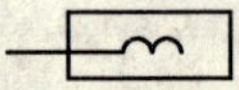	感应加热炉
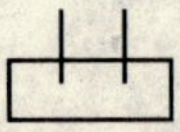	电解槽或电镀槽
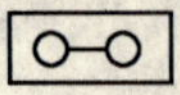	直流电焊机
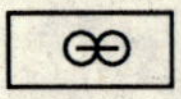	交流电焊机
	盒（箱）一般符号
	连接盒或接线盒
	阀的一般符号
	电磁阀

表 3-10（续三）

图形符号	说　明
	电动阀
	电磁分离器
	电磁制动器
	按钮一般符号 注：若图面位置有限，又不会引起混淆，小圆允许涂黑
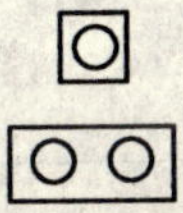	按钮盒　一般或保护型按钮盒示出一个按钮，示出两个按钮

11. 与施工用电平面图有关的图例

与施工用电平面图有关的图例见表 3-11、表 3-12。

表 3-11　总平面图例

序号	名称	图例	说明
1	新建建筑物	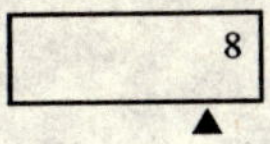 8 ▲	▲表示出入口，图形内右上角点数或数字表示层数
2	原有建筑物		
3	计划扩建的预留地或建筑物		
4	拆除的建筑物	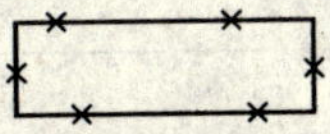	
5	临时房屋密闭式		
6	临时房屋敞棚式		

表 3-11（续一）

序号	名称	图例	说明
7	建筑物下面的通道	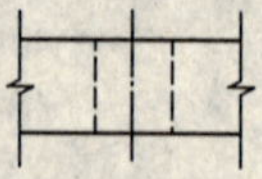	
8	散状材料露天堆场	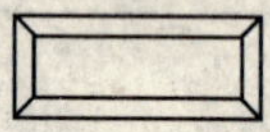	需要时可注明材料名称
9	其他材料露天堆场或露天作业场	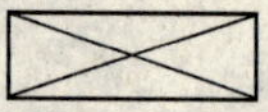	
10	铺砌场地	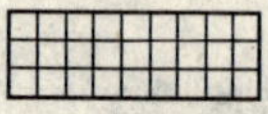	
11	敞棚或敞廊	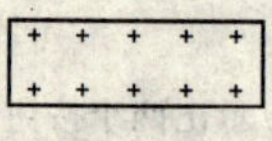	
12	水池、坑槽		
13	围墙及大门	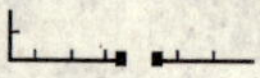 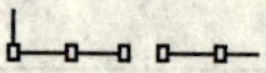	上图为实体性质的围墙，下图为通透性质的围墙，若仅表示围墙时不画大门
14	挡土墙		被挡土在“突出”的一侧
15	挡土墙上设围墙	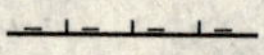	
16	台阶	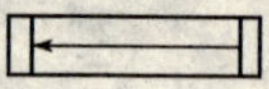	箭头指向表示向下
17	露天桥式吊车	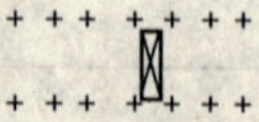	
18	施工用临时道路	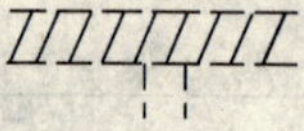	
19	原有的道路		
20	计划的道路	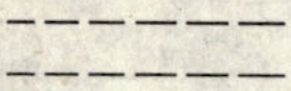	

表 3-11（续二）

序号	名称	图例	说明
21	人行道		
22	铁路		
23	填方区、挖方区、未整平区及零点线	+ - + -	“十”表示填方区； “一”表示挖方区； 中间为未整平区； 点画线为零点线
24	填挖边坡		下边线为虚线时表示填方
25	护坡		
26	地表排水方向		
27	截水沟或排水沟	40.00	“1”表示 1%的沟底纵向坡度，“40.00”表示变坡点间距离，箭头表示水流方向
28	管线	——代号——	管线代号按国家现行有关标准的规定标注
29	地沟管线	代号 代号	
30	管桥管线	代号	

表 3-12　常用施工机械图例

序号	名称	图例	序号	名称	图例
1	塔　轨		6	履带式起重机	
2	塔　吊		7	汽车式起重机	
3	井　架		8	缆式起重机	
4	门　架		9	铁路式起重机	
5	卷扬机		10	皮带运输机	
11	外用电梯		17	混凝土搅拌机	
12	少先吊		18	灰浆搅拌机	

表 3-12（续）

序号	名称	图例	序号	名称	图例
13	挖土机： 正铲 反铲 抓铲 拉铲		19	洗石机	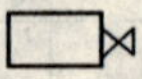
14	多斗挖土机	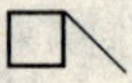	20	打桩机	
15	推土机		21	水　泵	
16	铲运机	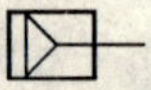	22	圆　锯	

技能要点 2：电气文字符号

1. 电气设备种类的基本分类符号

电气设备种类的基本分类符号见表 3-13。

表 3-13　电气设备的基本分类符号

类别	符号	举例
组　件 部　件	A	分离元件放大器、磁放大器、激光器、微波激射器、印制电路板本表其他地方未提及的组件、部件
变换器（从非电量到电量或相反）	B	热电传感器、热电池、光电池、测功计、晶体换能器、送话器、拾音器、扬声器、耳机、自整角机、旋转变压器
电容器	C	
二进制单元延迟器件存储器件	D	数字集成电路和器件、延迟线、双稳态元件、单稳态元件、磁芯储存器、寄存器、磁带记录机、盘式记录机
杂项	E	光器件、热器件 本表其他地方未提及的元件
保护器件	F	熔断器、过电压放电器件、避雷器
发电机电源	G	旋转发电机、旋转变频机、电池、振荡器、石英晶体振荡器
信号器件	H	光指示器、声指示器
—	J	—
继电器、接触器	K	—
电感器电抗器	L	感应线圈、线路陷波器 电抗器（并联和串联）
电动机	M	
模拟集成电路	N	运算放大器、模拟/数字混合器件

表 3-13（续）

类别	符号	举例
测量设备 试验设备	P	指示、记录、积算、测量设备 信号发生器、时钟
电力电路的开关	Q	断路器、隔离开关
电阻器	R	可变电阻器、电位器、变阻器、分流器、热敏电阻
控制电路的 开关选择器	S	控制开关、按钮、限制开关、选择开关、选择器、拨号接触器、连接级
变压器	T	电压互感器、电流互感器
调制器 变换器	U	鉴频器、解调器、变频器、编码器、逆变器、变流器电报译码器
电真空器件 半导体器件	V	电子管、气体放电管　晶体管、晶体管、二级管
传输通道 波导、天线	W	导线、电缆、母线、波导、波导定向耦合器、偶极天线、抛物面天线
端子 插头 插座	X	插头和插座、测试塞孔、端子板、焊接端子片、连接片、电缆封端和接头
电气操作的 机械装置	Y	制动器、离合器、气阀
终端设备 混合变压器 滤波器、均衡 器限幅器	Z	电缆平衡网络 压缩扩展器 晶体滤波器　网络

2. 常用设备和元件的文字符号

常用设备和元件的文字符号见表 3-14。

表 3-14　常用设备和元件的文字符号

序号	类别	名称	文字符号
1	发电机 (G)	同步发电机	GS
		异步发电机	GA
		直流发电机	GD
		励　磁　机	GE
		电　　池	GB
2	电动机 (M)	直流电动机	MD
		交流电动机	MA
		异步电动机	MA
		同步电动机	MS
		笼型异步电动机	MC

表 3-14（续一）

序号	类别	名称	文字符号
3	变压器（T）	电力变压器	TM
		控制变压器	TC
		升压变压器	TU
		降压变压器	TD
		自耦变压器	TA
		整流变压器	TR
		电炉变压器	TF
		稳 压 器	TS
		电流互感器	TA
		电压互感器	TV
4	电力开关（Q）	断路器	QF
		隔离开关	QS
		自动开关	QA
		转换开关	QC
		刀开关	QK
		负荷计关	QL
5	控制开关（S）	按钮开关	SB
		行程开关	ST
		限位开关	SL
		终点开关	SE
		微动开关	SS
		脚踏开关	SF
		接近开关	SP
6	接触器和继电器（K）	交流接触器	KM，KA
		直流接触器	KD
		电压继电器	KV
		电流继电器	KA
		频率继电器	KF
		中间继电器	KM
		时间继电器	KT
		信号继电器	KS
		接地继电器	KE
		温度继电器	KT
		压力继电器	KP
		气体继电器	KG

表 3-14（续二）

序号	类别	名称	文字符号
7	电磁铁（Y）	电磁铁	YA
		制动电磁铁	YB
		牵引电磁铁	YT
		起重电磁铁	YL
		电磁离合器	YC
		电磁阀	YV
8	电阻器（R）	电阻	R
		电位器	RP
		启动电阻	RS
		制动电阻	RB
		频敏电阻	RF
		附加电阻	RA
9	电容器（C）	电　容	C
		可调电容	C
10	电感器（L）	电感	L
		电抗器	L
		启动电抗器	LS
		电感线圈	L
11	电线电缆（W）	电　线	W
		电　缆	W
		母　线	WB
		天　线	W
12	保护器件（F）	避雷器	F，FA
		熔断器	FU
		避雷针	FL
		热保护继电器	FR
13	电子元件（V）	晶体管	V
		电子管	VE
14	连接器（X）	接线柱	X
		接线片	XB
		插头	XP
		插座	XS
		端子排	XT
15	信号器件（H）	信号灯	HL
		电警笛	HE
		电铃	HA
		电喇叭	HH
		蜂鸣器	HZ

表 3-14（续三）

序号	类别	名称	文字符号
16	变换器（B）	送话器、受话器	B
		扬声器、耳机	B
		压力变换器	BP
		位置变换器	BQ
		温度变换器	BT
		速度变换器	BT
17	测量仪表（P）	电流表	PA
		电压表	PV
		功率表	PW
		电度表	PJ
		计数器	PC
		计时器	PT
		记录仪器	PS
18	其他（E）	照明灯	EL
		发热器件	EH
		空调器	EV

注：在不致引起混淆的情况下，均可采用类别单字母符号，或用数字序号加以区别，例如 Q1，Q2，…

3. 辅助文字符号

辅助文字符号是用以辅助说明电气设备、装置、元器件和线路的功能、状态和特性的，常与基本文字符号相配合使用，如按钮的基本文字符号是 S，下降的辅助符号是 D，则控制装置下降的按钮可用符号 SD 表示。常用辅助文字符号见表 3-15。

表 3-15　常用辅助文字符号

名　称	符　号	名　称	符　号
电　流	A	绿	GN
模　拟	A	高	H
交　流	AC	输　入	IN
自　动	A，AUT	增	INC
加　速	ACC	感　应	IND
附　加	ADD	左	L
可　调	ADJ	限　制	L
辅　助	AUX	低	L
异　步	ASY	闭　锁	LA
制　动	B，BRK	主	M
黑	BK	中	M
蓝	BL	中间线	M
向　后	BW	手　动	M，MAN

表 3-15（续）

名称	符号	名称	符号
控制	C	中性线	N
顺时针	CW	断开	OFF
逆时针	CCW	闭合	ON
延时（延迟）	D	输出	OUT
差动	D	压力	P
数字	D	保护	P
降	D	保护接地	PE
直流	DC	保护接地与中性线共用	PEN
减	DEC	不接地保护	PU
接地	E	记录	R
紧急	EM	右	R
快速	F	反	R
反馈	FB	红	RD
正，向前	FW	复位	R，RST
备用	RES	温度	T
运转	RUN	时间	T
信号	S	无噪声（防干扰）接地	TE
起动	ST	真空	V
置位，定位	S，SET	速度	V
饱和	SAT	电压	V
步进	STE	白	WH
停止	STP	黄	YE
同步	SYN		

4. 导线和接线端子的文字符号标志

在电气图中，常用导线和电气设备接线端子的文字符号标志见表 3-16。用颜色作为导线识别标记的国际色码见表 3-17。

表 3-16 导线和接线端子的文字符号

序号	类别	名称	文字符号
1	三相交流	电源线 1相 2相 3相 中性线 设备接线端子 1相 2相 3相 中性线	L1（A） L2（B） L3（C） N（0） U V W N

表 3-16（续）

序号	类别	名称		文字符号
2	直流	电源线和接线端子	正 负 中间	L+或± L−或 * M
3	接地	保护接地线或接线端子 不接地保护线或接线端子 保护接地线和中性线共用线或接地端子 接地线或接线端子 无噪声接地线或接线端子 接机壳线或接线端子 等电位线或接线端子		PE PU PEN E TE MM CC

表 3-17　导线的颜色标记字母（国际色码）

颜　色	字母符号	颜　色	字母符号
黑　色	BK	灰　色	GY
棕　色	BN	白　色	WH
红　色	RD	粉红色	PK
橙　色	OG	金黄色	GD
黄　色	YE	青绿色	TQ
绿　色	GN	银白色	SR
蓝　色	BU	绿一黄色相间	GNYE
紫　色	VT		

第四章 施工现场电工的基本要求与职责

技能图解9 用电人员的基本要求

技能结构框线图

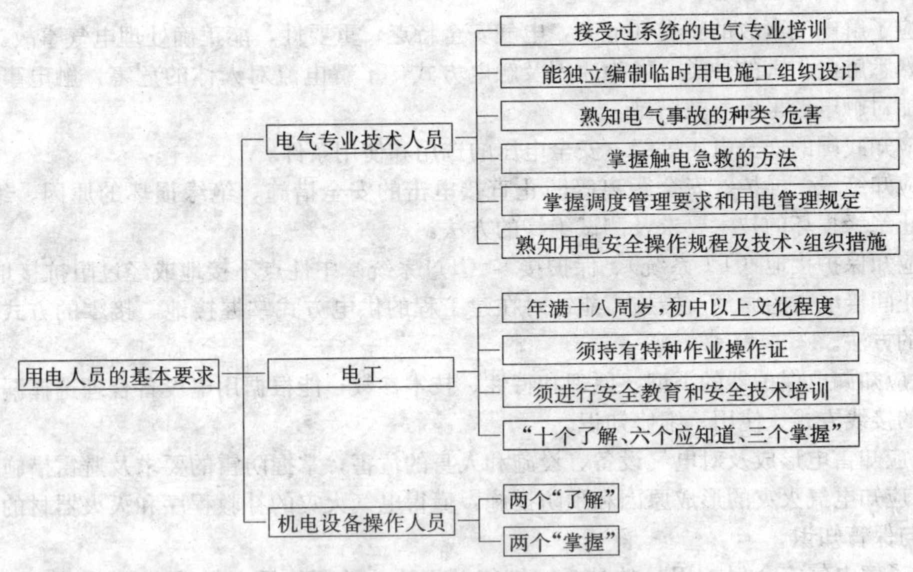

图4-1 用电人员的基本要求

技能要点1：电气专业技术人员

(1) 接受过系统的电气专业培训，掌握安全用电的基本知识和各种机械设备、电气设备的性能，熟知《施工现场临时用电安全技术规范》(JGJ 46—2005) 及其他用电规范。

(2) 能独立编制临时用电施工组织设计。

(3) 熟知电气事故的种类、危害，掌握事故的规律性和处理事故的方法，熟知事故报告规程。

(4) 掌握触电急救的方法。

(5) 掌握调度管理要求和用电管理规定。

(6) 熟知用电安全操作规程及技术、组织措施等。

技能要点2：电工

(1) 年满十八周岁，工作认真负责，身体健康，无妨碍从事本职工作的病症和生理缺陷，具有初中以上文化程度和具有电工安全技术、电工基础理论和专业技术知识，并有一定的实践经验。

(2) 维修、安装或拆除临时用电工程必须由电工完成，该电工必须持有特种作业操作证，且在有效期内。

(3) 对从事电工作业的人员（包括工人、工程技术人员和管理人员），必须进行安全教育和安全技术培训。培训的时间和内容，根据国家（或部）颁发的电工作业《安全技术考核标准》和有关规定而定。

电工作业人员经安全技术培训后，必须进行考核。经考核合格取得操作证者，方准独立作业。考核的内容，由发证部门根据国家（或部）颁发的电工作业《安全技术考核标准》和有关规定确定。考核分为安全技术理论和实际操作两部分，理论考核和实际操作都必须达到合格要求。考核不合格者，可进行补考，补考仍不合格者，须重新培训。

电工作业人员的考核发证工作，由地、市级以上劳动行政部门负责；电业系统的电工作业人员，由电业部门考核发证。对无证人员严禁进行电工作业。

对新从事电工作业的人员，必须在持证人员的现场指导下进行作业。见习或学徒期满后，方可准许考核取证。取得操作证的电工作业人员，必须定期（两年）进行复审。未经复审或复审不及格者，不得继续独立作业。

(4) 电工等级应同临时用电工程的技术难易程度和复杂性相适应，对于由高等级电工完成的不能指派低等级的电工去做。

(5) 应了解电气事故的种类和危害，电气安全特点、重要性，能正确处理电气事故。

(6) 熟悉触电伤害的种类、发生原因及触电方式，了解电流对人体的危害，触电事故发生的规律，并能对触电者采取急救措施。

(7) 应知我国的安全电压等级、安全电压的选用和使用条件。

(8) 应知绝缘、屏护、安全距离等防止直接电击的安全措施、绝缘损坏的原因、绝缘指标；能掌握防止绝缘损坏的技术要求及测试绝缘的方法。

(9) 应知保护接地（TT 系统）、保护接零（TN 系统）中性点不接地或经过阻抗接地（TT 系统）等防止间接电击的原理及措施；能针对在建工程的供电方式掌握接地、接零的方式、要求和安装测试的方法。

(10) 应知漏电保护器的类型、原理和特性、技术参数；能根据用电设备合理选择漏电保护装置及正确的接线方式、使用、维修知识。

(11) 应知雷电形成及对电气设备、设施和人身的危害；掌握防雷的要求及避雷措施。

(12) 应知电气火灾的形成原因和预防措施，懂得电气火灾的补救程序和灭火器材的选择、使用的方法与保管知识。

(13) 了解电气安全保护用具的种类、性能及用途，掌握使用、保管方法和试验周期、试验标准。

(14) 了解施工现场特点，了解潮湿、高温、易燃、易爆、导电性腐蚀性气体或蒸汽、强电磁场、导电性物体、金属容器、地沟、隧道、井下等环境条件对电气设备和安全操作的影响，能知道在相应的环境条件下设备造型、运行、维修的电气安全技术要求。

(15) 了解施工现场周围环境对电气设备安全运行的影响，掌握相应的防范事故的措施。

(16) 了解电气设备的过载、短路、欠压、失压、断相等保护的原理，掌握本岗位中电气设备保护方式的选择和保护装置及二次回路的安装调试技术，掌握本岗位中电气设备的性能，主要技术参数及其安装、运行、检修、维护、测试等技术标准和安全技术要求。

(17) 掌握照明装置，移动电具，手持式电动工具及临时供电线路安装、运行、维修的安全技术要求。

(18) 掌握与电工作业有关的登高、机械、起重、搬运、挖掘、焊接、爆破等作业的安全技术要求。

(19) 掌握静电感应的原理及在临近带电设备或有可能产生感应电压的设备上工作时的安全技术要求。

(20) 了解带电作业的理论知识，掌握相应带电操作技术和安全要求。

(21) 了解本岗位内电气系统的线路走向，设备分布情况，编号，运行方式，操作步骤和事故处理程序。

(22) 了解用电管理规定和调度要求。

(23) 了解施工现场用电管理各项制度。

(24) 了解电工作业安全的组织措施和技术措施。

技能要点 3：机电设备操作人员

（1）掌握安全用电基本知识及所使用的设备的性能。
（2）了解使用设备须穿戴的劳动保护用品。
（3）了解本机的电气保护系统。
（4）掌握所使用的设备电气事故的紧急措施。

技能图解 10 施工现场电气工作人员的主要职责

技能结构框线图

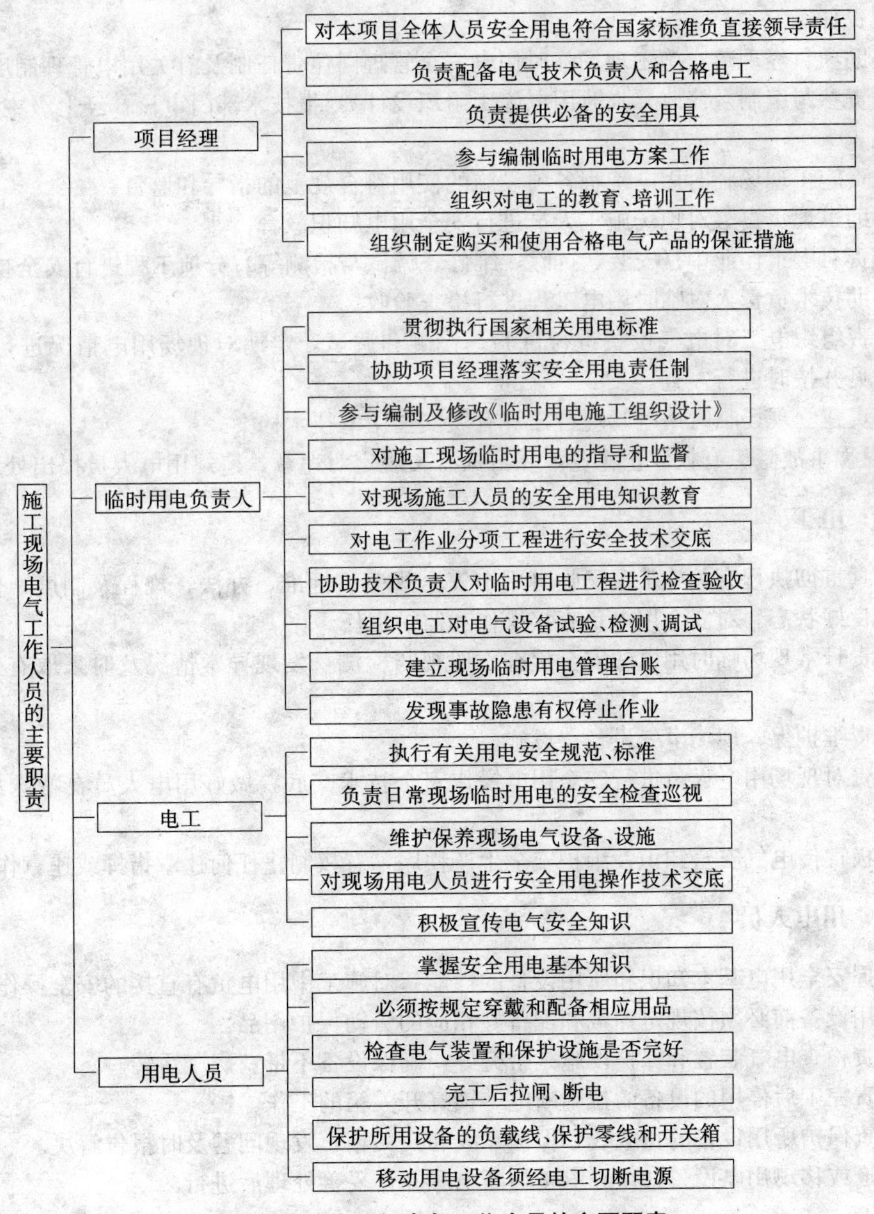

图 4-2 施工现场电气工作人员的主要职责

技能要点 1：项目经理

（1）对本项目全体人员安全用电和保证临时用电工程符合国家标准负直接领导责任。

（2）负责配备一名电气技术负责人和保证满足施工需要量的合格电工。

（3）负责提供给电工、电焊工和用电人员必备的基本安全用具、辅助安全用具以及电气保护装置的检查工作。

（4）负责参与组织编制临时用电方案工作。

（5）负责组织对电工及用电人员的教育、培训工作。

（6）负责组织制定购买和使用合格电气产品的保证措施，并提倡使用性能可靠的科技新产品。

技能要点 2：临时用电负责人

（1）认真贯彻执行国家建筑施工现场临时用电工程相关标准。对电工及用电人员的操作行为负直接管理责任。

（2）协助项目经理落实施工现场临时用电安全管理岗位责任制及有关用电管理制度。

（3）负责参与编制及修改《临时用电施工组织设计》，报技术部门审核，经上级主管部门批准后组织实施。

（4）负责施工现场临时用电工程各项设施的使用符合规范的指导和监督。

（5）协助工地负责人对现场施工人员进行安全用电知识教育。

（6）负责对电工作业中（安装、拆除、维修、调试与检测等）分项工程进行安全技术交底。

（7）协助技术负责人对临时用电工程进行检查验收。

（8）负责组织电工对电气设备进行试验、检测和调试。定期对现场用电情况进行检查评估，提出整改意见并按时进行复查。

（9）负责建立现场临时用电管理台账等有关安全用电技术档案。

（10）发现事故隐患有权停止作业，并根据有关规定对违章、违规用电人员提出处理意见。

技能要点 3：电工

（1）认真贯彻执行有关施工现场临时用电安全规范、标准、办法、规程及制度，保证临时用电工程处于良好状态。对安全用电负直接操作和监护责任。

（2）负责日常现场临时用电的安全检查、巡视与检测，发现异常情况及时采取有效措施，谨防发生事故。

（3）负责维护保养现场电气设备、设施。

（4）负责对现场用电人员进行安全用电操作安全技术交底，做好用电人员在特殊场所作业的监护工作。

（5）积极宣传电气安全知识，维护安全生产秩序，有权制止任何违章指挥或违章作业行为。

技能要点 4：用电人员

（1）掌握安全用电基本知识和所用设备的性能，对施工中用电负有直接的安全操作责任。

（2）使用设备前必须按规定穿戴和配备好相应的劳动保护用品。

（3）负责检查电气装置和保护设施是否完好，确保设备不带“病”运转。

（4）负责完工后停用的设备的拉闸断电、锁好开关箱的工作。

（5）负责保护所用设备的负载线、保护零线和开关箱，发现问题及时报告解决。

（6）搬迁或移动用电设备，须经电工切断电源并作妥善处理后进行。

第五章　施工现场临时用电安全管理

技能图解 11　电气安全组织管理

技能结构框线图

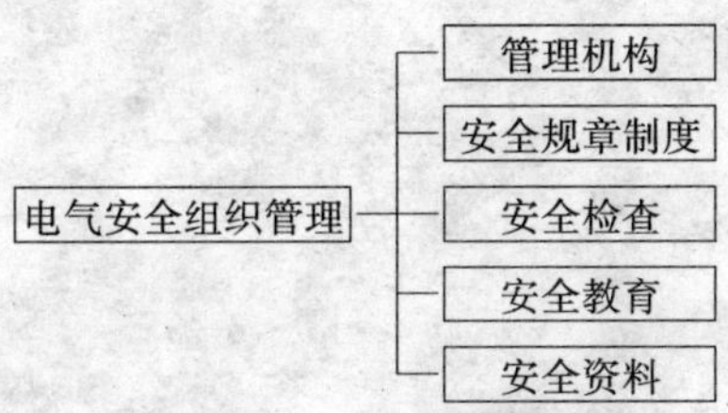

图 5-1　电气安全组织管理

技能要点 1：管理机构

电工是个特殊工种，又是危险工种，而且分散在生产各个部门，不安全因素较多。为确保安全，就必须加强电气的安全管理工作：

(1) 有计划地经常组织职工，尤其是领导学习国家对劳动保护，安全用电的方针、政策、法规及当地供电部门、本行业的法规、条例等，并及时贯彻执行。

(2) 经常组织电气技术人员、管理人员、电工作业人员及用电人员、电气操作人员，进行电气安全技术管理和电气安全技术的学习。

(3) 有计划、有针对性地组织电气安全专业性检查，及时发现和消除不安全隐患和因素，同时对电气管理和电气作业人员、操作人员的不安全行为、违章及误操作进行监督检查并及时纠正。

(4) 制定电气安全的规章制度及组织措施中的电气作业、电工值班、巡回检查及电气安全操作规程等，并组织实施。

(5) 做好触电急救工作，及时处理电气事故，并做好电气安全资料档案管理工作。

(6) 做好电气作业人员的上岗培训、专业技术培训考核、安全技术考核、档案管理等。

技能要点 2：安全规章制度

(1) 岗位责任制。

(2) 交接班制度。

(3) 巡视检查制度。

(4) 试验切换制度。

(5) 缺陷管理制度。

(6) 作业验收制度。

(7) 运行分析制度。

(8) 技术培训制度。

(9) 保卫制度。

(10) 电气设备、线路运行和操作规程。

（11）设备检修制度。

（12）设备分析制度。

（13）临时线路安装审批制度。

（14）安全责任制。

（15）电气设备及线路安装、试验和质量标准。

（16）设备交接验收制度。

（17）安全措施编制和实施制度。

（18）安全施工检查制度。

（19）值班制度。

（20）作业票制度。

（21）作业许可制度。

（22）作业监护制度。

（23）作业间断制度。

（24）作业转移制度。

（25）作业终结制度。

（26）查活及交底制度。

（27）送电制度。

（28）调度管理制度。

（29）事故处理制度。

（30）其他有关安全用电和电气作业制度。

技能要点 3：安全检查

定期的安全检查最好每季度进行一步，特别应该注意雨季前和雨季中的安全检查。

电气安全检查包括：①检查电气设备的绝缘有无损坏；②绝缘电阻是否合格；③设备裸露带电部分是否有防护；④保护接零或保护接地是否正确与可靠；⑤保护装置是否符合要求；⑥手提灯和局部照明灯电压是否为安全电压或是否采取了其他安全措施；⑦安全用具和电气灭火器材是否齐全；⑧电气设备安装是否合格；⑨安装位置是否合理；⑩电气连接部分是否完好；⑪规章制度是否健全等内容。

技能要点 4：安全教育

（1）新参加电气工作的人员、实习人员和临时参加劳动的人员（干部、临时工等），必须经过安全知识教育后，方可到现场参加指定的工作，但不得单独工作。

（2）对外单位派来支援的电气工作人员，工作前应向他们介绍现场电气设备的接线情况和有关安全措施。

（3）对使用电气设备的一般生产工人，除要懂得安全用电一般知识外，还应懂得有关的安全规程。

（4）对于独立工作的电气工作人员，更应懂得电气装置在安装、使用、维护、检修过程中的安全要求，应该熟悉电气安全操作规程，学会电气灭火的方法，掌握触电急救的技能，并按国家法律和标准规定参加培训考核，取得特种作业资格证书。

技能要点 5：安全资料

安全资料是做好安全工作的重要依据。一些技术资料对于安全工作也是十分必要的，应注意收集和保存。

对重要设备应单独建立资料，每次检修和试验记录应作为资料保存，以便查对。

设备事故和人身事故也应作为资料保存。

技能图解 12　临时用电组织设计

技能结构框线图

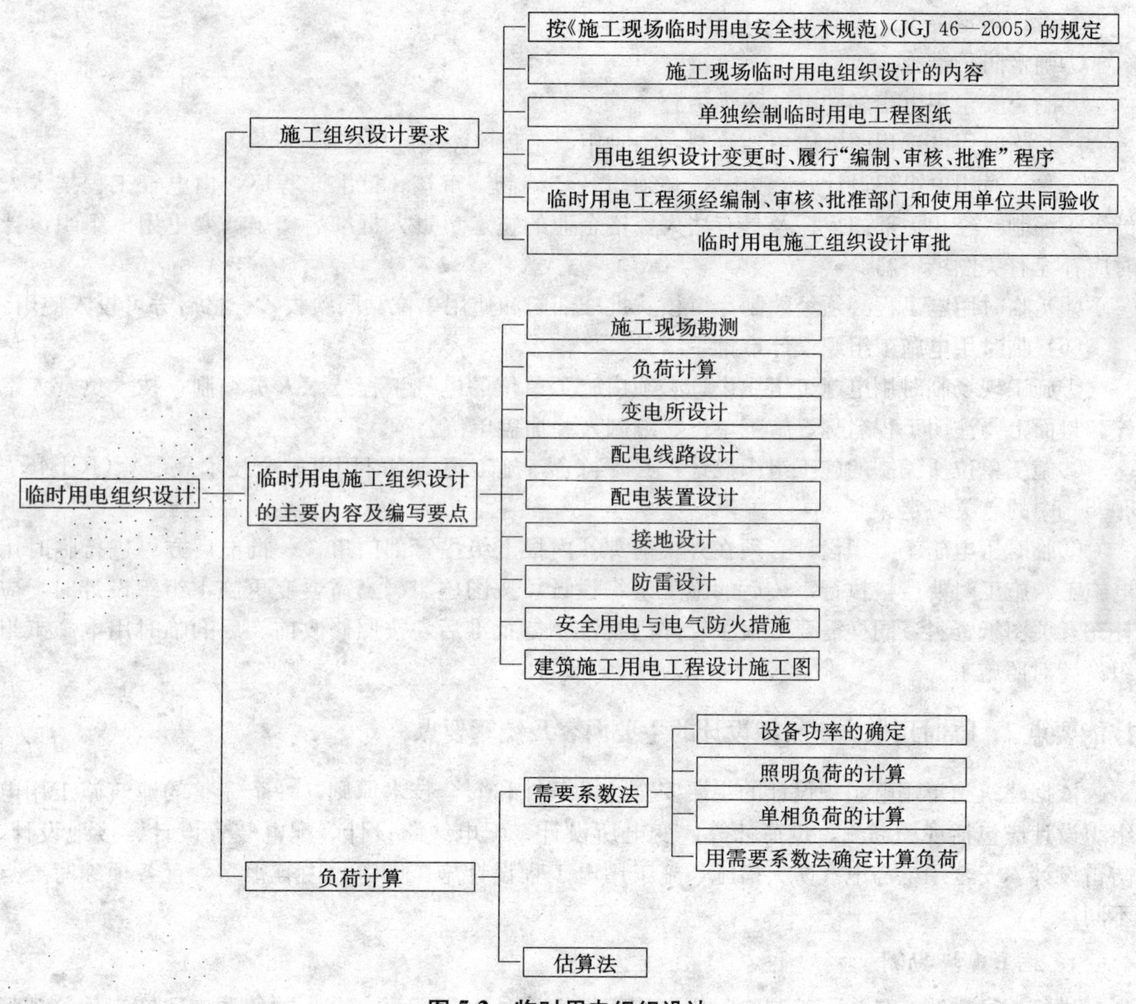

图 5-2　临时用电组织设计

技能要点 1：施工组织设计要求

(1) 按照《施工现场临时用电安全技术规范》(JGJ 46—2005) 的规定，临时用电设备在 5 台及 5 台以上或设备总容量在 50kW 及 50kW 以上者，应编制临时用施工组织设计，临时用电设备在 5 台以下和设备总容量在 50kW 以下者，应制定安全用电技术措施及电气防火措施。以上是施工现场临时用电管理应当遵循的第一项技术原则。

(2) 施工现场临时用电组织设计的主要内容

①现场勘测。

②确定电源进线、变电所或配电室、配电装置、用电设备位置及线路走向。

③进行负荷计算。

④选择变压器。

⑤设计配电系统：

a. 设计配电线路，选择导线或电缆。

b. 设计配电装置，选择电器。

c. 设计接地装置。

d. 绘制临时用电工程图纸，主要包括用电工程总平面图、配电装置布置图、配电系统接线图、接地装置设计图。

⑥设计防雷装置。

⑦确定防护措施。

⑧制定安全用电措施和电气防火措施。

(3) 临时用电工程图纸应单独绘制，临时用电工程应按图施工。

(4) 临时用电组织设计及变更时，必须履行“编制、审核、批准”程序，由电气工程技术人员组织编制，经相关部门审核及具有法人资格企业的技术负责人批准后实施。变更用电组织设计时应补充有关图纸资料。

(5) 临时用电工程必须经编制、审核、批准部门和使用单位共同验收，合格后方可投入使用。

(6) 临时用电施工组织设计审批手续：

①施工现场临时用电施工组织设计必须由施工单位的电气工程技术人员编制，技术负责人审核。封面上要注明工程名称、施工单位、编制人并加盖单位公章。

②施工单位所编制的施工组织设计，必须符合《施工现场临时用电安全技术规范》(JGJ 46—2005) 中的有关规定。

③临时用电施工组织设计必须在开工前 15d 内报上级主管部门审核、批准后方可进行临时用电施工。施工时要严格执行审核后的施工组织设计，按图施工。当需要变更施工组织设计时，应补充有关图纸资料，同样需要上报主管部门批准，待批准后，按照修改前、后的临时用电施工组织设计对照施工。

技能要点 2：临时用电施工组织设计的主要内容及编写要点

依据建筑施工用电组织设计的主要安全技术条件和安全技术原则，一个完整的建筑施工用电组织设计应包括现场勘测、负荷计算、变电所设计、配电线路设计、配电装置设计、接地设计、防雷设计、安全用电与电气防火措施、施工用电工程设计施工图等，内容很多，且各项编写要点不同。

1. 施工现场勘测

进行现场勘测，是为了编制临时用电施工组织设计而进行第一个步骤的调查研究工作。现场的勘测也可以和建筑施工组织设计的现场勘测工作同时进行或直接借用其勘测的资料。

现场勘测工作包括调查、测绘施工现场的地形、地貌、地质结构、正式工程位置、电源位置、地上与地下管线和沟道位置以及周围环境、用电设备等。通过现场勘测可确定电源进线、变电所、配电室、总配电箱、分配电箱、固定开关箱、物料和器具堆放位置以及办公、加工与生活设施、消防器材位置和线路走向等。

现场勘测时最主要的就是既要符合供电的基本要求，又要注意到临时性的特点。

结合建筑施工组织设计中所确定的用电设备、机械的布置情况和照明供电等总容量，合理调整用电设备的现场平面及立面的配电线路；调查施工地区的气象情况，土壤的电阻率多少和土壤的土质是否具有腐蚀性等。

2. 负荷计算

对现场用电设备的总用电负荷计算的目的，对低压用户来说，可以依照总用电负荷来选择总开关、主干线的规格。通过对分路电流的计算，确定分路导线的型号、规格和分配电箱的设置的个数。总之负荷计算要和变、配电室，总、分配电箱及配电线路、接地装置的设计结合起来进行计算。

负荷计算时要注意以下几点：

(1) 各用电设备不可能同时运行。

(2) 各用电设备不可能同时满载运行。

(3) 性质不同的用电设备，其运行特征各不相同。

(4) 各用电设备运行时都伴随着功率损耗。

(5) 用电设备的供电线路在输送功率时伴随有线路功率损耗。

3. 变电所设计

变电所设计主要是选择和确定变电气的位置、变压器容量、相关配电室位置与配电装置布置、防护措施、接地措施、进线与出线方式以及与自备电源（发电机组）的联络方法等。

变电所的选址应考虑以下问题：

(1) 接近用电负荷中心。

(2) 不被不同现场施工触及。

(3) 进、出线方便。

(4) 运输方便。

(5) 其他，如多尘、地势低洼、振动、易燃易爆、高温等场所不宜设置。

4. 配电线路设计

配电线路设计主要是选择和确定线路走向、配线种类（绝缘线或电缆）、敷设方式（架空或埋地）、线路排列、导线或电缆规格以及周围防护措施等。

线路走向设计时，应根据现场设备的布置、施工现场车辆、人员的流动、物料的堆放以及地下情况来确定线路的走向与敷设方法。一般线路设计应尽量考虑架设在道路的一侧，不妨碍现场道路通畅和其他施工机械的运行、装拆与运输。同时又要考虑与建筑物和构筑物、起重机械、构架保持一定的安全距离和怎样防护问题。采用地下埋设电缆的方式，应考虑地下情况，同时做好过路及进入地下和从地下引出处等处安全防护。

配电线路必须按照三级配电两级保护进行设计，同时因为是临时性布线，设计时应考虑架设迅速和便于拆除，线路走向尽量短捷。

5. 配电装置设计

配电装置设计主要是选择和确定配电装置（配电柜、总配电箱、分配电箱、开关箱）的结构、电器配置、电器规格、电气接线方式和电气保护措施等。

确定变配电室位置时应考虑变压器与其他电气设备的安装、拆卸的搬运通道问题。进线与出线方便无障碍。尽量远离施工现场震动场所、周围无爆炸、易燃物品、腐蚀性气体的场所。地势选择不要设在低洼区和可能积水处。

总配电箱、分配电箱在设置时要靠近电源的地方，分配电箱应设置在用电设备或负荷相对集中的地方。分配电箱与开关箱距离不应超过 30m。开关箱应装设在用电设备附近便于操作处，与所操作使用的用电设备水平距离不宜大于 3m。总分配电箱的设置地方，应考虑有两人同时操作的空间和通道，周围不得堆放任何妨碍操作、维修及易燃、易爆的物品，不得有杂草和灌木丛。

6. 接地设计

接地设计主要是选择和确定接地类别、接地位置以及根据对接地电阻值的要求选择自然接地体或设计人工接地体（计算确定接地体结构、材料、制作工艺和敷设要求等）。

7. 防雷设计

防雷设计主要是依据施工现场地域位置和其邻近设施防雷装置设置情况确定施工现场防直击雷装置的设置位置，包括避雷针、防雷引下线、防雷接地确定。在设有专用变电所的施工现场内，除应确定设置避雷针防直击雷外，还应确定设置避雷器，以防感应雷电波侵入变电所内。

8. 安全用电与电气防火措施

安全用电措施包括施工现场各类作业人员相关的安全用电知识教育和培训，可靠的外电线路防护，完备的接地接零保护系统和漏电保护系统，配电装置合理的电器配置、装设和操作以及定期检查维修，配电线路的规范化敷设等。

电气防火措施包括针对电气火灾的电气防火教育，依据负荷性质、种类大小合理选择导线和开关电器，电气设备与易燃、易爆物的安全隔离以及配备灭火器材、建立防火制度和防火队伍等，具体措施如下：

(1) 施工组织设计时，根据电气设备的用电量正确选择导线截面，从理论上杜绝线路过负荷使用，保护装置要认真选择，当线路上出现长期过负荷时，能在规定时间内动作保护线路。

(2) 导线架空敷设时，其安全间距必须满足规范要求，当配电线路采用熔断器作短路保护时，熔断额定电流一定要小于电缆线或穿管绝缘导线允许载流量的 2.5 倍，或明敷绝缘导线允许载流量的 1.5 倍。

(3) 经常教育用电人员正确执行安全操作规程，避免作业不当造成火灾。

(4) 电气操作人员认真执行规范，正确连接导线，接线柱压牢、压实。各种开关触头压接牢固，铜铝连接时有过渡端子，多股导线用端子或涮锡后再与设备安装以防加大电阻引起火灾。

(5) 配电室的耐火等级大于三级，室内装置砂箱和绝缘灭火器，严格执行变压器的运行检修制度，按季每年进行不少于四次的停电清扫和检查。现场中电动机严禁超负荷使用。电机周围无易燃物，发现问题及时解决，保证设备正常运行。

(6) 施工现场内严禁使用电炉子。使用碘钨灯时，灯与易燃物间距大于 300mm。室内不准使用功率超过 100W 的灯泡，严禁使用床头灯。

(7) 使用焊机时严格执行用火证制度，并有专人监护，施焊点周围不存有易燃物体，并备齐防火设备。电焊机存放在通风良好的地方，防止机温过高引起火灾。

(8) 现场内高大设备（塔吊、电梯等）和有可能产生静电的电气设备做好防雷接地和防静电接地，以免雷电及触电火花引起火灾。

(9) 存放易燃气体、易燃物仓库内的照明装置，采用防爆型设备，导线敷设、灯具安装、导线与设备连接均符合临时用电规范要求。

(10) 配电箱、开关箱内严禁存放杂物及易燃物体，并派专人负责定期清扫。

(11) 消防泵的电源由总箱中引出专用回路供电，此回路不设漏电保护器，并设两个电源供电，供电线路设在末端切换。

(12) 现场建立防火检查制度，强化电气防火领导体制，建立电气防火义务消防队。

(13) 现场一旦发生电气火灾时，扑灭电气火灾，按以下方法扑救：

①迅速切断电源，以免事态扩大；切断电源人员戴绝缘手套，使用带绝缘柄的工具。当火灾现场离开关较远需剪断电线时，火线和零线分开错位剪断，以防在钳口处造成短路，并防止电源线掉在地上造成短路使人员触电。

②当电源线因其他原因不能及时切断时，一方面派人去供电端拉闸；另一方面灭火时，人体的各部位与带电体保持安全距离，同时穿绝缘用品。

③扑灭电气火灾用绝缘性能好的灭火剂（干粉、二氧化碳、1211 灭火器）或干燥的黄砂。严禁使用导电灭火剂进行扑救。

9. 建筑施工用电工程设计施工图

施工用电工程设计施工图主要包括用电工程总平面图、交配电装置布置图、配电系统接线图、接地装置设计图等。

编制施工现场临时用电施工组织设计的主要依据是《施工现场临时用电安全技术规范》以及其他的相关标准、规程等。

编制施工现场临时用电施工组织设计必须由专业电气工程技术人员来完成。

技能要点 3：负荷计算

施工现场用电量是由两大部分组成：第一部分是建筑施工现场的动力设备用电；第二部分是照明设备用电。用电量就是这两部分的负荷总和。负荷的大小不但是选择变压器容量的依据，而且是供配电线路导线截面、控制及保护电器选择的依据。负荷计算的是否正确，直接影响到变压器、导线截面和保护电器选择的是否合理，它关系到供电系统能否经济合理、可靠安全地运行。

目前较常用的负荷计算方法有：需要系数法和二项式法，施工现场通常采用估算法。在这里仅介绍需要系数法和估算法。

1. 需要系数法

1）设备功率的确定

进行负荷计算时，需将用电设备按其性质分为不同的用电设备组，然后确定设备功率。

用电设备的额定功率 P_e 或额定容量 S_e 是指铭牌上的数据。对于不同负荷持续率下的额定功率或额定容量，应换算为统一负荷持续率下的有功功率，即设备功率 P_s。

（1）连续工作制电动机的设备功率 P_s 等于其铭牌上的额定功率 P_e。

（2）断续或短时工作制电动机（如起重用电动机等）的设备功率是指将额定功率换算为统一负荷持续下的有功功率。

当采用需要系数法或二项式法时，应统一换算到负荷持续率为 $FC=25\%$ 下的有功功率（kW），其换算关系如下：

$$P_s = P_e\sqrt{\frac{FC_e}{0.25}} = 2P_e\sqrt{FC_e} \tag{5-1}$$

当采用需要系数法时，应统一换算到负荷持续率为 $FC=100\%$ 下的有功功率（kW）：

$$P_s = P_e\sqrt{C_e} \tag{5-2}$$

式中　P_e——电动机额定功率（kW）；

FC_e——电动机额定负荷持续率。

（3）电焊机的设备功率是指将额定容量换算到负荷持续率为 $FC=100\%$ 时的有功功率（kW），其换算公式为

$$P_s = S_e\sqrt{JC_e}\cos\varphi_e \tag{5-3}$$

式中　S_e——电焊机的额定容量（kV · A）；

C_e——电焊机的额定负荷持续率；

$\cos\varphi_e$——额定功率因数。

（4）整流器的设备功率是指额定直流功率。

（5）成组用电设备的设备功率是指不包括备用设备在内的所有单个用电设备的设备功率之和。

（6）照明设备功率是指灯泡上标出的设备功率，对于荧光灯及高压汞灯等还应计入镇流器的功率损耗，即灯管的额定功率应分别增加 20%及 8%。

2）照明负荷的计算

在选择导线截面积、照明变压器及其他开关容量时，是以照明装置的计算负荷为依据，照明线路的计算负荷，根据该线路连接的照明灯具安装容量（kW）计入需要系数而求得。

关于白炽灯、卤钨灯：

$$P_{js}=K_x P_d \tag{5-4}$$

对于有镇流器的电光源：

$$P_{js}=K_x P_d（1+\alpha） \tag{5-5}$$

式中 P_{js}——照明计算负荷（kW）；

P_d——线路装灯容量（kW）；

K_x——需要系数，对于照明支线等于1，对于供电干线，取0.9～0.95；

α——镇流器的功率损耗系数，各种气体放电光源的镇流器功率损耗系数参见表5-1。

照明线路工作电流是影响导线温度的重要因素。

对于白炽灯和卤钨灯的照明配电线路，其计算电流（A）由下式确定：

$$\left.\begin{aligned}&\text{单相线路}\quad I_{js}=\frac{K_x P_d}{U_{xg}}\\&\text{三相线路}\quad I_{js}=\frac{K_x P_d}{3U_{xg}}\end{aligned}\right\} \tag{5-6}$$

表5-1 气体放电光源镇流器功率损耗系数参考值

光源种类	损耗系数 α
荧光灯	0.2
荧光高压汞灯	0.07～0.3
自镇流荧光高压汞灯	
金属卤化物灯	0.14～0.22
涂荧光质的金属卤化物灯	0.14
低压钠灯	0.2～0.8
高压钠灯	0.12～0.2

荧光灯及其他带有镇流器的放电灯配电线路，计算电流（A）由下式确定：

$$\left.\begin{aligned}&\text{单相线路}\quad I_{js}=\frac{K_x P_d（1+\alpha）}{U_{xg}\cos\varphi}\\&\text{三相线路}\quad I_{js}=\frac{K_x P_d（1+\alpha）}{3U_{xg}\cos\varphi}\end{aligned}\right\} \tag{5-7}$$

白炽灯（卤钨灯）与放电灯混合的线路，其计算电流（A）由下式确定：

$$I_{js}=\sqrt{(I_{js1}+I_{js2}\cos\varphi)^2+(I_{js2}\sin\varphi)^2} \tag{5-8}$$

式中 P_d——照明装置的连接容量（W）；

U_{xg}——照明配电线路额定相电压（V）；

K_x——照明负荷需要系数（表5-2）；

α——镇流元件损耗系数（表5-1）；

I_{js}——照明配电线路计算电流（A）；

I_{js1}——混合照明线路中白炽灯（卤钨灯）负荷电流（A）；

I_{js2}——混合照明线路中放电灯负荷电流（A）；

$\cos\varphi$——照明负荷的功率因数，见表5-3。

表 5-2　照明负荷需要系数 K_x 值

建筑类别	需要系数 K_x	备　　注
住宅楼	0.4～0.6	单元式住房每户两室，6～8 个插座，装电表
单宿楼	0.6～0.7	标准单间，1 或 2 灯，2 或 3 个插座
办公楼	0.7～0.8	标准单间，2 灯，2 或 3 个插座
科研楼	0.8～0.9	标准单间，2 灯，2 或 3 个插座
教学楼	0.8～0.9	标准教室，6 或 8 灯，1 或 2 个插座
商　店	0.8～0.95	
餐　厅	0.8～0.9	有举办展销会可能时
社会旅馆	0.7～0.8 0.8～0.9	标准客房，1 灯，2 或 3 个插座附有对外营业餐厅时
旅游旅馆	0.35～0.45	标准客房，4 或 5 灯，4 或 6 个插座
门诊部	0.6～0.7	
病房楼	0.5～0.6	
电影院	0.7～0.8	
剧　院	0.6～0.7	
体育馆	0.65～0.75	

表 5-3　照明负荷的 cosφ 及 tanφ

光源类别	cosφ	tanφ
白炽灯、卤钨灯	1	0
荧光灯（无补偿）	0.55	1.52
荧光灯（有补偿）	0.9	0.48
高压汞灯	0.45～0.65	1.98～1.16
高压钠灯	0.45	1.98
金属卤化物灯	0.4～0.61	2.20～1.29
镝　灯	0.52	1.6
氙　灯	0.9	0.48

3）单相负荷计算

有些设备是单相的，如电焊机、对焊机等。单相用电设备的接入应尽可能使三相电力变压器的三相负荷均衡。但有些较大的单相用电设备接于一相时（或接于线电压时），往往会造成三相负荷的不平衡。在单相负荷与三相负荷同时存在时，应将单相负荷换算为三相负荷，再与三相负荷相加。

（1）单相负荷换算为等效三相负荷的一般方法。对于既有线间负荷又有相负荷的情况，计算步骤如下：

①先将线间负荷换算为相负荷，各相负荷分别为

a 相：

$$P_a = P_{ab} p_{(ab)a} + P_{ca} p_{(ca)a} \tag{5-9}$$

$$Q_a = P_{ab} q_{(ab)a} + P_{ca} q_{(ca)a} \tag{5-10}$$

b 相：

$$P_b = P_{ab} p_{(ab)b} + P_{bc} p_{(bc)b} \tag{5-11}$$

$$Q_b = P_{ab} q_{(ab)b} + P_{bc} q_{(bc)b} \tag{5-12}$$

c 相：
$$P_c = P_{bc} p_{(bc)c} + P_{ca} p_{(ca)c} \quad (5\text{-}13)$$
$$Q_c = P_{bc} q_{(bc)c} + P_{ca} q_{(ca)c} \quad (5\text{-}14)$$

式中 P_{ab}，P_{bc}，P_{ca}——接于 ab、bc、ca 线间负荷（kW）；

P_a，P_b，P_c——换算 a、b、c 相有功负荷（kW）；

Q_a，Q_b，Q_c——换算 a、b、c 相有功负荷（kvar）；

$p_{(ab)a}$，$q_{(ab)a}$，…——接于 ab、…线间负荷换算为 a、…相负荷的有功及无功换算系数，见表 5-4。

表 5-4 线间负荷换算为相负荷的有功及无功换算系数

换算系数	负荷功率因数								
	0.35	0.4	0.5	0.6	0.65	0.7	0.8	0.9	1.0
$p_{(ab)a}$，$p_{(bc)b}$，$p_{(ca)c}$	1.27	1.17	1.0	0.89	0.84	0.8	0.72	0.64	0.5
$p_{(ab)b}$，$p_{(bc)c}$，$p_{(ca)a}$	−0.27	−0.17	0	0.11	0.16	0.2	0.28	0.36	0.5
$q_{(ab)a}$，$q_{(bc)b}$，$q_{(ca)c}$	1.05	0.86	0.58	0.38	0.3	0.22	0.09	−0.05	−0.29
$q_{(ab)b}$，$q_{(bc)c}$，$q_{(ca)a}$	1.63	1.44	1.16	0.96	0.88	0.8	0.67	0.53	0.29

②各相负荷分别相加，选出最大相负荷，取其 3 倍作为等效三相负荷。

（2）单相负荷换算为等效三相负荷的简化方法

①只有线间负荷时，将各线间负荷相加，选取较大两相数据进行计算。现以 $P_{ab} \geqslant P_{bc} \geqslant P_{ca}$ 为例：

当 $P_{bc} > 0.15P_{ab}$ 时
$$P_d = 1.5(P_{ab} + P_{bc}) \quad (5\text{-}15)$$

当 $P_{bc} > 0.15P_{ab}$ 时
$$P_d = \sqrt{3} P_{ab} \quad (5\text{-}16)$$

当只有 P_{ab} 时
$$P_d = \sqrt{3} P_{ab} \quad (5\text{-}17)$$

式中 P_{ab}，P_{bc}，P_{ca}——接于 ab、bc、ca 线间负荷（kW）；

P_d——等效三相负荷（kW）。

②只有相负荷时，等效三相负荷取最大相负荷的 3 倍。

③当多台单相用电设备的设备功率小于计算范围内三相负荷设备功率的 15%时，按三相平衡负荷计算，不必换算。

4）用需要系数法确定计算负荷

（1）用电设备组的计算负荷

有功功率（kW）
$$P_{js} = K_x P_s \quad (5\text{-}18)$$

无功功率（kvar）
$$Q_{js} = P_{jstg\varphi} \quad (5\text{-}19)$$

视在功率（kV·A）
$$S_{js} = \sqrt{p_{js}^2 + Q_{js}^2} \quad (5\text{-}20)$$

（2）配电干线或配电变电所的计算负荷

有功功率（kW）
$$P_{js} = K_{\Sigma p} \Sigma (K_x P_s) \quad (5\text{-}21)$$

无功功率（kvar）

$$Q_{js}=K_{\Sigma q}\sum(K_x P_{s}\tan\varphi) \tag{5-22}$$

视在功率（kV·A）

$$S_{js}=\sqrt{P_{js}^2+Q_{js}^2} \tag{5-23}$$

式中 P_s——用电设备组的设备功率（kW）；

K_x——需要系数，见表5-5；

$\cos\varphi$，$\tan\varphi$——用电设备的功率因数及功率因数角的正切值；

$K_{\Sigma p}$，$K_{\Sigma q}$——有功、无功同时系数，分别取0.8～0.9及0.93～0.97。

表5-5 部分建筑工程用电设备的需要系数及功率因数

序号	用电设备名称	需要系数 K_x	功率因素 $\cos\varphi$
1	大批生产热加工电动机	0.3～0.35	0.65
2	大批生产冷加工电动机	0.18～0.25	0.5
3	小批生产热加工电动机	0.25～0.3	0.6
4	小批生产冷加工电动机	0.16～0.2	0.5
5	生产用通风机	0.7～0.75	0.8～0.85
6	卫生用通风机	0.65～0.7	0.8
7	单头焊接变压器	0.35	0.35
8	卷扬机	0.3	0.65
9	起重机、掘土机、升降机	0.25	0.6
10	吊车电葫芦	0.25	0.5
11	混凝土及砂浆搅拌机	0.65	0.65
12	锤式破碎机	0.7	0.75
13	振捣器	0.7	0.7
14	球磨机、筛砂机、碾砂机和洗砂机、电动打夯机	0.75	0.8
15	工业企业建筑室内照明	0.85～0.95	
16	仓库	0.65～0.75	
17	滤灰机	0.75	0.65
18	塔式起重机	0.7	0.65
19	室外照明	1	1

2. 估算法

根据施工现场用电设备的组成状况及用电量的大小等，进行电力负荷的估算。一般采用下列经验公式

$$S_{\Sigma}=K_{\Sigma 1}\frac{\sum P_1}{\eta\cos\varphi}+K_{\Sigma 2}\sum S_2+K_{\Sigma 3}\frac{\sum P_3}{\cos\varphi_3} \tag{5-24}$$

式中 S_{Σ}——施工现场电力总负荷（kV·A）；

P_1，$\sum P_1$——分别为动力设备上电动机的额定功率及所有动力设备上电动机的额定功率之和（kW）；

S_2，$\sum S_2$——分别为电焊机的额定功率及所有电焊机的额定容量之和（kV·A）；

$\sum P_3$——所有照明电器的总功率（kW）；

$\cos\varphi_1$，$\cos\varphi_3$——分别为电动机及照明负荷的平均功率因素，其中 $\cos\varphi_1$ 与同时使用的电动机的数量有关，$\cos\varphi_3$ 与照明光源的种类有关。在白炽灯占绝大多数时，可取 1.0，具体见表 5-6；

η——电动机的平均效率，一般为 0.75～0.93；

$K_{\Sigma1}$，$K_{\Sigma2}$，$K_{\Sigma3}$——同时系数，考虑到各用电设备不同时运行的可能性和不满载运行的可能所设的系数。

在使用上面公式进行建筑工程施工现场负荷计算时，还可参考表 5-6 施工现场照明用电量估算参考值。在施工现场，往往是在动力负荷的基础上再加 10%作为照明负荷。

表 5-6　施工现场照明用电量估算参考表

序号	用电名称	容量（W/m²）	序号	用电名称	容量（W/m²）
1	混凝土及灰浆搅拌站	5	10	混凝土浇灌工程	1.0
2	钢筋加工	8～10	11	砖石工程	1.2
3	木材加工	5～7	12	打桩工程	0.6
4	木材模板加工	3	13	安装和铆焊工程	3.0
5	仓库及棚仓库	2	14	主要干道	2000W/km
6	工地宿舍	3	15	非主要干道	1000W/km
7	变配电所	10	16	夜间运输、夜间不运输	1.0、0.5
8	人工挖土工程	0.8	17	金属结构和机电修配等	12
9	机械挖土工程	1.0	18	警卫照明	1000W/km

技能图解 13　现场临时用电管理制度

技能结构框线图

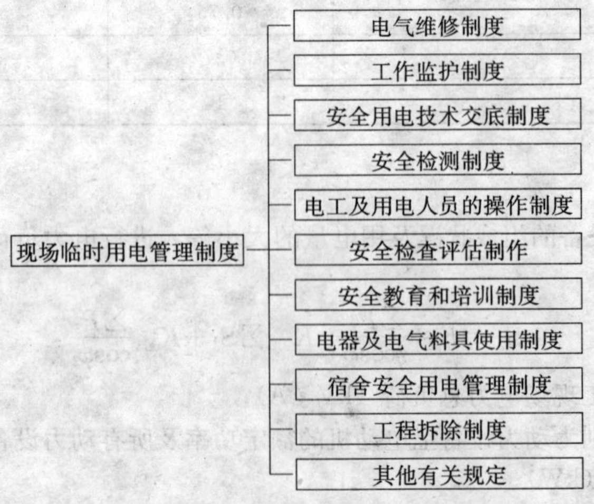

图 5-3　现场临时用电管理制度

技能要点1：电气维修制度

（1）只准全部（操作范围内）停电工作、部分停电工作，不准进行不停电工作。维修工作要严格执行电气安全操作规程。

（2）不准私自维修不了解内部原理的设备及装置。不准私自维修厂家禁修的安全保护装置，不准私自超越指定范围进行维修作业。不准从事超越自身技术水平且无指导人员在场的电气维修作业。

（3）不准在本单位不能控制的线路及设备上工作。

（4）不准随意变更维修方案而使隐患扩大。

（5）不准酒后或有过激行为之后进行维修作业。

（6）对施工现场所属的各类电动机，每年必须清扫、注油或检修一次。对变压器、电焊机，每半年必须进行清扫或检修一次。对一般低压电器、开关等，每半年检修一次。

技能要点2：工作监护制度

（1）在带电设备附近工作时必须设人监护。

（2）在狭窄及潮湿场所从事用电作业时必须设专人监护。

（3）登高用电作业时必须设专人监护。

（4）监护人员应时刻注意工作人员的活动范围，督促其正确使用工具，并与带电设备保持安全距离。发现违反电气安全规程的作法应及时纠正。

（5）监护人员的安全知识及操作技术水平不得低于操作人。

（6）监护人员在执行监护工作时，应根据被监护工作情况携带或使用基本安全用具或辅助安全用具，不得兼做其他工作。

技能要点3：安全用电技术交底制度

（1）进行临时用电工程的安全技术交底，必须分部分项且按进度进行。不准一次性完成全部工程交底工作。

（2）设有监护人的场所，必须在作业前对全体人员进行技术交底。

（3）对电气设备的试验、检测、调试前、检修前及检修后的通电试验前，必须进行技术交底。

（4）对电气设备的定期维修前、检查后的整改前，必须进行技术交底。

（5）交底项目必须齐全，包括使用的劳动保护用品及工具，有关法规内容，有关安全操作规程内容和保证工程质量的要求，以及作业人员活动范围和注意事项等。

（6）填写交底记录要层次清晰，交底人、被交底人及交底负责人必须分别签字，并准确注明交底时间。

技能要点4：安全检测制度

（1）测试工作接地和防雷接地电阻值，必须每年在雨季前进行。

（2）测试重复接地电阻值必须每季至少进行一次。

（3）更换和大修设备或每移动一次设备，应测试一次电阻值。测试接地电阻值工作前必须切断电源，断开设备接地端。操作时不得少于两人，禁止在雷雨时及降雨后测试。

（4）每年必须对漏电保护器进行一次主要参数的检测，不符合铭牌值范围时应立即更换或维修。

（5）对电气设备及线路、施工机械电动机的绝缘电阻值，每年至少检测两次。摇测绝缘电阻值，必须使用与被测设备、设施绝缘等相适应的（按安全规程执行）绝缘摇表。

（6）检测绝缘电阻前必须切断电源，至少两人操作。禁止在雷雨时摇测大型设备和线路的绝缘电阻值。检测大型感性和容性设备前后，必须按规定方法放电。

技能要点5：电工及用电人员的操作制度

（1）禁止使用或安装木质配电箱、开关箱、移动箱。电动施工机械必须实行一闸一机一漏一箱一锁。且开关箱与所控固定机械之间的距离不得大于5m。

（2）严禁以取下（给上）熔断器方式对线路停（送）电。严禁维修时约时送电，严禁以三相电源插头代替负荷开关启动（停止）电动机运行。严禁使用200V电压行灯。

（3）严禁频繁按动漏电保护器和私拆漏电保护器。

（4）严禁长时间超铭牌额定值运行电气设备。

（5）严禁在同一配电系统中一部分设备作保护接零，另一部分作保护接地。

（6）严禁直接使用刀闸启动（停止）4kW以上电动设备。严禁直接在刀闸上或熔断器上挂接负荷线。

技能要点6：安全检查评估制度

（1）项目经理部安全检查每月应不少于三次，电工班组安全检查每日进行一次。

（2）各级电气安全检查人员，必须在检查后对施工现场用电管理情况进行全面评估，找出不足并做好记录，每半月必须归档一次。

（3）各级检查人员要以国家的行业标准及法规为依据，以有关法规为准绳，不得与法规、标准或上级要求发生冲突，不得凭空杜撰或以个人好恶为尺度进行检查评估，必须按规定要求评分。

（4）检查的重点是：电气设备的绝缘有无损坏；线路的敷设是否符合规范要求；绝缘电阻是否合格；设备裸露带电部分是否有防护；保护接零或接地是否可靠；接地电阻值是否在规定范围内；电气设备的安装是否正确、合格；配电系统设计布局是否合理，安全间距是否符合规定；各类保护装置是否灵敏可靠、齐全有效；各种组织措施、技术措施是否健全；电工及各种用电人员的操作行为是否齐全；有无违章指挥等情况。

（5）电工的日常巡视检查必须按《电气设备运行管理准则》等要求认真执行。

（6）对各级检查人员提出的问题，必须立即制定整改方案进行整改，不得留有事故隐患。

技能要点7：安全教育和培训制度

（1）安全教育必须包含用电知识的内容。

（2）没有经过专业培训、教育或经教育、培训不合格及未领到操作证的电工及各类主要用电人员不准上岗作业。

（3）专业电工必须两年进行一次安全技术复试。不懂安全操作规程的用电人员不准使用电动器具。用电人员变更作业项目必须进行换岗用电安全教育。

（4）各施工现场必须定期组织电工及用电人员进行工艺技能或操作技能的训练，坚持干什么，学什么，练什么。采用新技术或使用新设备之前，必须对有关人员进行知识、技能及注意事项的教育。

（5）施工现场至少每年进行一次吸取电气事故教训的教育。必须坚持每日上班前和下班后进行一次口头教育，即班前交底、班后总结。

（6）施工现场必须根据不同岗位，每年对电工及各类用电人员进行一次安全操作规程的闭卷考试，并将试卷或成绩名册归档。不合格者应停止上岗作业。

（7）每年对电工及各类用电人员的教育与培训，累计时间不得少于7天。

技能要点 8：电器及电气料具使用制度

（1）对于施工现场的高、低压基本安全用具，必须按国家颁布的安全规程使用与保管。禁止使用基本安全用具或辅助安全用具从事非电工工作。

（2）现场使用的手持电动工具和移动式碘钨灯必须由电工负责保管、检修。用电人员每班用毕交回。

（3）现场备用的低压电器及保护装置必须装箱入柜。不得到处存放、着尘受潮。

（4）不准使用未经上级鉴定的各种漏电保护装置。使用上级（劳动部门）推荐的产品时，必须到厂家或厂家销售部联系购买。不准使用假冒或劣质的漏电保护装置。

（5）购买与使用的低压电器及各类导线必须有产品检验合格证，且需为经过技术监督局认证的产品。并将类型、规格、数量统计造册，归档备查。

（6）专用焊接电缆由电焊工使用与保管。不准沿路面明敷使用，不准被任何东西压砸，使用时不准盘绕在任何金属物上，存放时必须避开油污及腐蚀性介质。

技能要点 9：宿舍安全用电管理制度

现阶段建筑施工队伍中的农民工素质差，难于管理，且每天吃住在工地，宿舍内电线私拉乱接，并把衣服、手巾晾在电线上，冬天使用电炉取暖，夏天将小风扇接进蚊帐，常因为用电量太大或漏电，而将熔断器用铜丝连接或将漏电保护器短接，这些不规范的现象极易引起火灾、触电事故等，所以必须对宿舍用电加以规定，用制度约束管理他们。

宿舍安全用电管理制度应规定宿舍内可以使用什么电器，不可以使用什么电器，严禁私拉乱接，宿舍内接线必须由电工完成，严禁私自更换熔丝，严禁将漏电保护器短接，同时还应规定处罚措施。

技能要点 10：工程拆除制度

（1）拆除临时用电工程必须定人员、定时间、定监护人、定方案。拆除前必须向作业人员进行交底。

（2）拉闸断电操作程序必须符合安全规程要求，即先拉负荷侧，后拉电源侧，先拉断路器，后拉刀闸等停电作业要求。

（3）使用基本安全用具、辅助安全用具、登高工具等作业，必须执行安全规程。操作时必须设监护人。

（4）拆除的顺序是：先拆负荷侧，后拆电源侧，先拆精密贵重电器，后拆一般电器。不准留下经合闸（或接通电源）就带电的导线端头。

（5）必须根据所拆设备情况，佩戴相应的劳动保护用品，采取相应的技术措施。

（6）必须设专人做好点件工作，并将拆除情况资料整理归档。

技能要点 11：其他有关规定

（1）对于施工现场使用的动力源为高压时，必须执行交接班制度、操作票制度、巡检制度、工作票制度、工作间断及转移制度、工作终结及送电制度等。

（2）施工现场应根据国家颁布的安全操作规程，结合现场的具体情况编制各类安全操作规程，并书写清晰后悬挂在醒目的位置。

（3）对于使用自制或改装以及新型的电气设备、机具，制定操作规程后，必须经公司安全、技术部门审批后实施。

技能图解14　现场用电安全技术措施

技能结构框线图

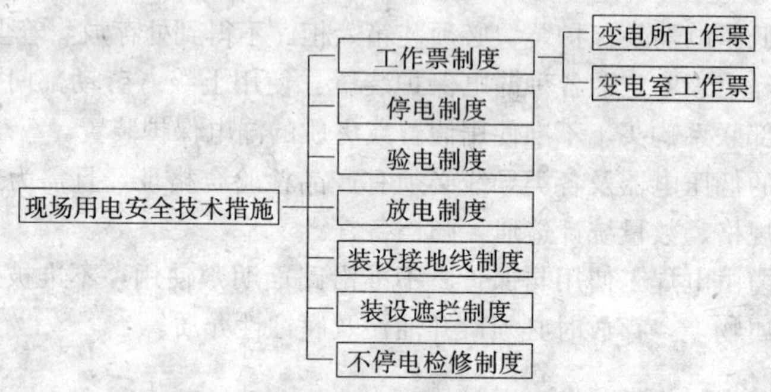

图5-4　现场用电安全技术措施

技能要点1：工作票制度

工作票制度一般有两种。

变电所第一种工作票使用的场合如下：

(1) 在高压设备上工作需要全部停电或部分停电时；

(2) 在高压室内的二次回路和照明回路上工作，需要将高压设备停电或采取安全措施时。

变电室第二种工作票使用的场合如下：

(1) 在带电作业和带电设备外壳上的工作；

(2) 在控制盘和低压配电盘、配电箱、电源干线上工作；

(3) 在高压设备无需停电的二次接线回路上工作等。

变、配电所（室）停电工作票样式如下：

变、配电所（室）停电工作票　　　　编号______

1. 工作负责人（监护人）：________　职称：________　班组：______　工作班人员：________________共______人

2. 工作地点和工作内容：____

3. 计划工作时间：自______年______月______日______时______分至______月______日______时______分

4. 安全措施：

①停电范围图（带电部分用红色，停电部分用蓝色）；

②安全措施：

____

____

应拉开的开关和刀开关（注明编号）：

____

____

应装接地线的位置（注明确实地点）：

____

____

应设遮栏、应挂标示牌的地点：

____

____

工作票签发人签名：____________________________

收到工作票时间：______月______日______时______分

下列由工作许可人（变、配电所值班员）填写

____

已拉开的开关和刀开关（注明编号）：

____

____

已装接地线（注明接地线编号和装设地点）：

____

____

已设遮栏、已挂标示牌（注明地点）：

____

____

____

工作许可人签名______月______日

____

5. 许可工作开始时间：______年______月______日______时______分

工作负责人签名：______工作许可人签名：______

6. 工作负责人变动（工程过程中，更换工作负责人时填写）：

原工作负责人______离去，变更______为工作负责人，变动时间______年______月______日______时______分，工作负责人交接签名______

7. 工作票延期（工作需延期，安全措施不变时填此栏）：

工作票延期到______年______月______日______时______分

工作负责人签名______值班负责人签名______

8. 工作终结及送电：

①工作班人员已全部撤离，现场已清理完毕。

②接地线共______组已拆除。______号处接地刀闸已断开。

③临时遮栏共______处已拆除，永久遮栏______处已恢复。

④标示牌共______处已拆除，更换标示牌______处已换完。

⑤全部工作于______年______月______日______时______分结束

工作负责人（签名）______工作许可人（签名）______

9. 送电后评语：

根据不同的检修任务，不同的设备条件，以及不同的管理机构，可选用或制定适当格式的工作票。但是无论哪种工作票，都必须以保证检修工作的绝对安全为前提。

技能要点 2：停电制度

（1）在进行作业中与作业人员正常作业活动最大范围的距离，小于表 5-7 规定的带电设备。

表 5-7 工作人员与带电设备间的安全距离

设备额定电压（kV）	10 及以下	20～35	44	60
设备不停电时的安全距离（m）	0.7	1	1.2	1.5
工作人员工作时正常活动范围与带电设备的安全距离（m）	0.35	0.6	0.9	1.5
带电作业时人体与带电体间的安全距离（m）	0.4	0.6	0.6	0.7

（2）当带电设备的安全距离大于表 5-7 所规定的数值，可不予停电，但带电体在作业人员的后侧或左右侧时，即使距离略大于表中的规定，也将该带电部分停电。

（3）停电时，应注意对所有能够检修部分与送电线路，要全部切断，而且每处至少要有一个明显的断开点，并应采用防止误合闸的措施。

（4）停电操作时，应执行操作票制度；必须先拉断路器，再拉隔离开关；严禁带负荷拉隔离开关；计划停电时，应先将负荷回路拉闸，再拉断路器，最后拉隔离开关。正常操作时，人身与带电体间的安全距离见表 5-7。

（5）对于多回路的线路，还要注意防止其他方面的突然来电，特别要注意防止低压方面的反馈电。

（6）停电后断开的隔离开关操作手柄必须锁住，且挂标志牌。

技能要点 3：验电制度

（1）对已停电的线路或设备，不能光看指示灯信号和仪表（电压表）上反映出无电。均应进行必要的验电步骤。

（2）验电时所用验电器的额定电压，必须与电气设备（线路）电压等级相适应，且事先在有电设备上进行试验，证明是良好的验电器。

（3）电气设备的验电，必须在进线和出线两侧逐相分别验电，防止某种不正常原因导致出现某一侧或某一相带电而未被发现。

（4）线路（包括电缆）的验电，应逐相进行。

（5）验电时应带绝缘手套，按电压等级选择相应的验电器。

（6）如果停电后，信号及仪表仍有残压指示，在未查明原因前，禁止在该设备上作业。

切记决不能凭经验办事，当验电器指示有电时，想当然认为系剩余电荷作用所致，就盲目进行接地操作，这是十分危险的。

技能要点 4：放电制度

应放电的设备及线路主要有：电力变压器、油断路器、高压架空线路、电力电缆、电力电容器、大容量电动机及发电机等。放电的目的是消除检修设备上残存的静电。

（1）放电应使用专用的导线，用绝缘棒或开关操作，人手不得与放电导体相接触。

（2）线与线之间、线与地之间，均应放电。电容器和电缆线的残余电荷较多，最好有专门的放电设备。

（3）放电操作时，人体不得与放电导线接触或靠近；与设备端子接触时不得用力过猛，以免撞击端子导致损坏。

（4）放电的导线必须良好可靠，一般应使用专用的接地线。

（5）接地网的端子必须是已做好的接地网，并在运行中证明是接地良好的接地网；与设备端子的接触，与线路相的接触，应和验电的顺序相同。

（6）放电操作时，应穿绝缘靴、戴绝缘手套。

技能要点 5：装设接地线制度

装设接地线的目的，是为了防止停电后的电气设备及线路突然有电而造成检修作业人员意外伤害的技术措施；其方法是将停电后的设备的接线端子及线路的相线直接接地短路。

(1) 验电之前，应先准备好接地线，并将其接地端先接到接地网（极）的接线端子上；当验明设备或线路确已无电压且经放电后，应立即将检修设备或线路接地并三相短路。

(2) 所装设的接地线与带电部分不得小于规定的允许距离。否则，会威胁带电设备的安全运行，并将可能使停电设备引入高电位而危及工作人员的安全。

(3) 在装接地线时，必须先接接地端，后接导体端；而在拆接地线时，顺序应与以上顺序相反。装拆接地线均应使用绝缘棒或戴绝缘手套。

(4) 接地线应用多股软铜导线，其截面应符合短路电流热稳定的要求，最小截面积不应小于 $25mm^2$。其线端必须使用专用的线夹固定在导体上，禁止使用缠绕的方法进行接地或短路。

(5) 变配电所内，每组接地线均应按其截面积编号，并悬挂存放在固定地点。存放地点的编号应与接地线的编号相同。

(6) 变配电所（室）内装、拆接地线，必须做好记录，交接班时要交代清楚。

技能要点 6：装设遮拦制度

(1) 在变配电所内的停电作业，一经合闸即可送到作业地点的开关或隔离开关的操作手柄上，均应悬挂“禁止合闸，有人工作！”的标志牌，具体式样见表 5-8。

(2) 在开关柜内悬挂接地线以后，应在该柜的门上悬挂“已接地”的标志牌。

(3) 在变配电所外线路上作业，其电源控制设备在交配电所室内的，则应在控制线路的开关或隔离开关的操作手柄上悬挂“禁止合闸，线路上有人工作！”的标志牌，见表 5-8。

(4) 在作业人员上下用的铁架或铁梯上，应悬挂“由此上下！”的标志牌。在邻近其他可能误登的构架上，应悬挂“禁止攀登，高压危险！”的标志牌，见表 5-8。

(5) 在作业地点装妥接地线后，应悬挂“在此工作！”的标志牌，见表 5-8。

表 5-8 标示牌式样

序号	名称	悬挂处所	式样		
			尺寸（mm）	颜色	字样
1	禁止合闸，有人工作！	一经合闸即可送电到施工设备的开关和刀闸操作把手上	200×100 和 80×50	白底	红字
2	禁止合闸，线路有人工作！	线路开关和刀闸把手上	200×100 和 80×50	红底	白字
3	在此工作！	室外和室内工作地点或施工设备上	250×250	绿底，中有直径 210mm 白圆圈	黑字，写于白圆圈中
4	止步，高压危险！	施工地点临近带电设备的遮栏上；室外工作地点的围栏上；禁止通行的过道上；高压试验地点；室外构架上；工作地点临近带电设备的横梁上	250×200	白底红边	黑字，有红色箭头

表 5-8（续）

序号	名称	悬挂处所	式样		
			尺寸（mm）	颜 色	字 样
5	从此上下！	工作人员上下的铁架、梯子上	250×250	绿底，中有直径 210mm 白圆圈	黑字，写于白圆圈中
6	禁止攀登，高压危险！	工作人员上下的铁架临近可能上下的另外铁架上，运行中变压器的梯子上	250×200	白底红边	黑 字

（6）标志牌和临时遮栏的设置及拆除，应按调度员的命令或作业票的规定执行。严格禁止作业人员在作业中移动、变更或拆除临时遮栏及标志牌。

（7）临时遮栏、标志牌、围栏是保证作业人员人身安全的安全技术措施。因作业需要，必须变动时，应由作业许可人批准，但更动后必须符合安全技术要求，当完成该项作业后，应立即恢复原来状态并报告作业许可人。

（8）变配电室内的标志牌及临时遮栏由值班员监护，室外或线路上的标志牌及临时遮栏由作业负责人或安全员监护，不准其他人员触动。

技能要点 7：不停电检修制度

（1）不停电检修工作必须严格执行监护制度，保证有足够的安全距离。

（2）不停电检修工作时间不宜太长，对不停电检修所使用的工具应经过检查与试验。

（3）检修人员应经过严格培训，要能熟练掌握不停电检修技术与安全操作知识。

（4）低压系统的检修工作，一般应停电进行，如必须带电检修时，应制订出相应的安全操作技术措施和相应的操作规程。

技能图解 15 施工现场电工安全操作

技能结构框线图

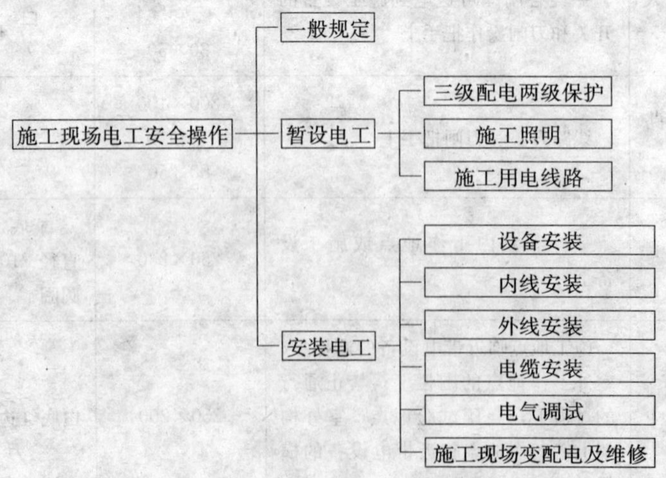

图 5-5 施工现场电工安全操作

技能要点 1：一般规定

（1）电工应经过专门培训，掌握安装与维修的安全技术，并经过考试合格后，方准独立操作。

（2）施工现场暂设线路、电气设备的安装与维修应执行《施工现场临时用电安全技术规范》。

（3）新设、增设的电气设备，必须由主管部门或人员检查合格后，方可通电使用。

（4）各种电气设备或线路，不应超过安全负荷，并要牢靠、绝缘良好和安装合格的保险设备，严禁用铜丝、铁丝等代替保险丝。

（5）放置及使用易燃液体、气体的场所，应采用防爆型电气设备及照明灯具。

（6）定期检查电气设备的绝缘电阻是否符合“不低于 1kΩ/V（如对地 220V 绝缘电阻应不低于 0.22MΩ）”的规定，发现隐患，应及时排除。

（7）不可用纸、布或其他可燃材料做无骨架的灯罩，灯泡距可燃物应保持一定距离。

（8）变（配）电室应保持清洁、干燥。变电室要有良好的通风。配电室内禁止吸烟、生火及保存与配电无关的物品（如食物等）。

（9）当电线穿过墙壁、苇楔或与其他物体接触时，应当在电线上套有磁管等非燃材料加以隔绝。

（10）电气设备和线路应经常检查，发现可能引起火花、短路、发热和绝缘损坏等情况时，必须立即处理。

（11）各种机械设备的电闸箱内，必须保持清洁，不得存放其他物品，电闸箱应配锁。

（12）电气设备应安装在干燥处，各种电气设备应有妥善的防雨、防潮设施。

技能要点 2：暂设电工

（1）电工作业必须经专业安全技术培训，考试合格，持《特种作业操作证》方准上岗独立操作。非电工严禁进行电气作业。

（2）电工接受施工现场暂设电气安装任务后，必须认真领会落实临时用电安全施工组织设计（施工方案）和安全技术措施交底的内容，施工用电线路架设必须按施工图规定进行，凡临时用电使用超过六个月（含六个月）以上的，应按正式线路架设。改变安全施工组织设计规定，必须经原审批单位领导同意签字，未经同意不得改变。

（3）电工作业时，必须穿绝缘鞋、戴绝缘手套，酒后不准操作。

（4）所有绝缘、检测工具应妥善保管，严禁他用，并应定期检查、校验。保证正确可靠接地或接零。所有接地或接零处，必须保证可靠电气连接。保护线 PE 必须采用绿/黄双色线，严格与相线、工作零线相区别，不得混用。

（5）电气设备的设置、安装、防护、使用、维修必须符合《施工现场临时用电安全技术规范》（JGJ 46—2005）的要求。

（6）在施工现场专用的中性点直接接地的电力系统中，必须采用 TN－S 接零保护。

（7）电气设备不带电的金属外壳、框架、部件、管道、金属操作台和移动式碘钨灯的金属柱等，均应做保护接零。

（8）定期和不定期对临时用电工程的接地、设备绝缘和漏电保护开关进行检测、维修，发现隐患及时消除，并建立检测维修记录。

（9）施工现场运电杆时，应由专人指挥。小车搬运，必须绑扎牢固，防止滚动。人抬时，前后要响应，协调一致，电杆不得离地过高，防止一侧受力扭伤。

（10）人工立电杆时，应由专人指挥。立杆前检查工具是否牢固可靠（如叉木无伤痕，链子合适，溜绳、横绳、逮子绳、钢丝绳无伤痕）。地锚钎子要牢固可靠，溜绳各方向吃力应均匀。操作时，互相配合，听从指挥，用力均衡；机械立杆，吊车臂下不准站人，上空（吊车起重臂杆回转半径内）所有带电线路必须停电。

（11）电杆就位移动时，坑内不得有人。电杆立起后，必须先架好叉木，才能撤去吊钩。电杆坑填土夯实后才允许撤掉叉木、溜绳或横绳。

（12）登杆作业的要求

①登杆组装横担时，活板子开口要合适，不得用力过猛。

②登杆脚扣规格应与杆径相适应。使用脚踏板，钩子应向上。使用的机具、护具应完好无损。操作时系好安全带，并栓在安全可靠处，扣环扣牢，严禁将安全带拴在瓷瓶或横担上。

③杆上作业时，禁止上下投掷料具。料具应放在工具袋内，上下传递料具的小绳应牢固可靠。递完料具后，要离开电杆3m以外。

④杆上紧线应侧向操作，并将夹紧螺栓拧紧，紧有角度的导线时，操作人员应在外侧作业。紧线时装设的临时脚踏支架应牢固。如用大竹梯，必须用绳将梯子与电杆绑扎牢固。调整拉线时，杆上不得有人。

⑤紧绳用的铅（铁）丝或钢丝绳，应能承受全部拉力，与电线连接必须牢固。紧线时导线下方不得有人。终端紧线时反方向应设置临时拉线。

⑥遇大雨、大雪及六级以上强风天，停止登杆作业。

（13）架空线路和电缆线路敷设、使用、维护必须符合《施工现场临时用电安全技术规范》的要求。

（14）建筑工程竣工后，临时用电工程拆除，应按顺序先断电源，后拆除。不得留有隐患。

1．三级配电两级保护

（1）三级配电，配电箱根据其用途和功能的不同，一般可分为三级：总配电箱、分配电箱、开关箱。

①总配电箱（又称固定式配电箱）。总配电箱用符号“A”表示。总配电箱是控制施工现场全部供电的集中点，应设置在靠近电源地区。电源由施工现场用电变压器低压侧引出的电缆线接入，并装设电流互感器、有功电度表、无功电度表、电流表、电压表及总开关、分开关。总配电箱内的开关均应采用自动空气开关（或漏电保护开关）。引入、引出线应穿管并有防水弯。

②分配电箱（又称移动式配电箱）。分配电箱用符号“B”表示。其中1、2、3表示序号。分配电箱是总配电箱的一个分支，控制施工现场某个范围的用电集中点，应设在用电设备负荷相对集中的地区。箱内应设总开关和分开关。总开关应采用自动空气开关，分开关可采用漏电开关或刀闸开关并配备熔断器。

③开关箱。直接控制用电设备。开关箱与所控制的固定式用电设备的水平距离不得大于3m，与分配电箱的距离不得大于30m。开关箱内安装漏电开关、熔断器及插座。电源线采用橡套软电缆线，从分配电箱引出，接入开关箱上闸口。

④配电箱及其内部开关、器件的安装应端正牢固。安装在建筑物或构筑物上的配电箱为固定式配电箱，其箱底距地面的垂直距离应大于1.4m，小于1.6m。移动式配电箱不得置于地面上随意拖拉，应固定在支架上，其箱底与地面的垂直距离应大于0.8m，小于1.6m。

⑤配电箱内的开关、电器，应安装在金属或非木质的绝缘电器安装板上，然后整体紧固在配电箱体内，金属箱体、金属电器安装板以及箱内电器不带电的金属底座，外壳等，必须做保护接零。保护零线必须通过零线端子板连接。

⑥配电箱和开关箱的进出线口，应设在箱体的下面，并加护套保护。进、出线应分路成束，不得承受外力，并做好防水弯。导线束不得与箱体进、出线口直接接触。

⑦配电箱内的开关及仪表等电器排列整齐，配线绝缘良好，绑扎成束。熔丝及保护装置按设备容量合理选择，三相设备的熔丝大小应一致。三个及其以上回路的配电箱应设总开关，分开关应标有回路名称。三相胶盖闸开关只能作为断路开关使用，不得装设熔丝，应另加熔断器。各开

关、触点应动作灵活、接触良好。配电箱的操作盘面不得有带电体明露。箱内应整洁，不得放置工具等杂物，箱门应有锁，并用红色油漆喷上警示标语和危险标志，喷写配电箱分类编号。箱内应设有线路图。下班后必须拉闸断电，锁好箱门。

⑧配电箱周围2m内不得堆放杂物。电工应经常巡视检查开关、熔断器的接点处是否过热。各接点是否牢固，配线绝缘有无破损，仪表指示是否正常等。发现隐患立即排除。配电箱应经常清扫除尘。

⑨每台用电设备应有各自专用的开关箱，必须实行“一机一闸一漏一箱”制，严禁同一个开关电器直接控制两台及两台以上用电设备（含插座）。

（2）两极漏电保护。总配电箱和开关箱中两级漏电保护器的额定漏电动作电流和额定漏电动作时应合理配合，使之具有分级、分段保护的功能。

施工现场总配电箱、分配电箱上安装的漏电保护开关的漏电动作电流应为50～100mA，保护该线路；开关箱安装漏电保护开关的漏电动作电流应为30mA以下。

漏电保护开关不得随意拆卸和调换零部件，以免改变原有技术参数。并应经常检查试验，发现异常，必须立即查明原因，严禁带病使用。

2. 施工照明

（1）施工现场照明应采用高光效、长寿命的照明光源。工作场所不得只装设局部照明，对于需要大面积照明的场所，应采用高压汞灯、高压钠灯或碘钨灯，灯头与易燃物的净距离不小于0.3m。流动性碘钨灯采用金属支架安装时，支架应稳固，灯具与金属支架之间必须用不小于0.2m的绝缘材料隔离。

（2）施工照明灯具露天装设时，应采用防水式灯具，距地面高度不得低于3m。工作棚、场地的照明灯具，可分路控制，每路照明支线上连接灯数不得超过10盏，若超过10盏时，每个灯具上应装设熔断器。

（3）室内照明灯具距地面不得低于2.4m。每路照明支线上灯具和插座数不宜超过25个，额定电流不得大于15A，并用熔断器或自动开关保护。

（4）一般施工场所宜选用额定电压为220V的照明灯具，不得使用带开关的灯头，应选用螺口灯头。相线接在与中心触点相连的一端，零线接在与螺纹口相连的一端。灯头的绝缘外壳不得有损伤和漏电，照明灯具的金属外壳必须做保护接零。单项回路的照明开关箱内必须装设漏电保护开关。

（5）现场局部照明用的工作灯，室内抹灰、水磨石地面等潮湿的作业环境，照明电源电压应不大于36V。在特别潮湿，导电良好的地面、锅炉或金属容器内工作的照明灯具，其电源电压不得大于12V。工作手灯应用胶把和网罩保护。

（6）36V的照明变压器，必须使用双绕组型，二次线圈、铁芯、金属外壳必须有可靠保护接零。一、二次侧应分别装设熔断器，一次线长度不应超过3m。照明变压器必须有防雨、防砸措施。

（7）照明线路不得拴在金属脚手架、龙门架上，严禁在地面上乱拉、乱拖。灯具需要安装在金属脚手架、龙门架上时，线路和灯具必须用绝缘物与其隔离开，且距离工作面高度在3m以上。控制刀闸应配有熔断器和防雨措施。

（8）施工现场的照明灯具应采用分组控制或单灯控制。

3. 施工用电线路

施工用电线路从结构形式上可分为架空线路和电缆线路两大类型。

（1）架空线路

①施工现场运电杆时，应由专人指挥。小车搬运，必须绑扎牢固，防止滚动。人抬时，前后

要响应，协调一致，电杆不得离地过高，防止一侧受力扭伤。

②人工立电杆时，应有专人指挥。立杆前检查工具是否牢固可靠（如叉木无伤痕，链子合适，溜绳、横绳、逮子绳、钢丝绳无伤痕）。地锚钎子要牢固可靠，溜绳各方向吃力应均匀。操作时，互相配合，听从指挥，用力均衡；机械立杆，吊车臂下不准站人，上空（吊车起重臂杆回转半径内）所有带电线路必须停电。

③电杆就位移动时，坑内不得有人。电杆立起后，必须先架好叉木，才能撤去吊钩。电杆坑填土夯实后才允许撤掉叉木、溜绳或横绳。

④电杆的梢径不小于 13cm，埋入地下深度为杆长的 1/10 再加上 0.6m。木质杆不得劈裂、腐朽，根部应刷沥青防腐。水泥杆不得有露筋、环向裂纹、扭曲等现象。

a. 登杆组装横担时，活板子开口要适合，不得用力过猛。

b. 登杆脚扣规格应与杆径相适应。使用脚踏板，钩子应向上。使用的机具、护具应完好无损。操作时系好安全带，并拴在安全可靠处，扣环扣牢，严禁将安全带拴在瓷瓶或横担上。

c. 杆上作业时，禁止上下投掷料具。料具应放在工具袋内，上下传递料具的小绳应牢固可靠。递完料具后，要离开电杆 3m 以外。

⑤架空线路的干线架设（380/220V）应采用铁横担、瓷瓶水平架设，档距不大于 35m，线间距离不小于 0.3m。

a. 架空线路必须采用绝缘导线。架空绝缘铜芯导线截面积不小于 $10mm^2$，架空绝缘铝芯导线截面积不小于 $16mm^2$，在跨越铁路、管道的档距内，铜芯导线截面积不小于 $16mm^2$，铝芯导线截面积不小于 $35mm^2$。导线不得有接头。

b. 架空线路距地面一般不低于 4m，过路线的最下一层不低于 6m。多层排列时，上、下层的间距不小于 0.6m。高压线在上方，低压线在中间，广播线、电话线在下方。

c. 干线的架空零线应不小于相线截面的 1/2。导线截面积在 $10mm^2$ 以下时，零线和相线截面积相同。支线零线是指干线到闸箱的零线，应采用与相线大小相同的截面。

d. 架空线路最大弧垂点至地面的最小距离见表 5-9。

表 5-9　架空线路最大弧垂点至地面的最小距离　(m)

架空线路地区	线路负荷	
	1kV 以下	1～10kV
居民区	6	6.5
交通要道（路口）	6	7
建筑物顶端	2.5	3
特殊管道	1.5	3

e. 架空线路摆动最大时与各种设施的最小距离（m）：外侧边线与建筑物凸出部分的最小距离 1kV 以下时为 1m，1～10kV 时，为 1.5m。在建工程（含脚手架）的外侧边缘与外电架空线路的边线之间的最小距离：1kV 以下时为 4m；1～10kV 时为 6m。

⑥杆上紧线应侧向操作，并将夹紧螺栓拧紧，紧有角度的导线时，操作人员应在外侧作业。紧线时装设的临时脚踏支架应牢固。如用大竹梯，必须用绳将梯子与电杆绑扎牢固。调整拉线时，杆上不得有人。

⑦紧绳用的铅（铁）丝或钢丝绳，应能承受全部拉力，与电线连接必须牢固。紧线时导线下方不得有人。终端紧线时反方向应设置临时拉线。

⑧遇大雨、大雪及六级以上强风天，停止登杆作业。

(2) 电缆线路：电缆干线应采用埋地或架空敷设，严禁沿地面明敷设，并应避免机械损伤和介质腐蚀。

①电缆在室外直接埋地敷设时，必须按电缆埋设图敷设，并应砌砖槽防护，埋设深度不得小于0.6m。

②电缆的上下各均匀铺设不小于5cm厚的细砂，上盖电缆盖板或红机砖作为电缆的保护层。

③地面上应有埋设电缆的标志，并应有专人负责管理。不得将物料堆放在电缆埋设的上方。

④有接头的电缆不准埋在地下，接头处应露出地面，并配有电缆接线盒（箱）。电缆接线盒（箱）应防雨、防尘、防机械损伤，并远离易燃、易爆、易腐蚀场所。

⑤电缆穿越建筑物、构筑物、道路、易受机械损伤的场所及引出地面从2m高度至地下0.2m处，必须加设防护套管。

⑥电缆线路与其附近热力管道的平行间距不得小于2m，交叉间距不得小于1m。

⑦橡套电缆架空敷设时，应沿着墙壁或电杆设置，并用绝缘子固定，严禁使用金属裸线作绑线。电缆间距大于10m时，必须采用铅丝或钢丝绳吊绑，以减轻电缆自重，最大弧垂距地面不小于2.5m。电缆接头处应牢固可靠，做好绝缘包扎，保证绝缘强度，不得承受外力。

⑧在施建筑的临时电缆配电，必须采用电缆埋地引入。电缆垂直敷设时，位置应充分利用竖井、垂直孔洞。其固定点每楼层不得少于一处。水平敷设应沿墙或门口固定，最大弧垂距离地面不得小于1.8m。

技能要点3：安装电工

1. 设备安装

(1) 安装高压油开关、自动空气开关等有返回弹簧的开关设备时，应将开关置于断开位置。

(2) 搬运配电柜时，应有专人指挥，步调一致。多台配电盘（箱）并列安装时，手指不得放在两盘（箱）的接合部位，不得触摸连接螺孔及螺丝。

(3) 露天使用的电气设备，应有良好的防雨性能或有可靠的防雨设施。配电箱必须牢固、完整、严密。使用中的配电箱内禁止放置杂物。

(4) 剔槽、打洞时，必须戴防护眼镜，锤子柄不得松动。錾子不得卷边、裂纹。打过墙、楼板透眼时，墙体后面，楼板下面不得有人靠近。

2. 内线安装

(1) 安装照明线路时，不得直接在板条顶棚或隔声板上行走或堆放材料；因作业需要行走时，必须在大楞上铺设脚手板；顶棚内照明应采用36V低压电源。

(2) 在脚手架上作业，脚手板必须满铺，不得有空隙和探头板。使用的料具，应放入工具袋随身携带，不得投掷。

(3) 在平台、楼板上用人力弯管器煨弯时，应背向楼心，操作时面部要避开。大管径管子灌砂煨管时，必须将砂子用火烘干后灌入。用机械敲打时，下面不得站人，人工敲打上下要错开，管口加热时，管口前不得有人停留。

(4) 管子穿带线时，不得对管子呼唤、吹气，防止带线弹出。两人穿线，应配合协调，一呼一应。高处穿线，不得用力过猛。

(5) 钢索吊管敷设，在断钢索及卡固时，应预防钢索头扎伤。绷紧钢索应用力适度，防止花篮螺栓折断。

(6) 使用套管机、电砂轮、台钻、手电钻时，应保证绝缘良好，并有可靠的接零接地。漏电保护装置灵敏有效。

3. 外线安装

(1) 作业前应检查工具（铣、镐、锤、钎等）牢固可靠。挖坑时应根据土质和深度，按规定放坡。

(2) 杆坑在交通要道或人员经常通过的地方，挖好后的坑应及时覆盖，夜间设红灯示警。底盘运输及下坑时，应防止碰手、砸脚。

(3) 现场运杆、立杆、电杆就位和登杆作业均应按本节技能要点2、暂设电工中要求进行安全操作。

(4) 架线时在线路的每2～3km处，应设一次临时接地线，送电前必须拆除。大雨、大雪及六级以上强风天，停止登杆作业。

4. 电缆安装

(1) 架设电缆轴的地面必须平实。支架必须采用有底平面的专用支架，不得用千斤顶等代替。敷设电缆必须按安全技术措施交底内容执行，并设专人指挥。

(2) 人力拉引电缆时，力量要均匀，速度应平稳，不得猛拉猛跑。看轴人员不得站在电缆轴前方。敷设电缆时，处于拐角的人员，必须站在电缆弯曲半径的外侧。过管处的人员必须做到：送电缆时手不可离管口太近；迎电缆时，眼及身体严禁直对管口。

(3) 竖直敷设电缆，必须有预防电缆失控下溜的安全措施。电缆放完后，应立即固定、卡牢。

(4) 人工滚运电缆时，推轴人员不得站在电缆前方，两侧人员所站位置不得超过缆轴中心。电缆上、下坡时，应采用在电缆轴中心孔穿铁管，在铁管上拴绳拉放的方法，平稳、缓慢进行。电缆停顿时，将绳拉紧，及时“打掩”制动。人力滚动电缆路面坡度不宜超过15°。

(5) 汽车运输电缆时，电缆应尽量放在车头前方（跟车人员必须站在电缆后面），并用钢丝绳固定。

(6) 在已送电运行的变电室沟内进行电缆敷设时，电缆所进入的开关柜必须停电。并应采用绝缘隔板等措施。在开关柜旁操作时，安全距离不得小于1m（10kV以下开关柜）。电缆敷设完如剩余较长，必须捆扎固定或采取措施，严禁电缆与带电体接触。

(7) 挖电缆沟时，应根据土质和深度情况按规定放坡。在交通道路附近或较繁华地区施工电缆沟时，应设置栏杆和标志牌，夜间设红色标志灯。

(8) 在隧道内敷设电缆时，临时照明的电压不得大于36V。施工前应将地面进行清理，积水排净。

5. 电气调试

(1) 进行耐压试验装置的金属外壳，必须接地，被调试设备或电缆两端如不在同一地点，另一端应有专人看守或加锁，并悬挂警示牌。待仪表、接地检查无误，人员撤离后方可升压。

(2) 电气设备或材料作非冲击性试验，升压或降压，均应缓慢进行。因故暂停或试验结束，应先切断电源，安全放电。并将升压设备高压侧短路接地。

(3) 电力传动装置系统及高低压各型开关调试时，应将有关的开关手柄取下或锁上，悬挂标志牌，严禁合闸。

(4) 用摇表测定绝缘电阻，严禁有人触及正在测定中的线路或设备，测定容性或感性设备材料后，必须放电，遇到雷电天气，停止摇测线路绝缘。

(5) 电流互感器禁止开路，电压互感器禁止短路和以升压方式进行。电气材料或设备需放电时，应穿戴绝缘防护用品、用绝缘棒安全放电。

6. 施工现场变配电及维修

(1) 现场变配电高压设备，不论带电与否，单人值班严禁跨越遮栏和从事修理工作。

(2) 高压带电区域内部分停电工作时，人体与带电部分必须保持安全距离，并应有人监护。

(3) 在变配电室内，外高压部分及线路工作时，应按顺序进行。停电、验电悬挂地线，操作手柄应上锁或挂标示牌。

(4) 验电时必须戴绝缘手套，按电压等级使用验电器。在设备两侧各相或线路各相分别验电。

验明设备或线路确实无电后，即将检修设备或线路做短路接地。

（5）装设接地线，应由两人进行。先接接地端，后接导体端，拆除时顺序相反。拆接时均应穿戴绝缘防护用品。设备或线路检修完毕，必须全面检查无误后，方可拆除接地线。

（6）接地线应使用截面不小于 $25mm^2$ 的多股软裸铜线和专用线夹。严禁使用缠绕的方法进行接地和短路。

（7）用绝缘棒或传统机构拉、合高压开关，应戴绝缘手套。雨天室外操作时，除穿戴绝缘防护用品外，绝缘棒应有防雨罩，应专人监护。严禁带负荷拉、合开关。

（8）电气设备的金属外壳必须接地或接零。同一设备可做接地和接零。同一供电系统不允许一部分设备采用接零，另一部分采用接地保护。

（9）电气设备所用的保险丝（片）的额定电流应与其负荷量相适应。严禁用其他金属线代替保险丝（片）。

技能图解 16　施工现场电动建筑机械和手持式电动工具的安全操作

技能结构框线图

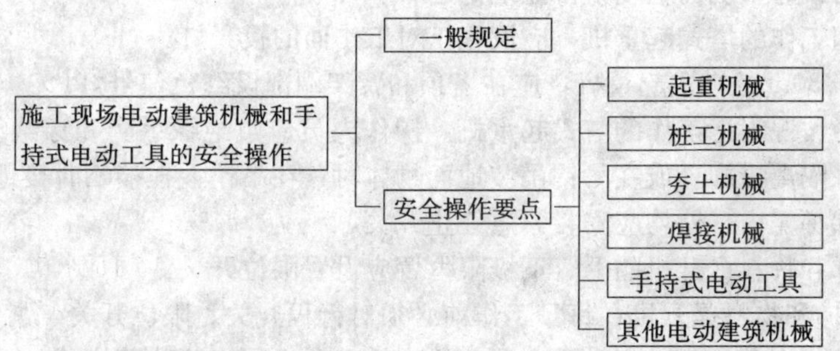

图 5-6　施工现场电动建筑机械和手持式电动工具的安全操作

技能要点 1：一般规定

（1）施工现场中电动建筑机械和手持式电动工具的选购、使用、检查和维修应遵守下列规定：

①选购的电动建筑机械、手持式电动工具及其用电安全装置符合相应的国家现行有关强制性标准的规定，且具有产品合格证和使用说明书。

②建立和执行专人专机负责制，并定期检查和维修保养。

③接地和漏电保护符合要求，运行时产生振动的设备的金属基座、外壳与 PE 线的连接点不少于 2 处。

④按使用说明书使用、检查、维修。

（2）塔式起重机、外用电梯、滑升模板的金属操作平台及需要设置避雷装置的物料提升机，除应连接 PE 线外，还应做重复接地。设备的金属结构构件之间应保证电气连接。

（3）手持式电动工具中的塑料外壳Ⅱ类工具和一般场所手持式电动工具中的Ⅲ类工具可不连接 PE 线。

（4）电动建筑机械和手持式电动工具的负荷线应按其计算负荷选用无接头的橡皮护套铜芯软电缆。

（5）电缆芯线数应根据负荷及其控制电器的相数和线数确定：三相四线时，应选用五芯电缆；

三相三线时，应选用四芯电缆；当三相用电设备中配置有单相用电器具时，应选用五芯电缆；单相二线时，应选用三芯电缆。其中 PE 线应采用绿/黄双色绝缘导线。

(6) 每一台电动建筑机械或手持式电动工具的开关箱内，除应装设过载、短路、漏电保护电器外，还应装设隔离开关或具有可见分断点的断路器和控制装置。正、反向运转控制装置中的控制电器应采用接触器、继电器等自动控制电器，不得采用手动双向转换开关作为控制电器。

技能要点 2：安全操作要点

1. 起重机械

(1) 塔式起重机的电气设备应符合现行国家标准《塔式起重机安全规程》(GB 5144) 中的要求。

(2) 塔式起重机应按《施工现场临时用电安全技术规范》做重复接地和防雷接地。轨道式塔式起重机接地装置的设置应符合下列要求：

①轨道两端各设一组接地装置。

②轨道的接头处作电气连接，两条轨道端部做环形电气连接。

③较长轨道每隔不大于 30m 加一组接地装置。

(3) 塔式起重机与外电线路的安全距离应符合《施工现场临时用电安全技术规范》(JGJ 46—2005) 第 4.1.4 条要求。

(4) 轨道式塔式起重机的电缆不得拖地行走。

(5) 需要夜间工作的塔式起重机，应设置正对工作面的投光灯。

(6) 塔身高于 30m 的塔式起重机，应在塔顶和臂架端部设红色信号灯。

(7) 在强电磁波源附近工作的塔式起重机，操作人员应戴绝缘手套和穿绝缘鞋，并应在吊钩与机体间采取绝缘隔离措施，或在吊钩吊装地面物体时，在吊钩上挂接临时接地装置。

(8) 外用电梯梯笼内，外均应安装紧急停止开关。

(9) 外用电梯和物料提升机的上、下极限位置应设置限位开关。

(10) 外用电梯和物料提升机在每日工作前必须对行程开关、限位开关、紧急停止开关、驱动机构和制动器等进行空载检查，正常后方可使用。检查时必须有防坠落措施。

2. 桩工机械

(1) 潜水式钻孔机电机的密封性能应符合现行国家标准《外壳防护等级 (IP 代码)》(GB 4208) 中的 IP68 级的规定。

(2) 潜水电机的负荷线应采用防水橡皮护套铜芯软电缆，长度不应小于 1.5m，且不得承受外力。

(3) 配电箱、开关箱内的电器配置和接线严禁随意改动。熔断器的熔体更换时，严禁采用不符合原规格的熔体代替。漏电保护器每天使用前应启动漏电试验按钮试跳一次，试跳不正常时严禁继续使用。

3. 夯土机械

(1) 夯土机械开关箱中的漏电保护器必须符合潮湿场所选用漏电保护器的要求。

(2) 夯土机械 PE 线的连接点不得少于 2 处。

(3) 夯土机械的负荷线应采用耐气候型橡皮护套铜芯软电缆。

(4) 使用夯土机械必须按规定穿戴绝缘用品，使用过程应有专人调整电缆，电缆长度不应大于 50m。电缆严禁缠绕、扭结和被夯土机械跨越。

(5) 多台夯土机械并列工作时，其间距不得小于 5m；前后工作时，其间距不得小于 10m。

(6) 夯土机械的操作扶手必须绝缘。

4. 焊接机械

(1) 电焊机械应放置在防雨、干燥和通风良好的地方。焊接现场不得有易燃、易爆物品。

(2) 交流弧焊机变压器的一次侧电源线长度不应大于5m，其电源进线处必须设置防护罩。发电机式直流电焊机的换向器应经常检查和维护，应消除可能产生的异常电火花。

(3) 电焊机械开关箱中的漏电保护器必须符合要求，交流电焊机械应配装防二次侧触电保护器。

(4) 电焊机械的二次线应采用防水橡皮护套铜芯软电缆，电缆长度不应大于30m，不得采用金属构件或结构钢筋代替二次线的地线。

(5) 使用电焊机械焊接时必须穿戴防护用品。严禁露天冒雨从事电焊作业。

5. 手持式电动工具

(1) 空气湿度小于75%的一般场所可选用Ⅰ类或Ⅱ类手持式电动工具，其金属外壳与PE线的连接点不得少于两处；除塑料外壳Ⅱ类工具外，相关开关箱中漏电保护器的额定漏电动作电流不应大于15mA，额定漏电动作时间不应大于0.1s，其负荷线插头应具备专用的保护触头。所用插座和插头在结构上应保持一致，避免导电触头和保护触头混用。

(2) 在潮湿场所或金属构架上操作时，必须选用Ⅱ类或由安全隔离变压器供电的Ⅲ类手持式电动工具。金属外壳Ⅱ类手持式电动工具使用时，开关箱和控制箱应设置在作业场所外面。在潮湿场所或金属构架上严禁使用Ⅰ类手持式电动工具。

(3) 狭窄场所必须选用由安全隔离变压器供电的Ⅲ类手持式电动工具，其开关箱和安全隔离变压器均应设置在狭窄场所外面，并连接PE线。漏电保护器的选择应符合使用于潮湿或有腐蚀介质场所漏电保护器的要求。操作过程中，应有人在外面监护。

(4) 手持式电动工具的负荷线应采用耐气候型的橡皮护套铜芯软电缆，并不得有接头。

(5) 手持式电动工具的外壳、手柄、插头、开关、负荷线等必须完好无损，使用前必须做绝缘检查和空载检查，在绝缘合格、空载运转正常后方可使用。绝缘电阻不应小于表5-10规定的数值。

表5-10　手持式电动工具绝缘电阻限值

测量部位	绝缘电阻（MΩ）		
	Ⅰ类	Ⅱ类	Ⅲ类
带电零件与外壳之间	2	7	1

注：绝缘电阻用500V兆欧表测量。

(6) 使用手持式电动工具时，必须按规定穿、戴绝缘防护用品。

6. 其他电动建筑机械

(1) 混凝土搅拌机、插入式振动器、平板振动器、地面抹光机、水磨石机、钢筋加工机械、木工机械、盾构机械、水泵等设备的漏电保护应符合《施工现场临时用电安全技术规范》（JGJ 46—2005）第8.2.10条要求。

(2) 混凝土搅拌机、插入式振动器、平板振动器、地面抹光机、水磨石机、钢筋加工机械、木工机械、盾构机械的负荷线必须采用耐气候型橡皮护套铜芯软电缆，并不得有任何破损和接头。

(3) 水泵的负荷线必须采用防水橡皮护套铜芯软电缆，严禁有任何破损和接头，并不得承受任何外力。

(4) 盾构机械的负荷线必须固定牢固，距地高度不得小于2.5m。

(5) 对混凝土搅拌机、钢筋加工机械、木工机械、盾构机械等设备进行清理、检查、维修时，必须首先将其开关箱分闸断电，呈现可见电源分断点，并关门上锁。

技能图解17 施工现场用电设备巡查作业

技能结构框线图

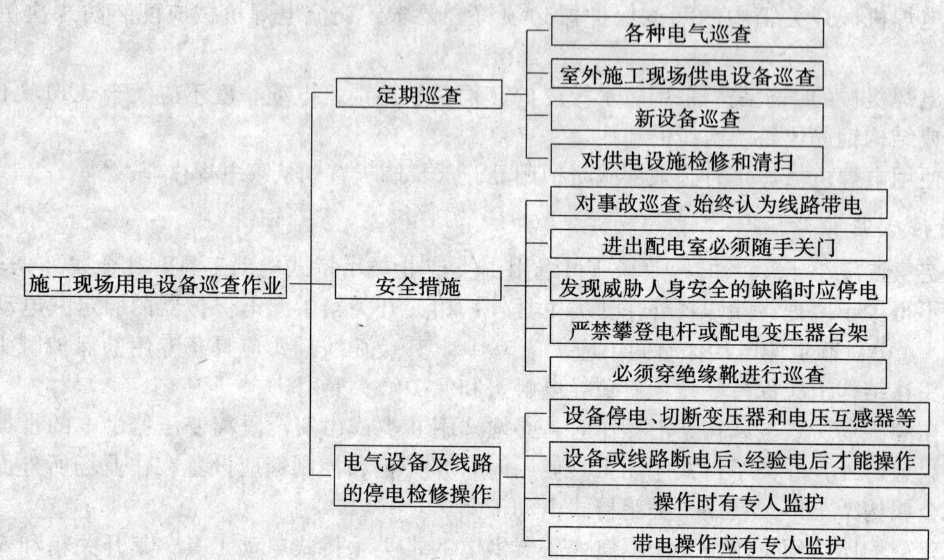

图5-7 施工现场用电设备巡查作业

技能要点1：定期巡查内容

(1) 各种电气设施应定期进行巡视检查，并将每次巡视检查的情况和发现的问题记入运行日志内。

①低压配电装置、低压电器和变压器，有人值班时，每班应巡视检查一次。无人值班时，至少每周巡视检查一次。

②配电盘应每班巡视检查一次。

③架空线路的巡视检查，每季不应少于一次。

④工地设置的1kV以下的分配电盘和配电箱，每季度应进行一次停电检查和清扫。

⑤500V以下的封闭式负荷开关及其他不能直接看到的开关触点，应每月检查一次。

(2) 室外施工现场供用电设施除应经常维护外，遇到大风、暴雨、冰雹、雪、霜、雾等恶劣天气时，应加强对电气设备的巡视检查。

(3) 新投入运行或大修后投入运行的电气设备，在72h内应加强巡视，无异常情况后，才能按正常周期进行巡视检查。

(4) 供用电设施的检修和清扫，必须采取各项安全措施后进行。每年不宜少于两次，其时间应安排在雨季和冬季到来之前。

技能要点2：安全措施

(1) 电气操作人员在进行事故巡视检查时，应始终认为该线路处在带电状态，即使该线路确已停电，也应认为该线路随时有送电的可能。

(2) 巡视检查配电装置时，进出配电室必须随手关门。配电箱巡视检查完毕需加锁。

(3) 在巡视检查中，若发现有威胁人身安全的缺陷时，应采取全部停电、部分停电和其他临时性安全措施。

(4) 电气操作人员巡视检查设备时，不得越过遮栏或围墙，严禁攀登电杆或配电变压器台架，也不得进行其他工作。

(5) 在室外施工现场巡视检查时，必须穿绝缘靴，并不得靠近避雷器和避雷针。夜间巡视检查时，应沿线路的外侧行进；遇到大风时，应沿线路的上风侧行进，以免触及断落的导线。发生倒杆、断线，应立即设法阻止行人。当高压线路或设备发生接地时，室外在8m以内不得接近故障点，室内在4m以内不得接近故障点。进入上述范围必须穿绝缘靴，接触设备的外壳和构架时，应戴绝缘手套。现场应派人看守，同时应尽快将故障点的电源切断。

技能要点3：电气设备及线路的停电检修操作

（1）一次设备完全停电，并切断变压器和电压互感器二次侧的开关及熔断器。

（2）设备或线路切断电源后，且经验电确无电压（必要时要进行放电）后，才能装设临时接地线，然后进行操作。

（3）操作地点和送电柜上应悬挂相应的标志牌，必要时应有专人看护。

（4）带电操作或接近带电部位操作时应有专人监护，且遵守安全距离的有关规定。

技能图解18　施工现场用电安全技术档案

技能结构框线图

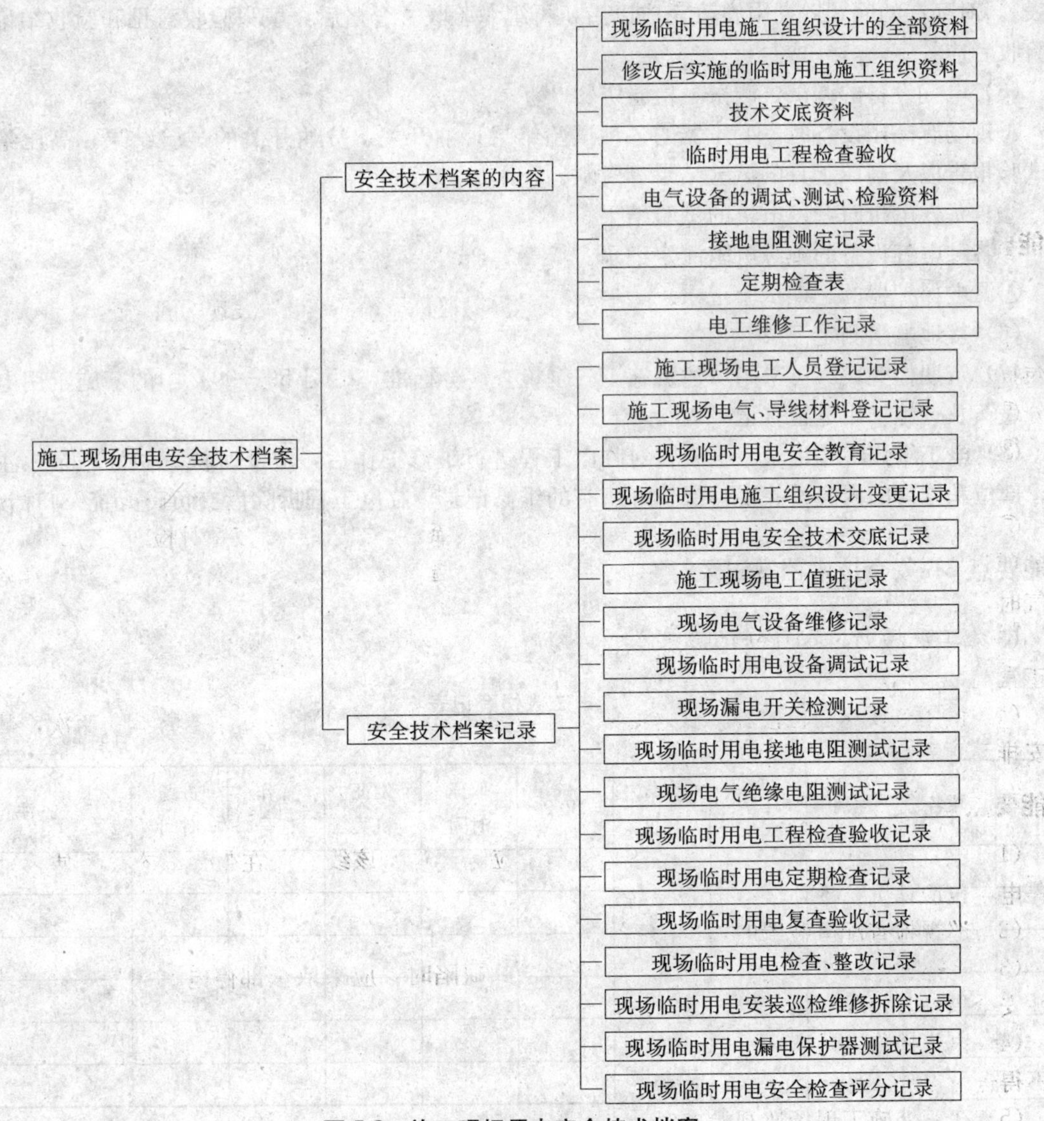

图5-8　施工现场用电安全技术档案

技能要点1：安全技术档案的内容

（1）现场临时用电施工组织设计的全部资料：从现场勘测得到的全部资料；用电设备负荷的计算资料；变配电所设计资料；配电线路；配电箱及工地接地装置设计的内容；防雷设计；电气设计的施工图等重要资料。

（2）修改后实施的临时用电施工组织设计的资料，包括补充的图纸、计算资料。

（3）技术交底资料

①当施工用电组织设计被审核批准后，应向临时用电工程施工人员进行技术交底，交底人与被交底人双方要履行签字手续。

②对外电线路的防护，应编写防护方案。

③对于自备发电机，应写出安全保护技术措施，绘制连锁装置的接线系统图。

（4）临时用电工程检查与验收。当临时用电工程安装完毕后，应进行验收。临时用电工程分阶段安装的，应实施分阶段验收，验收一般由项目经理、项目工程师、工长组织电气技术人员、安全员和电工共同进行。对查出的问题、整改意见都要记录下来，并填写“临时用电工程检查验收表”。对存在的问题，期限整改完成以后，再组织验收。合格后，填写验收意见和验收结论，参加验收者应签字。

（5）电气设备的调试、测试、检验资料

①现场有高压设备时，变压器的各种试验结果；油开关、贫油开关的试验结果；高压绝缘子的试验报告以及高压工具的试验结果等资料。

②自备发电机时，发电机的试验结果。

③各种电气设备的绝缘电阻测定记录。

④漏电保护器的定期试验记录。

（6）接地电阻测定记录。

（7）定期检查表。可采用《建筑施工安全检查评分标准》（JGJ 59—99）中的“施工用电检查评分表”及“施工用电检查记录表”。

（8）电工维修工作记录。电工在对临电工程进行维修工作后，应及时认真做好记录，注明日期、部位和维修的内容，并妥善保管好所有的维修记录。临电工程拆除后交负责人统一归档。

技能要点2：安全技术档案记录

1. 施工现场电工人员登记记录

电工人员登记表

工程名称：________　　　　日期：________

序号	姓名	性别	年龄	文化程度	职务	取证时间	发证机关	操作证号	进场时间	备注

制表人：________

2. 施工现场电气、导线材料登记记录

电气、导线材料登记表

工程名称　　　　　　　　　　　　　　　　　　　　　　　　　　　　　　________年度

序号	器材名称	规格型号	生产厂家、日期	检验状态	进场日期	备注

制表人：________

3. 现场临时用电安全教育记录

临时用电安全教育记录

工程名称：

时间		教育类别		授课（时）	
教育者			受教育者		
教育内容： 记录人：________					
班组长（或受教育者）签字：					

教育类别：三级教育，专业技能，操作规程，季节性、节假日、经常性教育等。

4. 现场临时用电施工组织设计变更记录

临时用电施工组织设计变更表

<table>
<tr><td>单位名称</td><td></td><td>工程名称</td><td></td><td>日期</td><td>年月日</td></tr>
<tr><td>更改原因</td><td colspan="5"></td></tr>
<tr><td>更改内容</td><td colspan="5"></td></tr>
<tr><td>设计变更人</td><td></td><td>审核人</td><td></td><td>接收人</td><td></td></tr>
</table>

5. 现场临时用电安全技术交底记录

临时用电安全技术交底记录

施工单位		建设单位	
工程名称		分项工程名称	
交底内容：			

工地负责人		交底人		班组名称	
安全负责人		被交底人		日期	

6. 施工现场电工值班记录

现场电工值班记录

年　月　日

<table>
<tr><td colspan="2">工程名称</td><td></td><td>值班电工</td><td></td></tr>
<tr><td rowspan="2">值班情况记载</td><td colspan="4">机电电气运行情况：</td></tr>
<tr><td colspan="4">供、配电线路检查：</td></tr>
<tr><td>备注</td><td colspan="4"></td></tr>
</table>

7. 现场电气设备维修记录

电气设备维修记录

工程名称：________　　　　　　　　　　　　　　　　维修日期：________

<table>
<tr><td colspan="2">维修项目</td><td></td><td>维修人员</td><td></td></tr>
<tr><td rowspan="4">维修情况记载</td><td colspan="4">故障或损坏情况：</td></tr>
<tr><td colspan="4">检修措施：</td></tr>
<tr><td colspan="4">检修结果：</td></tr>
<tr><td colspan="4"></td></tr>
<tr><td>备注</td><td colspan="4"></td></tr>
</table>

电气负责人：________　　　　　　　　　　　　　　　　记录：________

8. 现场临时用电设备调试记录

临时用电设备调试记录

<table>
<tr><td>单位名称</td><td></td><td>工程名称</td><td></td><td>日期</td><td>年月日</td></tr>
<tr><td>设备名称</td><td></td><td>设备型号</td><td></td><td>安装地点</td><td></td></tr>
<tr><td colspan="6">主要调试过程：</td></tr>
<tr><td colspan="6">结论及处理意见：</td></tr>
<tr><td>填表人</td><td></td><td>调试人</td><td></td><td>验收人</td><td></td></tr>
</table>

9. 现场漏电开关检测记录

现场漏电开关检测记录

工程名称：________ 测试时间： 年 月 日

序号	配电箱编号、设备名称与编号	被保护设备功率（kW）	漏电开关检测				备注
			接线	动作电流（mA）	动作时间（s）	动作可靠性	

注：1. 接线合格打"√"，不合格打"×"；电源、负荷线接线位置牢固可靠，导体及漏电开关无外露导电部分为接线合格。

2. 接下试验按钮，漏电开关立即起跳为可靠性检验合格。

检测人：________

10. 现场临时用电接地电阻测试记录

现场临时用电接地电阻测试记录

<table>
<tr><td>工程名称</td><td></td><td>分项工程
名　称</td><td></td><td>仪表型号</td><td colspan="2"></td></tr>
<tr><td>工程编号</td><td></td><td>测验日期</td><td colspan="4">年　月　日</td></tr>
<tr><td colspan="7">接地电阻（Ω）</td></tr>
<tr><td>接地
名称</td><td colspan="6"></td></tr>
<tr><td>接地
类别</td><td>规定电阻值
（Ω）</td><td colspan="2">实测电阻值
（Ω）</td><td>季节
系数</td><td>测定
结果</td><td>备注</td></tr>
<tr><td></td><td></td><td colspan="2"></td><td></td><td></td><td></td></tr>
<tr><td></td><td></td><td colspan="2"></td><td></td><td></td><td></td></tr>
<tr><td></td><td></td><td colspan="2"></td><td></td><td></td><td></td></tr>
<tr><td></td><td></td><td colspan="2"></td><td></td><td></td><td></td></tr>
<tr><td></td><td></td><td colspan="2"></td><td></td><td></td><td></td></tr>
<tr><td></td><td></td><td colspan="2"></td><td></td><td></td><td></td></tr>
<tr><td></td><td></td><td colspan="2"></td><td></td><td></td><td></td></tr>
<tr><td></td><td></td><td colspan="2"></td><td></td><td></td><td></td></tr>
<tr><td></td><td></td><td colspan="2"></td><td></td><td></td><td></td></tr>
<tr><td></td><td></td><td colspan="2"></td><td></td><td></td><td></td></tr>
<tr><td></td><td></td><td colspan="2"></td><td></td><td></td><td></td></tr>
<tr><td></td><td></td><td colspan="2"></td><td></td><td></td><td></td></tr>
<tr><td></td><td></td><td colspan="2"></td><td></td><td></td><td></td></tr>
<tr><td></td><td></td><td colspan="2"></td><td></td><td></td><td></td></tr>
<tr><td></td><td></td><td colspan="2"></td><td></td><td></td><td></td></tr>
<tr><td></td><td></td><td colspan="2"></td><td></td><td></td><td></td></tr>
</table>

专业施工负责人：________　　安全员：________　　班组长：________

11. 现场电气绝缘电阻测试记录

现场电气绝缘电阻测试记录

测验日期：　　年　　月　　日

工程名称			工程编号		工作电压（V）	220～380	评定结论					
分项工程名称			图号		仪表型号							
绝缘电阻（MΩ）												
设备名称												
回路编号	阻值	阻值	阻值	阻值	阻值	阻值	阻值	阻值	阻值	阻值	阻值	阻值
相别												
A　B												
B　C												
C　A												
A　O												
B　O												
C　O												
A　地												
B　地												
C　地												
测验结果												
问题及处理意见												

专业施工负责人：________　安全员：________　班组长：________

12. 现场临时用电工程检查验收记录

临时用电工程检查验收表

工程名称：_______　　　　　　　　　　　　　　　　　　　　年　　月　　日

<table>
<tr><td colspan="3">检查验收项目</td><td colspan="2">照明装置</td><td>部位</td><td></td></tr>
<tr><td>检查验收内容</td><td colspan="6">1. 有金属外壳的灯具做保护接零，配件使用镀锌件；
2. 室外灯具距地面 3m，室内灯具距地面 2.4m，插座接线符合规范要求；
3. 螺口灯头及接线：
(1) 相接线在与中心接头边一端，零线接在螺纹口相连一端；
(2) 灯头的绝缘外壳无损伤和漏电；
(3) 灯具相线经拉线开关控制，拉线开关距地面 2.5m，与门口水平距离 0.2m，拉线出口向下。</td></tr>
<tr><td>验收结果</td><td colspan="6"></td></tr>
<tr><td rowspan="2">验收人员会签</td><td>技术经理</td><td>临电设计人</td><td>安设部</td><td>项目安全员</td><td>电气工长</td><td>电气班长</td></tr>
<tr><td></td><td></td><td></td><td></td><td></td><td></td></tr>
</table>

13. 现场临时用电定期检查记录

临时用电定期检查记录

<table>
<tr><td>单位名称</td><td></td><td>工程名称</td><td></td><td>日期</td><td>年月日</td></tr>
<tr><td colspan="6">检查单位：</td></tr>
<tr><td colspan="6">检查项目或部位：</td></tr>
<tr><td colspan="6">参加检查人员：</td></tr>
<tr><td colspan="6">检查记录：</td></tr>
<tr><td colspan="6">检查结论及整改措施：</td></tr>
<tr><td>检查负责人</td><td colspan="2"></td><td colspan="2">被检查负责人</td><td></td></tr>
</table>

14. 现场临时用电复查验收记录

临时用电复查验收表

<table>
<tr><td>单位名称</td><td></td><td>工程名称</td><td></td><td>日期</td><td>年月日</td></tr>
<tr><td>检查单位</td><td></td><td>参加人员</td><td colspan="3"></td></tr>
<tr><td colspan="6">复查内容：</td></tr>
<tr><td colspan="6">实际整改措施：</td></tr>
<tr><td colspan="6">复查结论：</td></tr>
<tr><td>复查负责人</td><td></td><td colspan="2">被复查负责人</td><td colspan="2"></td></tr>
</table>

15. 现场临时用电检查、整改记录

现场临时用电检查、整改记录

______工程项目部　　　　　　　　　　　　　　　　　　　　年　　月　　日

参加检查人员：
存在问题（隐患）：
整改措施： 落实人：
复查结论： 复查人：

记录：________

16. 现场临时用电安装巡检维修拆除记录

临时用电安装巡检维修拆除工作记录

<table>
<tr><td>单位名称</td><td></td><td>工程名称</td><td></td><td>日期</td><td>年月日</td></tr>
<tr><td colspan="6">安装巡检维修拆除原因：</td></tr>
<tr><td colspan="6">安装巡检维修拆除措施：</td></tr>
<tr><td colspan="6">结论意见：</td></tr>
<tr><td>记录人</td><td></td><td>安装维修拆除负责人</td><td></td><td>验收人</td><td></td></tr>
</table>

17. 现场临时用电漏电保护器测试记录

临时用电漏电保护器测试记录

单位名称		工程名称		
安装位置		规格型号		
测试项目	测试方式	测试结论	测试日期	备注
测试负责人		测试人		

18. 现场临时用电安全检查评分记录

施工现场检查评分记录表

（临时用电安全部位）

施工单位：　　　　　　　　　　　工程名称：　　　　　　　　　　　年　　月　　日

序号	检查项目		检查情况	标准分值	评定分值
1	线路照明	施工区、生活区架设配电线路应符合有关规范		5	
2		施工区、生活区按规范装设照明设备		5	
3		照明灯具和低压变压器的安装使用符合规定		5	
4		特殊部位的内外电线路按规范采取安全防护		5	
5	配电箱	施工区实行分级配电，配电箱、开关箱位置合理		5	
6		配电箱、开关箱和内部设置符合规定		5	
7		箱内电气完好，选型定值合理，标明用途		5	
8		箱体牢固、防雨、内无杂物、整洁、编号，停电后断电加锁		5	
9	保护	配电系统按规范采用接零或接地保护系统		5	
10		电气施工机具做可靠接零或接地		5	
11		现场的高大设施按规范要求装设避雨装置		5	
12		配电箱、开关箱设两极漏电保护、选型符合规定		5	
13		值班电工人防保护用品穿戴齐全，持证上岗		5	
14	机具	施工机具电源线压接牢固整齐，无乱拉、扯、压砸现象		5	
15		手持电动工具绝缘完好，电源线无接头损坏		5	
16		电焊机及一二次线防护齐全，焊把线双线到位，无破损		8	
17	资料	临时用电有设计书（方案）和管理制度		5	
18		配电系统有线路走向、配电箱分布及接线图		5	
19		电工值班室有值班、设备检测、验收、维修记录		5	
应得分：	实得分：	得分率：	折合标准分值：		

检查员签字：

第六章　柴油发电机组安装

技能图解 19　柴油机

技能结构框线图

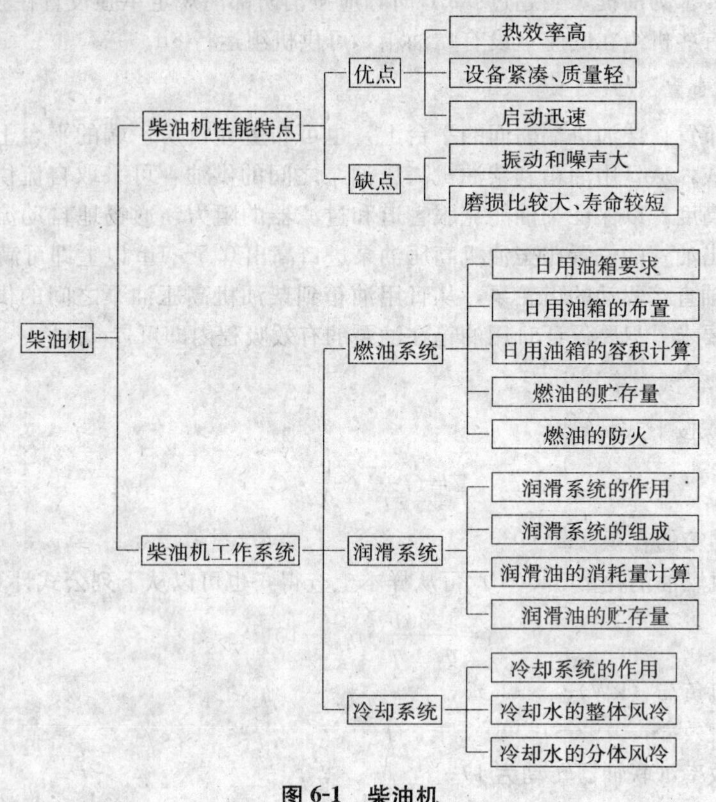

图 6-1　柴油机

技能要点 1：柴油机性能特点

1. 柴油机的优点

(1) 热效率高。柴油机的有效功率约为 30%～60%。

(2) 设备紧凑，质量轻。柴油机动力装置的设备比较简单，体积小，质量轻，辅助设备少；因此柴油机作为动力占用建筑面积小，具有安装速度快、安装费用低等优点。

(3) 启动迅速，并能很快达到额定功率。柴油机动力装置的启动一般仅需几秒钟，由于启动快这一特点，使柴油发电机组最适宜用作应急电源。

此外，柴油机还具有冷却方式简易、操作维护简单方便、燃料的贮存和运输方便等优点。

2. 柴油机的缺点

柴油机作为动力装置也存在许多不足，主要存在以下缺点：

(1) 运转中的振动和噪声大，运行人员的操作条件较差。

(2) 柴油机的磨损比较大，寿命较短，检修比较频繁，运行稳定性和过负荷能力差，对启动冲击负荷容量偏小等。

技能要点 2：柴油机工作系统

1. 柴油机燃油系统

1）日用油箱要求

柴油机日用油箱是向柴油机正常供油的装置，在柴油机工作中，我们可通过日用油箱监测柴油机燃油的消耗量。

日用油箱宜放置在距柴油机不远的发电机房内，通常日用油箱可按 4～8h 耗油量确定，但必须以满足机房防火要求为前提，当超过 500L 时，应按消防部门规定单独设置在独立的房间内。

日常工作中，有些机组在底座上设有贮油箱，可供机组运行 8h。

2）日用油箱的布置

日用油箱通常布置在柴油机端前面的平台上，也可布置在机房一端的平台上。日用油箱以采用地上高位布置方式，从日用油箱到柴油机高压油泵之间的供油，可采取自流供油方式，但要求日用油箱有一定的高度，以保证柴油能克服管道和过滤器的阻力，通畅地自动流进柴油机高压油泵，一般日用油箱出油管的位置比柴油机高压油泵进口高出 0.5～1m 以上即可满足要求。

利用柴油机曲轴直接驱动的齿轮泵，从日用油箱到柴油机高压油泵之间的供油，系统对日用油箱的标高无特殊要求，只要保证日用油箱在油泵的有效吸程内即可。

3）日用油箱的容积计算

日用油箱的容积按下式计算：

$$V=G\frac{1}{r}\cdot\frac{1}{A}\cdot C \tag{6-1}$$

式中 V——日用油箱的容积（m^3）；

G——柴油机燃油消耗量（kg/h）可从样本上查得，也可以从下列公式计算：

$$G=\frac{1.36P}{\eta_F\cdot\eta_t}\cdot g_m\cdot 10^{-3}; \tag{6-2}$$

P——发电机负荷（kW）；

η_F——发电机效率，0.92～0.95；

η_t——传动效率（联轴器转动为 1）；

g_m——柴油机燃油消耗率（g/HPh）；

r——燃油密度（kg/m^3），轻柴油为 810～860；

A——油箱充满系数（一般取 0.8）；

C——供油时间（4～8h）。

4）燃油的贮存量

柴油机燃油的贮存量，应根据柴油发电机组容量、供油情况、油源的远近、交通运输及燃油的沉淀等条件来确定，对应急发电机组，位于主体建筑物内时一般按不大于 8h 发电机组最大功率的耗油量考虑，为便于新油的沉淀，一般应设两个以上柴油贮油箱，见图 6-2 所示。

5）燃油的防火

贮油罐一般可与机房布置在相邻房间内，但为防火起见，应优先设计地下贮油罐。

贮油库应通风良好，库房或油泵房内的照明灯具、开关、电机及可能产生火花的电气设备，应密闭或采用其他防爆措施，设备及金属管道应按规定接地。

若同一工程锅炉、厨房等设备用油且相同的话，贮油罐亦可合建在一起，与机房相邻布置时，必须布置在单独的小间内，并按消防有关规定采取有效的防火措施。

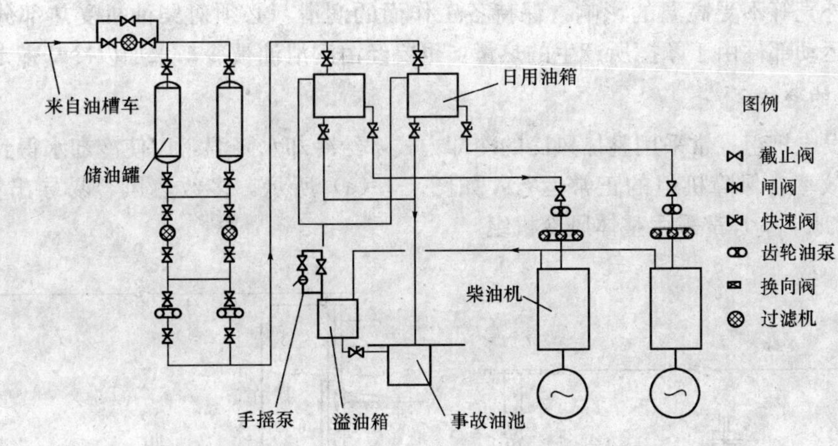

图 6-2　以轻柴油作为燃油的供油系统参考图

2. 柴油机润滑系统

1）润滑系统的作用

润滑系统可将柴油机各运动部分之间的金属直接摩擦变成有油膜的间接摩擦，减少了金属的磨损和柴油机因摩擦而损失的功，延长机件寿命。

润滑系统能带走燃烧室在工作过程中所产生的部分热量、带走因摩擦而产生的热量、保证机件有良好的冷却和正常工作。

润滑系统能起到清除金属表面因摩擦形成的积炭，保证摩擦表面的清洁，封闭活塞环和气缸壁之间的间隙，防止漏气，保持气缸的压缩力等等。

2）润滑系统的组成

柴油机润滑系统由润滑油箱、润滑油泵、润滑油冷却器、过滤器和管道、阀门、仪表等组成，一般由柴油机制造厂配套供应。但对润滑油箱不附在柴油机本体时，要考虑其放置位置，一般在机头前的地坑内。

3）润滑油的消耗量计算

润滑油的小时消耗量可按下式计算：

$$G_{rh}=\frac{1.36\cdot P}{\eta_F\cdot\eta_t}\cdot g_r\cdot 10^{-3} \tag{6-3}$$

式中　G_{rh}——润滑油的消耗量（kg/h）；

P——发电机功率（kW）；

η_F——发电机效率（%）；

η_t——传动效率（%）；

g_r——柴油机在额定功率时的润滑油消耗率（g/kW · h）（可由厂家提供）。

4）润滑油的贮存量

润滑油的贮存量，一般情况下可按 160～240h 的消耗量贮存，应急用柴油发电机由于其使用的特点，贮存量有限，可利用油桶散装贮存，为便于集中管理，润滑油可与燃油贮存在同一房间（油库）内。

3. 柴油机组冷却系统

1）冷却系统的作用

柴油机在运行过程中，由于柴油的燃烧而产生高温，因此为保证柴油机受热机件工作正常，柴油机增压器外壳等不受高温的影响，保持各工作面的润滑，必须对柴油机受热部分进行冷却。此外，柴油机运动部件由于摩擦所产生的热量，也要经由润滑油被冷却水加以冷却带走。

2）冷却水的整体风冷

应急柴油发电机组，常采用整体风冷的冷却方式，给冷却水降温，以使冷却水得到循环使用，从而提高冷却效率，保障机组的正常运行，如图 6-3（a）所示。多数热风容易导出室外的机房（如机房不位于地下室）都采用整体风冷机组。

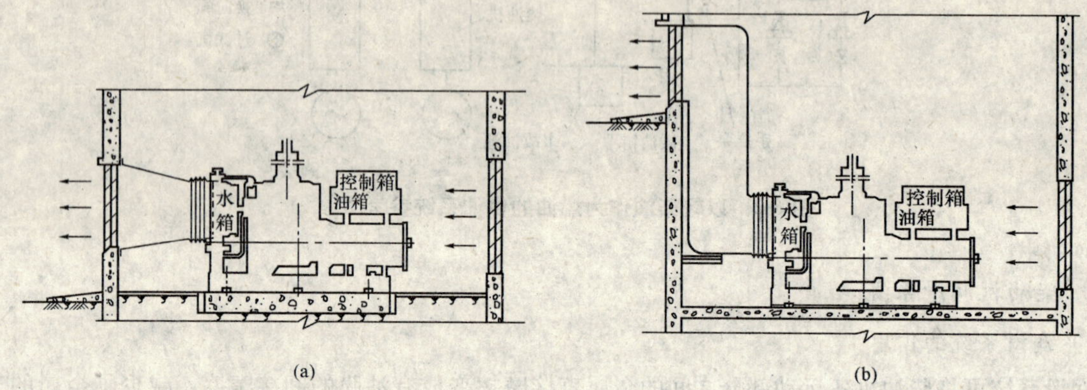

图 6-3 整体风冷式

整体风冷是使柴油机夹套中高温冷却水进入散热器，由柴油机所带风扇对其吹拂散热。柴油机吹风扇不但把散热器中的热水热量通过热风管道排出室外，而且所带的风量满足柴油机及保持室温所需要的新风量。

出口百叶窗的面积可调节，一般出风口的面积为散热器面积的 1.5 倍。出风口尽量靠近且正对散热器。出风口与进风口要尽量相距较远，如图 6-3（b）所示。

3）冷却水的分体风冷

当机房设置在地下室或远离室外且周围又被其他房间隔开时，可采用分体式散热机组，其布置如图 6-4（a）所示。

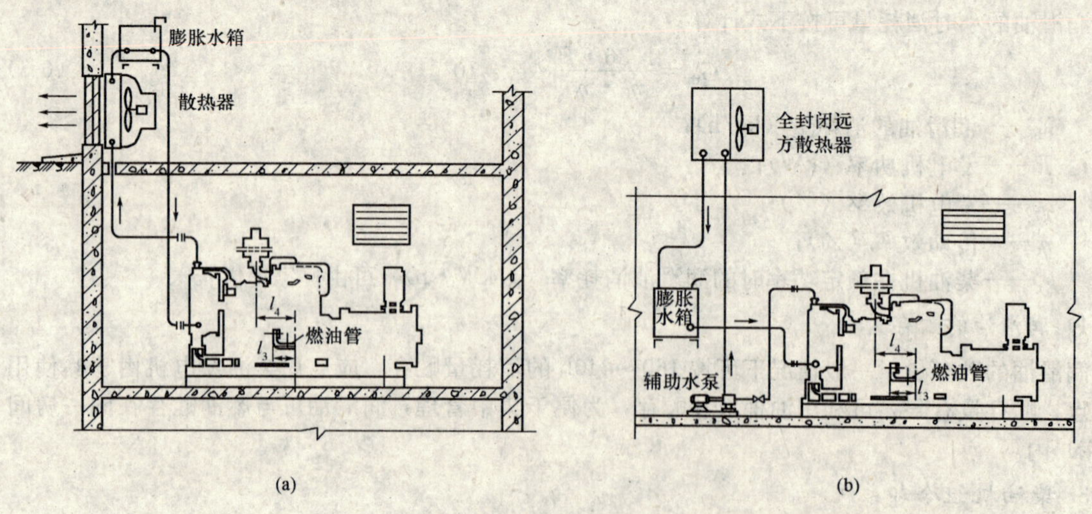

图 6-4 分体风冷式

柴油机夹套内的冷却水由水泵送至分体式水箱冷却，由于柴油机冷却水接口处静水压一般不超过 4～5N，因此分体式水箱安装高度不应超过 4～5m。由于柴油机所带水泵输出水压有一定限度，当管道过长，应加大管径或增加辅助泵，如图 6-4（b）所示。系统要有膨胀缸，其容量为系统容量的 15%。

为了维持室温及柴油机的燃烧，要使进风口与热风口的室内出口分别布置在机组的两端，以增强散热效果。必要时可设机械通风装置，以便保证出风量。

技能图解 20　柴油发电机组类型及选择

技能结构框线图

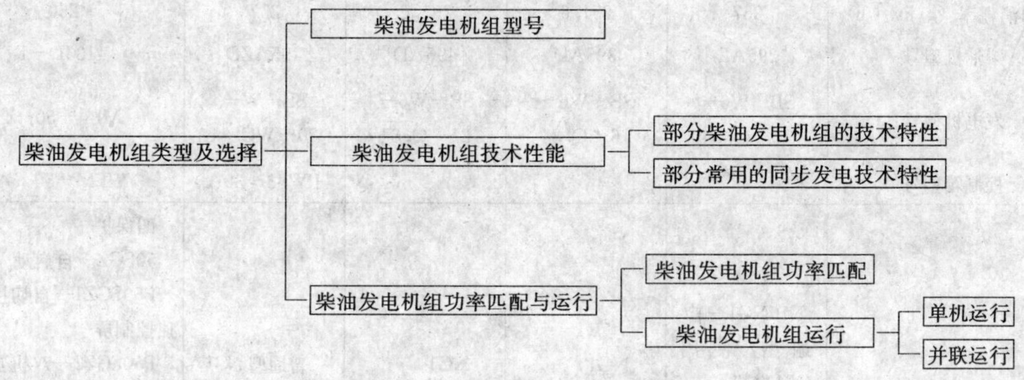

图 6-5　柴油发电机组类型及选择

技能要点 1：柴油发电机组型号

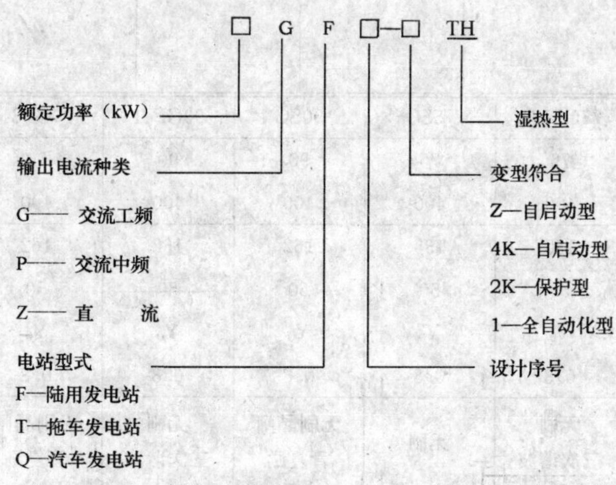

注：这里介绍的型号编排方式是较为通用的一种。

技能要点 2：柴油发电机组技术性能

（1）部分柴油发电机组的技术特性见表 6-1。

表 6-1 部分常用柴油发电机组的技术数据

型号	10NS	16NS	24NS	30NS	50SG
额定功率（kW）	10	16	24	30	50
额定电压（V）	400	400	400	400	400
额定电流（A）	18.1	28.9	43.3	54.1	90
额定频率（Hz）	50	50	50	50	50
相数与接法	Y_0	Y_0	Y_0	Y_0	Y_0
功率因数	0.8	0.8	0.8	0.8	0.8
励磁方式	无刷 三次谐波	无刷 三次谐波	无刷 三次谐波	无刷 三次谐波	无刷
额定转速（r/min）	1500	1500	1500	1500	1500
燃油消耗率（g/kw·h）	257	251.6	251.6	257	250
柴油机型号	295AD	395AD	495AD	495AZD	4135D—1
发电机型号	SB—W6— 10—Q.34	SB—W6— 16—Q.34	SB—W6— 24—Q.34	SB—W— 30—WC.34	MPF—50—4
控制箱型号				PW83—30A	WFM—50—A
备注	10NG1—普遍型，使用GM电机 P10NGZ1—自切换、单独控制屏，使用GM电机	NG1，P16NGZ1的含义见10NS备注	NG1，P24NGZ1的含义见10NS备注	普通型NG1，P30NGZ1的含义见10NS备注	四保护 50SGZ—自启动 P50SGZ1—自切换，单独控制屏 P50SGZ2—双机互为备用，单独控制屏 50SGZP—自启动，PLC控制屏 50SL1—配TZHW电机，普通型 50S0—配TFX电机，相复励

型号	75GF131	75SG	90SG	90GF41	90GF81	90SG1	90SGZ
额定功率（kW）	75	75	90	90	90	90	90
额定电压（V）	400	400	400	400	400	400	400
额定电流（A）	135	135	162	162	162	162	162
额定频率（Hz）	50	50	50	50	50	50	50
相数与接法	Y_0	Y_0	Y_0	Y_0	Y_0	Y_0	Y_0
功率因数	0.8	0.8	0.8	0.8	0.8	0.8	0.8
励磁方式	无刷 三次谐波	无刷	无刷晶闸 管复励	无刷 三次谐波	无刷晶闸 管复励	无刷	无刷
额定转速（r/min）	1500	1500	1500	1500	1500	1500	1500
燃油消耗率（g/kW·h）	250	250	230	250	250	250	206
柴油机型号	6135D—3	6135D—3	D6114ZDA	6135AD—1	6135AD—1	6135AD—1	D6114ZDA
发电机型号	SB—W— 75—SC.34	MPF1—75 —4	MPF1—90 —4	SB—W— 90—SC.34	TFW2—90 —4	MPF1—90 —4	MPF1— 90—4

表 6-1（续一）

型号	75GF131	75SG	90SG	90GF41	90GF81	90SG1	90SGZ
控制箱型号	PW34—75D1A.40	WFM—75—A	WFM—90A	PW6—90	XF—W—90	WFM—90—4	YD921
备注	三次谐波励磁，75GF161—使用IFC6系列电机，三保护	四保护，SGZ，SG-ZP，SOLI P75SGZ1，P75SGZ2的含义，同50SG备注 75SG1—普通型	四保护 D90SG—1—四保护，单轴承 D90SGZ—1—自启动、单轴承 DP90 SGZ1—1—自切换、单轴承、单独控制屏	三次谐波励磁	四保护	普通型	自启动 P90SGZ1，P90SGZ2的含义同50SG备注

型号	120SGZP	150GF20	150SGZ	180SGZ	200GF126	200SGZ
额定功率（kW）	120	150	150	180	200	200
额定电压（V）	400	400	400	400	400	400
额定电流（A）		270	270		361	361
额定频率（Hz）	50	50	50	50	50	50
相数与接法	Y_0	Y_0	Y_0	Y_0	Y_0	Y_0
功率因数	0.8	0.8	0.8	0.8	0.8	0.8
励磁方式	无刷	相复励	无刷	无刷	无刷晶闸管励磁	无刷
额定转速（r/min）	1500	1500	1500	1500	1500	1500
燃油消耗率（g/kW·h）		250	250		250	250
柴油机型号	6135JZD	12V135AD	12V135AD	12V135AD	12V135JZD	12V135JZD
发电机型号	MP系列	T2XV—150—4	MPF2—150—4	MP系列	MPF2—200—4	MPF2—200—4
控制箱型号		BF2—150ZC	YD921E/2B—21		WFM—200A	YD921E/23—21
备注	自启动 PLC控制屏	相复励	自启动 SG—四保护 SG1—普通型 SG2—四保护、手动并联 SG3—普通型、手动并联 P150SGZ1—自切换、单独控制屏 150SO1—配TFX电机，普通型、相复励	自启动	四保护	自启动SG，SG1，SG2，SO1，P200SGZ1的含义见150SGZ备注

表 6-1（续二）

型号	120SGZP	150GF20	150SGZ	180SGZ	200GF126	200SGZ
额定功率（kW）	250	250	500	700	1000	
额定电压（V）	400	400	400	400	400	
额定电流（A）	451	451	902	1263	1804	
额定频率（Hz）	50	50	50	50	50	
相数与接法	Y_0	Y_0	Y_0	Y_0	Y_0	
功率因数	0.8	0.8	0.8	0.8	0.8	
励磁方式	无刷	无刷	无刷	无刷		
额定转速（r/min）	1500	1500	1000	1500	1500	
燃油消耗率（g/kW·h）	250	250			204	
柴油机型号	12V135JZD—1	12V135JZD—1	Z12V190BD1—2	Z12V190BD5	KTA50—G3	
发电机型号	TFW355M4	MPF2 — 250—4	IFC5456—6TA42	IFC5456—4TA42	IFC6562—4TA42	
控制箱型号	YFHZ—250	WFM—250A	PLZ—500 PLZX—500	PLZ—700 PLZX—700	BK7B—800	
备注	普通型、开式循环水冷却	SG，SG3，SGZ，P250SGZ1 的含义见150SGZ备注 K250SG—四保护、开式循环水冷却 K250SG1—普通型、开式循环水冷却	自启动	自启动	闭式冷却水循环	

（2）柴油发电设备中部分常用的同步发电机技术特性见表 6-2。

表 6-2　部分常用三相同步发电机技术数据

型号	额定功率（kW）	额定电压（V）	额定电流（A）	额定转速（r/min）	功率因数	电压调整率	备　注
T2X—10—4	10	400	18.1	1500	0.8	3%	T2 X X—相复励励磁 S—三次谐波励磁 K—晶闸管励磁 T2—第资源次改型设计的同步发电机 T2XV—T2X 的派生产品，带有与柴油机飞轮壳直接对接的凸缘端盖
T2X—12—4	12		21.7				
T2X—20—4	20		36.1				
T2X—24—4	24		43.3				
T2X—30—4	30		54.1				
T2X—40—4	40		72.2				
T2X—50—4	50		90.2				
T2X—64—4	64		115.4				
T2X—75—4	75		135.3				
T2X—90—4	90		162				
T2X—120—4	120		216				
T2X—150—4	150		270				
T2X—200—4	200		361				

表 6-2（续）

型号	额定功率（kW）	额定电压（V）	额定电流（A）	额定转速（r/min）	功率因数	电压调整率	备　注
TZH－12	12	400	21.7	1500	0.8	3%	TXH－DY：自励恒压；DY：移动电站
TZH－20	20		36.1				
TZH－40	40		72.5				
TZH－50	50		90.5				
TZH－75	75		135				
TZH－160	160		289				
TZH－250	250		452				
MP－50－4	50	400	90	1500	0.8	1%	MPF：带凸缘止口，F1 配 6135 柴油机，F2 配 12V135 柴油机
MP－75－4	75		135				
MP－90－4	90		162				
MP－150－4	150		270				
MP－200－4	200		361				
MP－250－4	250		451				
SB－10	10	400	18.1	1500	0.8	1%	无刷三次谐波
SB－16	16		28.9				
SB－24	24		43.3				
SB－30	30		54.1				
SB－50	50		90				
SB－75	75		135				
SB－90	90		162				
SB－200	200		361				
TF350－6	350	400	632	1000	0.8	1.8%	相复励
TF1200－6	1200	400	2165	1000	0.8	2.5%	
TF800－8	800	400	1443	750	0.8	2.5%	相复励
TF1000－8	1000		1804	750		2.5%	
TFX20－4	20	400	36.1	1500	0.8		
TFX24－4	24		43.3				
TFX30－4	30		54				
TFX40－4	40		72.2				
TFX50－4	50		90.2				
TFX64－4	64		115.5				
TFX75－4	75		135.3				
TFX90－4	90		162.4				
TFX120－4	120		216.5				

技能要点 3：柴油发电机组功率匹配与运行

1. 柴油发电机组功率匹配

与发电机配套的柴油机的标定功率有两种：12h 功率和持续功率。

通常，持续功率为 12h 功率的 90%。选择机组容量时，应使机组的运行功率不大于标定功率，同时要考虑用户经常出现的最低负荷，使该负荷不小于一台机组的 50%。

为保证发电机在额定转速下输出额定功率 P_g（kW），配套的柴油机的最小输出功率 P（kW）应为

$$P=\frac{1}{\alpha}\left(\frac{P_g}{\eta}+N\right) \quad 或 \quad P=KP_g \tag{6-4}$$

式中 α——柴油机功率修正系数；

N——柴油机风扇损耗（kW）；

η——发电机效率；

K——匹配比（估算时，可按表 6－3 考虑）。

表 6-3 匹配比 K

类型（kW）		功率标定（h）	匹配比（K）	允许海拔（m）
移动电站	≤200	12	1.8～2.0	最高 1000～1500
	＞200～1500	12	1.6～1.8	≤1000
固定电站 120～5000		12 或持续	1.5～1.6	0～1000
船用电站		持续	1.5～1.6	≈0

2. 柴油发电机组运行

1）单机运行

由于输入转矩周期性变化性，柴油发电机的转速和输出电压是不均匀的。柴油发电机转速不均匀度 d 应小于等于（1/200～1/300），此时照明时才察觉不到灯光闪烁。

柴油发电机无闪烁运行时所加的最小飞轮力矩 GD^2_{min}，可由下式确定：

$$GD^2_{min}=\frac{K_pP}{dn^3}\times10^6 \quad (N\cdot m^2) \tag{6-5}$$

式中 n——柴油机转速（r/min）；

P——柴油机的 12h 功率或持续功率（kW）；

K_p——系数，见表 6-4。

表 6-4 系数 K_p

汽缸数	冲程	
	4	2
2	330～400	128
3	160～170	54
4	40～54	24
6	27～31	5.4

2）并联运行

在柴油发电机并联运行时，任一机组的负载或运行状态的变化，都将影响其他机组和电网的平衡状态。为了保证当系统负荷增减时，避免因负载分配不当引起过大的环流或机组转速振荡，

参与并联的各发电机组承担有功功率的比例与各发电机额定功率的比例应相同。

（1）各台柴油机的调速特性曲线的形状和斜率应基本一致，并呈下降趋势；

（2）在发电机的自动电压调节器内有无功补偿单元，以保证各机组的无功功率的分配比例和各发电机的额定无功功率的比例相同。对具有不可控相复励励磁系统的发电机，推荐使用同功率、同规格的机组并联，并应采取相应技术措施。

（3）投入并联的各台发电机的最大功率与最小功率之比应不超过 3∶1。当负荷的总功率约为并联运行发电机总功率的 20%～100%时，各发电机实际承担的有功和无功功率比例分配值之差，应不大于各台发电机中最大额定有功和无功功率的±10%及最小额定有功和无功功率的±25%。

（4）发电机应装有阻尼绕组，以提高并联运行的稳定性。柴油机调速器应很快使机组达到稳定运行，不会因转速振荡造成发电机组间负荷转移而引起电压波动。

技能图解 21　柴油发电机组的安装

技能结构框线图

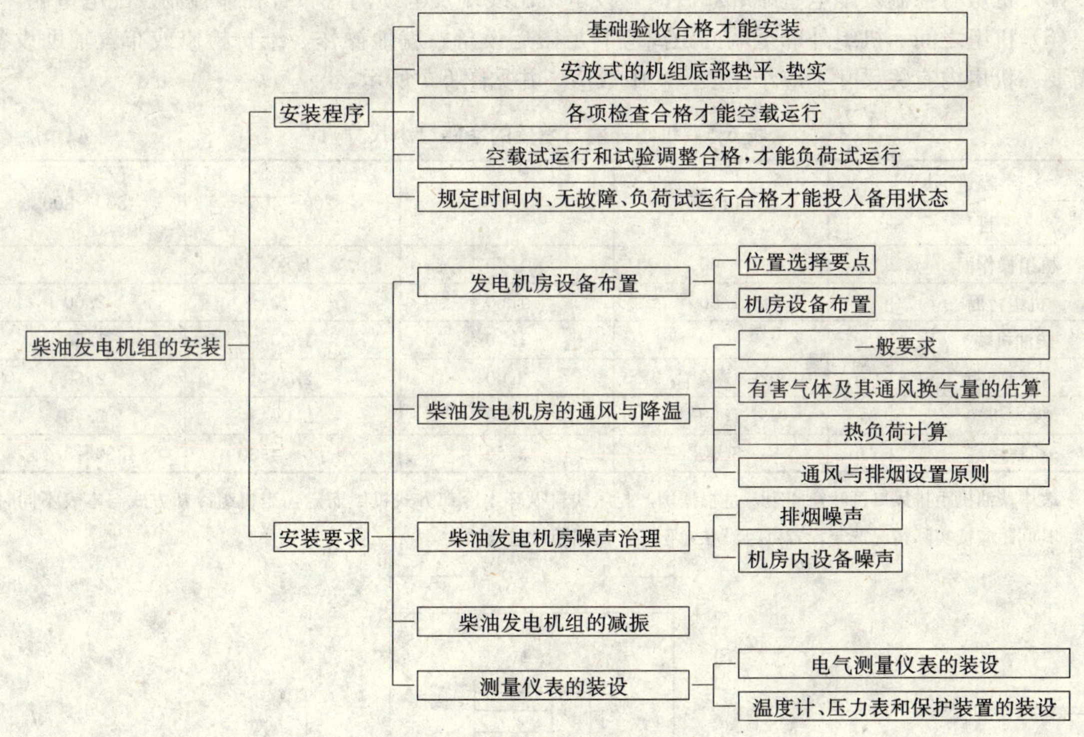

图 6-6　柴油发电机组的安装

技能要点 1：柴油发电机组安装程序

（1）基础验收合格，才能安装机组。

（2）地脚螺栓固定的机组经初平、螺栓孔灌浆、精平、紧固地脚螺栓、二次灌浆等机械安装程序；安放式的机组将底部垫平、垫实。

（3）油、气、水冷、风冷、烟气排放等系统和隔振防噪声设施安装完成；按设计要求配置的消防器材齐全到位；发电机静态试验、随机配电盘控制柜接线检查合格，才能空载试运行。

（4）发电机空载试运行和试验调整合格，才能负荷试运行。

（5）在规定时间内，连续无故障负荷试运行合格才能投入备用状态。

技能要点 2：柴油发电机组安装要求

1. 发电机房设备布置

1）位置选择要点

机房宜靠近大容量的应急负荷或与变电所的低压配电室毗邻。机房应有良好的自然通风和采光，若机房设在地下设备层时须注意通风、防潮及机组的散热和冷却，并结合当地消防部门要求作好消防措施。机房的布置要根据机组容量大小和台数而定。机组容量较大，可把机房和控制室分开布置，小容量机组一般机电一体，不用设控制室。

2）机房设备布置

机房内主要设备有柴油发电机组、操作台、控制屏、电力及照明配电柜、启动蓄电池、存油箱、冷却系统，进、排风系统等，机房设备布置应符合机组运行要求，力求紧凑、经济合理、保证安全及便于维护。机组布置应符合下列规定：

（1）机组宜横向布置，当受建筑场地限制时，也可纵向布置。

（2）机房与控制及配电室毗邻布置时，发电机出线端及电缆沟宜布置在靠控制及配电室侧。

（3）机组之间、机组外廓至墙的距离应满足搬运设备、就地操作、维护检修或布置辅助设备的需要，机房内有关尺寸不应小于表 6-5 中数值，并见图 6-7 所示。

表 6-5　机组外廓与墙壁的净距最小尺寸　(m)

项目＼容量（kW）		64 以下	75～150	200～400	500～800
机组操作面	a	1.60	1.70	1.80	2.20
机组背面	b	1.50	1.60	1.70	2.00
柴油机端*	c	1.00	1.00	1.20	1.50
机组间距	d	1.70	2.00	2.30	2.60
发电机端	e	1.60	1.80	2.00	2.40
机房净高	h	3.50	3.50	4.00～4.30	4.30～5.00

*表中柴油机距排风口百叶窗间距，是根据国产封闭式自循环水冷却方式机组而定，当机组冷却方式与本表不同时，其间距应按实际情况选定。若机组设在地下层，其间距可适当加大。

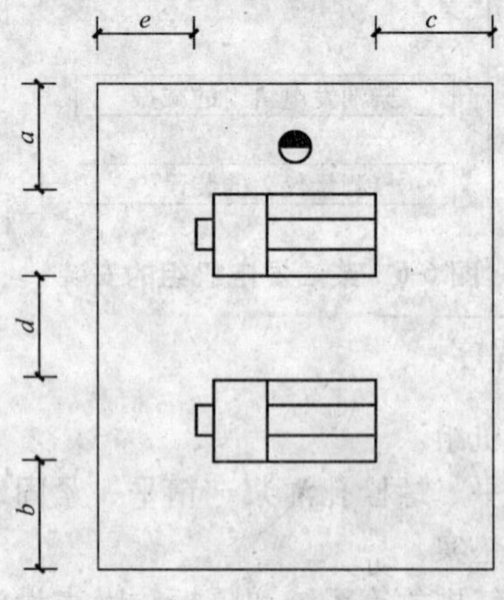

图 6-7　机组布置图

(4) 当不需设控制室时，控制屏和配电屏宜布置在发电机端或发电机侧，其操作检修通道不应小于下列数值：

①屏前距发电机端为 2m；

②屏前距发电机侧为 1.50m。

(5) 辅助设备宜布置在柴油机侧或靠机房侧墙，蓄电池宜靠近所属柴油机。

2. 柴油发电机房的通风与降温

1) 一般要求

(1) 柴油机房的温度启动前不低于 5℃，寒冷地区的机房应进行采暖。

(2) 机组启动后因设备散热而使机房温度升高，则需采取通风降温措施，使机房温、湿度不会过高，通常机房温度不宜超过 35℃，相对湿度不大于 80%。

柴油发电机组运行后，机房内的一氧化碳（CO），一氧化氮（NO），二氧化氮（NO_2），二氧化硫（SO_2），四氧化二氮（N_2O_4），以及机油和柴油遇热挥发出的甲醛，丙烯醛（败脂酸）等有害气体会不断增加。其中以一氧化碳及丙烯醛对人体的危害较大，在空气中的允许浓度分别为 0.03mg/L 和 0.002mg/L。所以柴油发电机房必须进行机械（或自然）通风，以排除有害气体，使其降至允许浓度以下。

对于设在地面的机房，机房的门、窗直接与室外大气相通，可采用自然通风或在机房墙上设排风扇的方法来满足通风降温的要求，如果柴油发电机房为封闭机房，如机房设在地下室内，机房需经过一段相当长的距离与室外大气相通。这种机房需设置单独的进排风系统及机房降温设备。柴油发电机房的通风降温应按排除机房的余热和有害气体，并满足柴油机所需的燃烧空气量。

2) 柴油发电机房有害气体及其通风换气量的估算

柴油发电机房有害气体的产生量，因实际情况不同，变化范围较大，进而影响到机房的通风换气量的确定，所以实践中，通常是以一系列工程实测资料，经分析整理、归纳确定。消除柴油发电机房有害气体的排气量，对于国产 135、160、190 和 250 系列柴油发电机组，宜按 14～20m^3/kW · h 确定。机房附属房间的通风换气量可按表 6-6 的数值估算。

表 6-6 机房附属房间通风换气量

房间名称	换气次数（次/h）	
	送 风	排 风
控制室	1～2	
人员休息室	1～2	
贮油间		5～6
水箱、水泵间		1～2
蓄电池室		10～15
厕所、淋浴间		15

柴油发电机运行时，机房的换气量应等于或大于柴油机所需新风量与维持机房温度所需新风量之和。

维持柴油机燃烧所需新风量可向柴油机厂家索取，当海拔高度增加时，每增加 763m，空气量应增加 10%。若无资料，可按每 1kW 制动功率需要 0.1m^3/min 估算。

取得厂家资料时，柴油机燃烧所需新风量（空气消耗量）L 通常按下式计算：

$$L=60 \cdot n \cdot i \cdot t \cdot K_1 \cdot V_n \quad (m^3/h) \tag{6-6}$$

式中 n——柴油机转速（r/min）；

i——柴油机气缸数；

t——柴油机冲程系数，四冲程为 0.5；

K_1——计及柴油机结构特点的空气流量系数：

四冲程非增压柴油机 $K_1=\eta_i$

四冲程增压柴油机 $K_1=\varphi\eta_i$

η_i——气缸吸气效率，四冲程非增压柴油机，$\eta_i=0.75\sim0.90$（一般取 0.85）；四冲程增压柴油机，$\eta_i\approx1.0$；

φ——扫气系数，四冲程柴油机 $\varphi\approx1.1\sim1.2$；

V_n——柴油机每个气缸的工作容积（m^3）。

3. 柴油发电机房热负荷计算

（1）柴油机发热量。柴油机发热量是指柴油机运行时从机体散发出的热量，通常按下式计算：

$$Q_1=N_n\cdot B\cdot q\cdot\eta_1\quad(\text{kJ/h})\tag{6-7}$$

式中 Q_1——柴油机发热量（kJ/h）；

N_n——柴油机额定功率（kW）；

B——柴油机的耗油率（kg/kW · h）；

q——柴油机燃料发热值，柴油的发热值一般为 41800kJ/kg；

η_1——柴油机散至空气的热量系数，%，见表 6-7 所列。

表 6-7 柴油机散至空气的热量系数

柴油机额定功率 N_n（马力）	η_1（%）
≤50	6
50～100	5～5.5
100～300	4～4.5
>300	3.5～4

（2）发电机发热量。发电机散发至空气中的热量可按下式计算：

$$Q_2=860\times4.18P_n(1-\eta_2)/\eta_2\tag{6-8}$$

式中 Q_2——发电机散至空气中的热量（kJ/h）；

P_n——发电机额定输出功率（kW）；

η_2——发电机效率（%），一般 $\eta_2=80\%\sim90\%$。

（3）排烟管发热量计算。排烟管发热量计算是在确定了排烟管采用的保温材料、结构形式和保温层厚度的条件下进行计算其发热量，并校核保温层外表面温度是否满足要求。

通常，架空敷设的柴油机排烟管必须保温，其保温层外表面的温度应不超过 60℃。

排烟管在机房内发热量可近似按下式计算：

$$Q=\frac{\pi}{\frac{1}{2\lambda}\ln\frac{d_2}{d_1}+\frac{1}{\alpha_2\cdot d_2}}(t_1-t_n)\cdot L\tag{6-9}$$

式中 Q——排烟管在机房内发热量（kJ/h）；

λ——保温材料导热系数（kJ/m · h · ℃）；

d_1——保温层内径（即排烟管外径）（m）；

d_2——保温层外径（m）；

α_2——保温层外表面放热系数，架空敷设时可取 $\alpha_2=41.8$（kJ/m^2 · h）；

π——圆周率；

t_1——烟气温度，靠近柴油机排烟口的排烟支管按400℃计算；

t_n——电站机房空气温度，取35℃；

L——机房内架空敷设的排烟管长度（m）。

不同保温材料的导热系数见表6-8。

表6-8　常用保温材料导热系数

材料名称	λ（kJ/m·h·℃）
超细玻璃棉制品	0.071
水泥珍珠岩制品	0.0995
硅藻土制品	0.1305
水泥蛭石制品	0.12725
微孔硅酸钙制品	0.06425

保温层外表面温度按下式校核：

$$t_2=\frac{Q}{\pi \cdot d_2 \cdot \alpha_2 \cdot L}+t_n \tag{6-10}$$

式中　t_2——保温层外表面温度（℃）；

t_n——电站机房空气温度，取35℃；

Q——排烟管在机房内发热量（kJ/h）；

d_2——保温层外径（m）；

α_2——保温外表面散热系数，可取$\alpha_2=41.8$（$kJ/m^2 \cdot h$）；

L——机房内架空敷设烟管长度（m）。

按上述校验结果如$t_2>60$℃，应增加保温层厚度重新计算，直至$t_2<60$℃。

4）柴油发电机房的通风与排烟设置原则

（1）机组热风管及进风口设置

①热风出口宜靠近且正对柴油机散热器；

②热风管与柴油机散热器连接处，应采用软接头；

③热风出口的面积应为柴油机散热器面积的1.5倍；

④热风出口不宜设在主导风向一侧，若有困难时应增设挡风墙；

⑤机组设在地下层，热风管无法平直敷设需拐弯引出时，其热风管弯头不宜超过两处，拐弯半径应大于或等于90°，而且内部要平滑，以免阻力过大影响散热；

⑥进风口宜设在正对发电机端或发电机端两侧；

⑦进风口面积应大于柴油机散热器面积的1.8倍；

⑧机组设在地下层其热风管又无法伸出室外，柴油机夹套内的冷却器由水泵送至分体式水箱冷却方式。

（2）机组排烟管敷设

①排烟管较长时，应采用自然补偿段，若无条件，应装设补偿器。

②排烟管与柴油机排烟口连接处，应装设弹性波纹管。

③ 排烟管过墙应加保护套，伸出室外沿墙垂直敷设，其管出口端应加防雨帽或切成30°～45°的斜角。

④排烟气系统的压降为管路、消声器、防雨帽等各部分压降之和，总的压降以不超过6720Pa为宜。

⑤每台柴油机的排烟管应单独引出室外，宜架空敷设，也可敷设在地沟中。水平架空敷设，优点是转弯少，阻力小，其缺点增加室内散热量，使机房内温度升高。地沟敷设，优点是在地沟内散热量小，对湿热带尤为适宜，其缺点排烟管转弯多，阻力比架空敷设大。排烟管弯头不宜过多，并能自由伸缩。水平敷设的排烟管道宜设0.3%～0.5%的坡度，坡向室外，并在管道最低点装排污阀。

⑥排烟管温度一般为350～550℃，为防止烫伤和减少辐射热，其排烟管宜进行保温处理，以减少排烟管的热量散到房间内增高机房温度。排烟管采用架空敷设时，室内部分应设隔热保护层，且距地面2m以下部分隔热层厚度不应小于60mm。当排烟管架空敷设在燃油管下方或沿地沟敷设需穿越燃油管时，还应考虑安全措施。

3. 柴油发电机房噪声治理

1）排烟噪声

排烟噪声在柴油机总噪声中是最强的，强度最高达110～130dB，对机房、人员和周围环境有较大的影响，所以机房多采取机组消声及机房隔声综合治理措施，治理后环境噪声标准不宜超过表6-9所规定的数值。

表6-9　城市区域环境噪声标准　(dBA)

适用区域	昼间	夜间
特殊住宅区	45	35
居民、文教区	50	40
一般商业与居民混合区	55	45
工业、商业、少量交通与居民混合区、商业中心区	60	50
工业集中区	65	55
交通干线道路两侧	70	55

2）机房内设备噪声

为降低机房内噪声，机房内设吸声材料和消声措施，安装、布置方式如图6-8、图6-9所示。

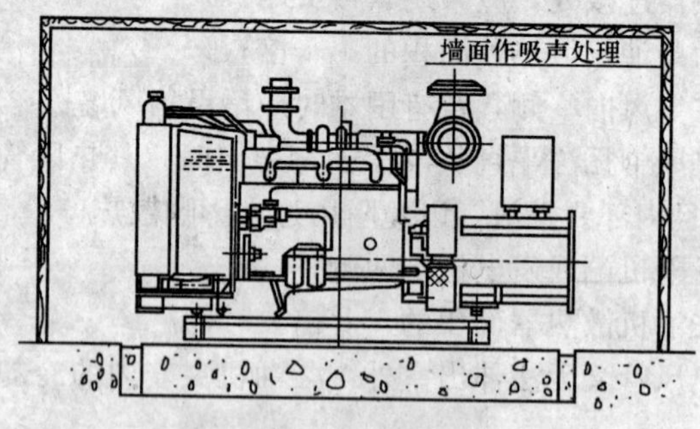

图6-8　噪声治理方式一

通常对进风采用两级消声，排气采用三级消声、排烟采用两级消声（一级为自带消声器，一级为消烟池）。

为减少烟色的黑度，可在机房内（或机房外）设置消烟池（即为封闭小室），池的大小与机组容量关系见表6-10。

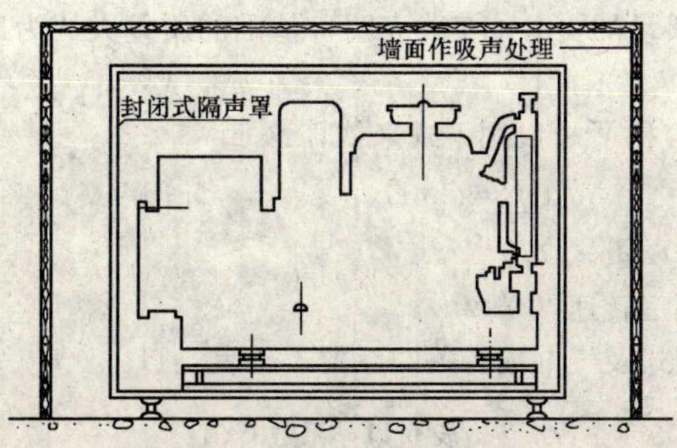

图 6-9　噪声治理方式二

表 6-10　消烟池大小与机组容量的关系

机组容量（kW）	200	250	300	400	500	800	1000
烟池体积（m^3）	3	3.5	4.5	8	10	14	20

消烟、消声池底部约有 300mm 高的水位，全池封闭，排烟管从池顶部朝下喷烟，池水经高速烟气喷射后池内弥漫着雾状水汽，通过水汽对黑烟的过滤和吸声，排出的烟速缓慢，声强稳定，烟色为灰白色，达到环卫要求。消烟、消声池见图 6-10 所示。

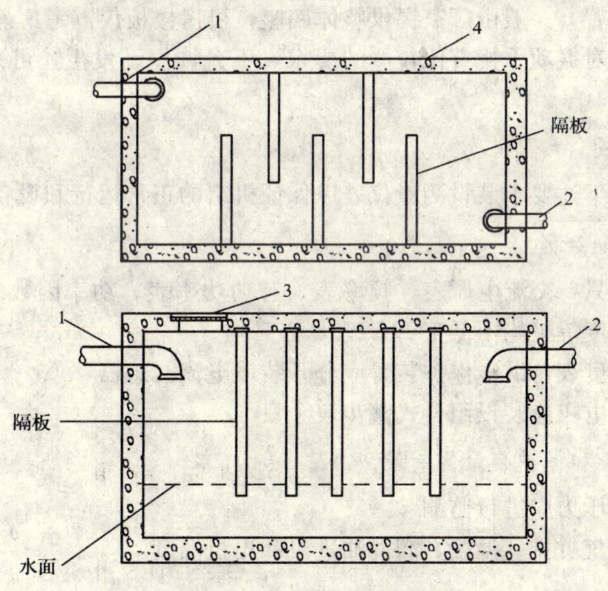

图 6-10　消烟、消声池示意图

4. 柴油发电机组的减振

柴油发电机组的减振是减少机件的磨损和防止机组因振动而产生的故障，从而保障机组正常地不间断地运行的必要措施。机组基础的振幅允许值与机组的转速关系如下：

机组的转速（r/min）	基础顶面允许振幅（r/min）
200～400	0.20
＞400	0.15

（1）机组减振对基础质量的要求。实践表明，基础的质量大约为柴油发电机组质量的 2 倍或 2.5 倍是合适的。

柴油发电机组基础的容积 V 可以用下式来估算：

$$V=C\cdot G\sqrt{n} \qquad (\mathrm{m}^3) \qquad (6\text{-}11)$$

式中　G——柴油发电机组质量（t）；

n——柴油机组的额定转速（r/min）；

C——与柴油机组型式及气缸数有关的系数，见表 6-11。

表 6-11　系数 C 值

气缸数	3	4	5	6	8 及以上
系数 C 值	0.1	0.082	0.074	0.071	0.065

（2）对每 1kW 柴油机的容量可以采用下列配有钢筋的重混凝土基础体积

①未经平衡、三气缸以下小容量（75kW 以下）的柴油机—— 0.5～0.6m³；

②容量为 75～300kW 的柴油机—— 0.4～0.5m³；

③容量为 400kW 及以上的，$n\geqslant 375$r/min，气缸数多于 4 个的柴油机——0.1～0.3m³；

⑤有着 6 个及更多气缸的柴油机，$n>500$r/min——0.05～0.10m³。

（3）柴油发电机组位于楼板上，不宜采用重混凝土基础，以免基础过重而增加楼板荷载，机组采用高效隔振减振装置，一般由厂家提供整体底座，机房楼板仅需考虑静荷载。

（4）当建筑物邻近对振动干扰有比较严的要求，不允许振动发生，可采用弹簧避振器和钢与橡皮避振器等多种形式。

5. 测量仪表的装设

柴油发电机组应按下述要求装设测量仪表以保证机组的正常运行和设备的安全。

1）电气测量仪表的装设

（1）交流电流表 3 只，交流电压表、频率表、有功功率表、功率因数表、有功电度表和直流电流表各 1 只，其准确度等级均不低于 1.5 级。

（2）测量仪表及电度表与继电保护装置应分开装设电流互感器。

（3）并列运行的发电机应装设组合式整步表 1 只。

2）温度计、压力表和保护装置的装设

（1）对下列温度和压力应进行监测

①冷却水温度、各气缸排气温度、润滑油进机和出机温度。

③润滑油进机压力。

（2）有下列情况之一时，保护装置应可靠动作于声光信号

①冷却水温度过高。

②冷却水进水压力过低或中断。

③润滑油出机温度过高。

④润滑油进机压力过低。

⑤柴油机转速过高。

⑥日用燃油箱油面（位）过低。

对于母管制燃油系统的计量装置，应设在每台柴油机的进油管路上；对于单元制燃油系统的计量装置，应设在燃油罐与日用燃油箱之间的燃油管路上。

技能图解22　柴油发电机组常见故障及处理

技能结构框线图

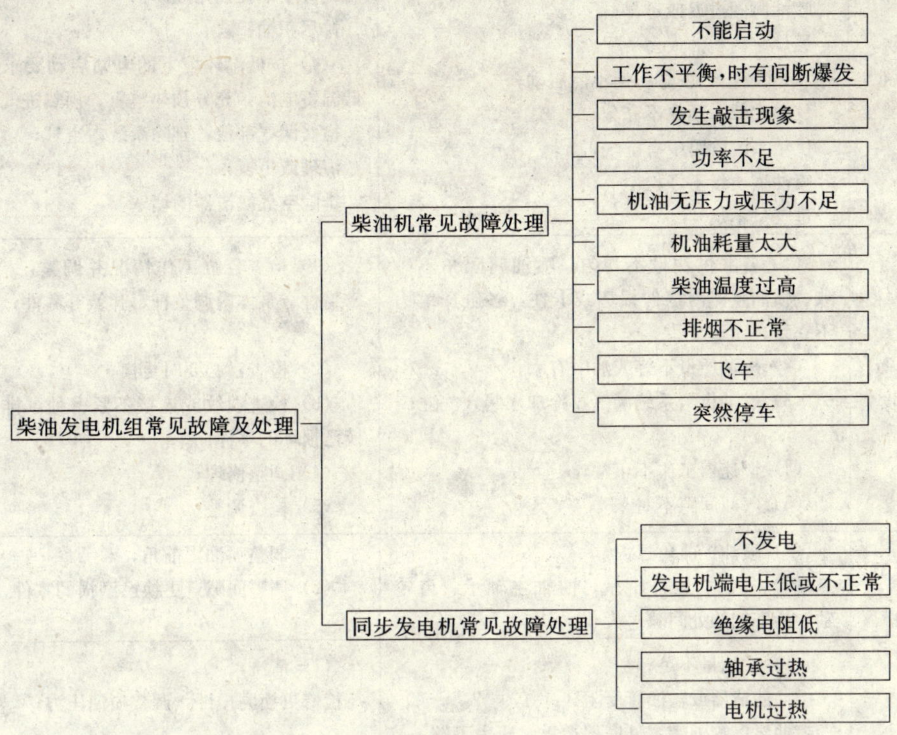

图6-11　柴油发电机组常见故障及处理

技能要点1：柴油机常见故障处理

柴油机的常见故障与处理方法见表6-12。

表6-12　柴油机常见故障与处理方法

故　障	原因分析	排除或处理方法
不能启动	（1）柴油机不能转动或旋转无力； 蓄电池电力不足，接线柱与导线接触不良； 启动电机电刷与整流子接触不良，电刷磨损，弹簧压力不足； 启动电动机轴承磨损过大； 电枢与激磁线圈短路； 启动按钮损坏、接触不良，继电器短路（断路）、接触不良 （2）启动电动机上的齿轮与飞轮齿圈咬合不上启动电机离合片扭矩不够； 启动电机齿轮钢套松脱、传动齿杆折断、与柴油机齿圈中心线不平行	（1）更换电力充足的蓄电池或增加蓄电池并联使用，清理接线柱并涂凡士林，紧固接头； 擦净整流子表面，修理或更换电刷，调节弹簧压力或更换弹簧； 更换轴承； 排除短路； 修理或更换 （2）增加离合器垫片并调整好； 检修钢套，更换齿杆，重新安装调整

表 6-12（续一）

故 障	原因分析	排除或处理方法
不能启动	（3）排气管无烟或有时冒小股烟； 无燃油； 燃油管路有水分，油内有水； 喷油嘴阻塞，喷油压力太低，滤清器阻塞； 喷油时间过迟或过早； 燃烧室内积油太多 （4）排白色浓烟，但不能启动； 气温太低，预热不充分； 供给系统管路中有空气； 喷油嘴质量不好； 进气量不足	（3）添加燃油或打开关闭的油箱阀门； 检修漏气处并排除水分，排出油箱底部杂质和水 检修、清洗喷油嘴，清洗滤清器； 调好喷油提前角度； 排尽积油 （4）按低温环境下的电站启动要求操作，使用低温蓄电池，充分预热整机、预热进气等； 检修漏气部位，排除系统内空气； 清理或更换； 排除空气滤清器的堵塞
工作不平衡，时有间断爆发	（1）各缸供油量不均匀、喷油间隔角不一致、喷油泵体内零件损坏或卡住，各缸压缩力不一致； （2）燃油质量不好或油中有水； （3）燃油供给系统漏气，冷却水漏入气缸； （4）调速器工作不正常； （5）气门间隙不对	（1）检查各缸工作情况并调整，检修（更换）密封件、泵体内调整杆、弹簧等零件； （2）检查，必要时更换； （3）检查裂纹或连接不紧密处，排除空气，更换已损坏的零件； （4）调整修理； （5）检查调整
发生敲击现象	（1）喷油提前角过大； （2）气门、连杆轴承、曲轴主轴承、齿轮轴、活塞销等处间隙过大	（1）调整喷油提前角； （2）调整间隙，更换已磨损的零件
功率不足	（1）供油量不足； 燃油滤清器或输油管受阻； 喷油泵、喷油嘴零件磨损严重，压力不够 （2）空气滤清器堵塞； （3）喷油提前角不正确； （4）柴油机转速太低； （5）气门弹簧坏； （6）气缸压缩不良	（1）清洗； 检修更换磨损件，调整喷油压力； （2）清洗； （3）检查调整； （4）调整调速器弹簧弹力； （5）更换调整； （6）检修、调整气缸套、垫、盖、活塞环、气门及相关零件间隙，拧紧连接螺丝或更换已损坏的零件
机油无压力或压力不足	（1）油壳中机油太少，机油太稀； （2）油压表等失灵； （3）油道进气、受阻，或机油压力调节器的油门阻塞、弹簧折断； （4）机油泵齿轮、各轴瓦等间隔太大； （5）油管接头不紧，油道有裂纹	（1）加注机油或更换； （2）清洗油管、检查电路，更换损坏的仪表等； （3）清洗油道、油门，更换清洁机油，更换损坏了的零件； （4）调整间隙，更换已磨损的齿轮或轴瓦； （5）检修油管、油道，紧固或更换
机油耗量太大	（1）活塞与气缸等处间隙增大； （2）活塞环胶结、装反或损坏； （3）机油压力过高； （4）柴油机温度过高； （5）油管漏油	（1）更换活塞等磨损件； （2）清洗、调整、更换； （3）调整压力调节器，检修有故障的压力表，更换粘度太高的机油； （4）加强冷却，提高散热效率； （5）紧固接头，更换油管

表 6-12（续二）

故　障	原因分析	排除或处理方法
柴油机温度过高	(1) 冷却水量不足或存在漏水； (2) 散热功能差； (3) 长期超负荷运行； (4) 水温表等失灵； (5) 机油粘度太高，润滑不良	(1) 加冷却水，清洗冷却系统或调整检修； (2) 排除漏水清除散热器上的污物； (3) 降低负荷； (4) 更换； (5) 更换
排烟不正常	(1) 排黑烟（燃烧不良）； 负载过大； 柴油质量差； 各缸供油量不同； 喷油器滴油或雾化不良； 喷油时间过晚； 空气滤清器阻塞 (2) 冒白烟（燃烧室温度太低）； 柴油机预热不够； 燃油内有水，气缸垫密封不严等； 喷油时间太早； 气缸压缩不良 (3) 冒蓝烟（气缸内有机油燃烧）； 空气滤清器等处加机油太多； 活塞、活塞环磨损过多，零件配合间隙过大	(1) 减轻负载，适当调整减速器； 更换； 调整； 更换喷油器磨损件； 调整喷油提前角； 清洗 (2) 预热，并逐渐增加负载； 更换燃油、更换防水圈，或改善密封性能； 调整喷油提前角； 见“功率不足”部分的相应处理方法 (3) 放出多余机油； 检修、更换活塞、活塞环，调整有关零件的配合间隙
飞　车	(1) 调速器工作不正常，齿杆卡死在最高速位置； (2) 供油量过大； (3) 柴油中混入汽油	(1) 检修调速器，检修、清洗齿杆； (2) 减少供油量； (3) 更换燃油
突然停车	(1) 断油； (2) 连杆轴瓦与曲轴咬死	(1) 加燃油，或疏通油路； (2) 检修或更换，改善润滑

技能要点 2：同步发电机常见故障处理

同步发电机的常见故障与处理方法见表 6-13。

表 6-13　同步发电机常见故障与处理方法

故　障	原因分析	排除或处理方法
不发电	(1) 接线错，励磁绕组接反； (2) 剩磁、剩磁电压太低； (3) 谐波绕组、变阻器或励磁线圈断路，谐波绕组短路； (4) 接线头松动或开关接触不良； (5) 电刷和集电环接触不良，刷握生锈，电刷压力不够； (6) 整流元件（或晶闸管、功率管）损坏； (7) 原动机转速太低或旋转方向不对	(1) 检查、纠正； (2) 用蓄电池充磁，注意极性； (3) 焊牢接好断线，调换短路绕组； (4) 拧紧接线头，擦净开关接触面或更换损坏了的开关； (5) 清洁集电环表面、刷握内表面，磨配电刷弧面，增加电刷弹簧压力，更换已损坏的零件； (6) 更换； (7) 提高转速或改变转向

表 6-13（续）

故 障	原因分析	排除或处理方法
不发电	(8) 发电机定子绕组断线、短路或接错； (9) 励磁机电刷中性线位置不对； (10) 触发器不工作或工作不正常； (11) 相复励中的电抗器、互感器线圈断路、短路	(8) 检查断线、短路处，并修好，改正错误接线； (9) 校正中性线位置； (10) 调整，使触发器投入工作，调换损坏了的器件； (11) 检查修理或调换线圈
发电机端电压低或不正常	(1) 转速太低； (2) 励磁回路电阻太大/太小，导致输出电压偏低/偏高； (3) 转子回路存在短路或接线松动； (4) 电刷接触不良，接触面积太小，压力不足； (5) 励磁机电刷错位，不在中性线上； (6) 触发装置工作不正常或损坏； (7) 相复励的整定电阻太小，电抗器气隙太小/太大； (8) 并联电网中的故障或负荷不当	(1) 调整，使原动机转速保持额定值； (2) 调整磁场变阻器，拧紧松动的接头等； (3) 排除短路，拧紧螺钉； (4) 磨光整流子表面，调整弹簧压力； (5) 校正电刷位置； (6) 检查调整或调换； (7) 适当增大整定电阻，调整气隙，保持额定电压； (8) 排除电网故障，去除不当负载
绝缘电阻低	电机线圈受潮	烘干，如用短路法干燥
轴承过热	(1) 轴承磨损过度； (2) 润滑脂规格不符，装得太多； (3) 传动皮带过紧； (4) 装配不对	(1) 更换轴承； (2) 调换符合要求的润滑脂或减少润滑脂（约占 2/3 轴承室）； (3) 适当调节皮带张力； (4) 重新调整装配
电机过热	(1) 过载； (2) 电枢线圈、励磁线圈短路； (3) 定转子摩擦； (4) 通风道阻塞	(1) 减少负载（电流表指示不要超过额定值），与原动机匹配； (2) 拆换短路的线圈； (3) 检查轴、轴承室及轴等部位有无松动，并调整； (4) 清理通风道

第七章　变压器安装

技能图解 23　变压器规格要求与产品技术参数

技能结构框线图

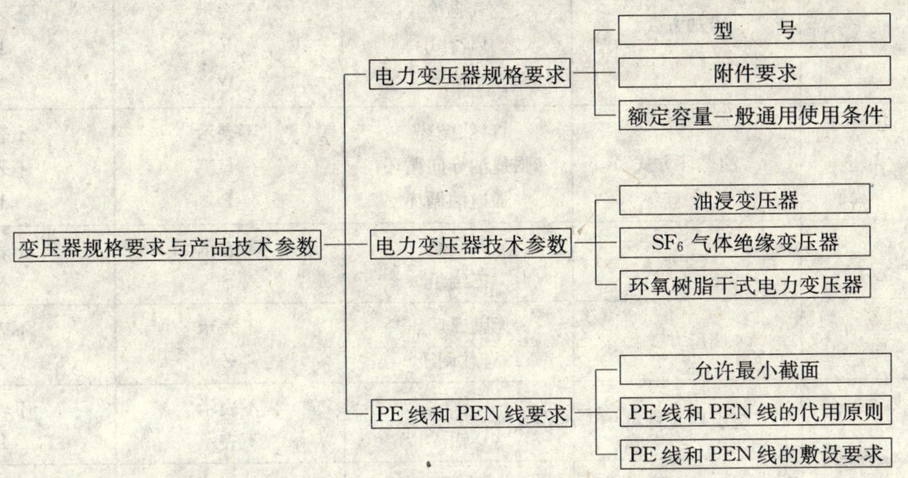

图 7-1　变压器规格要求与产品技术参数

技能要点 1：电力变压器规格要求

1. 电力变压器型号

（1）电力变压器应符合国家现行技术标准的规定，有合格证件，设备应有铭牌，见图 7-2 所示。

<table>
<tr><td colspan="2">中华人民共和国
××变压器总厂制造
3 相 50 赫</td><td colspan="5">电力变压器
型号 $SL_1-1000/10$
油浸自冷户外式 Y/Y_0-12</td><td>标准代号
JB1300—74
产品许可证号</td></tr>
<tr><td rowspan="2">额定容量千伏安</td><td rowspan="2">分接位置</td><td colspan="2">高　压</td><td colspan="2">低　压</td><td colspan="2" rowspan="2">阻抗电压％</td></tr>
<tr><td>伏</td><td>安</td><td>伏</td><td>安</td></tr>
<tr><td>1000</td><td>Ⅰ
Ⅱ
Ⅲ</td><td>10500
10000
9500</td><td>57.5</td><td>400</td><td>1443</td><td colspan="2">5.55</td></tr>
<tr><td colspan="8">产品代号　254　器身重　1765 千克　油重　695 千克
出厂序号　455　总　重　3390 千克　××年 5 月制造</td></tr>
</table>

图 7-2　变压器规格要求与产品技术参数

（2）电力变压器的分类和表示符号列于表 7-1 中。电力变压器的产品型号，在新的标准中有所改动，但新与旧的变动不大。

表 7-1 电力变压器的分类和表示符号

序号	分类	类别	代表符号	
			新型号	旧型号
1	相数	单相 三相	D S	D S
2	绕组外绝缘介质	变压器油 空气 成型固体	 G C	 K C
3	冷却方式	油浸自冷式 空气自冷式 风冷式 水冷式	不表示 不表示 F W	J 不表示 F S
4	油循环方式	自然循环 强迫油导向循环 强迫油循环	不表示 D P	不表示 不表示 P
5	绕组数	双绕组 三绕组	不表示 S	不表示 S
6	调压方式	无励磁调压 有载调压	不表示 Z	不表示 Z
7	绕组导线材料	铜 铝	不表示 不表示	不表示 L
8	绕组耦合方式	自耦 分裂	O 	O

注：1. 型号后还可加注防护类型代号，例如湿热带 TH、干热带 TA 等。

2. 自耦变压器，升压时“O”列型号之后；降压时“O”列型号之前。

型号下脚数字为设计序号，型号后面分子数为额定容量（kV·A），分母数为高压线圈电压等级（kV）。

例：SL_1—500/10，表示为三相油浸自冷式铝线绕组电力变压器，额定容量为 500kV·A，高压线圈电压为 10kV，第一次系列设计。

2. 电力变压器附件要求

（1）所有油浸式（密封式除外）电力变压器均应装贮油柜，其结构应便于清洗内部。贮油柜应有放油和注油装置。1000kV·A 及以上电力变压器的贮油柜底部应设油样活门。

（2）100kV·A 及以上带有贮油柜的变压器，除了有充氮保护的产品之外，均应加装带有油封的吸湿器。

（3）油浸式变压器应有装玻璃温度计的管座。

（4）1000kV·A 及以上的油浸式变压器和 500kV·A 及以上的厂用电变压器，均应有室外式信号温度计。信号接点容量在交流电压 220V 时，不低于 50VA。

（5）带有贮油柜的 800kV·A 及以上的油浸式变压器和 400kV·A 及以上的厂用电变压器应装有气体继电器，其接点容量不小于 66VA（交流 200V 及 110V）；200～315kV·A 的厂用电变压器应装有带信号接点的气体继电器。

（6）800kV·A 及以上带贮油柜的油浸式电力变压器应装有安全气道；对 315kV·A 及以上的密封式变压器应供给保护装置。

3. 电力变压器额定容量的一般通用使用条件

(1) 环境温度（周围气温自然变化值）：最高气温＋40℃，最高日平均气温＋30℃，最高年平均气温＋20℃，最低气温－30℃。

(2) 海拔高度：变压器安装地点的海拔高度不超过1000m。

(3) 空气最大相对湿度：当空气温度为＋25℃时，相对湿度不超过90%。

(4) 安装场所无严重影响变压器绝缘的气体、蒸汽、化学性沉积、灰尘、污垢及其他爆炸性和侵蚀性介质。

(5) 安装场所无严重的震动和颠簸。

技能要点2：电力变压器产品技术参数

1. 油浸变压器

1) S7、SL7系列产品主要技术参数

S7、SL7系列产品为三相油浸式双线圈和三线圈风冷式，电压为6kV、10kV、35kV，频率50Hz，容量10～6300kV·A的标准型电力变压器。其结构特点：铁芯采用晶粒取向冷轧硅钢片45°全斜接缝，黏带绑扎。线圈型式为圆筒式或饼式结构，主要技术参数见表7-2所示。

表7-2　S7、SL7系列低损耗电力变压器主要技术参数

序号	额定容量(kV·A)	电压组合(kV)高压/低压	连接组标号	损耗(W)		阻抗电压率(%)	空载电流率(%)	外形及安装尺寸(mm)			轨距(mm)	质量(kg)		
				空载	负载			长	宽	高		器身吊重	油重	总重
1	20	6，10/0.4	Y，yno	120	600	4	2.8	846	566	969	400	99	56	216
2	30	6，10/0.4	Y，yno	150	800	4	2.8	971	790	1023	400	143	74	293
3	50	6，10/0.4	Y，yno	190	1150	4	2.6	987	789	1098	400	221	92	408
4	63	6，10/0.4	Y，yno	220	1400	4	2.5	1070	790	1119	400	241	102	475
5	80	6，10/0.4	Y，yno	270	1650	4	2.4	1026	828	1158	550	305	88	544
6	100	6，10/0.4	Y，yno	320	2000	4	2.3	1046	835	1218	550	334	128	614
7	125	6，10/0.4	Y，yno	370	2450	4	2.2	1170	1067	1364	550	393	151	723
8	160	6，10/0.4	Y，yno	460	2850	4	2.1	1416	854	1372	550	460	177	830
9	200	6，10/0.4	Y，yno	540	3400	4	2.1	1370	825	1421	550	528	197	955
10	250	6，10/0.4	Y，yno	640	4000	4	2.0	1580	970	1448	550	647	218	1100
11	315	6，10/0.4	Y，yno	760	4800	4	2.0	1643	975	1493	550	740	245	1283
12	400	6，10/0.4	Y，yno	920	5800	4	1.9	1728	1055	1578	660	897	279	1535
13	500	6，10/0.4	Y，yno	1080	6900	4	1.9	1767	1070	1547	660	1070	337	1857
14	630	6，10/0.4	Y，yno	1300	8100	4.5	1.8	1919	1100	1930	660	1382	442	2400
15	800	6，10/0.4	Y，yno	1540	9900	4.5	1.5	2110	1170	2387	820	1771	623	3991
16	1000	6，10/0.4	Y，yno	1800	11600	4.5	1.2	2335	1277	2426	820	2036	692	3513
17	1250	6，10/0.4	Y，yno	2200	13800	4.5	1.2	2270	1345	2425	820	2253	775	3969
18	1600	6，10/0.4	Y，yno	2650	16500	4.5	1.1	2570	1485	2650	820	2840	1006	5120

2) S9系列产品主要技术参数

S9系列产品为三相油浸式双线圈，电压为6kV、10kV级，频率为50Hz，容量为30～1600kV·A的最新全国统一设计的电力变压器。结构特点：铁芯采用晶粒取向冷轧硅钢片45°全斜接缝，不冲孔半干性玻璃黏带绑扎。圆筒式线圈采用瓦楞纸板代替撑条油隙。

S9—300—1600/6—10 铜线系列低损耗电力变压器技术参数见表 7-3。

表 7-3　S9－300－1600/6－10 铜线系列低损耗电力变压器技术参数

序号	额定容量（kV·A）	电压组合（kV）高压/低压	连接组标号	损耗（W）		阻抗电压率（%）	空载电流率（%）	外形及安装尺寸（mm）			轨距（mm）	质　量（kg）		
				空载	负载			长	宽	高		器身吊重	油重	总重
1	30	6，10/0.4	Y，yno	130	600	4	2.1	990	650	1140	400	210	90	340
2	50	6，10/0.4	Y，yno	170	870	4	2.0	1070	690	1190	400	300	100	455
3	63	6，10/0.4	Y，yno	200	1040	4	1.9	1090	710	1210	550	320	115	505
4	80	6，10/0.4	Y，yno	240	1250	4	1.8	1210	700	1370	550	390	130	590
5	100	6，10/0.4	Y，yno	290	1500	4	1.6	1200	800	1300	550	430	140	650
6	125	6，10/0.4	Y，yno	340	1800	4	1.5	1297	856	1430	660	790	255	1245
7	160	6，10/0.4	Y，yno	400	2200	4	1.4	1340	870	1460	550	580	195	930
8	200	6，10/0.4	Y，yno	480	2600	4	1.3	1380	838	1490	550	660	215	1045
9	250	6，10/0.4	Y，yno	560	3050	4	1.2	1297	856	1430	660	790	255	1245
10	315	6，10/0.4	Y，yno	670	3650	4	1.1	1460	1010	1580	660	910	280	1430
11	400	6，10/0.4	Y，yno	800	4300	4	1.0	1500	1230	1630	660	1070	320	1645
12	500	6，10/0.4	Y，yno	960	5100	4	1.0	1570	1250	1670	660	1230	360	1900
13	630	6，10/0.4	Y，yno	1200	6200	4.5	0.9	1880	1530	1980	820	1820	605	2825
14	800	6，10/0.4	Y，yno	1400	7500	4.5	0.8	2230	1350	2360	820	2215	715	3425
15	1000	6，10/0.4	Y，yno	1700	1030	4.5	0.7	2280	1290	2480	820	2350	870	3945
16	1250	6，10/0.4	Y，yno	1950	12000	4.5	0.6	2310	1910	2630	1070	1785	980	4650
17	1600	6，10/0.4	Y，yno	2400	14500	4.5	0.6	2350	1950	2700	1070	3165	1150	5205

2. SF_6 气体绝缘变压器

1）SF_6 气体绝缘变压器结构

SF_6 气体绝缘变压器的铁芯均采用 DQ151 冷轧双向硅钢片剪切，叠装而成，绕组采用 E 级绝缘的薄膜电磁线绕制而成，采用片式散热器进行自然循环冷却，属于干式变压器的一种。配备无激磁调压开关或有载调压开关进行工作电压调节，还配备密度继电器和信号温度计进行泄漏，温度的报警或分闸，对变压器进行保护。压力测量采用常规的真空压力表，这些备件均装在母管上，然后与变压器箱体连接，通过 SF_6 气体专用阀门进行控制，并装有充放气阀门。

2）SP_6 气体绝缘变压器主要技术参数

（1）额定频率为 50Hz。

（2）绕组连接组标号为 Y，yno。

（3）高压绕组无激磁调压范围±5%。

（4）高压绕组有载调压范围±8×2.5%。

（5）±6×2.5%、±4×2.5%。

（6）空载电流<1%。

（7）气体工作压力 0.12MPa（20℃）。

（8）年漏气率<1%。

（9）高压绕组、最高工作电压 11.5kV。

（10）额定雷电冲击耐受电压 75kV（峰值）。

（11）额定短时工频耐受电压为 35kV（有效值，1min）。

(12) 零表压高压绕组工频耐受电压为5kV (有效值，1min)。

有关技术参数见表7-4所列。

表7-4 200～1600kV·A SF_6 电力变压器主要技术参数

容量 (kV·A)	电压 (kV)	空载损耗 (kW)	负载损耗 (kW)	总损耗 (kW)	阻抗电压 (%)	噪音水平 (dB)
200	10/0.4	0.8	2.60	3.40	4	<55
250	10/0.4	0.95	3.00	3.95	4	<55
315	10/0.4	1.10	3.40	4.50	4	<55
400	10/0.4	1.35	4.20	5.55	4	<55
500	10/0.4	1.50	4.50	6.00	4	<55
630	10/0.4	1.50	6.60	8.10	5	<55
800	10/0.4	2.00	7.00	9.00	5.5	<55
1000	10/0.4	2.20	3.50	10.70	6	<58
1250	10/0.4	2.60	10.00	12.60	6	<58
1600	10/0.4	3.00	13.00	16.00	6	<58

3. 环氧树脂干式电力变压器

1) 环氧树脂干式电力变压器结构

环氧树脂干式电力变压器局部放电量5PC以下，适合热潮湿环境，接线简单，相间连线及出线端子固定在树脂浇注的封板中，容量范围100～5000kV·A (目前最高可生产10000kV·A)，阻抗电压为4%～6%，冲击电压为145kV，额定一次电压为10～35kV，绝缘等级为B级；环氧树脂干式电力变压器结构特点：

(1) 铁芯材料采用优质冷轧硅钢片，45°全斜接缝结构，以保证较低的空载损耗。铁轭采用穿心螺杆结构，心柱采用绝缘带绑扎，以改善结构强度、降低噪音。

(2) 高压绕组用环氧树脂浇注，低压绕组为端部封装，并同轴套在铁芯柱上，高压和低压绕组之间有冷却空道，使绕组散热。高压和低压绕组都采用带状导体，具有更好的空间因数，又因模型浇注变压器用的环氧树脂，介电强度是空气的10倍，所以绝缘尺寸大大减小，产品的尺寸和质量也相应减少。而其高低绕组是由上下夹件间的弹性垫块压紧，从而防止电致伸缩引起的震动和绕组的移位，也由此降低噪音。

(3) 因绕组被环氧树脂包住，连接各相绕组的连线也是由环氧树脂用模子浇注成的。因此，带电部分不暴露在外面。

2) 环氧树脂干式电力变压器主要技术参数

(1) 环氧树脂干式电力变压器规格

额定电压，高压绕组最高为35kV；低压绕组为0.4kV (可生产0.1～10.5kV)。

高压绕组无载分接范围，额定电压为±2×2.5%或±5%。

(2) 冲击电压及工频试验电压，标准试验电压值如表7-5所示。

表7-5 标准试验电压值 (kV)

最高运行电压	基本冲击电压	工频耐压
6.9	60	20
11.5	75	35
40.5	145	70

(3) 容量

三相为100～5000kV·A(最高可生产10000kV·A);

频率为50Hz;

阻抗电压为4%～6%。

连接组标号为D, yn11、Y, yno、Y, d11。

绝缘等级高压绕组、低压绕组均为B级;

噪音容量100～2500kV·A,噪音为55～72dB。

出线端子使用镀锡的铜板。

防护等级为IP00(户内式)级。

安装环境温度不超过40℃,温升限值80℃,最高容许温度130℃;

最大安装高度为海拔1000m。

技能要点3:PE线和PEN线要求

1. 允许最小截面

PE线和PEN线的截面应满足使用中的机械强度和发生接地故障时热稳定两个要求。

1) 机械强度要求

(1) 无机械保护的单根电线,不应小于$4mm^2$。

(2) 采用保护套管、线槽或其他等效机械保护措施的单根电线不应小于$2.5mm^2$。

(3) 电缆、护套电线不规定最小截面。

(4) 给全电气装置供电的干线回路中的PEN线,如为单芯电线,铜线不应小于$10mm^2$,铝线不应小于$16mm^2$。这是因为如果此PEN线因机械强度不足而折断,电气装置将失去接地。

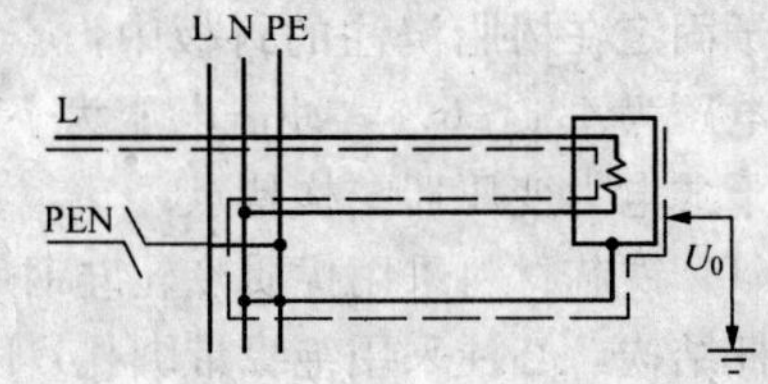

图7-3 PEN折断设备外壳对地带相电压

单相回路,相电压U_0将通过设备的绕组传导至设备金属外壳以至敷线钢管上,如图7-3所示,图中虚线所示为相电压的传导路径。

三相回路在失去接地,且三相负荷严重不平衡时,负荷中性点将偏移甚多,除使设备外壳带对地危险电压外,还可能烧坏单相用电设备。这种事故不能藉保护电器切断,只能靠提高线路本身机械强度,采取机械保护措施和保证线路连接质量等办法来避免PEN线中断。

为避免发生上述事故,PEN线的截面必须大于相线截面。

2) 热稳定要求

单相接地故障也是一种短路,因此必须校验短路情况下PE线和PEN线的热稳定,其校验公式如下:

$$S \geqslant \frac{\sqrt{I^2 t}}{K} \tag{7-1}$$

式中 S——PE线或PEN线的线芯截面(mm^2);

I——故障电流方均根值(A);

t——保护电器切断故障时间(s);

K——按线芯和绝缘的材质以及环境温度确定的系数,以电缆的芯线为例,其值如表7-6所列值。

表 7-6　按电缆材质确定的 K 值

线芯 \ 绝缘	聚氯乙烯	丁基橡胶	乙丙橡胶	油浸纸
铜	115	131	143	107
铝	76	87	94	71

需要说明，式（7-1）仅适用于 $t=0.1\sim5$s 的短路条件。当 $t<0.1$s 时应考虑故障电流的非周期分量，当 $t>5$s 时应考虑故障持续过程中热量的逸散。

按式（7-1）计算十分复杂，在设计中通常采用表 7-7 中所列的允许最小截面值而不作计算。

表 7-7　PE 线和 PEN 线允许最小截面　(mm^2)

相线截面 S	PE 线和 PEN 线允许最小截面
$S\leqslant16$	S
$16<S\leqslant35$	16
$S>35$	$S/2$

表列值不仅适用于 TN 系统，也适用于 TT 系统和 IT 系统。这是因这两个系统的一个接地故障的故障电流虽小，但从电气安全着眼，还要考虑两个接地故障的大故障电流的缘故。

2. PE 线和 PEN 线的代用原则

1）PE 线的代用要求

除用电线、电缆芯线作专用的 PE 线外，可利用如下代用体作 PE 线：

(1) 电缆、护套电线的金属护套、屏蔽层、铠装等金属外皮。

(2) 固定安装的钢管和金属线槽、托盘、梯架。

(3) 某些非电气装置的固定安装的金属管道和构架。

利用这些代用体时应注意下列问题：

(1) 代用体的电导不应低于专用 PE 线的电导，以保证不降低接地故障保护电器动作的灵敏度。

(2) 代用体应不受机械损伤、化学腐蚀或电化学腐蚀，以保证电路的导通。

(3) 金属线槽、托盘、梯架等代用体应便于引出分支 PE 线。

(4) 利用金属水管作 PE 线时，水管管理人员在拆修水管前应通知有关电气人员到场，在拆修水管时由电气人员先接通跨接线以保证水管导通的不中断。

(5) 煤气管严禁用作 PE 线。

2）PEN 线的代用要求

电缆、护套电线的金属护套、屏蔽层、铠装等可作 PEN 线的代用体，但必须包以绝缘，以免产生杂散电流，其他要求与 PE 线相同。

3. PE 线和 PEN 线的敷设要求

为提高 TN 系统过流保护电器的接地故障保护灵敏度，应尽量降低故障回路阻抗以增大故障电流。由于线路导体间的距离越大，线路感抗越大，因此应尽量将 PE 线或 PEN 线紧靠相线敷设。如果敷设的电缆为四芯电缆需外加一根 PE 线时，应将此外加的 PE 线与四芯电缆捆在一起敷设以减少线路电感。

技能图解 24　变压器安装

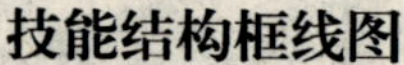

技能结构框线图

- 变压器安装
  - 安装工艺流程
  - 设备验收
    - 基础验收
    - 开箱检查
    - 器身检查
  - 变压器、电抗器干燥
    - 新装变压器、电抗器干燥制定条件
    - 设备进行干燥时，必须对各部温度进行监控
    - 铁损干燥
    - 铜损干燥
    - 零序电流干燥
    - 烘箱干燥
  - 变压器、电抗器搬运就位
  - 变压器安装
    - 本体及附件安装
    - 密封处理
    - 有载调压切换开关安装
    - 大中型变压器油箱安装
    - 冷却装置安装
    - 储油柜安装
    - 套管安装
    - 升高座安装
    - 气体继电器安装
    - 安全气道安装
    - 干燥器安装
    - 净油器安装
    - 温度计安装
    - 压力释放装置安装
    - 电压切换装置安装
    - 注油
    - 变压器连线
    - 整体密封检查
  - 电力变压器试验
    - 电力变压器试验项目
    - 测量绕组连同套管的直流电阻
    - 检查所有分接头的变压比
    - 检查三相变压器的结线组别和单相变压器引出线的极性
    - 测量绕组连同套管的绝缘电阻
    - 绕组连同套管的交流耐压试验
    - 测量紧固件及套管对外壳的绝缘电阻
    - 套管试验
    - 绝缘油的试验

图 7-4　变压器安装

技能要点 1：安装工艺流程

电力变压器安装工艺流程如图 7-5 所示。

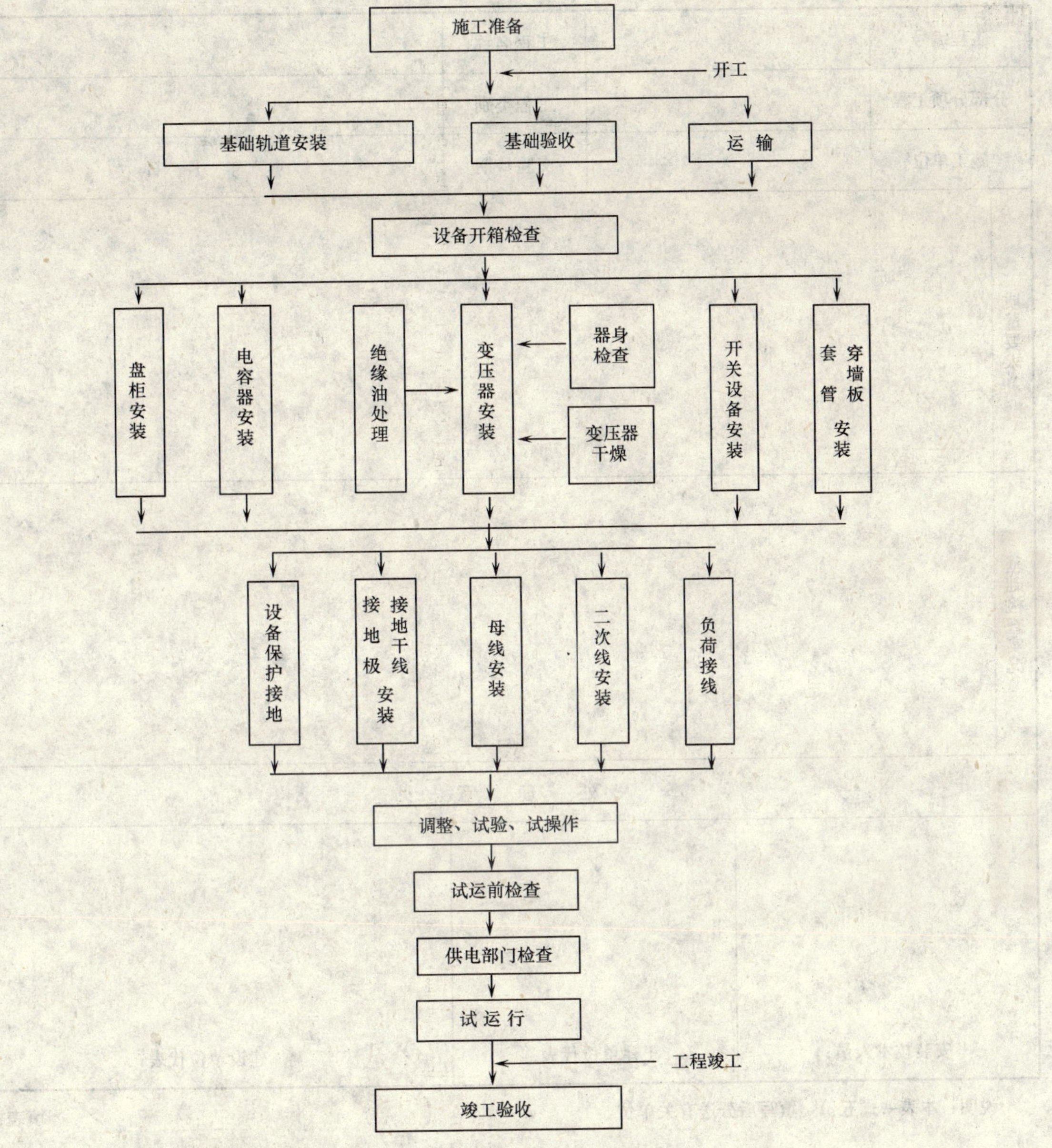

图 7-5　变压器安装工艺流程图

技能要点 2：设备验收

1. 基础验收

变压器就位前，要先对基础进行验收，并填写“设备基础验收记录”（表7-8)。基础的中心与标高应符合工程设计需要，轨距应与变压器轮距互相吻合，具体要求：

(1) 轨道水平误差不应超过 5mm。

(2) 实际轨距不应小于设计轨距，误差不应超过+5mm。

（3）轨面对设计标高的误差不应超过±5mm。

表 7-8 设备基础验收记录

年 月 日

<table>
<tr><td>工程编号</td><td></td><td>工程名称</td><td colspan="2"></td></tr>
<tr><td>分部分项工程</td><td></td><td>工程类别</td><td colspan="2"></td></tr>
<tr><td>施工单位</td><td></td><td>交验日期</td><td colspan="2">年 月 日</td></tr>
<tr><td>质量要求</td><td colspan="4"></td></tr>
<tr><td>基础检查实况</td><td colspan="4"></td></tr>
<tr><td colspan="5">处 理 意 见</td></tr>
<tr><td colspan="2">安装技术人员：</td><td colspan="2">土建单位代表：</td><td>建设单位代表：</td></tr>
</table>

说明：本表一式五份，填写后分送有关单位。

填表：

2. 开箱检查

开箱后，应重点检查下列内容，并填写“设备开箱检查记录”（表 7-9）。

（1）设备出厂合格证明及产品技术文件应齐全。

（2）设备应有铭牌，型号规格应和设计相符，附件、备件核对装箱单应齐全。

（3）变压器、电抗器外表无机械损伤，无锈蚀。

（4）油箱密封应良好，带油运输的变压器，油枕油位应正常，油液应无渗漏。

（5）变压器轮距应与设计相符。

（6）油箱盖或钟罩法兰连接螺栓齐全。

（7）充氮运输的变压器及电抗器，器身内应保持正压，压力值不低于 0.01MPa。

表 7-9　设备开箱检查记录

工程名称：

编　　号：　　　　　　　　　　　　　　　　　　　　　　　　　　年　　月　　日

设备名称			型号规格		
安装位号		台（套）数		净重	
制造厂		件（个）数		毛重	
设备所带资料					
随设备配件和材料明细表					
序号	名　称	规　格	单位	实收数	备　注

建设单位代表：　　　　　　　　　　　　　　　　　　　　　　　　施工单位代表：

注：此表做施工记录用，交工时附在竣工资料中。

3. 器身检查

变压器、电抗器到达现场后，应进行器身检查。

器身检查可分为吊罩（或吊器身）或不吊罩直接进入油箱内进行。

1）免除器身检查的条件

当满足下列条件之一时，可不必进行器身检查：

（1）制造厂规定可不作器身检查者。

（2）容量为 1000kV · A 及以下，运输过程中无异常情况者。

（3）就地生产仅作短途运输的变压器、电抗器，如果事先参加了制造厂的器身总装，质量符合要求，且在运输过程中进行了有效的监督，无紧急制动、剧烈震动、冲撞或严重颠簸等异常情况者。

2）器身检查要求

（1）周围空气温度不宜低于 0℃，变压器器身温度不宜低于周围空气温度。当器身温度低于周围空气温度时，应加热器身，宜使其温度高于周围空气温度 10℃。

（2）当空气相对湿度小于 75％时，器身暴露在空气中的时间不得超过 16h。

（3）调压切换装置吊出检查、调整时，暴露在空气中的时间应符合表 7-10 规定。

表 7-10 调压切换装置露空时间

环境温度（℃）	>0	>0	>0	<0
空气相对湿度（%）	<65	65～75	75～85	不控制
持续时间不大于（h）	24	16	10	8

（4）时间计算规定：带油运输的变压器、电抗器，由开始放油时算起；不带油运输的变压器、电抗器，由揭开顶盖或打开任一堵塞算起，到开始抽真空或注油为止。空气相对湿度或露空时间超过规定时，必须采取相应的可靠措施。

（5）器身检查时，场地四周应清洁和有防尘措施；雨雪天或雾天，不应在室外进行。

3）起吊

钟罩起吊前，应拆除所有与其相连的部件。器身或钟罩起吊时，吊索与铅锤线的夹角不宜大于 30°，必要时可使用控制吊梁。起吊过程中，器身与箱壁不得碰撞。

4）器身检查的主要项目和要求

（1）运输支撑和器身各部位应无移动现象，运输用的临时防护装置及临时支撑应予拆除，并经过清点，做好记录以备查。

（2）所有螺栓应紧固，并有防松措施；绝缘螺栓应无损坏，防松绑扎完好。

（3）铁芯应无变形，铁轮与夹件间的绝缘垫应良好；铁芯应无多点接地；铁芯外引接地的变压器，拆开接地线后铁芯对地绝缘应良好；打开夹件与铁轮接地片后，铁轮螺杆与铁芯、铁轮与夹件、螺杆与夹件间的绝缘应良好；当铁轮采用钢带绑扎时，钢带对铁轮的绝缘应良好；打开铁芯屏蔽接地引线，检查屏蔽绝缘应良好；打开夹件与线圈压板的连线，检查压钉绝缘应良好；铁芯拉板及铁轮拉带应紧固，绝缘良好（无法打开检查铁芯的可不检查）。

（4）绕组绝缘层应完整，无缺损、变位现象；各绕组应排列整齐，间隙均匀，油路无堵塞；绕组的压钉应紧固，防松螺母应锁紧。

（5）绝缘围屏绑扎牢固，围屏上所有线圈引出处的封闭应良好。

（6）引出线绝缘包扎紧固，无破损、折弯现象；引出线绝缘距离应合格，固定牢靠，其固定支架应紧固；引出线的裸露部分应无毛刺或尖角，且焊接应良好；引出线与套管的连接应牢靠，接线正确。

（7）无励磁调压切换装置各分接点与线圈的连接应紧固正确；各分接头应清洁，且接触紧密，引力良好；所有接触到的部分，用规格为 0.05mm×10mm 塞尺检查，应塞不进去；转动接点应正确地停留在各个位置上，且与指示器所指位置一致；切换装置的拉杆、分接头凸轮、小轴、销子等应完整无损；转动盘应动作灵活，密封良好。

（8）有载调压切换装置的选择开关、范围开关应接触良好，分接引线应连接正确、牢固，切换开关部分密封良好。必要时抽出切换开关芯子进行检查。

（9）绝缘屏障应完好，且固定牢固，无松动现象。

（10）检查强油循环管路与下轮绝缘接口部位的密封情况；检查各部位应无油泥、水滴和金属屑末等杂物。

注：变压器有围屏者，可不必解除围屏，由于围屏遮蔽而不能检查的项目，可不予检查。

5）器身检查完后要求

器身检查完毕后，必须用合格的变压器油进行冲洗，并清洗油箱底部，不得有遗留杂物。箱壁上的阀门应开闭灵活、指示正确。导向冷却的变压器还应检查和清理进油管接头和联箱。

6）充氮的变压器、电抗器检查

充氮的变压器、电抗器需吊罩检查前，必须让器身在空气中暴露 15min 以上，使氮气充分扩散后方可进行；当需进入油箱中检查时，必须先打开顶部盖板，从油箱下面闸阀向油箱内吹入清洁干燥空气进行排气，待氮气排尽后方可进入箱内，以防窒息。

采用抽真空进行排氮时，排氮口应装设在空气流通处。破坏真空时应避免潮湿空气进入。当含氧量未达到18%以上时，人员不得入内。

技能要点3：变压器、电抗器干燥

1. 新装变压器、电抗器干燥制定条件

（1）带油运输的变压器及电抗器

①绝缘油电气强度及微量水试验合格；

②绝缘电阻及吸收比（或极化指数）符合现行国家标准《电气装置安装工程电气设备交接试验标准》的相应规定。

③介质损耗角正切值 tanδ（%）符合规定（电压等级在35kV以下及容量在4000kV·A以下者，可不作要求）。

（2）充气运输的变压器及电抗器

①器身内压力在出厂至安装前均保持正压；

②残油中微量水不应大于30ppm；

③变压器及电抗器注入合格绝缘油后，绝缘油电气强度微量水及绝缘电阻应符合现行国家标准《电气装置安装工程电气设备交接试验标准》的相应规定。

（3）当器身未能保持正压，而密封无明显破坏时，则应根据安装及试验记录全面分析作出综合判断，决定是否需要干燥。

2. 设备进行干燥时，必须对各部温度进行监控

（1）当为不带油干燥利用油箱加热时，箱壁温度不宜超过110℃，箱底温度不得超过100℃，绕组温度不得超过95℃。

（2）带油干燥时，上层油温不得超过85℃。

（3）热风干燥时，进风温度不得超过100℃。

（4）干式变压器进行干燥时，其绕组温度应根据其绝缘等级而定，见表7-11。

表7-11　绕组温度确定

绝缘等级	绕组温度（℃）	绝缘等级	绕组温度（℃）
A级	80	D级	120
B级	100	E级	145
C级	95		

（5）干燥过程中，在保持温度不变的情况下，绕组的绝缘电阻下降后再回升，110kV及以下的变压器、电抗器持续6h保持稳定，且无凝结水产生时，可认为干燥完毕。

（6）变压器、电抗器干燥后应进行器身检查，所有螺栓压紧部分应无松动，绝缘表面应无过热等异常情况。如不能及时检查时，应先注以合格油，油温可预热至50～60℃，绕组温度应高于油温。

3. 铁损干燥

（1）磁化线圈：用耐热绝缘导线缠绕在油箱上，线圈匝数的60%分布在油箱的下部，40%分布在油箱的上部。在线圈上部或中部抽出10%作为温度调节之用，两部分线圈的间距约为箱体长度的1/4。如油箱有保温隔热层，磁化线圈则缠绕在隔热层表面上。

（2）加热电源：磁化线圈宜采用单相电源，电源容量可按下式计算：

$$S_g=\frac{P}{\cos\varphi}=\frac{\Delta P\cdot F_0}{\cos\varphi}=\frac{\Delta P\cdot HL}{\cos\varphi}\quad (kV\cdot A)\qquad(7\text{-}2)$$

式中 F_0——绕有磁化线圈的油箱侧面积（m^2）；

L——油箱周长（m）；

H——绕有磁化线圈的油箱高度（m）；

ΔP——有效单位面积（绕有磁化线圈的油箱侧面）的功率消耗（kW/m^2），见表 7-12。

表 7-12 不保温油箱有效面积的功率消耗（ΔP） （kW/m^2）

油箱型式	环境温度（℃）								
	0	5	10	15	20	25	30	35	40
平面油箱	2.03	1.94	1.85	1.75	1.66	1.57	1.48	1.38	1.29
管式油箱	2.70	2.58	2.46	2.34	2.22	2.09	1.97	1.85	1.72

注：$\cos\varphi=0.7$。

（3）磁化线圈参数计算

匝数
$$N=a\cdot\frac{U}{L}\quad(匝)\qquad(7\text{-}3)$$

电流
$$I=\frac{P}{U\cdot\cos\varphi}\times10^3\quad(A)\qquad(7\text{-}4)$$

式中 a 为系数（电位梯度），按表 7-13 确定。

表 7-13 系数 a 值

ΔP/（kW/m^2）	0.8	1.0	1.2	1.4	1.6	1.8	2.0	2.2	2.4	2.6	2.8	3.0
a	2.26	2.02	1.84	1.74	1.65	1.59	1.59	1.49	1.44	1.41	1.38	1.34

（4）升温干燥：开始干燥时，应打开油箱下部放油阀门和顶盖上的人孔盖板，保持油箱里面的空气流通。磁化线圈接通电源后，使芯部绝缘的温度逐渐升高，并限制每小时的升温速度不超过 5℃，最后稳定在 95℃。当绝缘电阻下降后再上升并稳定 6h 以上，即认为干燥合格。

为了提高干燥效率，在干燥过程中可以采取真空排潮措施，即当变压器芯部绝缘温度达到 80℃以上时，开始抽真空，把油箱里蒸发的潮气抽出，冷凝后，加以排除。

（5）温度调节：加热温度可采用下列任一种方法进行调节：

①增减磁化线圈的匝数。在一定的外加磁化电压下，增、减匝数调温。

②提高或降低磁化电压。

③适时开停电源。

4. 铜损干燥

（1）电源容量

$$S_g=1.25S_eU_d\%\quad(kV\cdot A)\qquad(7\text{-}5)$$

式中 S_e——被干燥变压器的额定容量（$kV\cdot A$）；

$U_d\%$——被干燥变压器的短路电压（阻抗电压）的百分值。

（2）电源电压

$$U_g=U_e\cdot U_d\%\quad(V)\qquad(7\text{-}6)$$

式中 U_e 为加电源侧线圈的额定电压（V）。

（3）接线：被干燥的变压器一般均由低压侧加压，高压侧线圈短接。

（4）升温操作：干燥开始时，可将电源电压提高，以 125%的额定电流加热，控制温升每小时不大于 5℃，并打开油箱顶盖上的人孔，使潮气蒸发排出。当高压线圈温度达到 80±5℃时，保持此温度，持续 24 个小时，如各线圈的绝缘电阻、介质损失角正切值 tanδ 及油耐压强度无显著变化，干燥就可以结束。

干燥过程中，如采用真空排潮措施，应将油放出少许，使油面降至顶盖下 200mm，以免抽真空时将油抽出。

5. 零序电流干燥

(1) 电源容量

$$S_g=\frac{P}{\cos\varphi} \tag{7-7}$$

式中　P——干燥时所需功率（kW），按表 7-14 查取；

$\cos\varphi$——功率因数，中小型变压器取 0.4～0.5（大型变压器取 0.5～0.7）。

表 7-14　零序电流干燥法干燥变压器所需功率（环境温度 15～20℃）

变压器容量（kV·A）	干燥所需功率（kW）	
	油箱不保温	油箱保温
320 以下	2～4	1.5～3.5
560～1800	7～10	5～7.5
2400～5600	12～14	8～10

(2) 电源电压

三相并连接线
$$U_g=\sqrt{\frac{P\cdot X_0}{3\cos\varphi}}\quad (\text{V}) \tag{7-8}$$

开口三角接线
$$U_g=\sqrt{\frac{3P\cdot X_0}{3\cos\varphi}}\quad (\text{V}) \tag{7-9}$$

式中　P——干燥功率（kW），按表 7-14 查取；

X_0——变压器零序电抗（Ω），由设备说明书中查取；

$\cos\varphi$——功率因数，取 0.4～0.5。

(3) 干燥电源电流

三相并连接线
$$I_g=3I_0=3\frac{U_0}{X_0} \tag{7-10}$$

开口三角接线
$$I_g=I_0=\frac{U_0}{X_0} \tag{7-11}$$

(4) 接线：接电源侧为星形接线时，应将三相的引线端头连接在一起，在它们与中性点之间接进干燥电源；若为三角形接线时，应将角形结线侧的一个连接点拆开，在拆开的端头之间接进干燥电源。干燥时，不通电线圈应开路；当不通电侧为角形接线，且为高压绕组时，宜将三个连接点均拆开。

(5) 升温操作

①变压器在无油干燥时，干燥过程同铁损操作工艺。

②变压器在带油干燥时，干燥过程同铜损操作工艺。

6. 烘箱干燥

对小型变压器采用这种方法则很简单。干燥时只要将器身吊入烘箱，控制内部温度为 95℃，每小时测一次绝缘电阻，干燥便可顺利进行。干燥过程中，烘箱上部应有出气孔以释放蒸发出来的潮气。

技能要点4：变压器、电抗器搬运就位

变压器、电抗器搬运就位由起重工为主操作，电工配合。搬运最好采用吊车和汽车，如机具缺乏或距离很短而道路又有条件时，也可以用倒链吊装、卷扬机拖运、滚杠运输等。

变压器在吊装时，索具必须检查合格。钢丝绳必须系在油箱的吊钩上，变压器顶盖上盘的吊环只可作吊芯用，不得用此吊环吊装整台变压器。

变压器就位时，应注意其方法和施工图相符，变压器距墙尺寸按施工图规定，允许偏差±25mm。图纸无标注时，纵向按轨道定位，横向距墙不小于800mm，距门不小于1000mm。并适当照顾到屋顶吊环的铅垂线位于变压器中心，以便于吊芯。

技能要点5：变压器安装

1. 变压器本体及附件安装

(1) 变压器、电抗器基础的轨道应水平，轮距与轨距应配合；装有气体继电器的变压器、电抗器，应使其顶盖沿气体继电器气流方向有1%～1.5%的升高坡度（制造厂规定不须安装坡度者除外）。当须与封闭母线连接时，其套管中心线应与封闭母线安装中心线相符。

(2) 装有滚轮的变压器、电抗器，其滚轮应转动灵活。在设备就位后，应将滚轮用能拆卸的制动装置加以固定。

2. 密封处理

(1) 设备的所有法兰连接处，应用耐油密封垫（圈）密封；密封垫（圈）必须无扭曲、变形、裂纹和毛刺；密封垫（圈）应与法兰面的尺寸相配合。

(2) 法兰连接面应平整、清洁；密封垫应擦拭干净，安装位置应准确；其搭接处的厚度应与其原厚度相同，橡胶密封垫的压缩量不宜超过其厚度的1/3。

3. 有载调压切换开关安装

有载调压切换开关的主要部件在制造厂已与变压器装配在一起，安装时只需进行检查和动作试验。如需进行安装应按制造厂说明书进行，并应符合下列要求：

(1) 传动机构：（包括操动机构、电动机、传动齿轮和杠杆）应固定牢靠，连接位置正确，且操作灵活、无卡阻现象；传动机构的摩擦部分应涂以适合当地气候条件的润滑脂。

(2) 切换开关的触头及铜编织线应完整无损，且接触良好；其限流电阻应完整，无断裂现象。

(3) 切换装置的工作顺序应符合产品出厂要求；切换装置在极限位置时，其机械连锁与极限开关的电气连锁动作应正确。

(4) 位置指示器应动作正常，指示正确。

(5) 切换开关油箱内应清洁，油箱应做密封试验且密封良好；注入油箱中的绝缘油，其绝缘强度应符合产品的技术要求。

4. 大中型变压器油箱安装

(1) 油箱安装之前应先安装底座。底座推放到变压器基础轨道上以后，应检查滚轮与轨距是否相符合。底座顶面应保持水平，允许偏差5mm；如果误差太大，可以调整滚轮轴的高低位置。

(2) 调理油箱的位置，使其方向正确并与基础轨道的中心线一致，然后落放到底座上，插入螺栓和压板组装起来。

5. 冷却装置安装

(1) 冷却器装置在安装前应按制造厂规定的压力值用气压或油压进行密封试验，并应符合下列要求：

①散热器可用0.05MPa表压力的压缩空气检查，应无漏气；或用0.07MPa表压力的变压器油进行检查，持续30min，应无渗漏现象；

②强迫油循环风冷却器可用0.25MPa表压力的气压或油压，持续30min进行检查，应无渗漏现象；

③强迫油循环水冷却器用0.25MPa表压力的气压或油压进行检查，持续1h应无渗漏；水、油系统应分别检查渗漏。

(2) 冷却装置安装前应用合格的绝缘油经净油机循环冲洗干净，并将残油排尽。

(3) 冷却装置安装完毕后应即注满油，以免由于阀门渗漏造成本体油位降低，使绝缘部分露出油面。

(4) 风扇电动机及叶片应安装牢固，并应转动灵活，无卡阻现象；试转时应无震动、过热；叶片应无扭曲变形或与风筒擦碰等情况，转向应正确；电动机的电源配线应采用具有耐油性能的绝缘导线；靠近箱壁的绝缘导线应用金属软管保护；导线排列应整齐；接线盒密封良好。

(5) 管路中的阀门应操作灵活，开闭位置应正确；阀门及法兰连接处应密封良好。

(6) 外接油管在安装前，应进行彻底除锈并清洗干净；管道安装后，油管应涂黄漆，水管涂黑漆，并应有流向标志。

(7) 潜油泵转向应正确，转动时应无异常噪音、震动和过热现象；其密封应良好，无渗油或进气现象。

(8) 差压继电器、流速继电器应经校验合格，且密封良好，动作可靠。

(9) 水冷却装置停用时，应将存水放尽，以防天寒冻裂。

6. 储油柜（油枕）安装

(1) 储油柜安装前应清洗干净，除去污物，并用合格的变压器油冲洗。隔膜式（或胶囊式）储油柜中的胶囊或隔膜式储油柜中的隔膜应完整无破损，并应和储油柜的长轴保持平行、不扭偏。胶囊在缓慢充气胀开后应无漏气现象。胶囊口的密封应良好，呼吸应畅通。

(2) 储油柜安装前应先安装油位表；安装油位表时应注意保证放气和导油孔的畅通；玻璃管要完好。油位表动作应灵活，油位表或油标管的指示必须与储油柜的真实油位相符，不得出现假油位。油位表的信号接点位置正确，绝缘良好。

(3) 储油柜利用支架安装在油箱顶盖上。油枕和支架、支架和油箱均用螺栓紧固。

7. 套管安装

(1) 套管在安装前要按下列要求进行检查

①瓷套管表面应无裂缝、伤痕；

②套管、法兰颈部及均压球内壁应清擦干净；

③套管应经试验合格；

④充油套管的油位指示正常，无渗油现象。

(2) 当充油管介质损失角正切值tanδ（%）超过标准，且确认其内部绝缘受潮时，应予干燥处理。

(3) 高压套管穿缆的应力锥进入套管的均压罩内，其引出端头与套管顶部接线柱连接处应擦拭干净，接触紧密；高压套管与引出线接口的密封波纹盘结构（魏德迈结构）的安装应严格按制造厂的规定进行。

(4) 套管顶部结构的密封垫应安装正确，密封应良好，连接引线时，不应使顶部结构松扣。

8. 升高座安装

(1) 升高座安装前，应先完成电流互感器的试验；电流互感器出线端子板应绝缘良好，其接线螺栓和固定件的垫块应紧固，端子板应密封良好，无渗油现象。

(2) 安装升高座时，应使电流互感器铭牌位置面向油箱外侧，放气塞位置应在升高座最高处。

(3) 电流互感器和升高座的中心应一致。

(4) 绝缘筒应安装牢固，其安装位置不应使变压器引出线与之相碰。

9. 气体继电器（又称瓦斯继电器）安装

(1) 气体继电器应作密封试验，轻瓦斯动作容积试验，重瓦斯动作流速试验，各项指标合格后，并有合格检验证书方可使用。

(2) 气体继电器应水平安装，观察窗应装在便于检查一侧，箭头方向应指向储油箱（油枕），其与连通管连接应密封良好，其内壁应清拭干净，截油阀应位于储油箱和气体继电器之间。

(3) 打开放气嘴，放出空气，直到有油溢出时，将放气嘴关上，以免有空气进入使继电保护器误动作。

(4) 当操作电源为直流时，必须将电源正极接到水银侧的接点上，接线应正确，接触良好，以免断开时产生电弧。

10. 安全气道（防爆管）安装

(1) 安全气道安装前内壁应清拭干净，防爆隔膜应完整，其材质和规格应符合产品规定。

(2) 安全气道斜装在油箱盖上，安装倾斜方向应按制造厂规定，厂方无明显规定时，宜斜向储油柜侧。

(3) 安全气道应按产品要求与储油柜连通，但当采用隔膜式储油器和密封式安全气道时，二者不应连接。

(4) 防爆隔膜信号接线应正确，接触良好。

11. 干燥器（吸湿器、防潮呼吸器、空气过滤器）安装

(1) 检查硅胶是否失效（对浅兰色硅胶，变为浅红色即已失效；对白色硅胶一律烘烤）。如已失效，应在115～120℃温度下烘烤8h，使其复原或换新。

(2) 安装时，必须将干燥器盖子处的橡皮垫取掉，使其畅通，并在盖子中装适量的变压器油，起滤尘作用。

(3) 干燥器与储气柜间管路的连接应密封良好，管道应通畅。

(4) 干燥器油封油位应在油面线上；但隔膜式储油柜变压器应按产品要求处理（或不到油封，或少放油，以便胶囊易于伸缩呼吸）。

12. 净油器安装

(1) 安装前先用合格的变压器油冲洗净油器，然后同安装散热器一样，将净油器与安装孔的法兰连接起来。其滤网安装方向应正确，并在出口侧。

(2) 将净油器容器内装满干燥的硅胶粒后充油。油流方向应正确。

13. 温度计安装

(1) 套管温度计安装，应直接安装在变压器上盖的预留孔内，并在孔内适当加些变压器油，刻度方向应便于观察。

(2) 电接点温度计安装前应进行计量检定，合格后方能使用。油浸变压器一次元件应安装在变压器顶盖上的温度计套筒内，并加适当变压器油；二次仪表挂在压变压器一侧的预留板上。干式变压器一次元件应按厂家说明书位置安装，二次仪表装在便于观测的变压器护网栏上。软管不得有压扁或死弯，富余部分应盘圈并固定在温度计附近。

(3) 干式变压器的电阻温度计，一次元件应预埋在变压器内，二次仪表应安装在值班室或操作台上，温度补偿导线应符合仪表要求，并加以适当的附加温度补偿电阻校验调试后方可使用。

14. 压力释放装置安装

(1) 密封式结构的变压器、电抗器，其压力释放装置的安装方向应正确，使喷油口不要朝向邻近的设备，阀盖和升高座内部应清洁，密封良好；

(2) 电接点应动作准确，绝缘应良好。

15. 电压切换装置安装

(1) 变压器电压切换装置各分接点与线圈的连线压接正确，牢固可靠，其接触面接触紧密良好，切换电压时，转动触点停留位置正确，并与指示位置一致。

(2) 电压切换装置的拉杆、分接头的凸轮、小轴销子等应完整无损，转动盘应动作灵活，密封良好。

(3) 电压切换装置的传动机构（包括有载调压装置）的固定应牢靠，传动机构的摩擦部分应有足够的润滑油。

(4) 有载调压切换装置的调换开关触头及铜辫子软线应完整无损，触头间应有足够的压力(一般为 8～10kg)。

(5) 有载调压切换装置转动到极限位置时，应装有机械连锁与带有限开关的电气连锁。

(6) 有载调压切换装置的控制箱，一般应安装在值班室或操作台上，连线应正确无误，并应调整好，手动、自动工作正常，档位指示正确。

16. 注油

(1) 绝缘油必须按规定试验合格后，方可注入变压器、电抗器中。

不同牌号的绝缘油或同牌号的新油与旧油不宜混合使用，如必须混合时，应进行混油试验。

(2) 绝缘油取样：取样应在晴天、无风沙时进行，温度应在 0℃以上。取油样用的大口玻璃瓶应洗刷干净，取样前用烘箱烘干。

混油试验取样应标明实际比例。油样应取自箱底或桶底。取样时，先开启放油阀，冲去阀口脏物，再将取样瓶冲洗两次，然后取样封好瓶口（如运往外地检验，瓶口宜蜡封）。

(3) 绝缘油检验后，如绝缘强度（耐压）不合格，应进行过滤。

(4) 为防止注油时在变压器、电抗器的芯部凝结水分，要求注入绝缘油的温度在 10℃左右，芯部的温度与油温之差不宜超过 5℃，并应尽量使芯部温度高于油温。

(5) 注油应从油箱下部油阀进油，加补充油时应通过油枕注入。对导向强油循环的变压器，注油应按制造厂的规定执行。

(6) 胶囊式储油柜注油应按制造厂规定进行，一般采取油从变压器油箱逐渐注入，慢慢将胶囊内空气排净，然后放油使储油柜内油面下降至规定油位。如果油位计也是带小胶囊结构时，应先向油表内注油，然后进行储油柜的排气和注油。

(7) 冷却装置安装完毕后即应注油，以免由于阀门渗漏造成变压器绝缘部分露出油面。

(8) 油注到规定油位，应从油箱、套管、散热器、防爆筒、气体继电器等处多次排气，直到排尽为止。

(9) 注油完毕，在施加电压前，变压器、电抗器应进行静置，静置时间规定为 110kV 及以下 24h。

静置完毕后，应从变压器、电抗器的套管、升高座、冷却装置、气体继电器及压力释放装置等有关部位进行多次放气。

17. 变压器连线

(1) 变压器的一、二次连线、地线、控制管线均应符合现行国家施工验收规范的规定。

(2) 变压器一、二次引线施工，不应使变压器的套管直接承受应力。

(3) 变压器工作零线与中性点接地线，应分别敷设。工作零线宜用绝缘导线。

(4) 变压器中性点的接地回路中，靠近变压器处，宜做一个可拆卸的连接点。

(5) 油浸变压器附件的控制线，应采用具有耐油性能的绝缘导线。靠近箱壁的导线，应用金属软管保护。

18. 整体密封检查

(1) 变压器、电抗器安装完毕后，应在储油柜上用气压或油压进行整体密封试验，所加压力为油箱盖上能承受 0.03MPa 的压力，试验持续时间为 24h，应无渗漏。油箱内变压器油的温度不应低于 10℃。

(2) 整体运输的变压器、电抗器可不进行整体密封试验。

技能要点 6：电力变压器试验

1. 电力变压器试验项目

(1) 测量绕组连同套管的直流电阻。

(2) 检查所有分接头的变压比。

(3) 检查变压器的三相结线组别和单相变压器引出线的极性。

(4) 测量绕组连同套管的绝缘电阻、吸收比或极化指数。

(5) 测量绕组连同套管的介质损耗角正切值 tanδ。

(6) 测量绕组连同套管的直流泄漏电流。

(7) 绕组连同套管的交流耐压试验。

(8) 绕组连同套管的局部放电试验。

(9) 测量与铁芯绝缘的各紧固件及铁芯接地线引出套管对外壳的绝缘电阻。

(10) 非纯瓷套管的试验。

(11) 绝缘油试验。

(12) 有载调压切换装置的检查和试验。

(13) 额定电压下的冲击合闸试验。

(14) 检查相位。

(15) 测量噪音。

上述试验项目，对 1600kV·A 以上油浸式电力变压器应按全部项目的规定进行；1600k－VA 及以下油浸式电力变压器的试验，可按本条所列的 (1) ～ (4)，(7)，(9) ～ (12)，(15) 款的规定进行；干式变压器的试验，可按本条的 (1) ～ (4)，(7)，(9) (12) ～ (15) 款的规定进行；变流、整流变压器的试验，可按本条的 (1) ～ (4)，(7)，(9)，(11) ～ (15) 款的规定进行；电炉变压器的试验，可按本条的 (1) ～ (4)，(7)，(9)，(10) ～ (15) 款的规定进行。

2. 测量绕组连同套管的直流电阻

(1) 测量应在各分接头的所有位置上进行。

(2) 1600kV·A 及以下三相变压器，各相测得值的相互差值应小于平均值的 4%，线间测得的值的相互差值应小于平均值的 2%；1600kV·A 以上三相变压器，各相测得值的相互差值应小于平均值的 2%；线间测得值的相互差值应小于平均值的 1%。

(3) 变压器的直流电阻，与相同温度下产品出厂实测数值比较，相应变化不应大于 2%。

(4) 由于变压器结构等原因，差值超过 (2) 中的规定时，可只按 (3) 的规定进行比较。

3. 检查所有分接头的变压比

与制造厂铭牌数据相比应无明显差别，且应符合变压比的规律。

4. 检查三相变压器的结线组别和单相变压器引出线的极性

必须与设计要求及铭牌上的标记和外壳上的符号相符。

5. 测量绕组连同套管的绝缘电阻、吸收比或极化指数

(1) 绝缘电阻应不低于产品出厂试验值的 70%，其最低允许值可参考表7-15。

表 7-15 油浸式电力变压绝缘电阻的温度换算系数

高压绕组电压等级（kV）	温度（℃）							
	10	20	30	40	50	60	70	80
3～10	450	300	200	130	90	60	40	25

（2）当测量温度与产品出厂试验时的温度不符合时，可按表 7-16 换算到同一温度时的数值进行比较。

当测量绝缘电阻的温度差不是表 7-16 中所列数值时，其换算系数 A 可用线性插入法确定，也可按下述公式计算：

表 7-16 油浸式电力变压器绝缘电阻的温度换算系数

温度差 K	5	10	15	20	25	30	35	40	45	50	55	60
换算系数 A	1.2	1.5	1.8	2.3	2.8	3.4	4.1	5.1	6.2	7.5	9.2	11.2

注：表中 K 为实测温度减去 20℃的绝对值。

$$A=1.5K/10 \tag{7-12}$$

校正到 20℃时的绝缘电阻值可用下述公式计算：

当实测温度为 20℃以上时：

$$R_{20}=AR_t \tag{7-13}$$

当实测温度为 20℃以下时：

$$R_{20}=R_t/A \tag{7-14}$$

式中 R_{20}——校正到 20℃时的绝缘电阻值（MΩ）；

R_t——在测量温度下的绝缘电阻值（MΩ）。

6. 绕组连同套管的交流耐压试验

容量为 8000kV·A 以下，绕组额定电压在 110kV 以下的变压器，应按表 7-17 所列标准进行交流耐压试验。

表 7-17 电力变压器工频耐压试验电压标准（1min 工频耐受电压（kV）有效值）

额定电压（kV）	3	6	10
最高工作电压（kV）	3.5	6.9	11.5
试验电压（kV）	15	21	30

7. 测量与铁芯绝缘的各紧固件及铁芯接地线引出套管对外壳的绝缘电阻

（1）进行器身检查的变压器，应测量可接触到的穿芯螺栓、轭铁夹件及绑轧钢带对铁轭、铁芯、油箱及绕组压环的绝缘电阻。

（2）采用 2500V 兆欧表测量，持续时间为 1min，应无闪络及击穿现象。

（3）当轭铁梁及穿芯螺栓一端与铁芯连接时，应将连接片断开后进行试验。

（4）铁芯必须为一点接地；对变压器上有专用的铁芯接地线引出套管时，应在注油前测量其对外壳的绝缘电阻。

8. 套管的试验

（1）测量套管主绝缘的绝缘电阻；采用 2500V 兆欧表测量，绝缘电阻值不应低于 1000MΩ。

（2）交流耐压试验的规定

①试验电压应符合规定要求；

②变压器套管、电抗器及消弧线圈套管，均可随母线或设备一起进行交流耐压试验。

9. 绝缘油的试验

绝缘油试验类别应符合表 7-18 的规定，试验项目及标准应符合表 7-19 的规定。

表 7-18 电气设备绝缘油试验分类

试验类别	适用范围
电气强度试验	1. 6kV 以上电气设备内的绝缘油或新注入上述设备前、后的绝缘油 2. 对下列情况之一者，可不进行电气强度试验： (1) 35kV 以下互感器，其主绝缘试验已合格的。 (2) 按本标准有关规定不需取油的
简化分析	准备注入变压器、电抗器、互感器、套管的新油，应按表 7-19 中的第 6～11 项规定进行
全分析	对油的性能有怀疑时，应按表 7-19 中的全部项目进行

表 7-19 绝缘油的试验项目及标准

序号	项 目		标 准				说 明
1	外观		透明，无沉淀及悬浮物				5℃时的透明度
2	苛性钠抽出		不应大于 2 级				
3	安定性	氧化后酸值	不应大于 0.2mg (KOH) /g 油				
		氧化后沉淀物	不应大于 0.05%				
4	凝点/℃		(1) DB—10，不应高于—10℃ (2) DB—25，不应高于—25℃ (3) DB—45，不应高于—45℃				(1) 户外断路器，油浸电容式套管，互感器用油气温不低于－5℃的地区，凝点不应高于－10℃。 气温不低于－20℃的地区，凝点不应高于－25℃。 气温低于－20℃的地区，凝点不应高于－45℃。 (2) 变压器用油： 气温不低于－10℃的地区，凝点不应高于－10℃。 气温低于－10℃的地区，凝点不应高于－25℃或－45℃
5	界面张力		不应小于 35mN/m				
6	酸值		不应大于0.03mg (KOH) /g 油				
7	水溶性酸 (pH 值)		不应小于 5.4				
8	机械杂质		无				
9	闪点		不低于 (℃)	DB—10 140	DB—25 140	DB—45 135	
10	电气强度试验		使用于 15kV 及以下者，不应低于 25kV				(1) 油样应取自被试设备。 (2) 试验油杯采用平扳电极。 (3) 对注入设备的新油均不应低于本标准
11	介质损耗角正切值 tanδ/%		90℃时不应大于 0.5				

注：第 11 项为新油标准，注入电气设备后的 tanδ (%) 标准为 90℃时，不应大于 0.7%。

10. 有载调压切换装置的检查和试验

(1) 在切换开关取出检查时，测量限流电阻的电阻值，测得值与产品出厂数值相比，应无明显差别。

(2) 在切换开关取出检查时，检查切换开关切换触头的全部动作顺序，应符合产品技术条件的规定。

(3) 检查切换装置在全部切换过程中，应无开路现象；电气和机械限位动作正确且符合产品要求；在操作电源电压为额定电压的85%及以上时，其全过程的切换中应可靠动作。

(4) 在变压器无电压下操作10个循环。在空载下按产品技术条件的规定检查切换装置的调压情况，其三相切换同步性及电压变化范围和规律，与产品出厂数据相比，应无明显差别。

(5) 绝缘油注入切换开关油箱前，其电气强度应符合表7-19的规定。

11. 冲击合闸试验

在额定电压下应进行5次，每次间隔时间宜为5min，无异常现象；冲击合闸宜在变压器高压侧进行；对中性点接地的电力系统，试验时变压器中性点必须接地；发电机变压器组中间连接无操作断开点的变压器，可不进行冲击合闸试验。

12. 相位检查

检查变压器的相位必须与电网相位一致。

第八章 配电线路

技能图解25 外电线路及电气设备安全防护

技能结构框线图

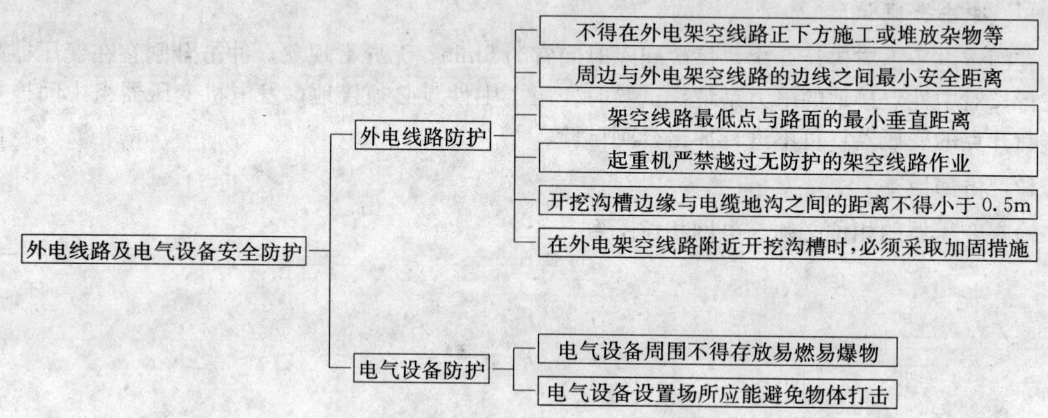

图8-1 外电线路及电气设备安全防护

技能要点1：外电线路防护

根据《施工现场临时用电安全技术规范》（JGJ 46—2005）规定，在建工程的现场各种设施与外电线路之间的安全距离如下：

（1）在建工程不得在外电架空线路正下方施工、搭设作业棚、建造生活设施或堆放构件、架具、材料及其他杂物等。

（2）在建工程（含脚手架）的周边与外电架空线路的边线之间的最小安全操作距离应符合表8-1规定，如图8-2所示。

表8-1 在建工程（含脚手架）的周边与架空线路的边线之间的最小安全操作距离

外电线路电压等级（kV）	<1	1～10	35～110	220	330～500
最小安全操作距离（m）	4.0	6.0	8.0	10	15

注：上、下脚手架的斜道不宜设在有外电线路的一侧。

（3）施工现场的机动车道与外电架空线路交叉时，架空线路的最低点与路面的最小垂直距离应符合表8-2规定，如图8-3所示。

表8-2 施工现场的机动车道与架空线路交叉时的最小垂直距离

外电线路电压等级（kV）	<1	1～10	35
最小垂直距离（m）	6.0	7.0	7.0

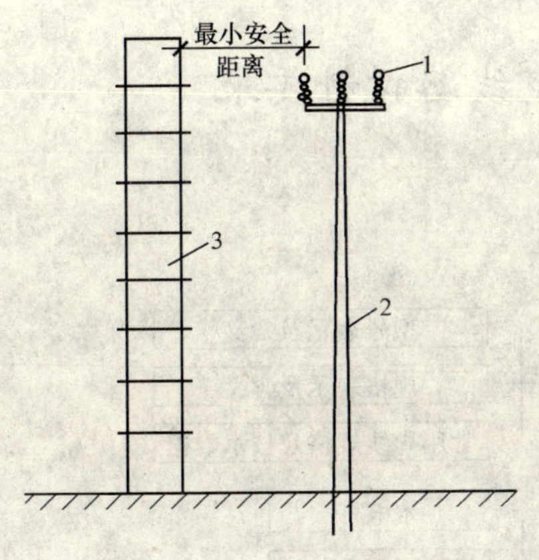

图 8-2　外电架空线路电杆最小安全距离

1—外电架空线路；2—外电架空线路电杆；3—在建工程

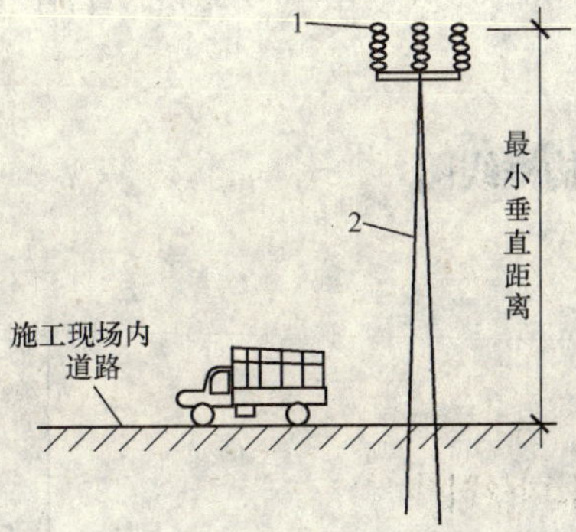

图 8-3　外电架空线路电杆最小垂直距离

1—外电架空线路；2—外电架空线路电杆

（4）起重机严禁越过无防护设施的外电架空线路作业。在外电架空线路附近吊装时，起重机的任何部位或被吊物边缘在最大偏斜时与架空线路边线的最小安全距离应符合表 8-3 规定。

表 8-3　起重机与架空线路边线的最小安全距离

安全距离（m）＼电压（kV）	<1	10	35	110	220	330	500
沿垂直方向	1.5	3.0	4.0	5.0	6.0	7.0	8.5
沿水平方向	1.5	2.0	3.5	4.0	6.0	7.0	8.5

（5）施工现场开挖沟槽边缘与外电埋地电缆沟槽边缘之间的距离不得小于 0.5m。

（6）当达不到第（2）～（4）条中的规定时，必须采取绝缘隔离防护措施，并应悬挂醒目的警告标志。

架设防护设施时，必须经有关部门批准，采用线路暂时停电或其他可靠的安全技术措施，并应有电气工程技术人员和专职安全人员监护。

防护设施与外电线路之间的安全距离不应小于表 8-4 所列数值。

防护设施应坚固、稳定，且对外电线路的隔离防护应达到 IP30 级。

表 8-4　防护设施与外电线路之间的最小安全距离

外电线路电压等级（kV）	≤10	35	110	220	330	500
最小安全距离（m）	1.7	2.0	2.5	4.0	5.0	6.0

（7）当第（6）条规定的防护措施无法实现时，必须与有关部门协商，采取停电、迁移外电线路或改变工程位置等措施，未采取上述措施的严禁施工。

（8）在外电架空线路附近开挖沟槽时，必须会同有关部门采取加固措施，防止外电架空线路电杆倾斜、悬倒。

技能要点 2：电气设备防护

（1）电气设备现场周围不得存放易燃易爆物、污源和腐蚀介质，否则应予清除或做防护处置，其防护等级必须与环境条件相适应。

（2）电气设备设置场所应能避免物体打击和机械损伤，否则应做防护设置。

技能图解 26　架空线路材料要求

技能结构框线图

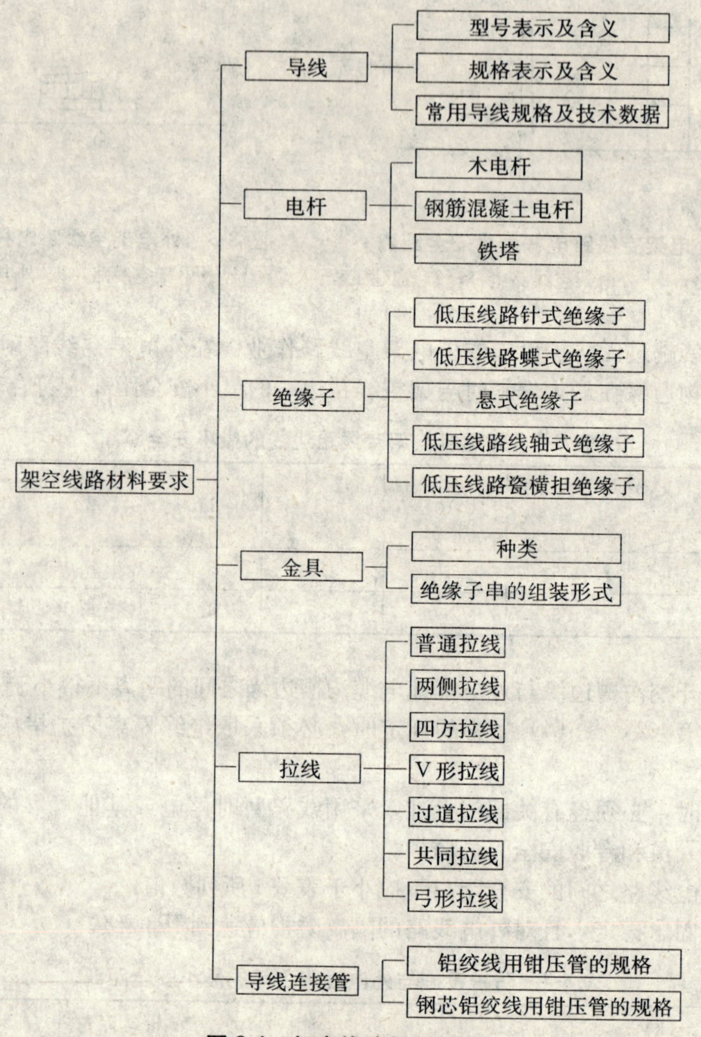

图 8-4　架空线路材料要求

技能要点 1：导线

架空线路的导线通常采用铝绞线。当高压线路档距较长，或交叉档距较长，杆位高差较大时，架空线应采用钢芯铝绞线。在我国沿海地区，由于盐雾或有化学腐蚀的气体会对架空线路的导线造成腐蚀，因而降低导线的使用年限，施工时宜采用防腐铝绞线、铜绞线或采取其他措施。在城市中，为了安全，在街道狭窄和建筑物稠密地区应采用绝缘导线，避免造成漏电伤人事故，保证输送电正常运行。

1. 导线型号表示及含义

导线型号一般由两部分组成，前边字母表示导线的材料，即 T 为铜线；L 为铝线；LG 为钢芯铝线；HL 为铝合金线；J 为绞线。后面的数字表示导线的标称截面，例如：

TJ－25 表示标称截面为 $25mm^2$ 的铜绞线。

LJ－35 表示标称截面为 $35mm^2$ 的铝绞线。

LGJ－25/4 表示标称截面为 $25mm^2$ 的钢芯铝绞线（25 指铝线截面，4 指钢线截面）。

LGJQ－150 表示标称截面为 $150mm^2$ 的轻型钢芯铝绞线。

LGJJ－185 表示标称截面为 $185mm^2$ 的加强型钢芯铝绞线。

2. 导线规格表示及含义

（1）直径：指绞线的外径，可用游标卡尺测量，注意按图 8-5 的测量方法。

（2）交货长度：指导线在工厂制造的一捆（卷）线的长度。

（3）标准截面：根据导线的根数和直径，用公式计算出的实际截面再取整数，定为导线的标准截面。如 LJ－25 的计算截面是 $25.41mm^2$，取整数 25，即为标准截面。

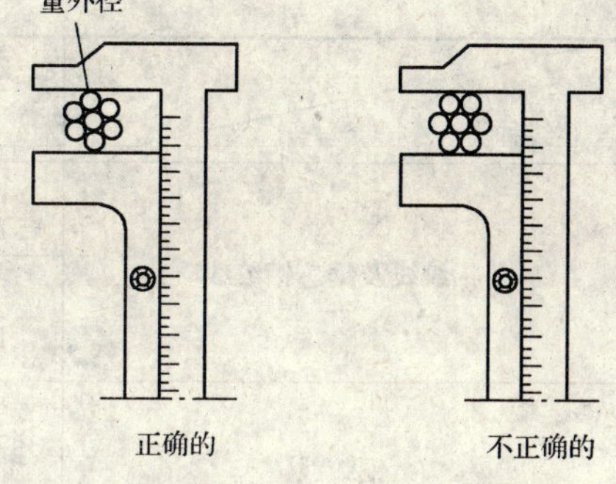

图 8-5 用游标卡尺测量导线直径图

对于 10kV 及以下架空线路的导线截面，通常根据计算负荷、允许电压损失及机械强度来确定。

采用电压损失校核导线截面方法如下：

①高压线路，自供电的变电所二次侧出口至线路末端变压器，或末端受电变电所一次侧入口的允许电压损失，为供电变电所二次侧额定电压（6kV，10kV）的 5%。

②低压线路、至配电变压器二次侧出口至线路末端（不包括接户线）的允许电压损失，一般为额定配电电压（220V、380V）的 40%。

当确定高、低压线路的导线截面时，除根据负荷条件外，还应与该地区配电网的发展规划相结合。在选择导线截面时，要有一定的裕度，配电导线截面不宜小于表 8-5 所列数值的规定。

表 8-5 导线截面 （mm^2）

导线种类 \ 线路	高压线路			低压线路		
	主干线	分干线	分支线	主干线	分干线	分支线
铝绞线及铝合金线	120	70	35	70	50	35
钢芯铝绞线	120	70	35	70	50	35
铜绞线	—	—	16	50	35	16

架空配电线路的导线不应采用单股的铝线或铝合金线。高压线路的导线不应采用单股铜线。配电线路导线的截面按机械强度要求不应小于表 8-6 所列数值的规定。

表 8-6 导线最小截面 （mm^2）

导线种类 \ 线路	高压线路		低压线路
	居民区	非居民区	
铝绞线及铝合金绞线	35	25	16
钢芯铝绞线	25	16	16
铜绞线	16	16	（直径 3.2mm）

当低压线路与铁路交叉跨越档，若采用裸铝绞线时，其截面不应小于 $35mm^2$。

不同金属、不同绞向、不同截面的导线严禁在档距内连接。

高压配电架空线路在同一横担上的导线，其截面差不宜大于三级。

若中性线截面选择不当，可能产生断线烧毁用电设备事故。中性线截面过小，遇到大风，也会造成断线、混线事故，甚至烧毁电器。造成严重事故或人员伤亡。

三相四线制的中性线截面不应小于表 8-7 所列数值的规定。

表 8-7　中性线截面　　(mm²)

导线种类＼线别	相线截面	中性线截面
铝绞线及钢芯铝绞线	LJ、LGJ－50 及以下	与相线截面同
	LJ、LGJ－70 及以上	不小于相线截面的 50%，但不小于 50mm²
铜绞线	TJ－35 及以下	与相线截面同
	TJ－50 及以上	不小于相线截面的 50%，但不小于 35mm²

3. 常用导线规格及技术数据

(1) 常用架空线路导线型号和截面范围见表 8-8。

表 8-8　架空线路导线名称型号和截面范围

名　称	型　号	截面范围 (mm²)
铝绞线	LJ	16～800
钢芯铝绞线	LGJ	10～800
防腐钢芯铝绞线	LGJF	10～800

(2) 铝绞线的规格结构及直流电阻、拉断力等见表 8-9。

表 8-9　铝绞线 (LJ) 规格性能表

标称截面 (mm²)	结构根数/直径 (mm)	计算截面 (mm²)	外径 (mm)	直流电阻不大于 (Ω/km)	计算拉断力 (N)	计算质量 (kg/km)	交货长度不小于 (m)
16	7/1.70	15.89	5.10	1.802	2840	43.5	4000
25	7/2.15	25.41	6.45	1.127	4355	69.6	3000
35	7/2.50	34.36	7.50	0.8332	5760	94.1	2000
50	7/3.00	49.48	9.00	0.5786	7930	135.5	1500
70	7/3.60	71.25	10.80	0.4018	10950	195.1	1250
95	7/4.16	95.14	12.48	0.3009	14450	260.5	1000
120	19/2.85	121.21	14.25	0.2373	19420	333.5	1500
150	19/3.15	148.07	15.75	0.1943	23310	407.4	1250
185	19/3.50	182.80	17.50	0.1574	28440	503.0	1000
210	19/3.75	209.85	18.75	0.1371	32260	577.4	1000
240	19/4.00	238.76	20.00	0.1205	36260	656.9	1000
300	37/3.20	297.57	22.40	0.09689	46850	820.4	1000
400	37/3.70	397.83	25.90	0.07247	61150	1097	1000
500	37/4.16	502.90	29.12	0.05733	6370	1387	1000
630	61/3.63	631.30	32.67	0.04577	91940	1744	800
800	61/4.10	805.36	36.90	0.03588	115900	2225	800

（3）钢芯铝绞线的规格、结构及直流电阻、拉断力见表8-10。

表8-10　钢芯铝绞线（LGJ）规格性能表

标称截面 铝/钢 （mm^2）	结构根数/直径 （mm）		计算截面（mm^2）			外径 （mm）	直流电阻 不大于 （Ω/km）	计　算 拉断力 （N）	计　算 质　量 （kg/km）	交货长度 不小于 （m）
	铝	钢	铝	钢	总计					
10/2	6/1.50	1/1.50	10.60	1.77	12.37	4.50	2.706	4120	42.9	3000
16/3	6/1.85	1/1.85	16.13	2.69	18.82	5.55	1.779	6130	65.2	3000
25/4	6/2.32	1/2.32	25.36	4.23	29.59	6.96	1.131	9290	102.6	3000
35/6	6/2.72	1/2.72	34.86	5.81	40.67	8.16	0.8230	12630	141.0	3000
50/8	6/3.20	1/3.20	48.25	8.04	56.29	9.60	0.5946	1682	195.1	2000
50/30	12/2.32	7/2.32	50.73	29.59	80.32	11.60	0.5692	432620	372.0	3000
70/10	6/3.80	1/3.80	68.05	11.34	79.39	11.40	0.4217	23390	275.2	2000
70/40	12/2.72	7/2.72	69.73	40.67	110.40	13.60	0.4141	58300	511.3	2000
95/15	26/2.15	7/1.67	94.39	15.33	109.72	13.16	0.3058	35000	380.8	2000
95/20	7/4.16	7.185	95.14	18.82	113.96	13.87	0.3019	37200	408.9	2000
95/55	12/3.20	7/3.20	96.51	56.30	152.81	16.00	0.2992	78110	707.7	2000
120/7	18/2.90	1/2.90	118.89	6.61	125.50	14.50	0.2422	27570	379.0	2000
120/20	26/2.38	7/1.85	115.67	18.82	134.49	15.07	0.2496	41000	466.8	2000
120/25	7/4.72	7/2.10	122.48	24.25	149.73	15.74	0.2345	47880	526.6	2000
120/70	12/3.60	7/3.60	122.15	71.25	193.40	18.00	0.2364	98370	895.6	2000
150/8	18/3.20	1/3.20	144.76	8.04	152.80	16.00	0.1989	32860	461.4	2000
150/20	24/2.78	7/1.85	145.68	18.82	164.50	16.67	0.1980	46630	549.4	2000
150/25	26/2.70	7/2.10	148.86	24.25	173.11	17.10	0.1939	54110	601.0	2000
150/35	30/2.50	7/2.50	147.26	34.36	181.62	17.50	0.1962	65020	676.2	2000
185/10	18/3.60	1/3.60	183.22	10.18	193.40	18.00	0.1572	40880	584.0	2000
185/25	24/3.15	7/2.10	187.01	24.25	211.29	18.90	0.1542	59420	706.1	2000
185/30	26/2.98	7/2.32	181.34	29.59	210.93	18.88	0.1592	64320	732.6	200
185/45	30/2.80	7/2.80	184.73	43.10	227.83	19.60	0.1564	80190	848.2	2000
210/10	18/3.80	1/3.80	204.14	11.34	215.48	19.00	0.1411	45140	650.7	2000
210/25	24/3.33	7/2.22	209.02	27.10	236.12	19.98	0.1380	65990	789.1	2000
210/35	26/3.22	7/2.50	211/73	34.36	246.09	20.38	0.1363	74250	853.9	2000
210/50	30/2.98	7/2.98	209.24	48.82	258.06	20.86	0.1381	90830	960.8	2000
240/30	24/3.60	7/2.40	244.29	31.67	275.96	21.60	0.1181	75620	922.2	2000
240/40	26/3.41	7/2.66	238.85	38.90	277.75	21.66	0.1209	83370	964.3	2000
240/55	30/3.20	7/3.20	241.27	56.30	297.57	22.40	0.1198	102100	1108	2000
300/15	42/3.00	7/1.67	296.88	15.33	312.21	23.01	0.09724	68060	939.8	2000
300/20	45/2.93	7/1.95	303.42	20.91	324.33	23.43	0.09520	75680	1002	2000
300/25	48/2.85	7/2.22	306.21	27.10	333.31	23.76	0.09433	83410	1058	2000
300/40	24/3.99	7/2.66	300.09	38.90	338.99	23.94	0.09614	92220	1133	2000
300/50	26/3.83	7/2.98	299.54	48.82	348.36	24.26	0.09636	103400	1210	2000

（4）铜绞线的规格及技术数据见表 8-11。

表 8-11　铜绞线（TJ）规格性能表

标称截面 (mm²)	股数/外径 (mm)	实际截面 (mm²)	导线直径 (mm)	直流电阻（20℃）(Ω/km)	单位质量 (kg/km)	制造长度 (m)
10	7/1.33	9.7	3.99	—	88	5000
16	7/1.68	15.5	5.04	1.200	140	4000
25	7/2.11	24.5	6.33	0.740	221	3000
35	7/2.49	34.5	7.47	0.540	323	2500
50	7/2.97	48.5	8.91	0.390	439	2000
70	19/2.14	68.3	10.70	0.280	618	1500
95	19/2.49	92.5	12.45	0.200	837	1200
120	19/2.80	117	14.00	0.158	1058	1000
150	19/3.15	148	15.75	0.123	1338	800
185	37/2.49	180	17.43	0.103	1627	800
240	37/2.84	234	19.88	0.078	2120	800

（5）镀锌钢绞线规格及技术数据见表 8-12。

表 8-12　镀锌钢绞线规格性能表

标称截面 (mm²)	计算截面 (mm²)	股数×直径 (mm)	电线外径 (mm)	极限强度 (MPa)	计算拉断力不小于/N	单位质量 (kg/km)
25	26.6	7×2.2	6.6	1200～1400	29400	210
35	37.2	7×2.6	7.8	1100～1400	34400	300
50	49.5	7×3.0	9.0	1100～1400	47000	400
70	72.2	19×2.2	11.0	1100～1500	71000	580
50	48.3	19×1.8	9.0	1200～1500	51600	400
100	101.1	19×2.6	13.0	1100～1500	99900	800
120	117	19×2.8	14.0	1100～1500	114000	950
135	134	19×3.0	15.0	1100～1500	131000	1100
150	153	19×3.2	16.0	1100～1400	150000	1200

（6）铁绞线规格及技术数据见表 8-13。

表 8-13　铁绞线规格性能表

标称截面 (mm²)	计算截面 (mm²)	股数×直径 (mm)	电线外径 (mm)	计算拉断力 (N)	单位质量 (kg/km)	制造长度 (m)
35	37.2	7×2.6	7.8	20100	290	1500～3000
50	49.5	12×2.3	9.2	26700	395	1500～3000
70	78.8	19×2.3	11.5	42500	630	1500～3000
95	94.0	37×1.8	12.6	59100	750	1500～3000
100	116.5	37×2.0	14.7	73100	925	1500～3000
120	124.0	40×1.8	16.2	78200	1000	1500～3000

（7）镀锌铁线规格及技术数据见表 8-14。

表 8-14 镀锌铁线规格性能表

线号（英国线规号）	直径（mm）	公差±（mm）	截面积（mm^2）	最小拉断力（N）	单位质量（kg/km）
1	8.0	0.13	50.26	17600	390.2
2	7.0	0.13	38.48	13470	300.0
3	6.5	0.13	33.18	11600	258.2
4	6.0	0.13	28.27	9890	220.5
5	5.5	0.13	23.76	8310	185.3
6	5.0	0.13	19.64	6870	153.2
7	4.5	0.13	15.90	5560	124.0
8	4.0	0.10	12.57	4400	98.05
9	3.5	0.10	9.63	3360	75.04
10	3.2	0.10	8.02	2810	62.73
11	2.9	0.08	6.60	2310	51.52
12	2.6	0.08	5.31	1850	41.41
13	2.3	0.06	4.15	1450	32.41
14	2.0	0.06	3.12	1100	24.51
15	1.8	0.06	2.54	890	19.85
16	1.6	0.05	2.01	700	15.69
17	1.4	0.05	1.54	539	11.98
18	1.3	0.05	1.13	396	8.72

技能要点 2：电杆

电杆按材质可分为木电杆、钢筋混凝土电杆和铁塔三种。

木电杆运输和施工方便，价格便宜，绝缘性能较好，但是机械强度较低，使用年限较短，日常的维修工作量偏大。目前除在建筑施工现场作为临时用电架空线路外，其他施工场所中用的不多。

钢筋混凝土电杆常用的多为圆形空心杆，规格如表 8-15 所示。

铁塔一般用于 35kV 以上架空线路的重要位置上。

表 8-15 钢筋混凝土电杆规格

杆长（m）	7	8		9		10		11	12	13	15
梢径（mm）	150	150	170	150	190	150	190	190	190	190	190
底径（mm）	240	256	277	270	310	283	323	337	350	363	390

在线路架设之前，要选择电杆，电杆的型号、长度、梢径应符合设计要求。

对圆形空心电杆，安装前应进行外观检查，且符合下列规定：

（1）钢筋混凝土电杆表面应光滑，内外壁厚均匀，不应有露筋、跑浆等现象。

（2）不应出现纵向裂纹，横向裂纹的宽度不应超过 0.2mm，长度不应超过 1/3 周长。

（3）钢圈连接的混凝土电杆，焊缝不得有裂纹、气孔、结瘤和凹坑。

（4）混凝土杆顶应封口，防止雨水浸入。

（5）混凝土杆杆身弯曲不应超过杆长的 2/1000。

技能要点 3：绝缘子

绝缘子是架空输电线路绝缘的主体，用于悬挂或支撑导线并使导线与接地杆塔绝缘。绝缘子具有机械强度高、绝缘性能好、耐自然侵蚀及抗老化能力强等特点。绝缘子的绝缘介质一般采用瓷、钢化玻璃和硅橡胶合成材料。架空线路常用的绝缘子有针式绝缘子（茶台）、蝶式绝缘子（柱瓶）、悬式绝缘子（吊瓶）、瓷横担和棒式绝缘子等，如图 8-6 所示。

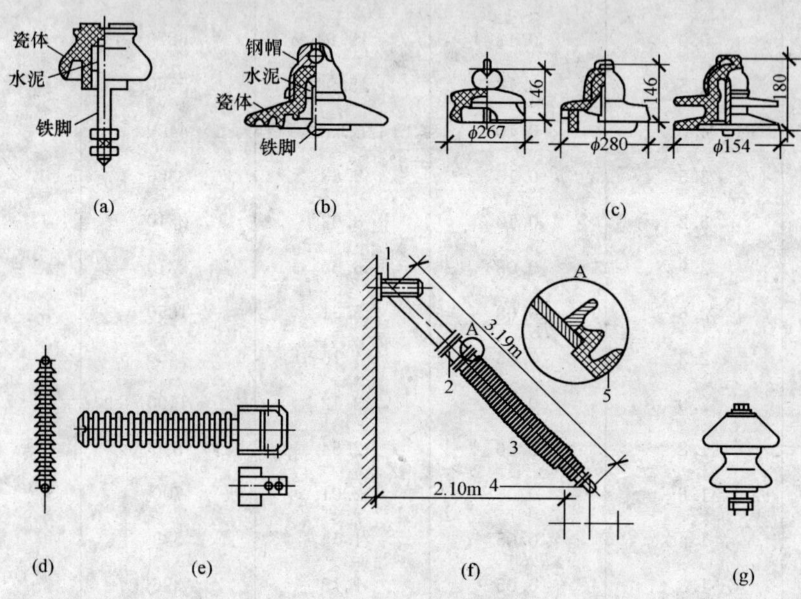

图 8-6 绝缘子类型图

（a）针式绝缘子；（b）悬式绝缘子；（c）防污型悬式绝缘子；（d）资质棒式绝缘子

（e）瓷横担绝缘子；（f）玻璃钢摆动式绝缘横担；（g）蝶式绝缘子

1—轴；2—金属套节；3—环氧树脂玻璃钢绝缘子；4—金属帽；5—外壁

蝶式绝缘子也称茶台，其型号中 E 表示蝶式绝缘子，后面标注外形尺寸的序号。

针式绝缘子用于电压不超过 35kV 的线路上，根据绝缘子泄漏距离即爬距（沿绝缘子表面导体与铁脚间的最小绝缘距离）的不同，分为普通型和加强型两种。按其铁脚形式为短脚、长脚和弯脚三种。针式绝缘子型号含义为：

Ⅰ	Ⅱ	Ⅲ	Ⅳ

框图中，Ⅰ——P 表示针式绝缘子；

Ⅱ——Q 表示加强绝缘型；

Ⅲ——额定电压；

Ⅳ——T 表示铁横担直脚，W 表示弯脚。

1. 低压线路针式绝缘子

低压线路针式绝缘子由瓷件和钢脚装配而成。瓷件表面涂有一层白色瓷釉，金属附件表面全部镀锌。钢脚形式有木担直脚、铁担直脚和弯脚三种，如图 8-7 所示。

低压线路针式绝缘子主要技术数据见表 8-16。

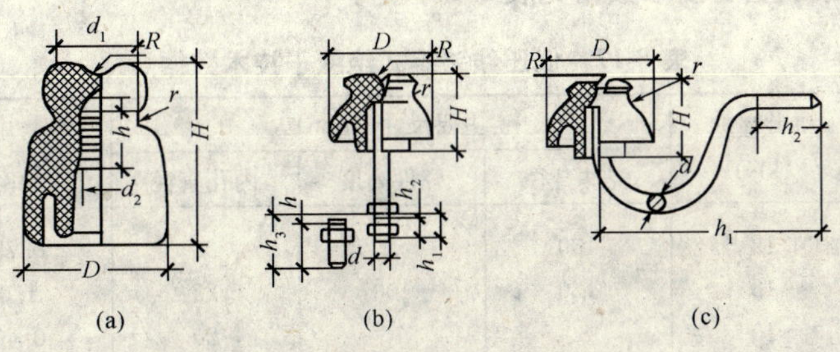

图 8-7　低压线路针式绝缘子

(a) 瓷件；(b) 铁担直脚绝缘子；(c) 弯脚绝缘子

表 8-16　低压线路针式绝缘子技术数据

序号	型　号	瓷件弯曲强度 (kN)	主要尺寸 (mm)			参考质量 (kg)	安装环境与要求
			瓷件直径	螺纹直径	安装长度		
1	PD—1T	8	80	16	35	1.05	用于工频交流或直流电压 1kV 以下低压架空电力线路中，作绝缘和固定导线之用
2	PD—1M	8	80	16	110	1.30	
3	PD—1—1T	10	88	16	35	0.94	
4	PD—1—1M	10	88	16	110	1.05	
5	PD1—T	10	76	12	35	0.32	
6	PD1—M	10	76	12	110	0.55	
7	PD—2T	5	70	12	35	0.45	
8	PD—2M	5	70	12	105	0.52	
9	PD—2W	5	70	12	55	0.55	
10	PD—1—2T	8	71	12	35	0.62	
11	PD—1—2M	8	71	12	110		
12	PD—1—3T	3	54	10	35	0.27	
13	PD—1—3M	3	54	10	110		

2. 低压线路蝶式绝缘子

低压线路蝶式瓷绝缘子由瓷件、穿针和铁板构成。瓷件带有两个较大的伞裙，表面涂一层棕色或白色瓷釉，如图 8-8 所示。

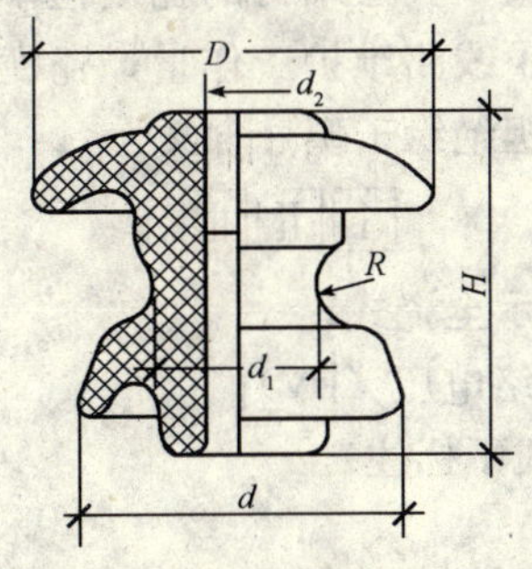

图 8-8　低压线路蝶式绝缘子

低压线路蝶式绝缘子主要技术数据见表 8-17。

表 8-17　低压线路蝶式绝缘子技术数据

序号	型号	机械强度（kN）	主要尺寸（mm）			参考质量（kg）	安装环境与要求
			瓷件直径	瓷件高度	内孔直径		
1	ED－1	12	100	90	22	0.75	用作工频交流或直流电压 1kV 以下低压架空线路终端、耐张和转角杆上作绝缘和固定之用，同时亦被广泛的用在线路中支持导线
2	163001	18	120	100	22	1.0	
3	ED－2	10	80	75	20	0.40	
4	163002	13	89	76	20	0.5	
5	163003	15	90	80	20	0.5	
6	163004	13	80	80	22	0.25	
7	ED－3	8	70	65	16	0.25	
8	163005	10	75	65	16	0.25	
9	ED－4	5	60	50	16	0.15	

3. 悬式绝缘子

悬式绝缘子一般组装成绝缘子串使用，我国生产的悬式绝缘子有普通型和防污型两类。

普通型悬式绝缘子有新系列（XP）、老系列（X）和钢化玻璃系列（LPX）三大类。新系列产品尺寸小、质量小、性能好、金属附件连接结构标准化，它将逐步取代老系列产品。钢化玻璃缘子除了有新系列优点外，还具有强度高、爬距大、不易老化、维护方便等优点。普通悬式绝缘子按其连接方法可分为球形和槽形两种。防污型悬式绝缘子，按其伞形结构不同分为双层伞形和钟罩形两种。悬式绝缘子型号含义为：

Ⅰ Ⅱ－Ⅲ Ⅳ

框图中　Ⅰ——老系列（X），新系列（XP）；钢化玻璃系列（LPX）；双层防污系列（XW、XWP），钟罩防污系列（XH、XHP）；

Ⅱ——设计序号；

Ⅲ——X 系列表示 1h（小时）机电负荷值，分 3t、4、5t、7t 三级；XP 系列表示机电破坏负荷值，分 4t、7t、10t、16t、21t 五级；

Ⅳ——C 表示槽形连接（球型不标注）。

瓷横担绝缘子有全瓷式和胶装式两种，前者直接绑扎，后者瓷头部带有连接金具，可以悬挂线夹。安装方式有水平式（边相用）和垂直式（顶相用）两种。可转动结构的瓷横担在断线事故发生时能缓冲杆身拉力，避免事故扩大；实心结构的瓷横担不易击穿，不易老化，且爬距长、绝缘水平高，易清扫，自洁性好，减少了线路维护工作量；瓷横担绝缘子结构简单、安装方便、能充分利用杆高，降低线路造价。瓷横担绝缘子型号含义为

Ⅰ Ⅱ Ⅲ

框图中　Ⅰ——S 表示胶装式，SC 表示全瓷式；

Ⅱ——表示 50％全波冲击闪络电压（kV）；

Ⅲ——Z 表示直立式（水平式不标注）。

4. 低压线路线轴式绝缘子

低压线路线轴式瓷绝缘子由瓷件、穿钉和铁板构成。具有圆柱形外形，有一个轴向穿通的安装孔及两个或多个用来固定导线的圆周槽。瓷件表面涂白色或棕色瓷釉。

低压线路线轴式绝缘子，主要技术数据见表 8-18。

表 8-18　低压线路线轴式绝缘子技术数据

序号	型号（或代号）	机械强度（kN）	主要尺寸（mm）			参考质量（kg）	安装环境与要求
			瓷件直径	高　度	孔　径		
1	EX—1	15	85	90	22	0.83	用作工频交流或直流电压 1kV 以下低压架空电力线路终端、耐张和转角杆上绝缘和固定导线之用
2	166001	27	102	105	17.5	0.50	
3	EX—2	12	70	75	20	0.50	
4	166002	13	80	76	17.5	0.55	
5	166003	20	80	76	17.5	0.6	
6	166004	18	80	76	17.5	0.6	
7	166005	20	76	81	17.5	1.15	
8	EX—3	10	65	65	16	0.38	
9	166006	18	78	66	17.5	0.21	
10	EX—4	7	55	50	16	0.20	
11	166007	9	57	54	17.5	0.21	
12	166008	9	57	54	17.5	0.24	
13	166009	9	57	32	17.5	0.13	

5. 低压线路瓷横担绝缘子

低压线路瓷横担绝缘子，主要技术数据见表 8-19。

表 8-19　低压线路瓷横担绝缘子技术数据

序号	型号	额定电压（kV）	主要尺寸（mm）			弯曲破坏负荷（kN）	安装环境与要求
			长度	线槽数	线间距离		
1	SD1—1	0.2	535	2	400	2.0	用作低压架空电力线路中绝缘和固定导线用
2	SD2—2	0.2	570	2	380	2.0	
3	168501	0.5	360	3	93	1.7	
4	168502	0.5	430	3	93	2.15	
5	168503	0.5	470	3	93	1.47	
6	168001	0.5	305	2	155	1.96	

绝缘子及瓷横担绝缘子，安装前的检查，是保证安全运行的必要条件。外观检查应符合下列规定：

(1) 瓷件及铁件组合无歪斜现象，且应结合紧密，铁件镀锌良好；

(2) 瓷釉光滑，无裂纹，缺釉、斑点、烧痕、气泡或瓷釉烧坏等缺陷；

(3) 绝缘子上的弹簧锁、弹簧垫的弹力适宜。

安装的绝缘子的额定电压应符合线路电压等级的要求，安装前应进一步进行外观检查和测量绝缘电阻。35kV 架空电力线路的盘形悬式瓷绝缘子，安装前应采用不低于 5kV 的兆欧表逐个进行绝缘电阻测定，及时有效地检查出绝缘子铁帽下的瓷质的裂缝。在干燥的情况下，绝缘电阻值不得小于 500MΩ。有条件最好作交流耐压试验，防止使用不合格品。悬式绝缘子的交流耐压试验电压应符合表 8-20 的规定。玻璃绝缘子因有自爆现象，故不规定对它逐个摇测绝缘值。

表 8-20　悬式绝缘子的交流耐压试验电压标准

型　号	XP2—70	XP—70 LXP1—70 XP1—70 XP—100 LXP—100 XP—120 LXP—120	XP1—160 LXP1—160 XP2—160 LXP2—160 XP—160 LXP—160	XP1—210 LXP1—210 XP—300 LXP—300
试验电压（kV）	45	55		60

技能要点4：金具

1架空线路金具主要用于导线、避雷线的接续、固定和保护，绝缘子的组装、固定和保护，拉线的组装及调节的重要零件。线路金具按其性能和用途可划分为线夹类金具、连接金具、接续金具、保护金具和拉线金具五大类。

1. 金具种类

(1) 线夹类金具。用于杆搭上架空线固定，可分为悬垂线夹和耐张线夹两种。

悬垂线夹用于直线杆塔导线固定、其他杆型悬垂绝缘子串跳线中部固定以及直线杆塔避雷线支架上避雷线的固定。悬垂线夹常用定型产品，目前只保留了U形螺栓式固定悬垂一种，如图8-9所示。

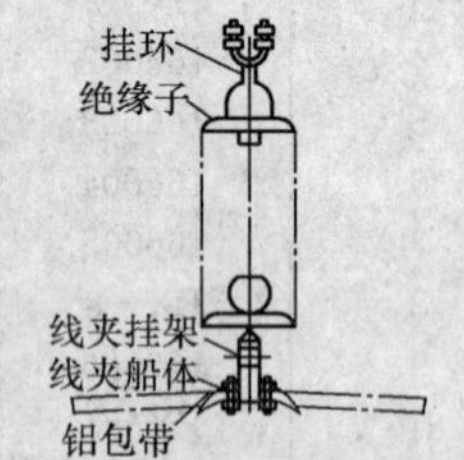

图8-9 固定型悬垂线夹

耐张线夹用于承力杆塔导线及避雷线的固定。用在导线上的耐张线夹一般分为两类，第一类为螺栓型耐张线夹，导线通过螺丝压紧固定，线夹只承受导线全部张力，而不导通电流；第二类为压缩型耐张线夹，采用液压机或爆炸压接方法将导线的铝股、钢芯与线夹锚压在一起，线夹本身除承受导线的全部机械荷载外，还是导电体，这类线夹适用于大截面导线安装。用在避雷线上的耐张线夹按其结构可分为楔型和压缩型两种，楔型耐张线夹可用于避雷线终端固定，也可用于杆塔拉线的固定。各类耐张线夹如图8-10所示。

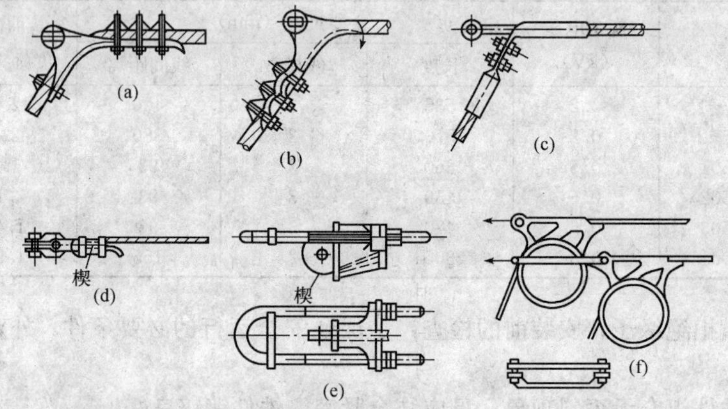

图8-10 耐张线夹

(a) 正装螺栓式；(b) 倒装螺栓式；(c) 压缩式；(d) 楔式（地线用）；(e) UT式（拉线用）；(f) 螺旋式

(2) 连接金具。连接金具分专用连接金具和通用连接金具两类。专用连接金具是直接用来连接绝缘子的，故其连接部位的结构尺寸与绝缘子相配合。

通用连接金具将绝缘子组成两串、三串或多串，并将绝缘子与杆塔横担或与线夹之间连接，也用于将避雷线紧固或悬挂在杆塔上，拉线固定在杆塔上等。根据其用途不同分为U形挂环、U形螺栓、U形挂板、U形拉板、直角挂板、平行挂板、延长环、环板、调整板和联板等，常用连接金具如图8-11所示。

(3) 接续金具。接续金具用于导线、避雷线、承力杆塔跳线接续及导线、避雷线损伤修补。如接续管、预绞丝补修条、并沟线夹等。接续管中的圆形接续管用于大截面导线接续及避雷线的接续，椭圆形接续管用于中、小截面导线的接续；预绞丝补修条用于导线、避雷线的损伤补修：并沟线夹用于导线、避雷线作为跳线时的接续，如图8-12所示。

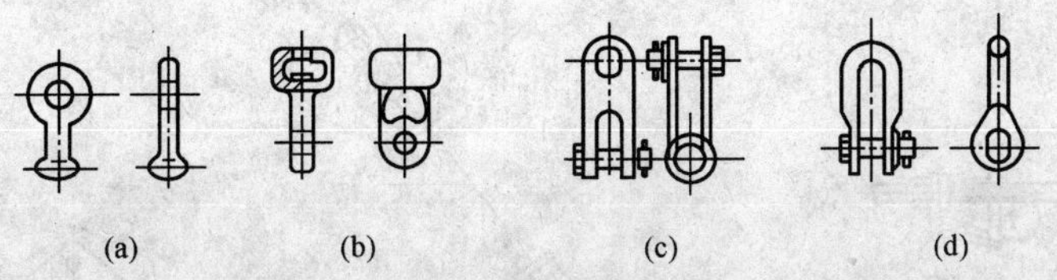

图 8-11 连接金具

（a）球头挂环；（b）碗头挂板；（c）直角挂板；（d）U 形挂环

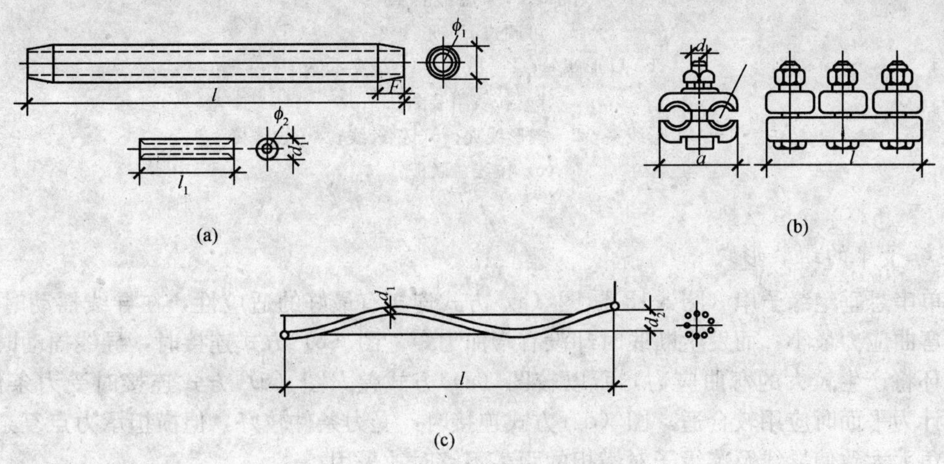

图 8-12 接续金具

（a）接续管；（b）并沟线夹；（c）预绞丝补修条

（4）保护金具。保护金具用于导线、避雷线及绝缘子的防损伤保护。常用的保护金具有防振锤、护线条、均压环、重锤和间隔棒等。其中防振锤具有抑制导线、避雷线振动的作用；护线条能增强导线的耐振性能；均压环能改善绝缘子串上的电位分布，延长绝缘子的使用寿命；重锤起抑制悬垂绝缘子串及跳线绝缘子串摇摆度过大和直线杆塔上导线、避雷线上拔的作用；间隔棒用于固定分裂导线排列的几何形状，防止导线相互鞭击而损伤，如图 8-13 所示。

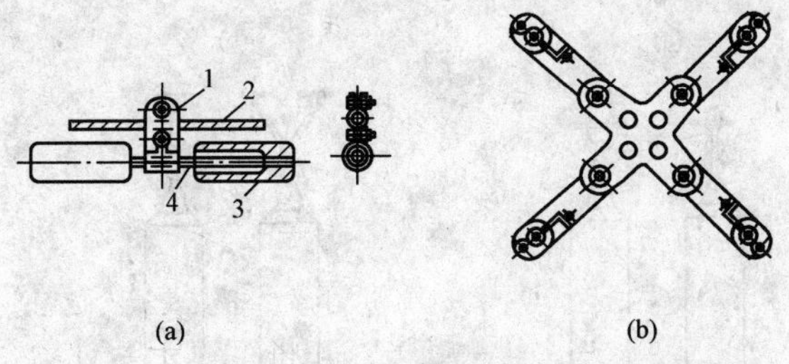

图 8-13 保护金具

（a）防振锤；（b）500kV 四分裂导线的间隔棒

1—压板；2—导线；3—锤头；4—钢绞线

（5）拉线金具。拉线金具用于拉线的紧固、连接和调整。常用的拉线金具有 UT 形线夹、楔形线夹、拉线二联板等，如图 8-14 所示。

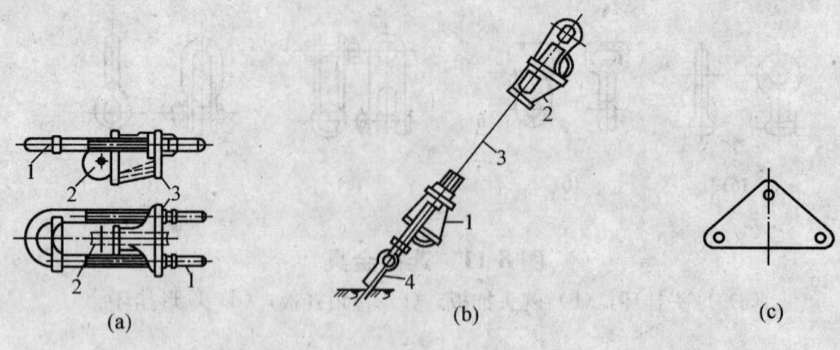

图 8-14　拉线金具

(a) 可调式 UT 形线夹

1—U 形螺丝；2—楔子；3—线夹本体

(b) 拉线组装图

1—UT 形线夹；2—楔形线夹；3—钢绞线；4—拉线棒

(c) 拉线二联板

2. 绝缘子串的组装形式

(1) 单串悬垂绝缘子串（图 8-15）。图（a）方式连接有最好的适应性，在导线摇动时 U 形挂板产生的弯曲应力最小，而发生断线时却没有弯曲力矩。图（b）方式连接时，导线摇动时力臂较长，U 形环将产生较大的弯曲应力，所以较图（a）方式差。图（c）方式连接时受力条件较差，但横担设计为平面时应用较合适。图（d）方式连接时，受力条件较好，但横担承力点复杂，只在导线摇摆角太大致使导线及绝缘子对横担的距离不够时才采用。

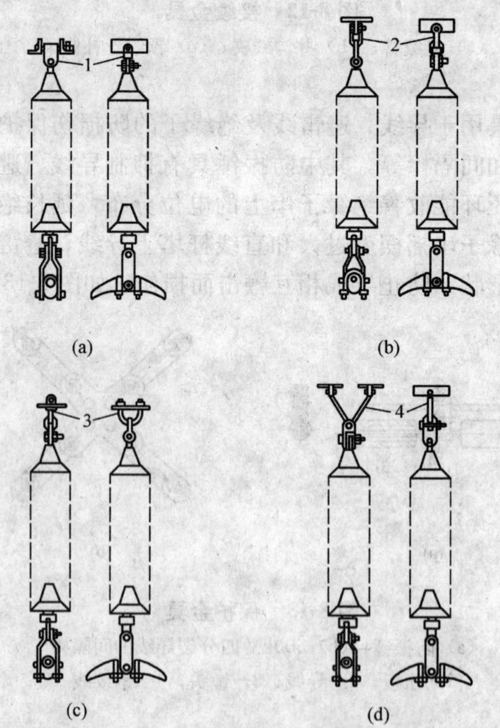

图 8-15　悬垂串与横担连接方式

(a) U 形挂板连接；(b) U 形环连接；(c) U 形螺丝连接；(d) V 形延长杆连接

1—U 形挂板；2—U 形环；3—U 形螺丝；4—V 形延长杆

（2）四分裂导线单联悬垂绝缘子串（图 8-16）。对于 500kV 线路直线杆塔悬垂绝缘子串，每相每串一般用 28 片悬式绝缘子串联而成，如果一串绝缘子强度不够，还要用联板将数串进行并联。为改善绝缘子串上电位分布，防止部分绝缘子因长时间承受过高电压而导致绝缘子老化损坏，在绝缘子串接近导线侧装有均压环。线夹为防晕型悬垂线夹。

（3）单串耐张绝缘子串（图 8-17）。显而易见图（b）、图（c）的连接方式最为灵活，可避免产生较大弯矩，其中图（b）的连接方式对各种下倾转动适应性差，但能适应其他转角的变化。图（a）方式的缺点是没有灵活性，由于导线下倾角变化较大，会使 U 形环和拉板产生弯矩，但这种方式能将巨大张力通过拉线尾板传到主材和斜材，而不集中于一根螺栓上，而且结构简单，因而被较多采用。

（4）四分裂导线单联耐张绝缘子串。对于 500kV 线路承力杆塔耐张绝缘子串，每相每串一般用 29 片悬式绝缘子串联而成，如果一串绝缘子拉力不够，还要用联板将数串进行并联。为防止电晕放电，在导线附近装有屏蔽环或均压屏蔽环，如图 8-18 所示。

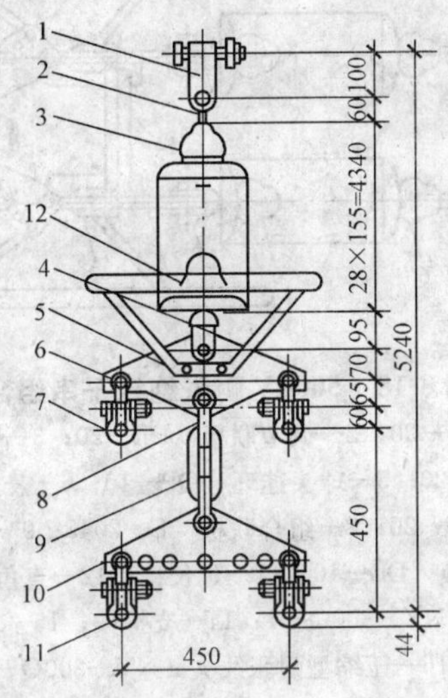

图 8-16　500kV 悬垂绝缘子串组装图

1—U 形挂板；2—球头挂环；3—悬式绝缘子；4—碗头挂板；
5—组合联板；6—直角挂板；7—防晕线夹；8—U 形挂环；
9—延长环；10—组合联板；11—铝包带；12—均压环

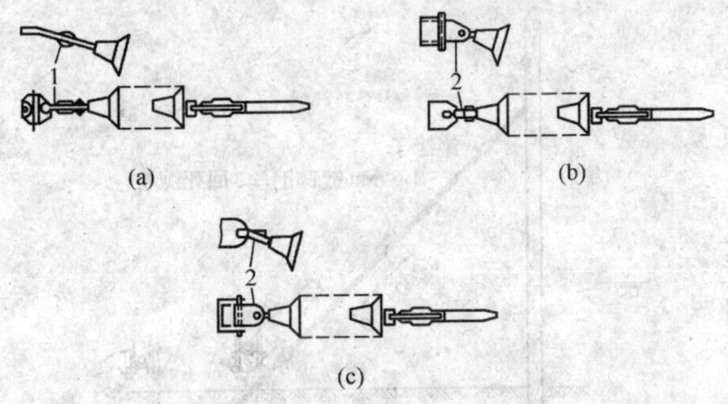

图 8-17　耐张绝缘子串与横担连接方式

（a）U 形环连接；（b）U 形拉板横转连接；（c）U 形拉板竖转连接

1—U 形环；2—U 形拉板

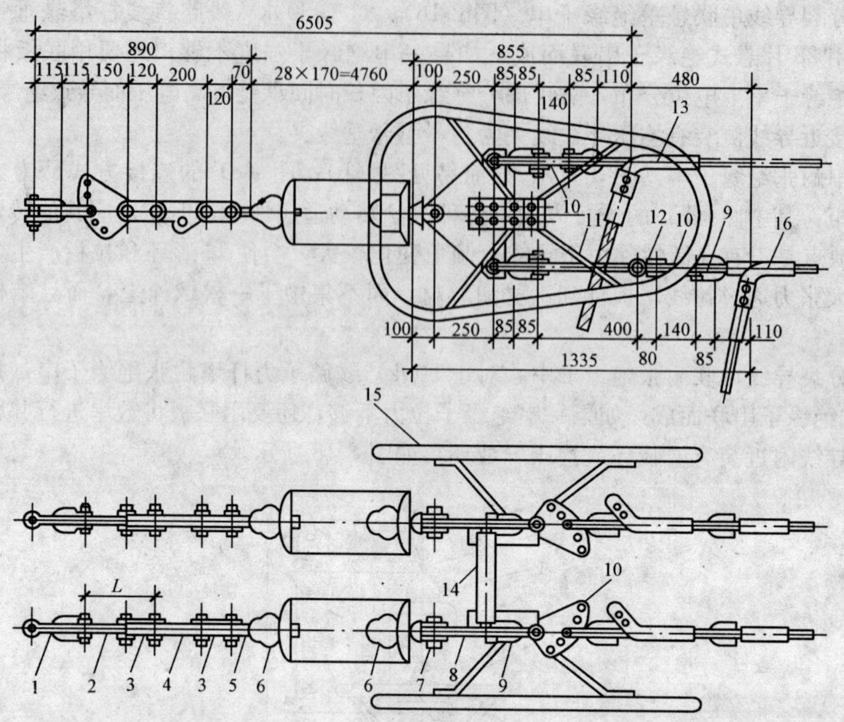

图 8-18 500kV 耐张绝缘子串组合图

1—U 形挂环 U—20；2—调节联板 DB—20；3—平行挂板 P—20；
4—前延板 QY—20；5—球头挂环 QP—10；6—悬式绝缘子 XP—20；
7—碗头挂板 WS—20；8—组合联板 L—2045；9—U 形挂环 U—10；
10—调节联板 DB—10；11—延长杆；12—直角挂板 Z—10；
13—压缩型耐张线夹 NY—300Q—1；14—支撑架；15—均压屏蔽环 JP—500N；
16—压缩型耐张线夹 NY—300Q—1

技能要点 5：拉线

1. 普通拉线

用在线路的终端杆、转角杆、耐张杆等处，主要起平衡力的作用，如图 8-19 所示。

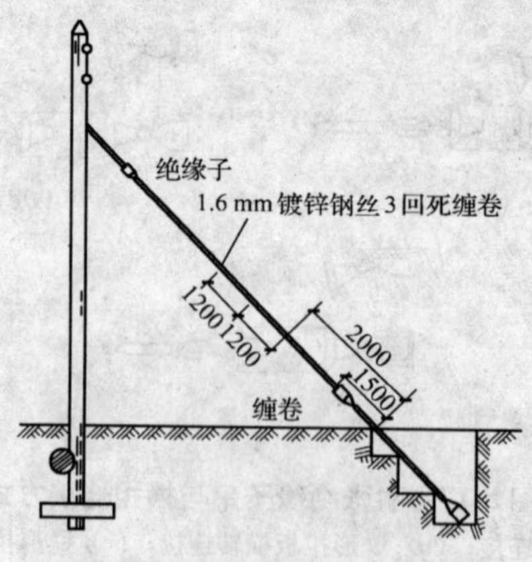

图 8-19 普通拉线

2. 两侧拉线（或称人字拉线）

横线路方向装设在直线杆的两侧，用以增强电杆抗风吹倒的能力。

3. 四方拉线（或称十字拉线）

横线方向电杆的两侧和顺线路方向电杆的两侧都装设拉线，统称为四方拉线，用以增强耐张单杆和土质松软地区电杆的稳定性。

4. V 形拉线（或称 V 形拉线）

这种拉线分为垂直 V 形和水平 V 形两种，主要用在电杆较高、横担较多、架设导线条数较多时，在拉力合力点上下两处各安装一字拉线。在Ⅱ型杆安装水平 V 形接线，参见图 8-20。

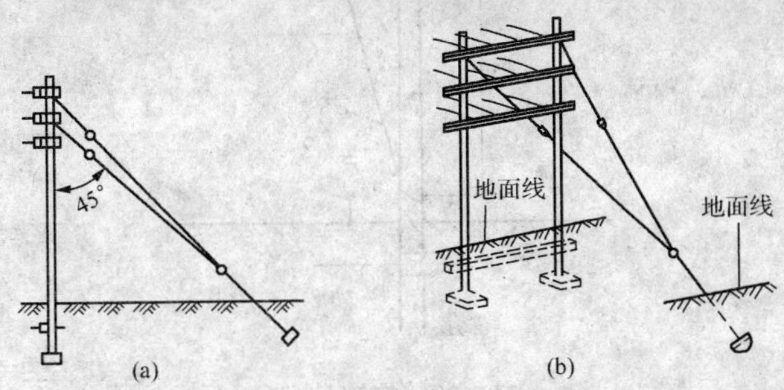

图 8-20　V 形拉线（Y 形拉线）

（a）垂直；（b）水平

5. 过道拉线（或称水平拉线）

由于电杆距离道路太近，不能就地安装拉线，或跨越其他设备时，则采用过道拉线。即在道路的另一侧立一根拉线杆，在此杆上作一条过道拉线和一条普通拉线。过道拉线应保持一定高度，以免妨碍行人和车辆的通行，参见图 8-21。

6. 共同拉线

在直线路的电杆上产生不平衡拉力时，因地形限制不能安装拉线时，可采用共同拉线，即将拉线固定在相邻电杆上，用以平衡拉力，参见图 8-22。

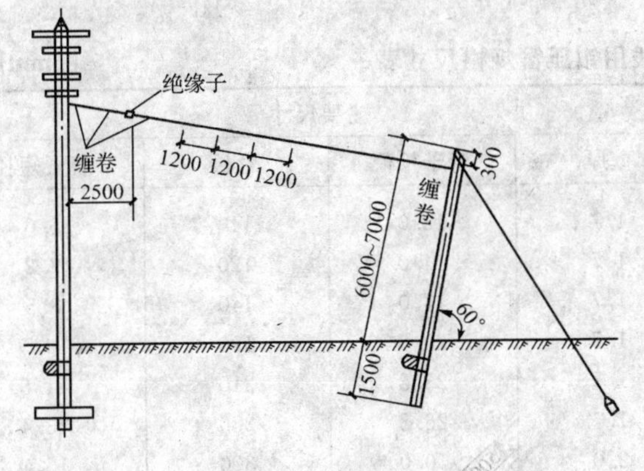

图 8-21　过道拉线

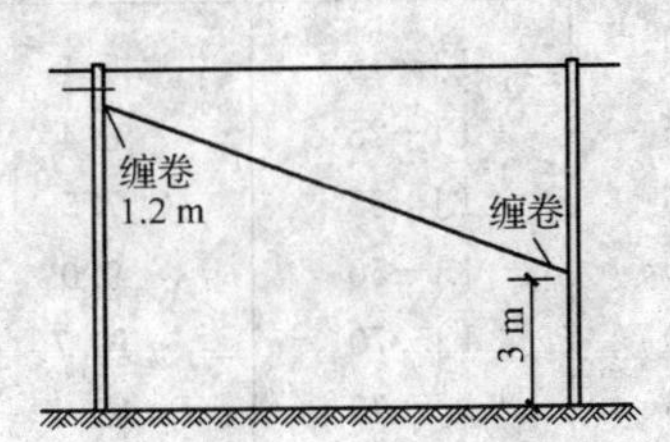

图 8-22　共同拉线

7. 弓形拉线（或称自身拉线）

为防止电杆弯曲，因地形限制不能安装拉线时，可采用弓形拉线。此时电杆的地中横木需要适当加强，其形式参见图 8-23。

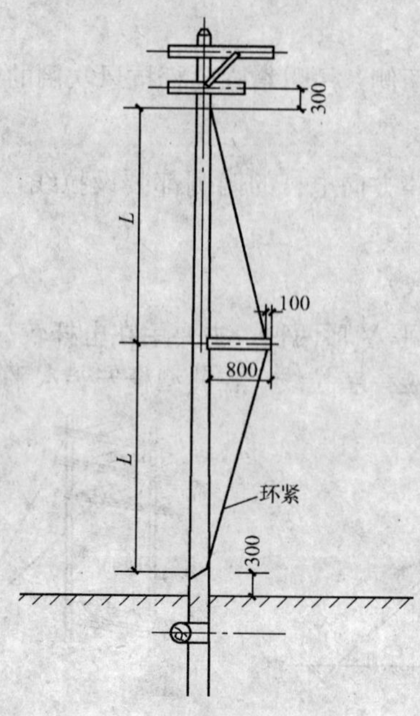

图 8-23　弓形拉线

（1）弓形拉线用的拉线支撑长度为 1m，顶在电杆上的那一端削成凹形，装拉线那一端距端头约 100mm 钻一通过拉线的孔。

（2）拉线支撑设在拉线中间，为使拉线支撑经常保持水平位置，应用铁线使其与电杆固定靠。

（3）弓形拉线的上端，固定在距离下部横担 300mm 处；拉线下端固定在距离地面 300mm 处。

技能要点 6：导线连接管

铝绞线及钢芯铝绞线的连接，多采用钳压法连接，即将要连接的两根导线的端头，穿入铝压接管中，利用压钳的压力使铝管变形，把导线挤压钳紧。压接管和压模的型号应根据导线的型号选用（铝绞线压接管和钢芯铝绞线压接管规格不同，不能互相代用）。

铝绞线用钳压管的规格如表 8-21 所示。

表 8-21　铝绞线用钳压管规格尺寸表　(mm)

型　号	适用导线		主要尺寸			
	型号	外径	壁厚	管子长径	管长	管子短径
QL－16	LJ－16	5.1	1.7	12.0	110	6.0
QL－25	LJ－25	6.4	1.7	14.0	120	7.2
QL－35	LJ－35	7.5	1.7	17.0	140	8.5
QL－50	LJ－50	9.0	1.7	20.0	190	10.0
QL－70	LJ－70	10.7	1.7	23.2	210	11.6
QL－95	LJ－95	12.4	1.7	26.8	280	13.4
QL－120	LJ－120	14.0	2.0	30.0	300	15.0
QL－150	LJ－150	15.8	2.0	34.0	320	17.0
QL－185	LJ－185	17.5	2.0	38.0	340	19.0

钢芯铝绞线用钳压管的规格如表 8-22 所示。

表 8-22　钢芯铝绞线用钳压管规格尺寸表　(mm)

型　号	适用导线		主要尺寸			
	型号	外径	壁厚	管子长径	管长	管子短径
QLG－25	LGJ－25	6.6	1.7	16	270	7.5
QLG－35	LGJ－35	8.4	2.1	19	340	9.0
QLG－50	LGJ－50	9.6	2.3	22	420	10.5
QLG－70	LGJ－70	11.4	2.6	26	500	12.5
QLG－95	LGJ－95	13.7	2.6	31	690	15.0
QLG－120	LGJ－120	15.2	3.1	35	910	17.0
QLG－150	LGJ－150	17.0	3.1	39	940	19.0
QLG－185	LGJ－185	19.0	3.4	43	1040	21.0
QLG－240	LGJ－240	21.6	3.9	48	1540	23.5

技能图解 27　基坑开挖

技能结构框线图

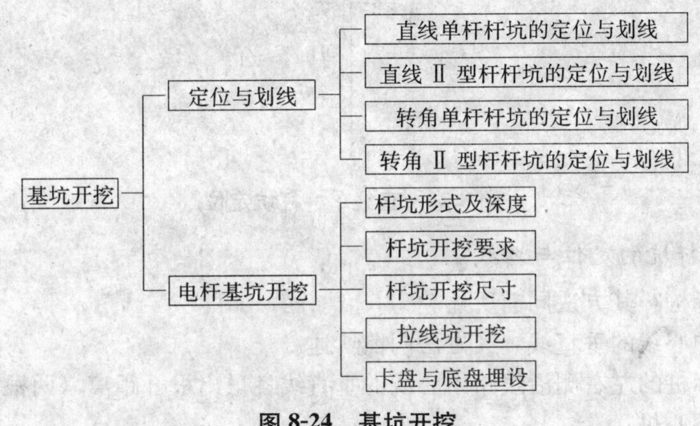

图 8-24　基坑开挖

技能要点 1：定位与划线

1. 直线单杆杆坑的定位与划线

(1) 杆位标桩检查。在需要检查的标桩及其前后相邻的标桩中心点上各立一根测杆，从一侧看过去，要求三根测杆都在线路中心线上，则被检查的标桩位置才正确；此时，在标桩前后沿线路中心线各钉一辅助标桩，以确定其他杆坑位置。

(2) 用大直角尺找出线路中心线的垂直线，将直角尺放在标桩上，使直角尺中心 A 与标桩中心点重合，并使其垂边中心线 AB 与线路中心线重合，此时直角尺底边 CD 即为路线中心线垂直线（图 8-25），在此垂直线上于标桩的左右侧各钉一辅助标桩。

(3) 根据表 8-23 中的公式计算出坑口宽度和周长（坑口四个边的总长度），用皮尺在标桩的左右侧沿线路中心线的垂直线各量出坑口宽度的一半（即为坑口宽度），钉上两个小木桩，再用皮尺量取坑口周长的一半，折成半个坑口形状，将皮尺的两个端头放在坑宽的小木桩上，拉紧两个折点，使两折点与小木桩的连线平行于线路中心线，此时两折点与小木桩和两折点间的连接即为半个坑口尺寸，依此划线后，将尺翻过来按上述方法划出另半个坑口尺寸，这样即完成了坑口划线工作，如图 8-25 所示。

表 8-23 坑口尺寸加大的计算公式

土质情况	坑壁坡度	坑口尺寸
一般黏土、砂质黏土	10%	$B=b+0.4+0.1h\times2$
砂砾、松土	30%	$B=b+0.4+0.3h\times2$
需用挡土板的松土	—	$B=b+0.4+0.6$
松石	15%	$B=b+0.4+0.15h\times2$
坚石	—	$B=b+0.4$

注：a—坑底尺寸，$a=b+0.4$m；

h—坑的深度，m；

b—杆根宽度（不带地中横木、卡盘或底盘者），m；或地中横木或卡盘长度者（带地中横土或卡盘者），m；或底盘宽度（带底盘者），m。

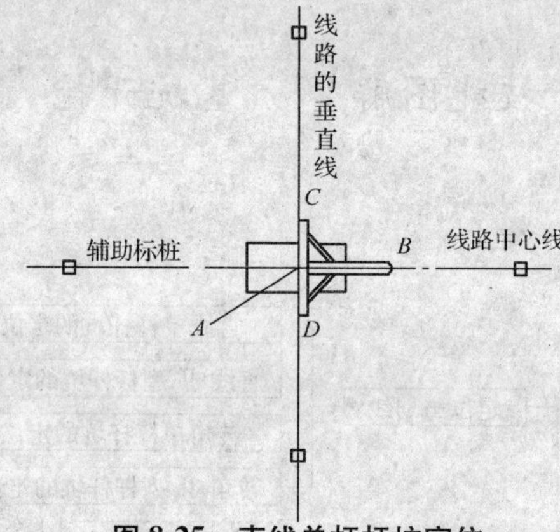

图 8-25 直线单杆杆坑定位

2. 直线Ⅱ型杆杆坑的定位与划线

(1) 检查杆位标桩，其方法同前所述。

(2) 找出线路中心线的垂直线，其方法同前所述。

(3) 用皮尺在标桩的左右侧沿线路中心线的垂直线各量出根开距离（两根杆中心线间的距离）的一半，各钉一杆中心桩。

(4) 根据表 8-23 中的公式计算出坑口宽度和周长后，将皮尺放在两杆坑中心桩上，量出每个坑口的宽度，然后按前述方法划出两坑口尺寸，如图 8-26 所示。

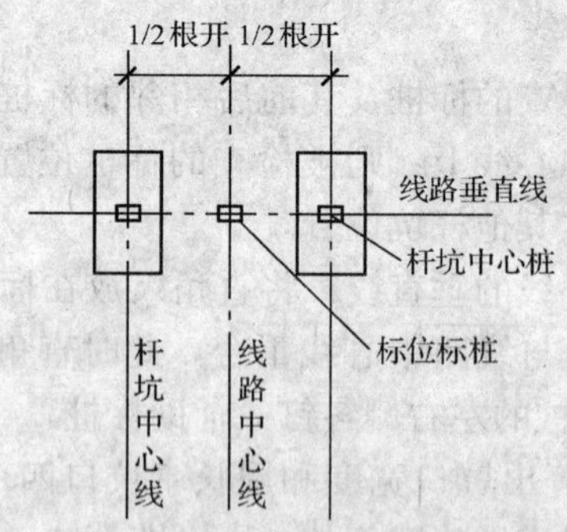

图 8-26 直线Ⅱ型杆杆坑定位

(5) 如为接腿杆时，根开距离应加上主杆与腿杆中心线间的距离，以使主杆中心对正杆坑中心。

3. 转角单杆杆坑的定位与划线

(1) 检查转角杆的标桩时，在被检查的标桩前、后邻近的四个标桩中心点上各立直一根测杆，从两侧各看三根测杆（被检查标桩上的测杆从两侧看都包括它），若转角杆标桩上的测杆正好位于所看两直线的交叉点上，则表示该标桩位置正确。然后沿所看两直线上的标桩前后侧的相等距离处各钉一辅助标桩，以备电杆及拉线坑划线和校验杆坑挖掘位置是否正确之用。

（2）将大直角尺底边中点 A 与标桩中心点重合，并使直角尺底边与两辅助标桩连线平行，划出转角二等分线 CD 和转角二等分线的垂直线（即直角尺垂边中心线 AB，此线与横担方向一致），然后在标桩前后左右于转角等分线的垂直线和转角等分角线各钉一辅助标桩，以备校验杆坑挖掘位置是否正确和电杆是否立直之用。

（3）根据表 8-23 中的公式计算出坑口宽度和周长，用皮尺在转角等分角线的垂直线上量出坑宽并划出坑口尺寸，其方法与直线单杆相同，如图 8-27 所示。

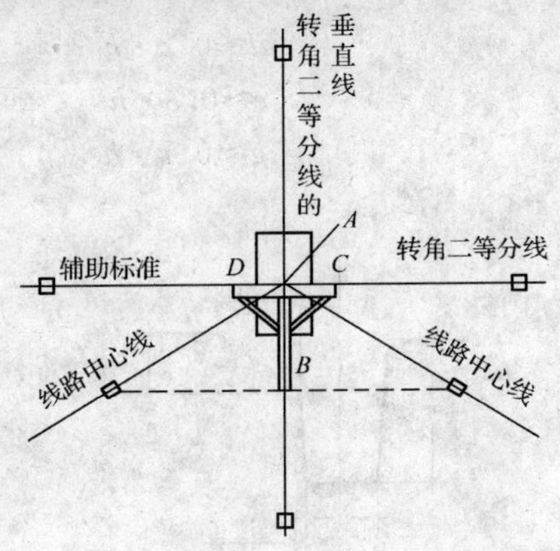

图 8-27　转角杆杆坑的定位与划线

（4）如为接腿杆时，则使杆坑中心线向转角内侧移出主杆与腿杆中心线间的距离。

4. 转角Ⅱ型杆杆坑的定位与划线

（1）检查杆位标桩，其方法与转角单杆相同。

（2）找出转角等分角线和转角等分角线的垂直线，其方法与转角单杆相同。

（3）划出坑口尺寸，其方法与直线Ⅱ型杆相同。如图 8-28 所示。

（4）如为接腿杆时，根开距离应加上主杆与腿杆中心线间的距离。

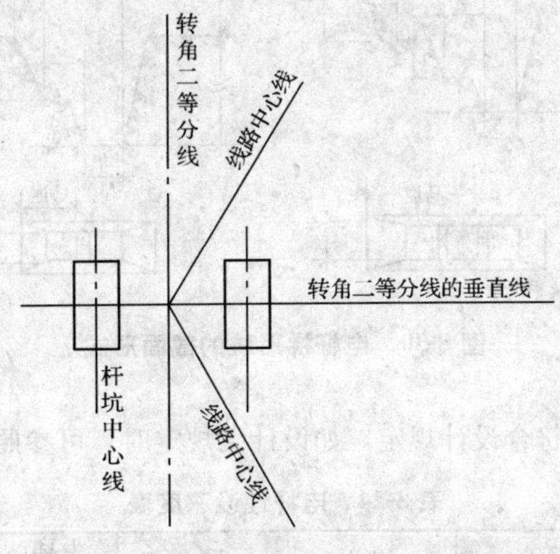

图 8-28　转角Ⅱ型杆杆坑的定位与划线

技能要点 2：电杆基坑开挖

1. 杆坑形式及深度

（1）圆杆坑。如图 8-29 所示。

（2）梯形坑。如图 8-30 所示。

三阶杆坑

$B \approx 1.2 \cdot h$

$b \approx$ 基础底面＋（0.2～0.4）m

f≈0.3·h

g≈0.4·h

二阶杆坑

$B \approx 1.2 \cdot h$

$b \approx$ 基础底面＋（0.2～0.4）m

$c \approx 0.35 \cdot h$

$d \approx 0.2 \cdot h$

$e \approx 0.3 \cdot h$

$c \approx 0.07 \cdot h$

$d \approx 0.2 \cdot h$

$e \approx 0.3 \cdot h$

$g \approx 0.7 \cdot h$

图 8-29　圆杆坑

注：坑口尺寸见表 8-23

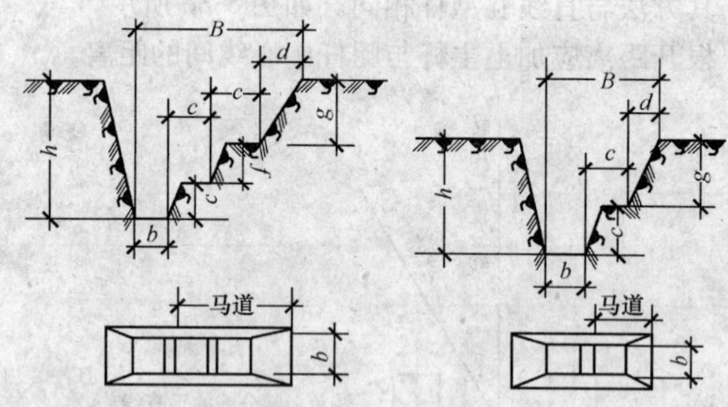

图 8-30　电杆梯形坑的截面形式

（3）电杆基础坑深度应符合设计规定。如设计无规定时，可参照表 8-24。

表 8-24　电杆埋设深度表　(m)

杆长	8.0	9.0	10.0	11.0	12.0	13.0	15.0
埋深	1.5	1.6	1.7	1.8	1.9	2.0	2.3

注：遇有土质松软、流沙、地下水位较高等情况时，应做特殊处理。

拉线坑的截面和形式可根据具体情况确定，深度一般为1～1.2m。

电杆基础坑深度的允许偏差应为＋100mm、－50mm。

2. 杆坑开挖要求

立杆需挖的坑有杆坑和拉线坑。电杆的基坑有圆形坑和梯形坑，可根据所使用的立杆工具和电杆是否加装底盘，确定挖坑的形状。

（1）圆形坑开挖。对于不带卡盘或底盘的电杆，可用螺旋钻洞器、夹铲等工具，挖成圆形坑。挖掘时，将螺旋钻洞器的钻头对准杆位标桩，由两人推动横柄旋转，每钻进150～200mm，拔出钻洞器，用夹铲清土，直到钻成所要求的深度为止。圆坑直径比电杆根径大100mm为宜。

（2）梯形坑开挖。用于杆身较高较重及带卡盘和底盘的杆坑或拉线坑。梯形坑可分为二阶坑和三阶坑两种坑深在1.8m及以下者采用两阶坑；坑深在1.8m以上用三阶坑，如图8-30所示。

无底盘的用汽车吊立杆的水泥杆坑，通常挖圆形坑，圆形坑的土方量小，对电杆的稳定性也好，施工方便。用人力和抱杆等工具立杆的，应开挖成带有马道的梯形坑，主杆中心线在设计杆位的中心，马道应开挖在立杆的一侧。拉线坑应开挖在标定拉线桩位处，其中心线及深度应符合设计要求。在拉线引入一侧应开挖斜槽，以免拉线不能伸直，影响拉力。

马道尺寸可根据坑深和立杆施工的需要而定。直线杆塔应开在顺线路方向上，转角杆的马道应垂直于内侧角的二等分线。一般马道长1～1.5m，深0.6～1.2m，宽0.4～0.6m。通常，用固定抱杆立杆的圆坑可不开马道，只有采用倒落式抱杆立杆时才开马道。

3. 杆坑开挖尺寸

坑口横断面见图8-31，坑宽B值根据土质情况按表8-25中的公式计算。

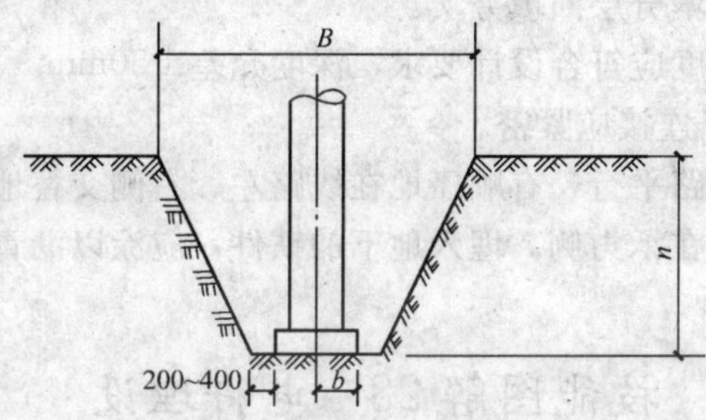

图8-31　杆坑横断面图

表8-25　坑口尺寸计算公式

土质情况	坑宽尺寸（m）	注
一般黏土、砂质黏土	$B=b+0.6+0.2h\times2$	式中 B—坑口宽度（m）； b—底盘宽度（m）； h—基础埋深（m）
砂砾、松土	$B=b+0.6+0.3h\times2$	
需用挡土板的松土	$B=b+0.6+0.6$	
松　石	$B=b+0.4+0.16h\times2$	
坚　石	$B=b+0.4$	

4. 拉线坑开挖

拉线坑深度应根据拉线盘埋设深度确定，拉线盘埋设深度应符合工程设计规定，工程设计无规定时，可参照表8-26数值确定。

表 8-26 拉线盘埋设深度

拉线棒长度（m）	拉线盘 长×宽（mm）	埋深（m）
2	500×300	1.3
2.5	600×400	1.6
3	800×600	2.1

5. 卡盘与底盘埋设

电杆基础坑深度符合要求，即可以安装底盘。底盘就位时，用大绳拴好底盘，立好滑板，将底盘滑入坑内。如圆形坑应用汽车吊等起重工具吊起底盘就位。电杆底盘就位后，用线坠找好杆位中心，将底盘放平、找平。底盘的圆槽面应与电杆中心线垂直，找正后应填土夯实至底盘表面。采用钢模现浇底盘时，近几年在线路工程中也普遍的采用，不但可以节约木材，也更容易保证质量。支模板时应符合基础设计尺寸的规定，模板支好后，将搅拌好的混凝土倒入坑内，再找平、拍实。当不用模板进行浇筑时，应采取防止泥土等杂物混入混凝土中的措施。

电杆底盘浇筑好以后，用墨汁在底盘弹出杆位线。底盘安装允许偏差，应使电杆组立后满足电杆允许偏差规定。

卡盘一般情况下都可不用，仅在土壤很不好或在较陡斜坡上立杆时，为了减少电杆埋深才考虑使用它或进行基础处理。如果装设卡盘时，卡盘应设在自地面起至电杆埋设深度的 1/3 处，并须符合下列要求：

（1）安装前应将其下部土壤分层回填夯实。

（2）安装位置、方向、深度应符合设计要求，深度允差±50mm。当设计无要求时，上平面距地面不应小于 500mm；与电杆连接应紧密。

（3）直线杆的卡盘应与线路平行，有顺序地在线路左、右侧交替地埋设。

（4）承力杆的卡盘应埋设在承力侧。埋入地下的铁件，应涂以沥青，以防腐蚀。

技能图解 28 电杆埋设

技能结构框线图

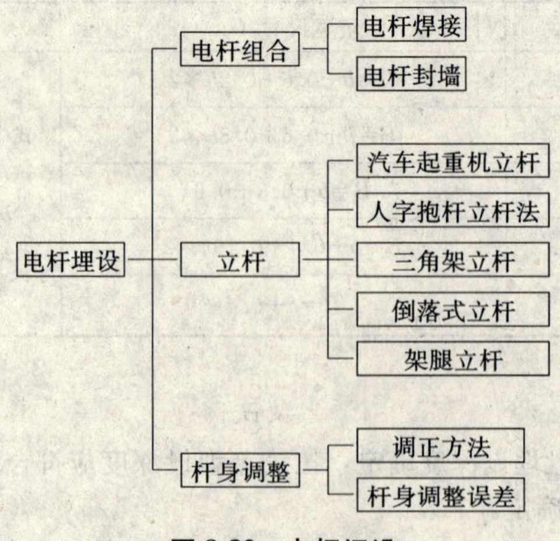

图 8-32 电杆埋设

技能要点 1：电杆组合

1. 电杆焊接

电杆在焊接前应核对桩号、杆号、杆型与水泥杆杆段编号、数量、尺寸是否相符，并检查电杆的弯曲和有无裂缝情况。

用直角尺检查分段杆的钢圈平面与杆身平面应垂直。并用钢丝刷将焊口处的油脂、铁锈、泥污等物清除干净。

钢圈连接的钢筋混凝土电杆，进行焊接连接时，电杆杆身下面两端应最少各垫道木一块。

电杆焊接时应符合下列规定：

(1) 应由经过焊接专业培训的并经考试合格的焊工操作，焊完后的电杆经自检合格后，在规定部位打上焊工的代号钢印。

(2) 电杆钢圈的焊口对接处，应仔细调整对口距离，达到钢圈上下平直一致，同时又保持整个杆身平直。钢圈对齐找正时，中间应留有 2～5mm 的焊口缝隙。当钢圈有偏心时，其错口不应大于 2mm 缝隙。当钢圈有偏心时，其错口不应大于 2mm。

杆身调直后，从两端的上、下，左、右向前方目测均应成一直线，才能进行施焊。

(3) 钢圈焊口上的油脂、铁锈、泥垢等物应清除干净。焊口符合要求后，先点焊 3～4 处，然后对称交叉施焊。点焊所用焊条应与正式焊接用的焊条相同。

(4) 钢圈厚度大于 6mm 时，应采用 V 形坡口多层焊接，焊接中应特别注意焊缝接头和收口质量。多层焊缝的接头应错开，收口时应将熔池填满。焊缝中严禁堵塞焊条或其他金属。

(5) 焊缝应有一定的加强面，其高度和遮盖宽度应符合表 8-27 和图 8-33 的规定。

表 8-27　焊缝加强面尺寸　(mm)

项目	钢圈厚度 s	
	<10	10～20
高度 c	1.5～2.5	2～3
宽度 e	1～2	2～3

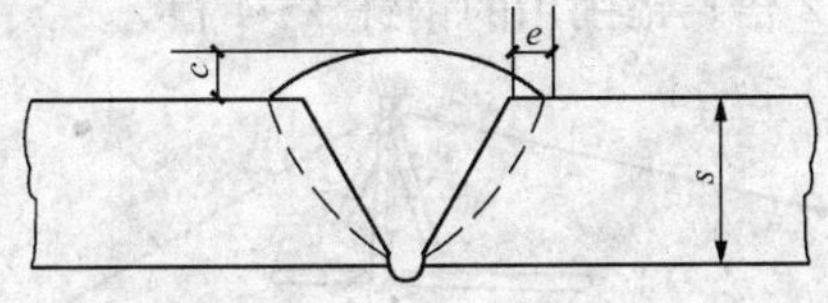

图 8-33　焊缝加强面尺寸

(6) 焊缝表面应美观呈平滑的细鳞状熔融金属与基本金属平缓连接，无折皱、间断、漏焊及未焊满的陷槽，并不应有裂纹。基本金属的咬边深度不应大于 0.5mm；且不应超过圆周长的 10%，当钢材厚度超过 10mm 时，不应大于 1.0mm，仅允许有个别表面气孔。

(7) 雨、雪、大风时应采取妥善防护措施。施焊中杆内不应有穿堂风。当气温低于－20℃时，应采取预热措施，预热温度为 100～120℃。焊后应使温度缓慢下降。严禁用水降温。

(8) 焊接时转动杆身可用绳索，也可用木棒及铁钎在下面垫以道木橇拨，不准用铁钎穿入杆杆身内撬动。

(9) 焊完后的电杆其分段弯曲度及整杆弯曲度均不得超过对应长度的2/1000，超过时，应割断重新焊接。

(10) 电杆的钢圈焊接头应按设计要求进行防腐处理。设计无规定时，可将钢圈表面铁锈和焊缝的焊渣与氧化层除净，先涂刷一层红樟丹，干燥后再涂刷一层防锈漆处理。

(11) 焊接完成后的电杆自检合格后，在上部钢圈处打上焊工代号钢印。

2. 电杆封堵

钢筋混凝土电杆顶端要封堵良好。电杆上端的封堵，主要是为防止电杆投入运行后，杆内积水，侵蚀钢筋，导致电杆损伤。

关于钢筋混凝土电杆下端封堵问题，由于一些地区或某一地段，地下水位较高，且气候寒冷，电杆底部不封堵，进水后，在寒冷的季节中，有造成电杆冻裂、损坏现象，应考虑地区情况，按设计要求进行。当设计无要求时，电杆下端可不封堵。

技能要点 2：立杆

立杆的方法很多。常用的有汽车起重机立杆、人字抱杆立杆、三角架立杆、倒落式立杆和架腿立杆等。

1. 汽车起重机立杆

这种方法适用范围广、安全、效率高，有条件的地方尽量采用。立杆时，先将汽车起重机开到距坑道适当位置加以稳固，然后在电杆（从根部量起）1/2～1/3 处系一根起吊钢丝绳，再在杆顶向下 500mm 处临时系 3 根调整绳。起吊时，坑边站两人负责电杆根部进坑，另由 3 人各拉一根调整绳。起吊时以坑为中心，站位呈三角形，由 1 人负责指挥。当杆顶吊离地面 500mm 时，对各处绑扎的绳扣进行一次安全检查，确认无问题后再继续起吊。电杆竖立后，调整电杆位于线路中心线上，偏差不超过 50mm，然后逐层（300mm 厚）填土夯实。填土应高于地面 300mm，以备沉降。

2. 人字抱杆立杆法

这是一种简易的立杆方式，它主要依靠装在人字抱杆顶部的滑轮组，通过钢丝绳穿绕杆脚上的转向滑轮，引向绞磨或手摇卷扬机来吊立电杆（图 8-34）。所用的起吊工具，以立 10kV 线路电杆为例：有人字抱杆 1 副（杆高约为电杆高度的 1/2）；承载 3t 的滑轮组一副，承载 3t 的转向滑轮一个；绞磨或手摇卷扬机一台；起吊用钢丝绳（ϕ10）45m；固定人字抱杆用牵引钢丝绳两条（ϕ6），长度为电杆高度的 1.5～2 倍；锚固用的钢钎 3～4 根。

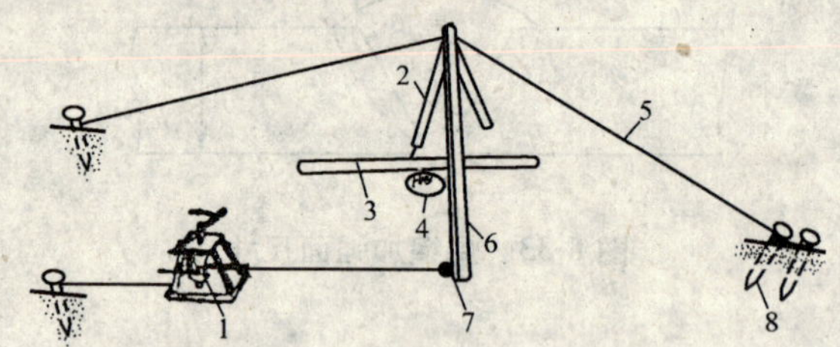

图 8-34 人字抱杆立杆示意图

1—绞磨（或手摇卷扬机）；2—滑轮组；3—电杆；4—杆坑；5—钢丝牵引绳；6—固定式抱杆；7—转向滑轮；8—锚固用钢钎

3. 三脚架立杆

三脚架立杆也是一种较简易的立杆方式。它主要依靠装在三角架上的小型卷扬机、上下两只滑轮、牵引钢丝绳等吊立电杆。立杆时，首先将电杆移到电杆坑边，立好三脚架，做好防止三脚架根部活动和下陷的措施，然后在电杆梢部系三根拉绳，以控制杆身。在电杆杆身 1/2 处，系一根短的起吊钢丝绳，套在滑轮吊钩上。用手摇卷扬机起吊时，当杆梢离地500mm时，对绳扣作一次安全检查，认为确无问题后，方可继续起吊。将电杆竖起落于杆坑中，最后调正杆身，填土夯实。

4. 倒落式立杆

如图8-35所示。立杆用的工具主要有抱杆、滑轮、卷扬机（或绞磨）、钢丝绳等。立杆前，先将制动用钢丝绳一端系在电杆根部，另一端在制动桩上绕3～4圈，再将起吊钢丝绳一端系在抱杆顶部的铁帽上，另一端绑在电杆长度的2/3处。在电杆顶部接上临时调整绳3根，按三个角分开控制。总牵引绳的方向要与制动桩、坑中心、抱杆铁帽处于同一直线上。

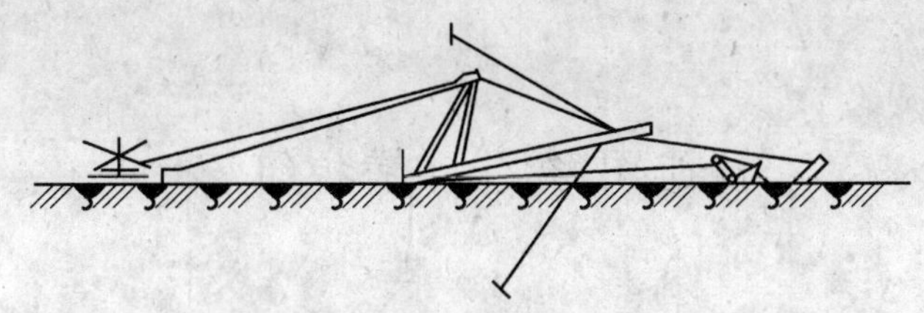

图8-35　倒落式立杆法

起吊时，抱杆和电杆同时竖起，负责制动绳和调整绳的人要配合好，加强控制。当电杆起立至适当位置时，缓慢松动制动绳，使电杆根部逐渐进入坑内，但杆根应在抱杆失效前接触坑底。当杆根快要触及坑底时，应控制其正好处于立杆的正确位置上。在整个立杆过程中，左右侧拉线要均衡施力，以保证杆身稳定。当杆身立至与地面成70°位置时，反侧临时拉线要适当拉紧，以防电杆倾倒。当杆身立至80°时，立杆速度应放慢，并用反侧拉线与卷扬机配合，使杆身调置到正直。最后用填土将基础填妥、夯实，拆卸立杆工具。

除倒落法外，还有一种吊立法。吊立法和倒落法的不同点，是先将人字抱杆立起，将其固定好后，利用人字抱杆起吊混凝土电杆，所用的工具都与倒落法相同。

对于7～9m长的轻型钢筋混凝土电杆，可以不用卷扬机，而采用人工牵引。

5. 架腿立杆

利用撑杆来竖立电杆，也叫撑式立杆。这种方法使用工具比较简单，但劳动强度大。当立杆少，又缺乏立杆机具的情况下，可以采用。但只能竖立木杆和9m以下的混凝土电杆。用这种方法立杆，先将杆根移至坑边，对正马道，坑壁竖一块木滑板，电杆梢部系三根拉绳，以控制杆身，防止在起立过程中倾倒，然后将电杆梢抬起，到适当高度时用撑杆交替进行，向坑心移动，电杆即逐渐竖起。

技能要点3：杆身调整

1. 调正方法

一人站在相邻未立杆的杆坑线路方向上的辅助标桩处（或其延长线上），面对线路向已立杆方向观测电杆，或通过垂球观测电杆，指挥调整杆身，或使与已立正直的电杆重合。如为转角杆，观测人站在与线路垂直方向或转角等分角线的垂直线（转角杆）的杆坑中心辅助桩延长线上，通过垂球观测电杆，指挥调正杆身，此时横担轴向应正对观测方向。

调整杆位，一般可用杠子拨，或用杠杆与绳索联合吊起杆根，使移至规定位置。调整杆面，可用转杆器弯钩卡住，推动手柄使杆旋转。

2. 杆身调整误差

（1）直线杆的横向位移不应小于50mm；电杆的倾斜不应使杆梢的位移大于半个杆梢。

（2）转角杆应向外角预偏，紧线后不应向内角倾斜，向外角的倾斜不应使杆梢位移大于一个杆梢。转角杆的横向位移不应大于 50mm。

（3）终端杆立好后应向拉线侧预偏，紧线后不应向拉线反方向倾斜，向拉线侧倾斜不应使杆梢位移大于一个杆梢。

（4）双杆立好后应正直，位置偏差不应超过下列数值

①杆中心与中心桩之间的横向位移：50mm；

②步：30mm；

③杆高低差：20mm；

④开：±30mm。

技能图解 29　横担组装

技能结构框线图

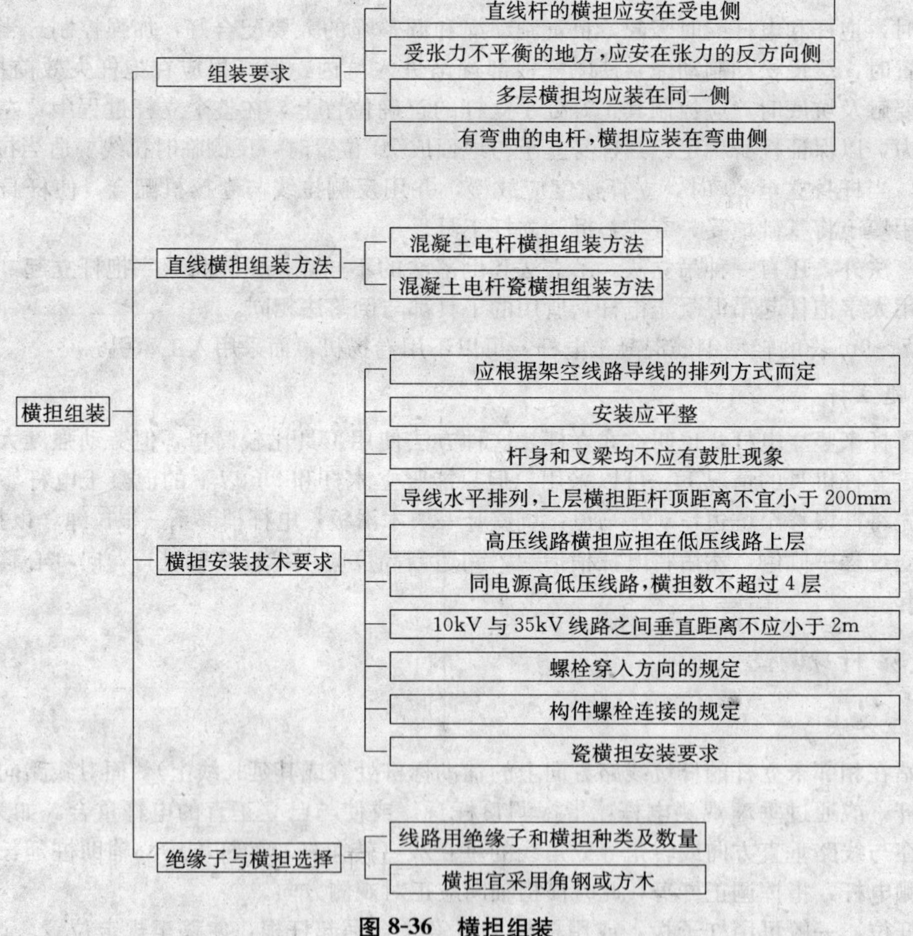

图 8-36　横担组装

技能要点 1：横担组装要求

横担组装，一般都在地面上将电杆顶部横担、金具等全部组装完毕，然后整体立杆。如果电杆竖起后组装，则应从电杆的最上端开始。杆上横担安装的位置，应符合下列要求：

(1) 直线杆的横担，应安装在受电侧。

(2) 转角杆、分支杆、终端杆以及受导线张力不平衡的地方，横担应安装在张力的反方向侧。

(3) 多层横担均应装在同一侧。

(4) 有弯曲的电杆，横担均应装在弯曲侧，并使电杆的弯曲部分与线路的方向一致。

横担的长度选择可参照表 8-28，横担类型及其受力情况参见表 8-29。

表 8-28 横担长度选择表

横担材料	低压线路			高压线路		
	二线	四线	六线	二线	水平排列四线	陶瓷横担头部铁
铁	700	1500	2300	1500	2240	800

表 8-29 横担类型及其受力情况

横担类型	杆　型	承 受 荷 载
单横担	直线杆，15°以下转角杆	导线的垂直荷载
双横担	15°～45°转角杆，耐张杆（两侧导线拉力差为零）	导线的垂直荷载
	45°以上转角杆，终端杆，分岐杆	(1) 一侧导线最大允许拉力的水平荷载； (2) 导线的垂直荷载
	耐张杆（两侧导线有拉力差），大跨越杆	(1) 两侧导线拉力差的水平荷载； (2) 导线的垂直荷载
带斜撑的双横担	终端杆，分岐杆，终端型转角杆	(1) 两侧导线拉力差水平荷载； (2) 导线的垂直荷载
	大跨越杆	(1) 两侧导线的拉力差的水平荷载； (2) 导线的垂直荷载

技能要点 2：直线横担组装方法

(1) 混凝土电杆横担组装方法见图 8-37。

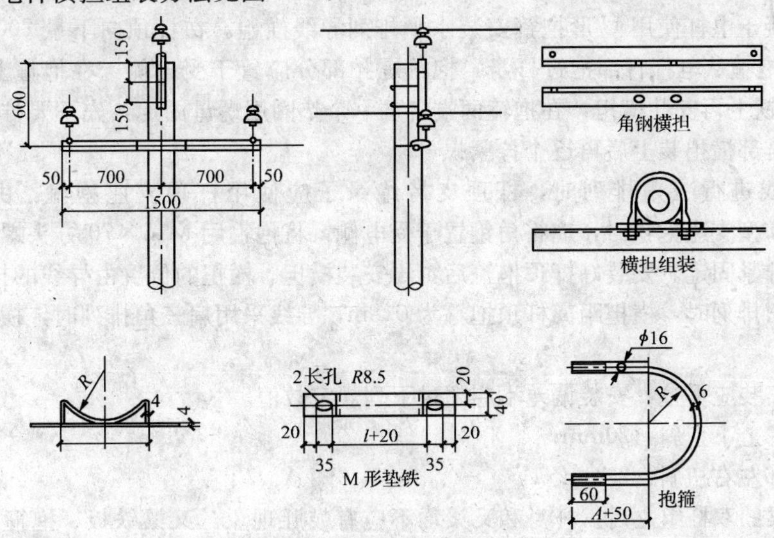

图 8-37 直线杆横担组装方法

（2）混凝土电杆瓷横担组装方法见图 8-38。

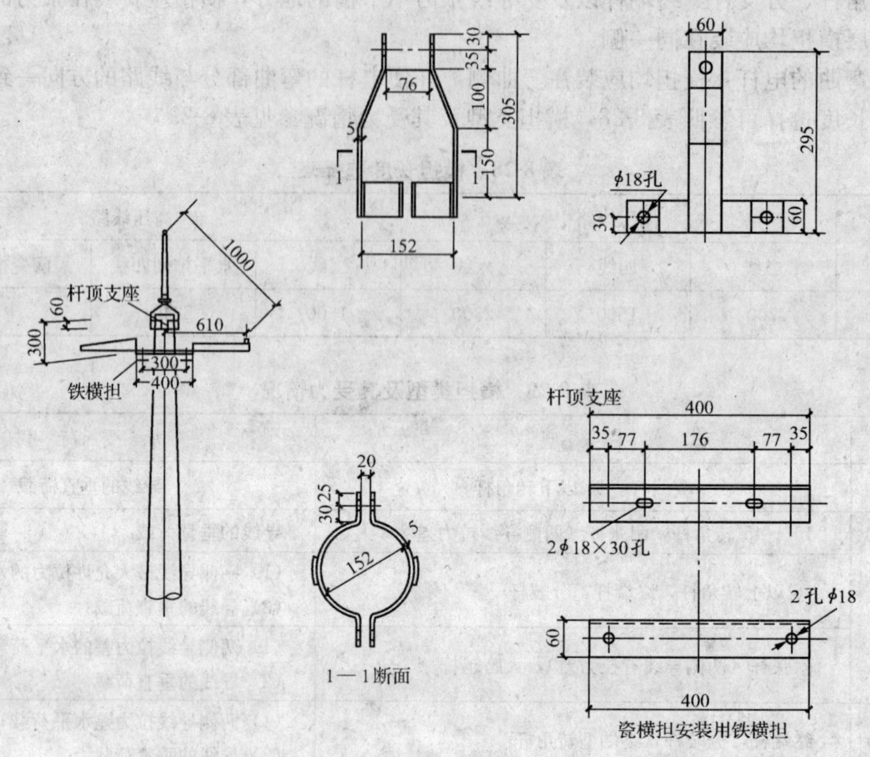

图 8-38 混凝土电杆（梢径 ϕ150）瓷横担组装方法

技能要点 3：横担安装技术要求

（1）横担的安装应根据架空线路导线的排列方式而定，具体要求如下：

①钢筋混凝土电杆使用 U 形抱箍安装水平排列导线横担。在杆顶向下量 200mm，安装 U 形抱箍，用 U 形抱箍从电杆背部抱过杆身，抱箍螺扣部分应置于受电侧，在抱箍上安装好 M 形抱铁，在 M 形抱铁上再安装横担，在抱箍两端各加一个垫圈用螺母固定，先不要拧紧螺母，留有调节的余地，待全部横担装上后再逐个拧紧螺母。

②电杆导线进行三角排列时，杆顶支持绝缘子应使用杆顶支座抱箍。由杆顶向下量取 150mm，使用 a 型支座抱箍时，应将角钢置于受电侧，将抱箍用 M16×70 方头螺栓，穿过抱箍安装孔，用螺母拧紧固定。安装好杆顶抱箍后，再安装横担。横担的位置由导线的排列方式来决定，导线采用正三角排列时，横担距离杆顶抱箍为 0.8m；导线采用扁三角排列时，横担距离杆顶抱箍为 0.5m。

（2）横担安装应平整，安装偏差不应超过下列规定数值

①横担端部上下歪斜：20mm；

②横担端部左右扭斜：20mm。

（3）带叉梁的双杆组立后，杆身和叉梁均不应有鼓肚现象。叉梁铁板、抱箍与主杆的连接牢固、局部间隙不应大于 50mm。

（4）导线水平排列时，上层横担距杆顶距离不宜小于 200mm。

（5）10kV 线路与 35kV 线路同杆架设时，两条线路导线之间垂直距离不应小于 2m。

(6) 高、低压同杆架设的线路，高压线路横担应在上层。架设同一电压等级的不同回路导线时，应把线路弧垂较大的横担放置在下层。

(7) 同一电源的高、低压线路宜同杆架设。为了维修和减少停电，直线杆横担数不宜超过 4 层(包括路灯线路)。

(8) 螺栓穿入方向的规定

①对平面结构：顺线路方向，单面构件由送电侧穿入或按统一方向；横线路方向，两侧由内向外，中间由左向右(面向受电侧)或按统一方向；双面构件由内向外。垂直方向，由下向上。

②对立体结构：水平方向由内向外；垂直方向，由下向上。

(9) 以螺栓连接的构件规定

①螺杆应与构件面垂直，螺头平面与构件间不应有空隙；

②螺栓紧好后，螺杆丝扣露出的长度：单螺母不应少于 2 扣；双螺母可平扣。

③必须加垫圈者，每端垫圈不应超过两个。

(10) 瓷横担安装的规定

①垂直安装时，顶端顺线路歪斜不应大于 10mm；

②水平安装时，顶端应向上翘起 5°～10°，顶端顺线路歪斜不应大于 20mm。

③全瓷式瓷横担的固定处应加软垫。

④电杆横担安装好以后，横担应平正，双杆的横担，横担与电杆的连接处的高差不应大于连接距离的 5/1000；左右扭斜不应大于横担总长度的 1/100。

⑤同杆架设线路横担间的最小垂直距离见表 8-30。

表 8-30　同杆架设线路横担间的最小垂直距离　(m)

架设方式	直线杆	分支或转角杆
1～10kV 与 1～10kV	0.80	0.50
1～10kV 与 1kV 以下	1.20	1.00
1kV 以下与 1kV 以下	0.60	0.30

技能要点 4：绝缘子与横担选择

(1) 线路用绝缘子和横担种类及数量见表 8-31 所示。

表 8-31　线路用绝缘子和横担种类及数量标准

杆　型	转角角度	横担组装型式
直　线	0°～15°	单横担单针式绝缘子
终　端	—	双横担悬式绝缘子
直线耐张	—	双横担悬式绝缘子
转角耐张	0°～15°	双横担双针式绝缘子
	30°～45°	双横担悬式绝缘子
	45°～95°	井字横担悬式绝缘子

(2) 横担宜采用角钢或方木，低压铁横担角钢应按表 8-32 选用，方木横担截面应按 80mm×80mm 选用；横担长度应按表 8-28 选用。

表 8-32 低压铁横担角钢选用

导线截面（mm^2）	直线杆	分支或转角杆	
		二线及三线	四线及以上
16 25 35 50	∟50×5	2×∟50×5	2×∟63×5
70 95 120	∟63×5	2×∟63×5	2×∟70×6

技能图解 30 绝缘子安装

技能结构框线图

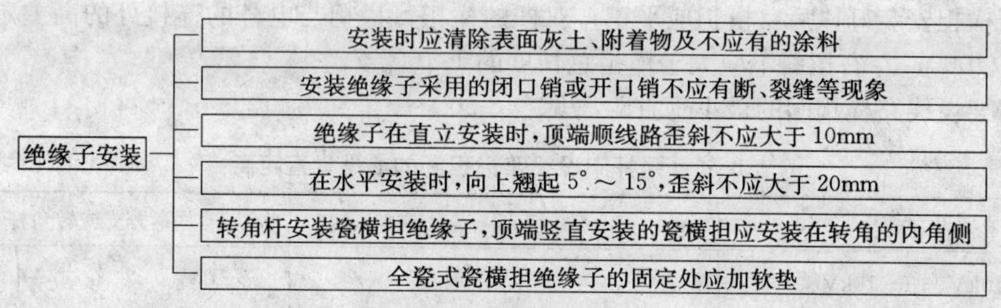

图 9-39 绝缘子安装

技能要点

绝缘子的组装方式应防止瓷裙积水。耐张串上的弹簧销子、螺栓及穿钉应由上向下穿。当有特殊困难时，可由内向外或由左向右穿入；悬垂串上的弹簧销子、螺栓及穿钉应向受电侧穿入。

绝缘子的安装应遵守以下规定：

(1) 绝缘子在安装时，应清除表面灰土、附着物及不应有的涂料，还应根据要求进行外观检查和测量绝缘电阻。

(2) 安装绝缘子采用的闭口销或开口销不应有断、裂缝等现象，工程中使用闭口销比开口销具有更多的优点，当装入销口后，能自动弹开，不需将销尾弯成45°，当拔出销孔时，也比较容易。它具有销住可靠、带电装卸灵活的特点。当采用开口销时应对称开口，开口角度应为30°～60°。工程中严禁用线材或其他材料代替闭口销、开口销。

(3) 绝缘子在直立安装时，顶端顺线路歪斜不应大于10mm；在水平安装时，顶端宜向上翘起5°～15°，顶端顺线路歪斜不应大于20mm。

(4) 转角杆安装瓷横担绝缘子，顶端竖直安装的瓷横担支架应安装在转角的内角侧（瓷横担绝缘子应装在支架的外角侧）。

(5) 全瓷式瓷横担绝缘子的固定处应加软垫。

技能图解 31　拉线安装

技能结构框线图

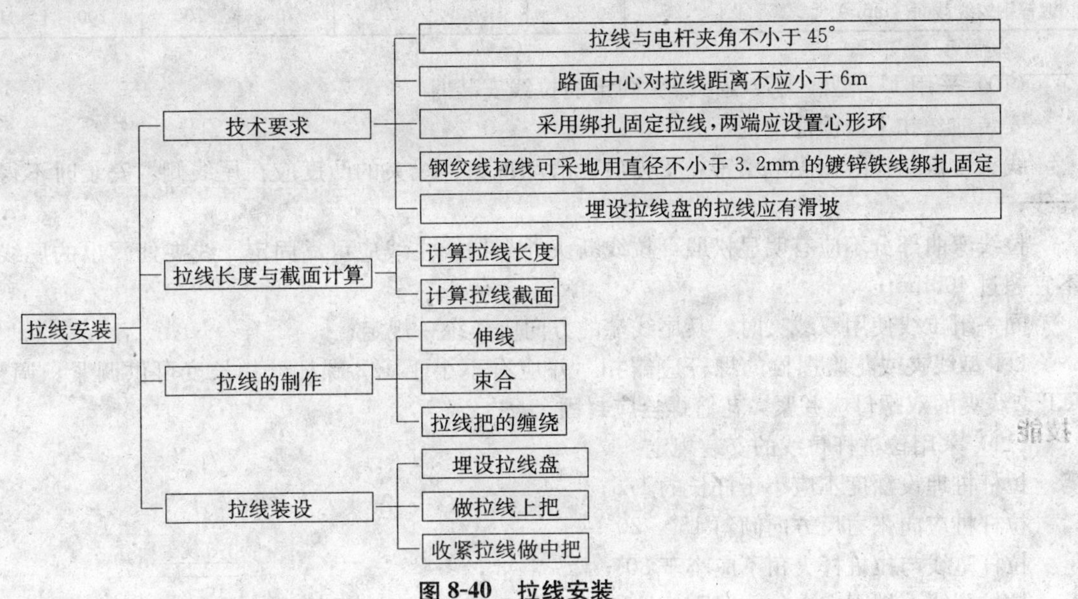

图 8-40　拉线安装

技能要点 1：拉线安装技术要求

（1）拉线与电杆的夹角不宜小于45°，当受地形限制时，不应小于30°。

（2）终端杆的拉线及耐张杆承力拉线应与线路方向对正，分角拉线应与线路分角线方向对正，防风拉线应与线路方向垂直。

（3）拉线穿公路时，对路面中心的垂直距离不应小于6m。

（4）采用绑扎固定的拉线安装时，拉线两端应设置心形环。

（5）钢绞线拉线可采用直径不小于3.2mm的镀锌铁线绑扎固定。绑扎应整齐、紧密，缠绕长度不能小于表8-33所列数值。

表 8-33　缠绕长度最小值

钢绞线截面（mm^2）	缠绕长度（mm）				
	上端	中端有绝缘子的两端	与拉棒连接处		
			下端	花缠	上端
25	200	200	150	250	80
35	250	250	200	300	80
50	300	300	250	250	80

（6）合股组成的镀锌铁线拉线可采用直径不小于3.2mm镀锌铁线绑扎固定，绑扎应整齐紧密，缠绕长度为：

五股以下者，下缠150mm，花缠250mm，上缠100mm

（7）合股组成的镀锌铁线拉线采用自身缠绕固定时，缠绕应紧密，缠绕长度：三股线不应小于80mm，五股线不应小于150mm。

(8) 拉线在地面上下各300mm部分，为了防止腐蚀，应涂刷防腐油，然后用浸过防腐油的麻布条缠卷，并用铁线绑牢。

(9) 镀锌铁线与镀锌钢绞线换算见表8-34。

表8-34　ϕ4.0镀锌铁线与镀锌钢线换算表

ϕ4.0镀锌铁线根数	3	5	7	9	11	13	15	17	19
镀锌钢绞线截面（mm^2）	25	25	35	50	70	70	100	100	100

(10) 采用UT型线夹及楔形线夹固定的拉线安装时

安装前丝扣上应涂润滑剂；

线夹舌板与拉线接触应紧密，受力后无滑动现象，线夹的凸度应在尾线侧，安装时不得损伤导线；

拉线弯曲部分不应有明显松股，拉线断头处与拉线主线应可靠固定。线夹处露出的尾线长度不宜超过400mm；

同一组拉线使用双线夹时，其尾线端的方向应作统一规定；

UT型线夹或花篮螺栓的螺杆应露扣，并应有不小于1/2螺杆丝扣长度可供调紧。调整后，UT型线夹的双螺母应并紧，花篮螺栓应封固。

(11) 采用拉桩杆拉线的安装规定

拉杆桩埋设深度不应小于杆长的1/6；

拉杆桩应向张力反方向倾斜15°～20°；

拉杆坠线与拉桩杆夹角不应小于30°；

拉桩坠线上端固定点的位置距拉桩杆顶应为0.25m，距地面不应小于4.5m；

拉柱坠线采用镀锌铁丝绑扎固定时，缠绕长度可参照表8-33所列数值。

(12) 合股组成的镀锌铁线用作拉线时，股数不应少于3股，其单股直径不应小于4.0mm，绞合均匀，受力相等，不应出现抽筋现象。

(13) 当一基电杆上装设多股拉线时，拉线不应有过松、过紧、受力不均匀等现象。

(14) 埋设拉线盘的拉线坑应有滑坡（马道），回填土应有防沉土台，拉线棒与拉线盘的连接应使用双螺母。

(15) 居民区、厂矿内，混凝土电杆的拉线从导线之间穿过时，应装设拉线绝缘子。在断线情况下，拉线绝缘子距地面不应小于2.5m。

技能要点2：拉线长度与截面计算

1. 计算拉线长度

一条拉线的构成，有上把、中把和下把三部分，如图8-41所示。图中A、B两点这段长度（包括下部拉线棒出土部分）实际需要的拉线长度，除了拉线装成长度外，还要增加上下把折面缠绕所需的长度，即拉线的余割量。计算方法如下：

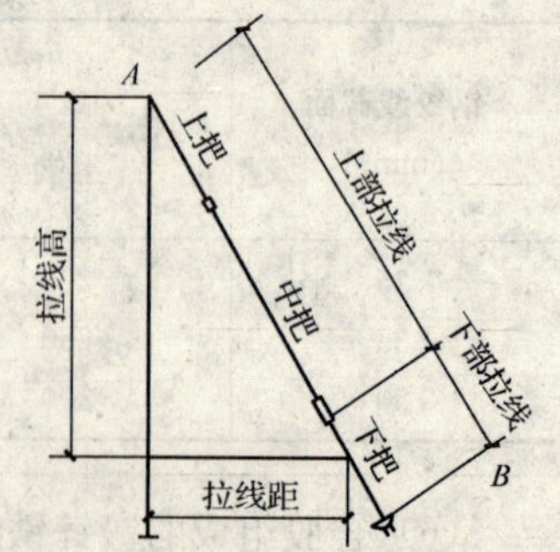

图8-41　拉线的结构

上部拉线的余割量＝拉线装成长度＋上把与中把附加长度－下部拉线出土长度

如果拉线上加装拉紧绝缘子及花篮螺丝，则拉线余割量的计算方法是：

上部拉线余割量＝拉线装成长度＋上把与中把附加长度＋绝缘子上、下把附加长度－下部拉线出长度－花篮螺丝长度

在一般平地上，计算拉线装成长度，可以用查表的方法确定。查表时，先要知道拉距和拉线高度。随后使用表 8-35 查得。例如：已知拉距是 4.5m，拉高是 6m，则距高比是 0.75（即 3/4）。查表 8-35 得知：

$$拉线装成长度=拉距\times1.7=4.5\times1.7=7.65m$$

表 8-35　换算拉线装成长度表

距高比	拉线装成长度
2	拉距×1.1
1.5（即 3/2）	拉距×1.2
1.25	拉距×1.3
1	拉距×1.4
0.75（即 3/4）	拉距×1.7
0.66（即 2/3）	拉距×1.8
0.55（即 1/2）	拉距×2.2
0.33（即 1/3）	拉距×3.2
0.25（即 1/4）	拉距×4.1

2. 计算拉线截面

拉线截面可按下述公式和表 8-36 至表 8-38 中所列数值进行计算。

（1）普通拉线终端杆

$$拉线股数=导线根数\times N_1-N_1'$$

（2）普通拉线转角

$$拉线股数=导线根数\times N_1\times\mu-N'_1$$

N_1、N'_1 和 μ 的数值，可以从表 8-36 至表 8-38 中查出。

表 8-36　每根导线需要的拉线股数

导线规格	水平拉线股数 N_2	普通拉线 N_1	
		$\alpha=30°$	$\alpha=45°$
LJ—16	0.34	0.68	0.48
LJ—25	0.53	1.06	0.75
LJ—35	0.73	1.47	1.04
LJ—50	1.06	2.12	1.50
LJ—70	1.16	2.32	1.64
LJ—95	1.55	3.12	2.20
LJ—150	1.85	3.70	2.62
LJ—185	2.29	4.58	3.24
LGJ—120	2.56	5.11	3.62
LGJ—150	3.26	6.52	4.61
LGJ—185	4.02	8.04	5.68
LGJ—240	5.25	0.50	7.43

注：1. 表中所列数值采用 $\phi4.0$ 镀锌铁丝所作的拉线；

2. α 为拉线与电杆的夹角。

表 8-37 钢筋混凝土电杆相当的拉线股数

电杆梢径（mm）—电杆高度（m）	水平拉线股数 N_2	普通拉线股数 N'_1	
		$\alpha=30°$	$\alpha=45°$
ϕ150—9.0	0.50	0.99	0.70
ϕ150—9.0	0.45	0.89	0.68
ϕ150—10.0	0.75	1.47	1.04
ϕ170—8.0	0.54	1.07	0.76
ϕ170—9.0	0.48	0.97	0.63
ϕ170—10.0	0.79	1.58	1.12
ϕ170—11.0	1.03	2.06	1.46
ϕ170—12.0	0.96	1.92	1.36
ϕ190—11.0	1.10	2.19	1.55
ϕ190—12.0	1.02	2.04	1.44

注：1. 钢筋混凝土电杆本身强度，可起到一部分拉线作用。此表所列数值即为不同规格的电杆可起到的拉线截面（以拉线股数表示）的作用。

2. 表中所列数值采用 ϕ4.0 镀锌铁线所作的拉线。

3. α 为拉线与电杆的夹角。

表 8-38 转角的折算系数

转角 ϕ	15°	30°	45°	60°	75°	90°
折算系数 μ	0.261	0.578	0.771	1.00	1.218	1.414

技能要点 3：拉线的制作

拉线制作有束合法和绞合法两种。绞合法存在绞合不好会产生各股受力不均的缺陷，目前常采用束合法。下面主要介绍束合法。

1. 伸线

将成捆的铁线放开拉伸，使其挺直，以便束合。伸线方法，可使用两只紧线钳将铁线两端夹住，分别固定在柱上，用紧线钳收紧，使铁线伸直。也可以采用人工拉伸，将铁线的两端固定在支柱或大树上，由 2～3 人手握住铁线中部，每人同时用力拉数次，使铁线充分伸直。

2. 束合

将拉直的铁线按需要股数合在一起，另用 ϕ1.6～ϕ1.8 镀锌铁线在适当处压住一端拉紧缠扎 3～4圈，而后将两端头拧在一起成为拉线节，形成束合线。拉线节在距在面 2m 以内的部分间隔 600mm；在距地面 2m 以上部分间隔 1.2m。

3. 拉线把的缠绕

有自缠法和另缠法两种，操作方法如下：

（1）自缠法。缠绕时先将拉线折弯嵌进三角圈（心形环）折转部分和本线合并，临时用钢绳卡头夹牢，折转一股，其余各股散开紧贴在本线上，然后将折转的一股，用钳子在合并部分紧紧缠绕 10 圈，余留 20mm 长并在线束内，多余部分剪掉。第一股缠完后接着再缠第二股，用同样方法缠绕 10 圈，依此类推。由第 3 股起每次缠绕圈数依次连递一圈，直至缠绕 6 次为止，结果如图 8-42（a）所示。每次缠绕也可按以下方法进行，即每次取一股按图 8-42（b）中所注明的圈数缠绕，换另一股将它压在下面，然后折面留出 10mm，将余线剪掉，结果如图 8-42（b）所示。

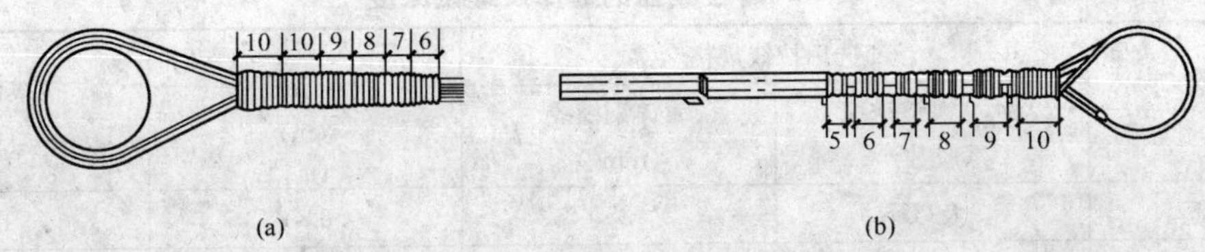

图 8-42　自缠拉线把

对 9 股及以上拉线，每次可用两根一起缠绕。每次的余线至少要留出 30mm 压在下面，余留部分剪齐折回 180°紧压在缠绕层外。若股数较少，缠绕不到 6 次即可终止。

（2）另缠法。先将拉线折弯处嵌入心形环，折回的拉线部分和本线合并，颈部用钢丝绳卡头临时夹紧，然后用一根 ϕ3.2 镀锌铁线作为绑线，一端和拉线束并在一起作衬线，另一端按图 8-43 中的尺寸缠绕至 150mm 处，绑线两端用钳子自相扭绕 3 转成麻花线，剪去多余线段，同时将拉线折回三股留 20mm 长，紧压在绑线层上。第二次用同样方法缠绕，至 150mm 处又折回拉线两股，依此类推，缠绕三次为止。如为 3～5 股拉线，绑线缠绕 400mm 后，即将所有拉线端折回，留 200mm 长紧压在绑线层上，绑线两端自相扭绞成麻花线。

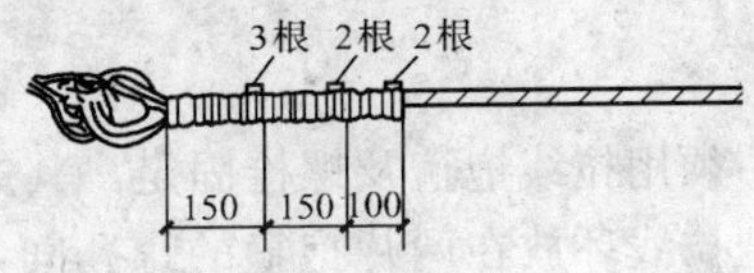

图 8-43　另缠拉线把

技能要点 4：拉线装设（俗称做拉线）

做拉线的基本操作有三点，即埋设拉线盘，做拉线上把和收紧拉线中把。

1. 埋设拉线盘

在埋设拉线盘之前，首先应将下把拉线组装好，然后再进行整体埋设。拉线坑应有斜坡，回填土时应将土块打碎后夯实。拉线坑宜设防沉层。

目前，普遍采用圆钢拉线棒（下把棍）。它的下端套有丝口，上端有拉环，安装时拉线棒穿过水泥拉线盘孔，放好垫圈，拧上双螺母即可。如图 8-44 所示。拉线棒与拉线盘应垂直，其外露地面部分长度应为 500～700mm。

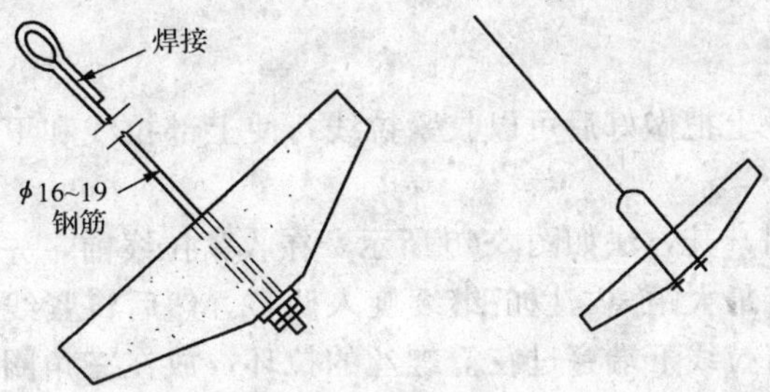

图 8-44　拉线盘

拉线盘选择及埋设深度，以及拉线底把所采用的镀锌线和镀锌钢绞线与圆钢拉线棒的换算，可参照表 8-39。

表 8-39 拉线盘的选择及埋设深度

拉线所受拉力（kN）	选用拉线规格		拉线盘规格（m）	拉线盘埋深（m）
	ϕ4.0 镀锌铁线（股数）	镀锌钢绞线（mm^2）		
15 及以下	5 及以下	25	0.6×0.3	1.2
21	7	35	0.8×0.4	1.2
27	9	50	0.8×0.4	1.5
39	13	70	1.0×0.5	1.6
54	2×3	2×50	1.2×0.6	1.7
78	2×13	2×70	1.2×0.6	1.9

下把拉线棒装好之后，将拉线盘放正，使底把拉环露出地面 500～700mm，随后就可分层填土夯实。

拉线棒地面上下 200～300mm 处，都要涂以沥青，泥土中含有盐碱成分较多的地方，还要从拉线棒出土 150mm 处起，缠卷 80mm 宽的麻带，缠到地面以下 350mm 处，并浸透沥青，以防腐蚀。涂油和缠麻带，都应在填土前做好。

2. 做拉线上把

拉线上把装在混凝土电杆上，须用拉线抱箍及螺栓固定。其方法是用一只螺栓将拉线抱箍抱在电杆上，然后，把预制好的上把拉线环放在两片抱箍的螺孔间，穿入螺栓拧上螺母固定之，上把拉线环的内径，以能穿入 16mm 螺栓为宜，但不能大于 25mm。

在来往行人较多的地方，拉线上应装设拉线绝缘子。其安装位置，应使拉线断线而沿电杆下垂时，绝缘子距地面的高度在 2.5m 以上，不致触及行人。同时，应使绝缘子距电杆最近，也保持 2.5m，不至于人在杆上操作时触及接地部分，如图 8-45 所示。

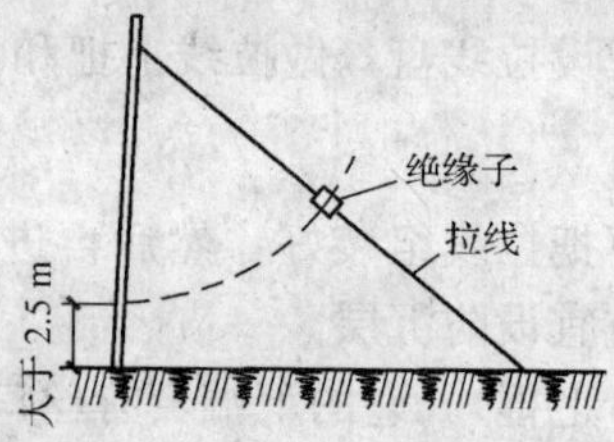

图 8-45 拉紧绝缘子安装位置

3. 收紧拉线做中把

下部拉线盘埋设完毕，上把做好后可以收紧拉线，使上部拉线和下部拉线连接起来，成为一个整体。

收紧拉线可使用紧线钳，其方法如图 8-46 所示。在收紧拉线前，先将花篮螺丝的两端螺杆旋入螺母内．使它们之间保持最大距离。以备继续旋入调整。然后将紧线钳的钢丝绳伸开，一只紧线钳夹握在拉线高处，再将拉线下端穿过花篮螺丝的拉环，放在三角圈槽里，向上折回，并用另一只紧线钳夹住，花篮螺丝的另一端套在拉线棒的拉环上，所有准备工作做好之后，将拉线慢慢收紧，紧到一定程度时，检查一下杆身和拉线的各部位，如无问题后，再继续收紧，把电杆校正。见图 8-46（b）。对于终端杆和转角杆，拉线收紧后，杆顶可向拉线侧倾斜电杆梢径的 1/2。最后用自缠法或另缠法绑扎。

为了防止花篮螺丝螺纹倒转松退，可用一根 ϕ4.0 镀锌铁线，两端从螺杆孔穿过，在螺栓中间绞拧两次，再分向螺母两侧绕 3 圈，最后将两端头自相扭结，使调整装置不能任意转动，如图8-47 所示。

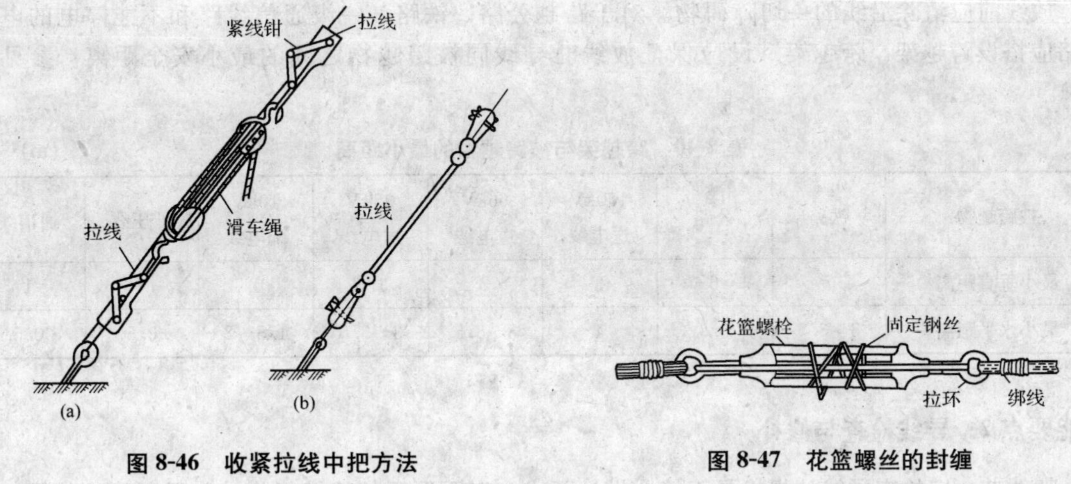

图 8-46　收紧拉线中把方法　　**图 8-47　花篮螺丝的封缠**

技能图解 32　导线架设

技能结构框线图

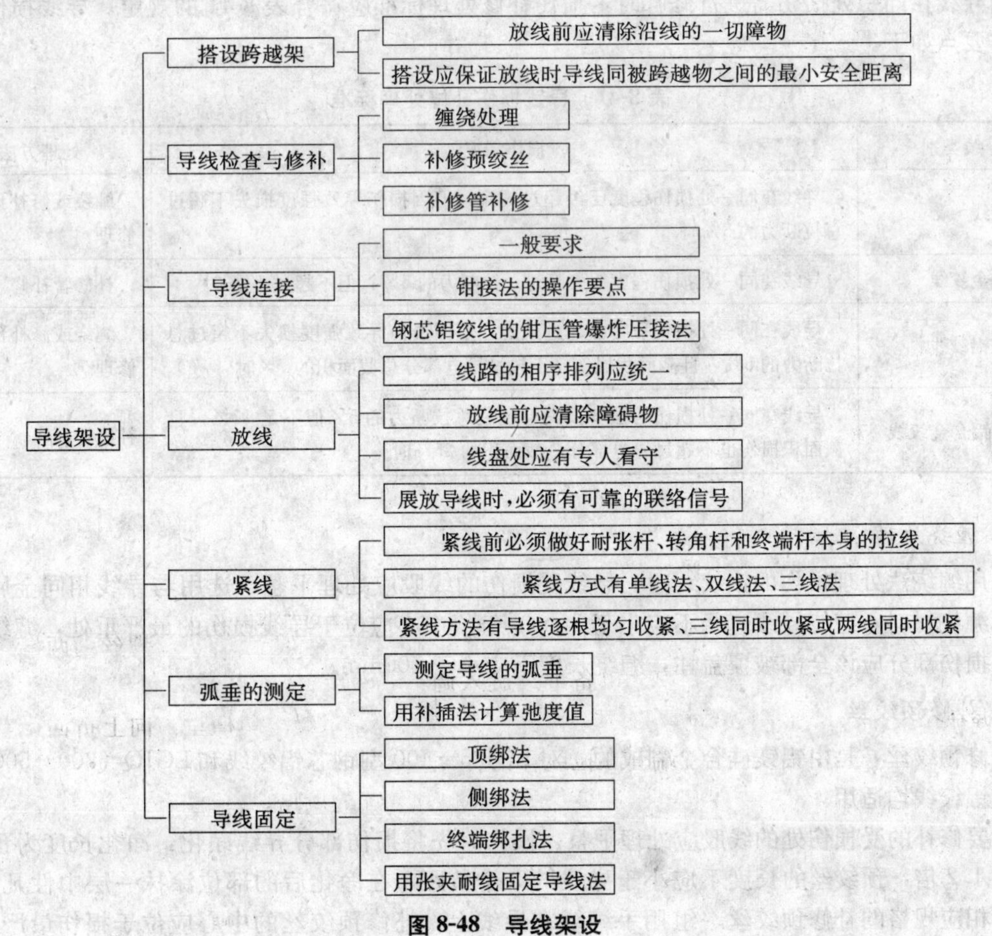

图 8-48　导线架设

技能要点 1：搭设跨越架

放线前应清除沿线的一切障碍物。对于跨越公路、铁路、一级通信线路和不能停电的电力线路应搭设跨越架。跨越架搭设应保证放线时导线同被跨越物之间的最小安全距离，参见表 8-40。

表 8-40 跨越架与被跨越物的最小距离 (m)

被跨越物	铁路	公路	110kV 送电线	66kV 送电线	35kV 送电线	10kV 配电线	低压线	通信线
最小垂直距离	7	6	3	2	1.5	1	1	1
最小水平距离	3～3.5	0.5	4	3～3.5	3～3.5	1.5～2	0.5	0.5

技能要点 2：导线检查与修补

架线前，应检查导线的规格是否符合设计要求，有无严重的机械损伤，有无断股、破股、导线扭曲等，特别是铝导线有无严重的腐蚀现象。

导线在同一处（即导线的一个节距内）单股损伤深度小于直径的 1/2 或钢芯铝绞线、钢芯铝合金绞线损伤截面小于导电部分截面积的 5%，且强度损失小于 4%以及单金属绞线损伤截面积小于 4%时，应将损伤处棱角与毛刺用 0 号砂纸磨光，可不做修补。

当导线在同一处损伤需进行修补时，损伤补修处理标准应符合表 8-41 的规定。导线损伤的修补操作要点如下。

表 8-41 导残损伤补修处理标准

导线类别	损伤情况	处理方法
铝绞线	导线在同一处损伤程度已经超过规定，但因损伤导致强度损失不超过总拉断力的 5%时	缠绕或修补预绞线修理
铝合金绞线	导线在同一处损伤程度损失超过总拉断力的 5%，但不超过 17%时	补修管补修
钢芯铝绞线	导线在同一处损伤程度已超过规定，但因损伤导致强度损失不超过总拉断力的 5%，且截面积损伤又不超过导电部分总截面积的 7%时	缠绕或修补预绞线修理
钢芯铝合金绞线	导线在同一处损伤的强度损失已超过总拉断力的 5%但不足 17%，且截面积损伤也不超过导电部分总截面积的 25%时	补修管补修

1. 缠绕处理

采用缠绕法处理损伤的铝绞线时，导线受损伤的线股应处理平整，选用与导线相同金属的单股线为缠绕材料，缠绕导线直径不应小于 2mm，缠绕中心应位于导线损伤的最严重处，缠绕应紧密，受损伤部分应该全部被覆盖住，缠绕长度不应小于 100mm。

2. 补修预绞丝

补修预绞丝，是由铝镁硅合金制成的，对 LGJ35－400 型钢芯铝绞线和 LGJQ－300－500 型轻型钢芯铝绞线均适用。

需要修补的受损伤处的线股应处理平整。操作时先将损伤部分导线净化，净化长度为预绞丝长度的 1.2 倍，预绞丝的长度不应小于导线的 3 个节距，在净化后的部位涂抹一层中性凡士林，然后将相应规格的补修预绞丝一组用手缠绕在导线上，补修预绞丝的中心应位于损伤最严重处，同一组各根均匀排列，不能重叠，且与导线接触紧密，损伤处应全部覆盖。

3. 补修管补修

铝合金绞线和钢芯铝绞线的损伤情况超过规定时，可以用补修管补修。补修管为铝制的圆管，由大半圆和小半圆两个半片合成，如图 8-49 所示，套入导线的损伤部分，损伤处的股线应先恢复其原绞制状态，补修管的中心应位于损伤最严重处，需补修导线的范围应位于管内各 20mm 处，并且将损伤部分放置在大半圆内，然后把小半圆的铝片从端部插入，用液压机进行压紧，所用钢模为相同规格的导线连接管钢模。

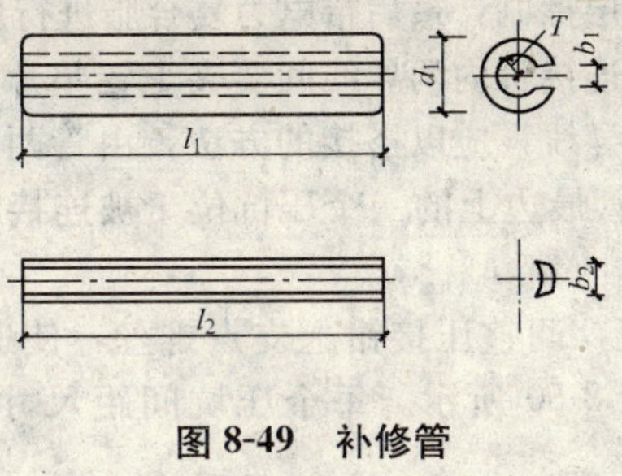

图 8-49　补修管

技能要点 3：导线连接

1. 一般要求

导线放完后，导线的断头都要连接起来，使其成为连通的线路。如果接头在跳线处，便可用线夹连接；接头处在其他位置，则采用钳接法连接。在任何情况下，每一个档距内的每条导线，只能有一个接头，但架空线路跨越线路、公路（Ⅰ～Ⅱ）级、河流（Ⅰ～Ⅱ）级，电力和通信线路时，导线及避雷线不能有接头；不同金属、不同截面、不同捻回方向的导线，只能在杆上跳线内连接。导线的接头应达到下列要求：

（1）接头处的机械强度，不应低于原导线强度的 90%。

（2）接头处的电阻，不应超过同长度导线电阻的 1.2 倍。

2. 钳接法的操作要点

（1）导线与钳接用连接管的配合见表 8-42。

表 8-42　钳压接用连接管与导线的配合表

型　号	截面（mm^2）	型　号	截面（mm^2）	型　号	截面（mm^2）
QLG—35	35	QL—16	16	QT—16	16
QLG—50	50	QL—25	25	QT—25	25
QLG—70	70	QL—35	35	QT—35	35
QLG—95	95	QL—50	50	QT—50	50
QLG—120	120	QL—70	70	QT—70	70
QLG—150	150	QL—95	95	QT—95	95
QLG—185	185	QL—120	120	QT—120	120
QLG—240	240	QL—150	150	QT—150	150
		QL—185	185		

注：“QLG”、“QL”、“QT”分别适用于钢芯铝绞线，铝绞和铜线。

(2) 将准备连接的两个线头，用绑线扎紧再锯齐。

(3) 导线连接部分表面，连接管内壁用汽油清洗干净，清洗导线长度等于可连接部分长度的1.25倍。

(4) 清除导线表面和连接管内壁的氧化膜。由于铝在空气中氧化速度很快，在短时间内即可形成一层表面氧化膜，这样就增加了连接处的接触电阻，故在导线连接前，需清除氧化膜。在清除过程中，为防止再度氧化，应先在连接管内壁和导线表面涂上一层电力复合脂，再用细钢丝刷在油层下擦刷，使之与空气隔绝。刷完后，如果电力复合脂较为干净，可不要擦掉；如电力复合脂已被沾污，则应擦掉重新涂一层擦刷，最后带电力复合脂进行压接。

(5) 当压接钢芯铝绞线时，连接管内两导线间要夹上铝垫片，填在两导线间，可增加接头握着力，并使接触良好。被压接的导线，应以搭接的方法，由管两端分别插入管内。使导线的两端露出管外25～30mm，并使连接管最边上的一个压坑位于被连接导线断头旁侧。压接时，导线端头应用绑线扎紧，以防松散。

(6) 根据导线截面选择压模，调整压接钳上支点螺丝，使适合于压模深度，压缩处椭圆槽（凹口）距管边的高度 h 值如图 8-50 所示。每个压坑间距尺寸、压坑数，如图 8-50 和表 8-43 所示。

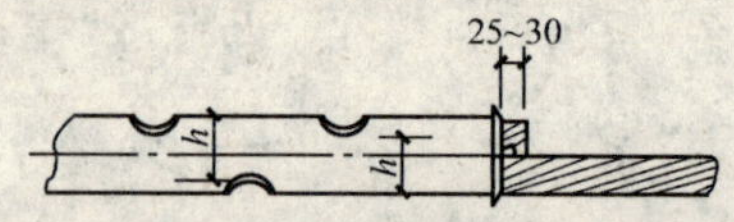

图 8-50 压缩后的高度

表 8-43 导线钳压接技术数据 (mm)

导线型号		钳接部位尺寸			压后尺寸 h	压口数
		a_1	a_2	a_3		
钢芯铝绞线	LGJ－16	28	14	28	12.5	12
	LGJ－25	32	15	31	14.5	14
	LGJ－35	34	42.5	93.5	17.5	14
	LGJ－50	38	48.5	105.5	20.5	16
	LGJ－70	46	54.5	123.5	25.0	16
	LGJ－95	54	61.5	142.5	29.0	20
	LGJ－120	62	67.5	160.5	33.0	24
	LGJ－150	64	70	166	36.0	24
	LGJ－185	66	74.5	173.5	39.0	26
	LGJ－240	62	68.5	161.5	43.0	2×14
铝绞线	LGJ－16	28	20	34	10.5	6
	LGJ－25	32	20	36	12.5	6
	LGJ－35	36	25	43	14.0	6
	LGJ－50	40	25	45	16.5	8
	LGJ－70	44	28	50	19.5	8
	LGJ－95	48	32	56	23.0	10
	LGJ－120	52	33	59	26.0	10
	LGJ－150	56	34	62	30.0	10
	LGJ－185	60	35	65	33.5	10

表 8-43（续）

导线型号		钳接部位尺寸			压后尺寸	压口数
		a_1	a_2	a_3	h	
铜绞线	LGJ—16	78	14	28	10.5	6
	LGJ—25	32	16	32	12.0	6
	LGJ—35	36	18	36	14.5	6
	LGJ—50	40	20	40	17.5	8
	LGJ—70	44	22	44	20.5	8
	LGJ—95	48	24	48	24.0	10
	LGJ—120	52	26	52	27.5	10
	LGJ—150	56	28	56	31.5	10

压缩管的压缩处高度 h 值的允许误差为：钢芯铝导线连接管±0.5mm；铝芯连接管±0.1mm；铜连接管±0.5mm。

(7) 压接铝绞线时，压接顺序由连接管的一端开始；压接钢芯铝绞线时，压接顺序从中间开始分别向两端进行。压接铝绞接时，压接顺序由导线断头开始，按交错顺序向另一端进行，如图 8-51 所示。

当压接 240mm² 钢芯铝绞线时，可用两只连接管串联进行，两管间的距离不应少于 15mm。每根压接管的压接顺序是由管内端向外端交错进行，如图 8-52 所示。

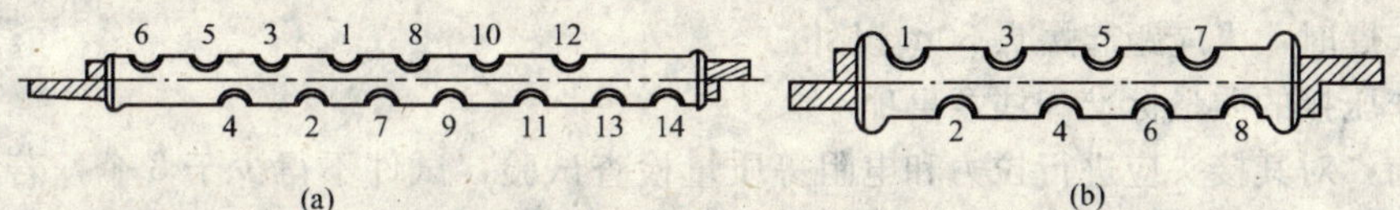

图 8-51　导线压接顺序

(a) 钢芯铝绞线压接顺序；(b) 铝绞线压接顺序

图 8-52　240mm² 钢芯铝绞线压接顺序

每次压接时，当压接钳上杠杆碰到顶住螺丝为止。不动保持一分钟后，如能放开上杠杆，以保证压坑深度准确。压完一个，再压第二个，直到压完为止。压接后的压接管，不能有弯曲，其两端应涂以樟丹油，压后要进行检查，如压管弯曲，要用木锤调直，压管弯曲过大或有裂纹的，要重新压接。

铜导线可仿照铝导线压接方法进行压接。

3. 钢芯铝绞线的钳压管爆炸压接法

钢芯铝绞线的连接可采用钳压管爆炸压接法，即用钳压管原来长度的 1/3～1/4，经炸药起爆后，将导线连接起来的一种方法。

(1) 主要材料

①炸药：应用最普通的岩石 2 号硝铵炸药。炸药如存放过期，须检查是否合乎标准，如受潮结块变质及炸药中混有石块、铁屑等坚硬物质时，不得使用。

②雷管：应使用 8 号纸壳工业雷管。

③导火线：应使用正确燃速为 180～210cm/min；缓燃速为 100～120cm/min 的导火线。导火线不得有破损、曲折和沾有油脂及涂料不均等现象。

④爆压管：钢芯铝线截面为 50～95mm^2，所用爆压管的长度为钳压管长的 1/3；导线截面为 120～240mm^2 时，为钳压管长的 1/4。

（2）药包制作步骤

①用 0.35～1.0mm 厚的黄板纸（即马粪纸）做成锥形外壳箱。

②用黄板纸做一小封盖，并糊在锥形外壳的小头上。

③将爆压管从小盖的预留孔穿入锥形外壳内，两端应各露出 10mm。

④将炸药从外壳的大头装入爆压管与壳筒的中间。

装药时要边装边捣实，边用手轻轻敲打外壳筒，使外壳筒成为椭圆形。必须保持爆压管位于外壳的中心，并防止炸药进入爆压管内。

⑤炸药装满后，再将用黄板纸做成的大封盖糊在外壳筒的大头上。

制好的药包，应坚固成形，接缝结实，形式尺寸准确，其误差不得超过规定值的±10mm。

（3）爆炸压接的操作要点

①药包运到现场后，在穿线前应清除爆压管内的杂物、灰尘、水分等。

②将连接的导线调直，并从爆压管两端分别穿过，导线端头应露出压管 20mm。

③将已穿好导线的炸药包，绑在 1.5mm 高的支架上。并用破布将靠近药包 100mm 处的导线包缠好，以防爆炸时损伤导线。

④将已连好导火线的雷管，插入药包靠近外壳的大头内 10～15mm，并做好点燃准备，然后点火起爆。起爆时，人应距起爆点 30m 以外。

（4）爆炸压接的质量标准和注意事项

①爆压前，对其接头应进行拉力和电阻等质量检查试验，试件不得少于 3 个，若其中一个不合格，则认为试验不合格。在查明原因后再次试验，但试件不得少于 5 个，试件制作条件应与施工条件相同。

②爆炸压接后，如出现未爆部分时，应割掉重新压接。

③爆压管横向裂纹总长度超过爆压管周长 1/8 时，应割掉重新压接。

④如爆压管出现严重烧伤或鼓包时，应割掉重新压接。

⑤炸药、雷管、导火线应分别存放，妥善保管。应遵守炸药、雷管、导火线等存放与使用的有关规定。

技能要点 4：放线

一般的放线施工可以采用人力或汽车和拖拉机作为放线的牵引动力在地面上拖，也可以将线盘架设在汽车上，在行进中展放导线。放线如图 8-53 所示。

当导线沿线路展放在电杆根旁的地面上以后，可由施工人员登上电杆，将导线用绳子提升至电杆横担上，分别摆放好，对截面较小的导线，可将一个耐张段全长的四根导线一次吊起提升至横担上，导线截面较大时，用绳子提升时，可一次吊起两根。

线路的相序排列应统一，对设计、施工、安全运行以及检修维护都是有利的。高压线路面向负荷从左侧起，导线排列相序为 L_1、L_2、L_3；低压线路面向负荷从左侧起，导线排列相序为 L_1、N、L_2、L_3。

拖放导线前应沿线路清除障碍物，石砾地区应垫以隔离物（草垫），以免磨损导线。放线通常按每个耐张段进行。放线前，应选择合适位置，放置放线架和线盘，线盘在放线架上要使导线从上方引出。在放线段内的每根电杆上挂一个开口放线滑轮（滑轮直径应不小于导线直径的 10 倍）。铝导线必须选用铝滑轮或木滑轮，这样既省力又不会磨损导线。

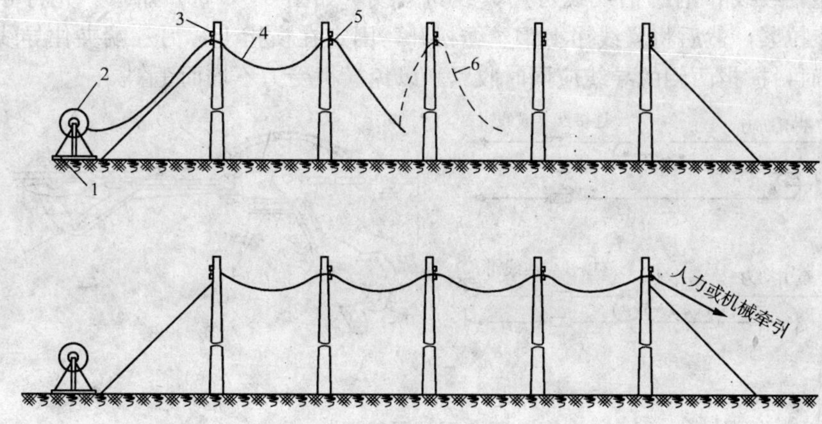

图 8-53　放线

1—放线架；2—线轴；3—横担；4—导线放线滑轮；6—牵引绳

在放线过程中，线盘处应有专人看守，负责检查导线的质量和防止放线架的倾倒。放线速度应尽量均匀，不宜突然加快。

当发现导线存在问题，而又不能及时进行处理时，应作显著标记，如缠绕红布条等，以便导线展放停止后，专门进行处理。

展放导线时，还必须有可靠的联络信号，沿线还须有人看护导线不受损伤，不使导线发生环扣（导线自己绕成小圈）。当导线在跨越道路和跨越其他线路处也应设人看守。

在展放导线的过程中，对已展放的导线应进行外观检查，导线不应发生磨伤、断股、扭曲、金钩、断头等现象。可根据导线的不同损伤情况进行修补处理。1kV 以下电力线路采用绝缘导线架设时，展放中不应损伤导线的绝缘层和出现扭、弯等现象，对破口处应进行绝缘处理。

技能要点 5：紧线

紧线前必须先做好耐张杆、转角杆和终端杆的本身拉线，然后再分段紧线。首先，将导线的一端套在绝缘子上固定好，再在导线的另一端开始紧线工作。

在展放导线时，导线的展放长度应比档距长度略有增加，平地时一般可增加 2%；山地可增加 3%。还应尽量在一个耐张段内，导线紧好后再剪断导线，避免造成浪费。

在紧线前，在一端的耐张杆上，先把导线的一端在绝缘子上做终端固定，然后在另一端用紧线器紧线。

紧线前在紧线段耐张杆受力侧除有正式拉线外，应装设临时拉线。一般可用钢丝绳或具有足够强度的钢线，拴在横担的两端，以防紧线时横担发生偏扭。待紧完导线并固定好以后，才可拆除临时拉线。

紧线时在耐张段操作端，直接或通过滑轮组来牵引导线，使导线收紧后，再用紧线器夹住导线。

根据每次同时紧线的架空导线根数，紧线方式有单线法、双线法、三线法等，施工时可根据具体条件采用。

紧线方法有两种：一种是导线逐根均匀收紧，另一种是三线同时收紧或两线同时收紧，如图 8-54 所示。后一种方法紧线速度快，但需要有较大的牵引力，如利用卷扬机或绞磨的牵引力等。紧线时，一般应做到每根电杆上有人，以便及时松动导线，使导线接头能顺利地越过滑轮和绝缘子。

一般中小型铝绞线和钢芯铝绞线可用紧线钳紧线，如图 8-54（c）所示。先将导线通过滑轮组，用人力初步拉紧，然后将紧线钳上钢丝绳松开，固定在横担上，另一端夹住导线（导线上包缠麻布）。紧线时，横担两侧的导线应同时收紧，以免横担受力不均而歪斜。

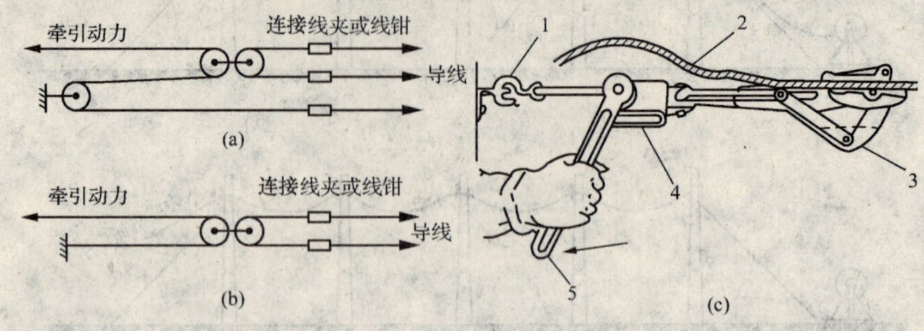

图 8-54　紧线图

（a）三线同时收紧；（b）两线同时收紧；（c）紧线钳紧线

1—定位钩；2—导线；3—夹线钳头；4—收紧齿轮；5—导柄

技能要点 6：弧垂的测定

1. 测定导线的弧垂

测定导线的弧垂，通常是与紧线工作配合进行。测量的目的，是使安装后的导线，能达到最合理的弧垂。

测定导线的弧垂，一般有等长法和张力法两种，施工中常用等长法，即平行四边形法。

弧垂观测档一般在耐张段内选出弛度观测档，耐张档内有 1～6 档时，可选择中部一档观测；7～15 档时，应选择两档观测，并尽量选在稍靠近耐张段两端，15 档以上时，应选择三档观测，即在耐张段两端及中间各选择一档来观测。

采用等长法测定弧垂时，应首先按当时环境温度，从当地电力部门给定的弧垂表或曲线表中查得弧垂值，然后在观测档两侧直线杆上的导线悬挂点，各向下量一般垂直距离，使其等于该档的观测弧垂值，并在该处固定弧垂板尺，如图 8-55 所示。为使目标看得清楚，板尺上应涂以明显的颜色。观测时，观测人员的目力从 A 杆的板尺以水平方向瞄准到 B 杆的板尺同一水平线上，即为所要求的弧垂直。

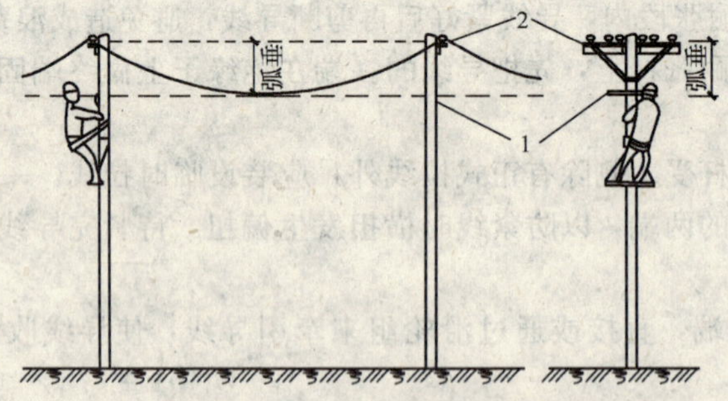

图 8-55　等长法测定导线弧垂

用张力表法测定导线弧垂时，也需要按当时的环境温度，从电力部门给定的弧垂表或曲线表上查得相应张力的数值。其方法是，先将张力表连在收紧导线或钢丝绳上，然后在紧线时从张力表中直接观测导线的张力数值，当这个数值与表中查得的数值相符时，即为所要求的弧垂。

导线的安装弧垂与地区电力部门规定的弧垂允许误差不能超过±5%。多条导线如截面、档距相同时，导线弧垂应一致。

2. 用补插法计算弛度值

导线的弛度应由设计给出弛度安装曲线表查得，也就是根据耐张段的规律档距长度和当时温度，在安装曲线表中查得相应的弛度值。如当调整弛度时所测实际温度在安装曲线表中查不到时（一般在安装曲线中给出的温度范围是从－40～40℃，在其间每隔 10℃划出一条安装曲线），则可用补插法计算出相应温度的弛度值。其计算公式如下：

$$f=f_1-\frac{t_1-t}{t_1-t_2}\ (f_1-f_2) \tag{8-1}$$

$$f=f_2+\frac{t-t_2}{t_1-t_2}\ (f_1-f_2) \tag{8-2}$$

式中　f——在温度为 t 时的弛度值，m；

f_1——与 t_1 相应的弛度值，m；

f_2——与 t_2 相应的弛度值，m；

t——所测实际温度，℃；

t_1——与实际温度相邻近的一个较大温度值，℃；

t_2——与实际温度相邻近的一个较小温度值，℃。

3. 规律档距

规律档距系指一个耐张段中各直线档距（相邻两个直线杆中心线间的水平距离）长度不相等情况下的一种代表档距。规律档距的计算方法如下：

$$L_{np}=3\sqrt{\frac{L_1^3+L_2^3\cdots+L_n^3}{L_1+L_2+\cdots+L_n}} \tag{8-3}$$

式中　L_{np}——规律档距，m；

L_1，L_2，…，L_n——一个耐张段中各个直线档距长度，m。

技能要点 7：导线固定

导线在绝缘子上通常用绑扎方法来固定，绑扎方法因绝缘子形式和安装地点不同而各异，常用的有以下几种：

1. 顶绑法

直线杆针式绝缘子上的绑扎，如图 8-56 所示。绑扎时，首先在导线绑扎处绑铝带 150mm。所用铝带为 10mm，厚为 1mm。绑线材料应与导线的材料相同，其直径见表 8-44、表 8-45。

表 8-44　铜导线在绝缘子上绑扎用绑线直径和用量

绝缘子类型	绑线直径 (mm) ／ 绑线长度 (m) ／ 导线截面或直径	95mm²	50mm²	22mm² 或 5.0mm	14mm² 或 4.0mm	8mm² 或 3.2mm	5.5mm² 或 2.6mm
高压针式绝缘子	2.0	2.0	1.8	1.5	—	—	—
		1.6	1.5	—	—	—	
低压针式绝缘子		—	—	1.4	1.4	1.0	0.85
		6.0	4.0	—	—	—	—
高压蝴蝶形绝缘子		—	—	0.5	—	—	—
		5.0	4.0	—	—	—	—
低压蝴蝶形绝缘子		—	—	2.2	1.5	1.0	0.85

表 8-45 铝导线在蝴蝶形绝缘子上绑扎用量表

绑扎长径(mm) / 绑线和铝带长度(m) / 导线截面(mm²) / 绑线直径(mm)	3.0		2.6		2.0		1×10 铝带	
	70~120	50及以下	70~120	50及以下	70~50	35及以下	50及以下	70~120
>200	5	4	6	4.5	6	5.5	1.5	2
>150	3.5	2.7	4.5	3.5	4.5	4	1.5	2

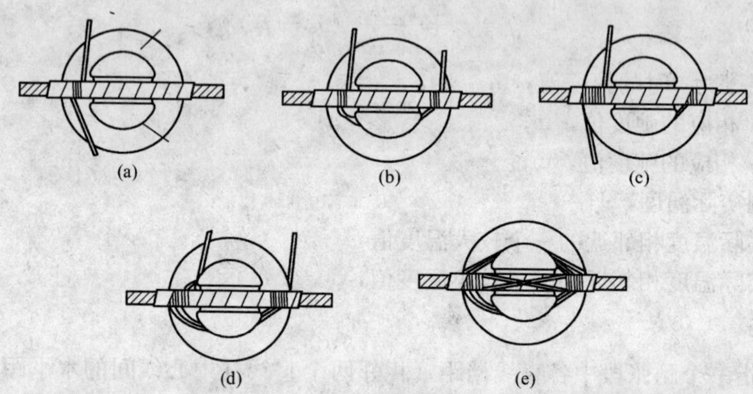

图 8-56 顶绑法

绑扎步骤：

(1) 把绑线绕成卷，在绑线一端留出一个长为 250mm 的短头，用短头在绝缘子左侧的导线上绑 3 圈，方向是从导线外侧经导线上方，绕向导线内侧，如图 8-56 (a) 所示。

(2) 用绑线在绝缘子颈部内侧绕到绝缘子右侧的导线上绑 3 圈，其方向是从导线下方，经外侧绕向上方，如图 8-56 (b) 所示。

(3) 用绑线在绝缘子颈部外侧，绕到绝缘子左侧导线上再绑 3 圈，其方向是由导线下方经内侧绕到导线上方，如图 8-56 (c) 所示。

(4) 用绑线从绝缘子颈部内侧，绕到绝缘子右侧导线上，并再绑 3 圈，其方向是由导线下方经外侧绕向导线上方，如图 8-56 (d) 所示。

(5) 用绑线从绝缘子外侧绕到绝缘子左侧导线下面，并从导线内侧上来，经过绝缘子顶部交叉压在导线上，然后，从绝缘子右侧导线内侧绕到绝缘子颈部内侧，并从绝缘子左侧导线的下侧，经导线外侧上来，经过绝缘子顶部交叉压在导线上，此时，在导线上已有一个十字叉。

(6) 重复以上方法再绑一个十字叉，把绑线从绝缘子右侧导线内侧，经下方绕到绝缘子颈部外侧，与绑线另一端的短头，在绝缘子外侧中间扭绞成 2~3 圈的麻花线，余线剪去，留下部分压平，如图 8-56 (e) 所示。

2. 侧绑法

转角杆针式绝缘子上的绑扎，导线应放在绝缘子颈部外侧。若由于绝缘子顶槽太浅，直线杆也可以用这种绑扎方法，侧绑法如图 8-57 所示。在导线绑扎处同样要绑以铝带。操作步骤如下：

(1) 把绑线绕成卷，在绑线一端留出 250mm 的短头。用短头在绝缘子左侧的导线绑 3 圈，方向是从导线外侧，经过导线上方，绕向导线内侧，如图 8-57 (a) 所示。

(2) 绑线从绝缘子颈部内侧绕过，绕到绝缘子右侧导线上方，交叉压在导线上，并从绝缘子左侧导线的外侧，经导线下方，绕到绝缘子颈部内侧，接着再绕到绝缘子右侧导线的下方，交叉压在导线上，再从绝缘子左侧导线上方，绕到绝缘子颈部内侧，如图 8-57（b）所示。此时导线外侧形成一个十字叉。随后，重复上法再绑一个十字叉。

（3）把绑线绕到右侧导线上，并绑 3 圈，方向是从导线上方绕到导线外侧，再到导线下方，如图 8-57（c）所示。

（4）把绑线从绝缘子颈部内侧，绕回到绝缘子左侧导线上，并绑 3 圈，方向是从导线下方，经过外侧绕到导线上方，然后经过绝缘子颈部内侧，回到绝缘子右侧导线上，并再绑 3 圈，方向是从导线上方，经过外侧绕到导线下方，最后回到绝缘子颈部内侧中间，与绑线短头扭绞成2～3圈的麻花线，余线剪去，留下部分压平，如图 8-57（d）所示。

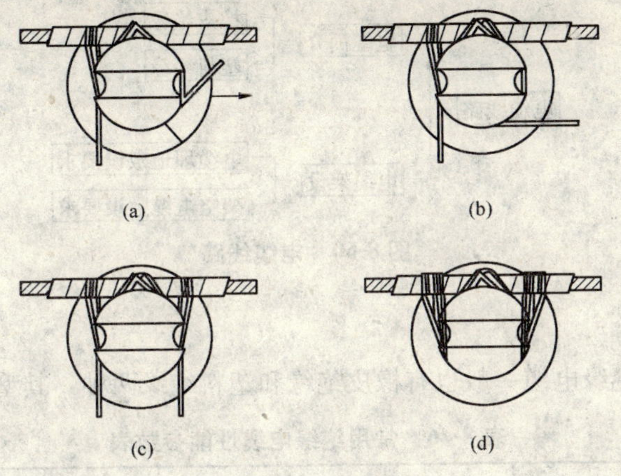

图 8-57　侧绑法

3. 终端绑扎法

终端杆蝶式绝缘子的绑扎。其操作步骤如下：

（1）首先在与绝缘子接触部分的铝导线上绑以铝带，然后把绑线绕成卷，在绑线一端留出一个短头，长度为 200～250mm（绑扎长度为 150mm 者，留出短头长度为 200mm；绑扎长度为 200mm 者，短头长度为 250mm）。

（2）把绑线短头夹在导线与折回导线之间，再用绑线在导线上绑扎，第一圈应离蝶式绝缘子表面 80mm，绑扎到规定长度后与短头扭绞 2～3 圈，余线剪断压平。最后把折回导线向反方向弯曲，如图 8-58 所示。

4. 用张夹耐线固定导线法

如图 8-59 所示。操作步骤如下：

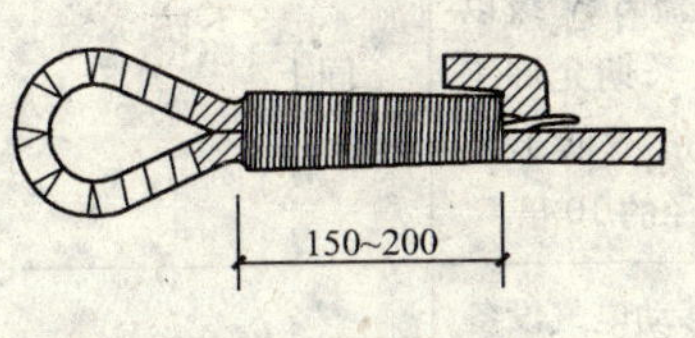

图 8-58　终端绑扎法

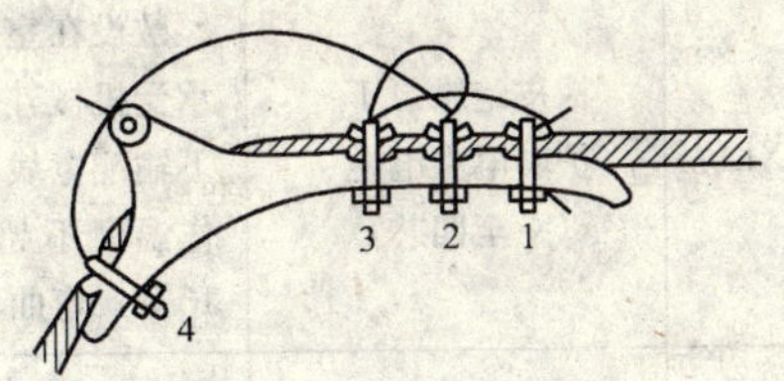

图 8-59　耐张线夹固定法

（1）用紧线钳先将导线收紧，使弧垂比所要求的数值稍小些。然后，在导线需要安装线夹的部分，用同规格的线股缠绕，缠绕时，应从一端开始绕向另一端，其方向须与导线外导弹线股缠绕方向一致。缠绕长度须露出线夹两端各 10mm。

（2）卸下线夹的全部 U 形螺栓，使耐张线夹的线槽紧贴导线缠部，装上全部 U 形螺栓及压板，并稍拧紧。最后按顺序进行拧紧。在拧紧过程中，要使受力均衡，不要使线夹的压板扁斜和卡碰。

技能图解33 电缆线路

技能结构框线图

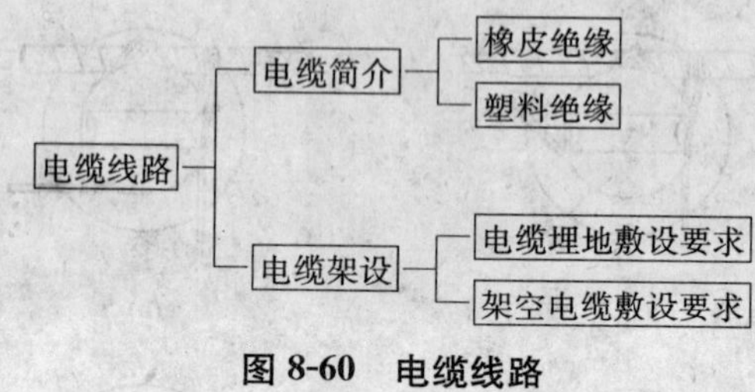

图8-60 电缆线路

技能要点1：电缆简介

施工工地上常用的绝缘电缆一般也有橡皮绝缘和塑料绝缘两种，其型号及性能参数见表8-46。

表8-46 常用绝缘电缆性能参数表

型号		名称	性能及用途	标称截面（mm²）
铜芯	铝芯			
VV	VLV	聚氯乙烯绝缘聚氯乙烯护套电力电缆（一至四芯）	敷设在室内，隧道内及管道中，不能承受机械外力作用。适用于交流0.6/1.0kV级以下的输配电线路中，长期工作温度不超过65℃，环境温度低于0℃敷设时必须预先加热，电缆弯曲半径不小于电缆外径的10倍	一芯时为1.5～500 二芯时为1.5～150 三芯时为1.5～300 四芯时为4～185
XV	XLV	橡皮绝缘聚氯乙烯护套电力电缆（一至四芯）	敷设在室内，电缆沟内及管道中，不能承受机械外力作用。适用于交流6kV级以下输配电线路中作固定敷设，长期允许工作温度不超过65℃，敷设温度不低于－15℃，弯曲半径不小于电缆外径的10倍	XV一芯时为1～240 XLV一芯时为2.5～630 XV二芯时为1～185 XLV二芯时为2.5～240 XV三至四芯时为1～185 XLV三至四芯时为2.5～240
XF	XLF	橡皮绝缘氯丁护套电力电缆（一至四芯）	敷设在室内，电缆沟内及管道中，不能承受机械外力作用。适用于交流6kV级以下输配电线路中作固定敷设，长期允许工作温度不超过65℃，敷设温度不低于－15℃，弯曲半径不小于电缆外径的10倍	同上
YQ YQW	—	轻型橡套电缆（一至三芯）	连接交流250V及以下轻型移动电气设备 YQW型具有耐气候和一定的耐油性能	0.3～0.75
YZ YZW	—	中型橡套电缆（一至四芯）	连接交流500V及以下轻型移动电气设备 YZW型具有耐气候和一定的耐油性能	0.5～6
YC YCW	—	重型橡套电缆（一至四芯）	连接交流500V及以下轻型移动电气设备 YCW型具有耐气候和一定的耐油性能	2.5～120

在上述电缆中，橡套电缆一般应用于连接各种移动式用电设备，而工地配电线路的干、支线一般采用各种电力电缆。

技能要点 2：电缆架设

(1) 电缆中必须包含全部工作芯线和用作保护零线或保护线的芯线。需要三相四线制配电的电缆线路必须采用五芯电缆。

五芯电缆必须包含淡蓝、绿/黄两种颜色绝缘芯线。淡蓝色芯线必须用作 N 线；绿/黄双色芯线必须用作 PE 线，严禁混用。

(2) 电缆线路应采用埋地或架空敷设，严禁沿地面明设，并应避免机械损伤和介质腐蚀。埋地电缆路径应设方位标志。

(3) 电缆类型应根据敷设方式、环境条件选择。埋地敷设宜选用铠装电缆；当选用无铠装电缆时，应能防水、防腐。架空敷设宜选用无铠装电缆。

1. 电缆埋地敷设要求

(1) 电缆直接埋地敷设的深度不应小于 0.7m，并应在电缆紧邻上、下、左、右侧均匀敷设不小于 50mm 厚的细砂，然后覆盖砖或混凝土板等硬质保护层。

(2) 保护层与电缆的垂直距离不得小于 100mm，电缆壕沟的形状和尺寸要求见图 8-61 和表8-47。

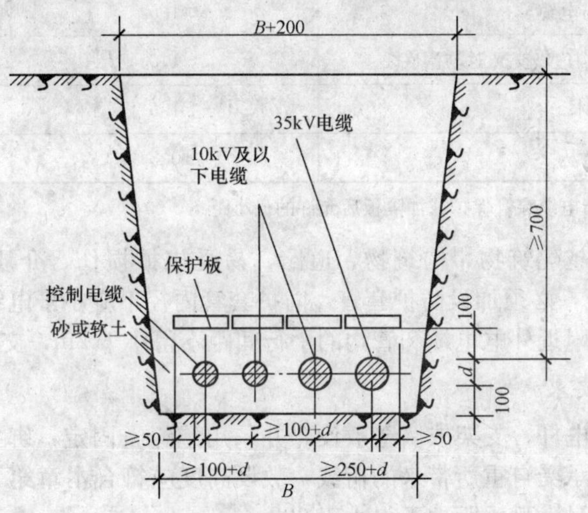

图 8-61　电缆直接埋地

表 8-47　电缆壕沟宽度表

电缆壕沟宽度 B (mm)		控制电缆根数						
		0	1	2	3	4	5	6
10kV 及以下电力电缆根数	0		350	380	510	640	770	900
	1	350	450	580	710	840	970	1100
	2	500	600	730	860	990	1120	1250
	3	650	750	880	1010	1140	1270	1400
	4	800	900	1030	1160	1290	1420	1550
	5	950	1050	1180	1310	1440	1570	1800
	6	1100	1200	1330	1460	1590	1720	1850

(3) 电缆长度应比电缆壕沟长约1.5%～2%，即留有一定裕量。

(4) 电缆接头应设在地面上的接线盒内，接线盒应能防水、防尘、防机械损伤，并远离易燃、易爆、易腐蚀场所。

(5) 电缆接头应牢固可靠，并应作绝缘包扎，保持绝缘强度，不得承受张力。

(6) 电缆与其他设施的平行、交叉的最小距离和要求见表8-48。

表8-48 直埋电缆与其他设施的最小允许距离

设施名称	平行距离（m）	交叉距离（m）
建筑物、构筑物基础与电缆	0.5	
电杆基础与电缆	1.0	
电力电缆之间及其与控制电缆之间	0.1	
热力管道（沟）与电缆	2.0	1.0
石油、煤气管道与电缆	1.0（0.25）	0.5（0.25）
其他管道与电缆	0.5（0.25）	0.5（0.25）
铁路路轨与电缆	3.0	1.0
道路与电缆	1.5	1.0
排水明沟（平行时与沟边、交叉时与沟底）	1.0	0.5
乔木	1.5	
灌木丛	0.5	

注：表中括号内数字是指电缆穿管保护或加隔板后允许的最小距离。

(7) 埋地电缆在穿越建筑物、构筑物、道路、易受机械损伤、介质腐蚀场所及引出地面从2.0m高到地下0.2m处，必须加设防护套管，防护套管内径不应小于电缆外径的1.5倍。

(8) 埋地电缆与其附近外电电缆和管沟的平行间距不得小于2m，交叉间距不得小于1m。

2. 架空电缆敷设要求

(1) 架空电缆应沿电杆、支架或墙壁敷设，并采用绝缘子固定，绑扎线必须采用绝缘线，固定点间距应保证电缆能承受自重所带来的荷载，敷设高度应符合本章第一节架空线路敷设高度的要求，但沿墙壁敷设时最大弧垂距地不得小于0.2m。

架空电缆严禁沿脚手架、树木或其他设施敷设。

(2) 在建工程内的电缆线路必须采用电缆埋地引入，严禁穿越脚手架引入。电缆垂直敷设应充分利用在建工程的竖井、垂直孔洞等，并宜靠近用电负荷中心，固定点每楼层不得少于一处。电缆水平敷设宜沿墙或门口刚性固定，最大弧垂距地不得小于2.0m。

装饰装修工程或其他特殊阶段，应补充编制单项施工用电方案。电源线可沿墙角、地面敷设，但应采取防机械损伤和电火措施。

(3) 架空线路必须有短路保护。采用熔断器做短路保护时，其熔体额定电流不应大于明敷绝缘导线长期连续负荷允许载流量的1.5倍。

采用断路器做短路保护时，其瞬动过流脱扣器脱扣电流整定值应小于线路末端单相短路电流。

(4) 架空线路必须有过载保护。采用熔断器或断路器做过载保护时，绝缘导线长期连续负荷允许载流量不应小于熔断器熔体额定电流或断路器长延时过流脱扣器脱扣电流整定值的1.25倍。

技能图解 34　室内配线

技能结构框线图

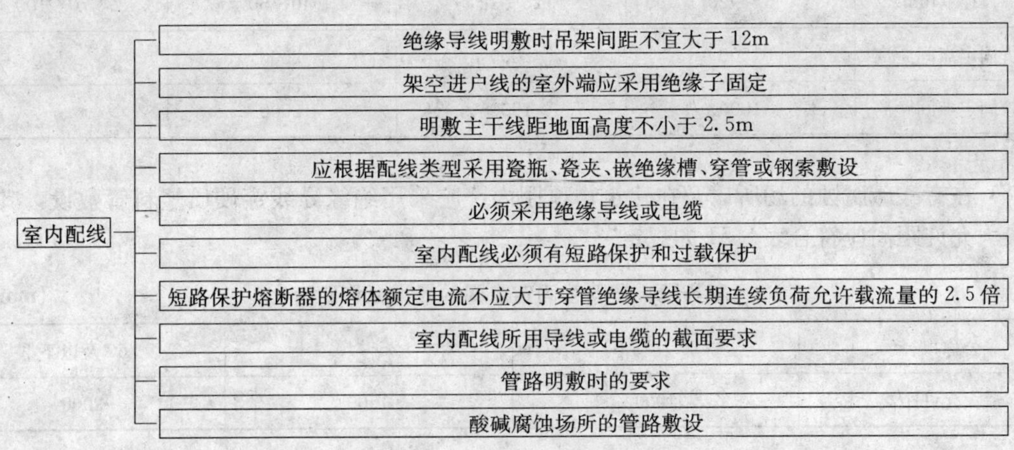

图 8-62　室内配线

技能要点

(1) 室内配线必须采用绝缘导线或电缆。

(2) 室内配线应根据配线类型采用瓷瓶、瓷（塑料）夹、嵌绝缘槽、穿管或钢索敷设。

潮湿场所或埋地非电缆配线必须穿管敷设，管口和管接头应密封；当采用金属管敷设时，金属管必须做等电位连接，且必须与 PE 线相连接。

(3) 室内非埋地明敷主干线距地面高度不得小于 2.5m。

(4) 架空进户线的室外端应采用绝缘子固定，过墙处应穿管保护，距地面高度不得小于 2.5m，并应采取防雨措施。

(5) 室内配线所用导线或电缆的截面应根据用电设备或线路的计算负荷确定，但铜钱截面不应小于 1.5mm²，铝线截面不应小于 2.5mm²。

(6) 绝缘导线明敷时，采用钢索配线的吊架间距不宜大于 12m，采用绝缘子或瓷（塑料）夹固定导线时，导线及固定点间的允许距离如表 8-49 所示。采用护套绝缘导线时，允许直接敷设于钢索上（导线明敷时导线及固定点间的允许距离见表 8-49）。

表 8-49　室内采用绝缘导线明敷时导线及固定点间的允许距离

布线方式	导线截面（mm²）	固定点间最大允许距离（mm）	导线线间最小允许距离（mm）
瓷（塑料）夹	1～4	600	
	6～10	800	
用绝缘子固定在支架上布线	2.5～6	＜1500	35
	6～25	1500～3000	50
	25～50	3000～6000	70
	50～95	＞6000	100

（7）凡明敷于潮湿场所和埋地的绝缘导线配线均应采用水、煤气钢管，明敷或暗敷于干燥场所的绝缘导线配线可采用电线钢管，穿线管应尽可能避免穿过设备基础，管路明敷时其固定点间最大允许距离应符合表 8-50 的规定。

表 8-50　金属管固定点间的最大允许距离　(mm)

公称口径（mm）	15～20	25～32	40～50	70～100
煤气管固定点间距离	1500	2000	2500	3500
电线管固定点间距离	1000	1500	2000	—

（8）在有酸碱腐蚀的场所以及在建筑物顶棚内，应采用绝缘导线穿硬质塑料管敷设，其固定点间最大允许距离应符合表 8-51 的规定。

表 8-51　塑料管固定点间的最大允许距离　(mm)

公称口径	20 及以下	25～40	50 及以下
最大允许距离	1000	1500	2000

（9）室内配线必须有短路保护和过载保护，短路保护和过载保护电器与绝缘导线、电缆的选配应符合要求。

（10）对穿管敷设的绝缘导线线路，其短路保护熔断器的熔体额定电流不应大于穿管绝缘导线长期连续负荷允许载流量的 2.5 倍。

技能图解 35　配电线路施工质量检验

技能结构框线图

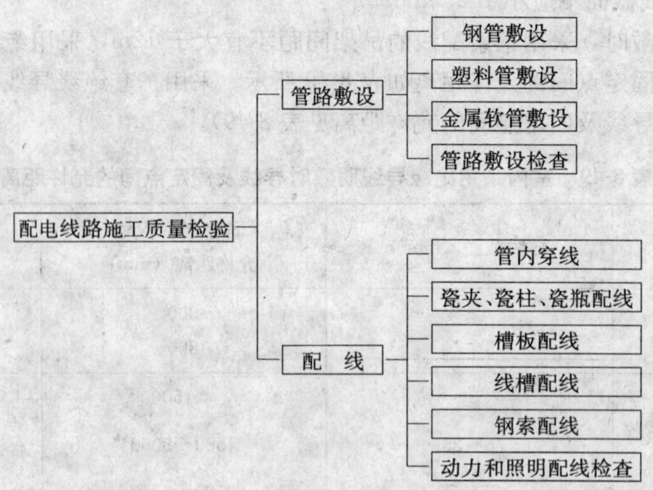

图 8-63　配电线路施工质量检验

技能要点1：管路敷设

1. 钢管敷设

(1) 对薄壁和厚壁钢管敷设的场所作了相应的规定，如果选用不当，易缩短使用年限或造成浪费。

潮湿场所和直埋于地下的电线保护管，应采用厚壁钢管或防液型可挠金属电线保护管；干燥场所的电线保护管宜采用薄壁钢管或可挠金属电线保护管。

(2) 对防腐提出了明确要求，目的是为了延长钢管使用寿命，同时防止管内锈蚀严重，影响导线更换，埋入混凝土内的钢管外壁，因不易锈蚀，可不涂防腐漆，这样更有利于两者结合。

当埋设于混凝土内时，钢管外壁可不作防腐处理；直埋于土层内的钢管外壁应涂两度沥青；采用镀锌钢管时，锌层剥落处应涂防腐漆。设计有特殊要求时，应按设计规定进行防腐处理。

(3) 钢管不应有折扁和裂缝，管内应无铁屑及毛刺，切断口应平整，管口应光滑。

(4) 钢管的连接的要求

①采用螺纹连接时，管端螺纹长度不应小于管接头长度的1/2；连接后，其螺纹宜外露2～3扣。螺纹表面应光滑、无缺损。

②采用套管连接时，套管长度宜为管外径的1.5～3倍，管与管的对口处应位于套管的中心。套管采用焊接连接时，焊缝应牢固严密；采用紧定螺钉连接时，螺钉应拧紧；在振动的场所，紧定螺钉应有防松动措施。

③镀锌钢管和薄壁钢管应采用螺纹连接或套管紧定螺钉连接，不应采用熔焊连接。

④钢管连接处的管内表面应平整、光滑。

(5) 钢管与盒（箱）或设备的连接的要求

①暗配的黑色钢管与盒（箱）连接可采用焊接连接，管口宜高出盒（箱）内壁3～5mm，且焊后应补涂防腐漆；明配钢管或暗配的镀锌钢管与盒（箱）连接应采用锁紧螺母或护圈帽固定，用锁紧螺母固定的管端螺纹宜外露锁紧螺母2～3扣。

②当钢管与设备直接连接时，应将钢管敷设到设备的接线盒内。

③当钢管与设备间接连接时，对室内干燥场所，钢管端部宜增设电线保护软管或可挠金属电线保护管后引入设备的接线盒内，且钢管管口应包扎紧密；对室外或室内潮湿场所，钢管端部应增设防水弯头，导线应加套保护软管，经弯成滴水弧状后再引入设备的接线盒。

④与设备连接的钢管管口与地面的距离宜大于200mm。

(6) 钢管的接地连接的要求

①当黑色钢管采用螺纹连接时，连接处的两端应焊接跨接接地线或采用专用接地线卡跨接。

②镀锌钢管或可挠金属电线保护管的跨接接地线宜采用专用接地线卡跨接，不应采用熔焊连接。

(7) 安装电器的部位应设置接线盒。

(8) 明配钢管应排列整齐，固定点间距应均匀，钢管管卡间的最大距离应符合表8-52的规定；管卡与终端、弯头中点、电气器具或盒（箱）边缘的距离宜为150～500mm。

表8-52　钢管管卡间的最大距离

敷设方式	钢管种类	钢管直径（mm）			
		15～20	25～32	40～50	65以上
		管卡间最大距离（m）			
吊架、支架或沿墙敷设	厚壁钢管	1.5	2.0	2.5	3.5
	薄壁钢管	1.0	1.5	2.0	—

2. 金属软管敷设

(1) 钢管与电气设备、器具间的电线保护管宜采用金属软管或可挠金属电线保护管；金属软管的长度不宜大于2m。

金属软管又称挠性金属管，通常用于设备本体的电气配线，在配线工程中用于刚性保护管和设备器具间连接的过渡管段，或为了检修和特种场合下，器具、设备需小范围变动工作位置时，采用部分金属软管作电线保护管；鉴于软管不易更换导线，所以规定了长度数值，且指明了适用范围。

(2) 由于金属软管的构造特点，限制了使用场所，若直埋地下或在混凝土内敷设，均有可能渗进水或水泥浆，致使无法穿线或导线穿入后绝缘性能下降。专用的防液型金属软管，外覆的护层是由塑料构成，也不宜直埋地下或捣入混凝土中，原因是外覆层易被划破，而失去防液功能。

(3) 金属软管不应退绞、松散，中间不应有接头；与设备、器具连接时，应采用专用接头，连接处应密封可靠；防液型金属软管的连接处应密封良好。

(4) 金属软管的安装要求

①弯曲半径不应小于软管外径的6倍。

②固定点间距不应大于1m，管卡与终端、弯头中点的距离宜为300mm。

③与嵌入式灯具或类似器具连接的金属软管，其末端的固定管卡，宜安装在自灯具、器具边缘起沿软管长度的1m处。

(5) 金属软管应可靠接地，且不得作为电气设备的接地导体。

3. 塑料管敷设

(1) 保护电线用的塑料管及其配件必须由阻燃处理的材料制成，塑料管外壁应有间距不大于1m的连续阻燃标记和制造厂标。

注：本处所指塑料管是刚性PVC管，现已在电气安装工程中大量使用，并部分取代了钢管作电线管。塑料管除有抗冲击性差、易老化、不能耐高温等缺陷外，关键是在电气线路中使用时必须有良好的阻燃性能，否则隐患极大，因阻燃性能不良而酿成电气火灾事故是屡见不鲜。

(2) 塑料管不应敷设在高温和易受机械损伤的场所。

(3) 塑料管管口应平整、光滑；管与管、管与盒（箱）等器件应采用插入法连接；连接处结合面应涂专用胶合剂，接口应牢固密封。

(4) 明配硬塑料管在穿过楼板易受机械损伤的地方，应采用钢管保护，其保护高度距楼板表面的距离不应小于500mm。

(5) 直埋于地下或楼板内的硬塑料管，在露出地面易受机械损伤的一段，应采取保护措施。

(6) 塑料管直埋于现浇混凝土内，在浇捣混凝土时，应采取防止塑料管发生机械损伤的措施。

(7) 明配硬塑料管应排列整齐，固定点间距应均匀，管卡间最大距离应符合表8-53的规定。管卡与终端、转弯中点、电气器具或盒（箱）边缘的距离为150～500mm。

表8-53　硬塑料管管卡间最大距离　(m)

敷设方式	管内径（mm）		
	20及以下	25～40	50及以上
吊架、支架或沿墙敷设	1.0	1.5	2.0

4. 管路敷设检查

管路敷设检查见表8-54。

表8-54 管路敷设

工序	检验项目			性质	质量标准	检验方法及器具
配管检查	型号、规格、材质				按设计规定	对照图纸检查
	外观	钢管	外表面		无损伤，严重锈蚀镀锌完好	观察检查
			内表面		无毛刺，无杂物	
		塑料管	外表面		无裂缝，无破损	观察检查
			内表面		无杂物	
管路配制	路径、位置、方式				按设计规定	对照图纸检查
	弯曲部分	弯曲半径			按《建筑电气工程施工质量验收规范》（GB 50303—2002）	对照规范检查
		弯扁度				
	管口				平整、光滑	观察检查
	管路水平、垂直误差			主要	横平、竖直	
	与热力管线的距离			主要	按《建筑电气工程施工质量验收规范》（GB 50303—2002）	对照规范检查
接线盒安装	型号				与开关、插座、盖板配套	观察检查
	装设位置				按设计规定	对照图纸检查
	固定（埋设）				牢固，不易损伤	观察检查
管路连接	钢管	普通螺纹连接			牢固，跨接接地线焊接可靠	观察检查
		防爆螺纹连接			涂电力复合脂均匀，接地跨接线卡可靠	
		套管连接			管口对正，焊接牢固、严密	
		紧固螺钉连接			紧密，无松动	
	塑料管				胶合牢固	观察检查
	固定				均匀、合理	
	直引式	进盒	钢管锁母配合		外露丝扣2～3扣	观察检查
			钢管焊接配合		高出内壁3～5mm，焊接平整	
			塑料管		高出内壁3～5mm	
		进落地配电箱			高出箱底板50～80mm，排列整齐	
	过渡式	用软管保护			管口包扎紧密	观察检查
		用专用接头软管			连接可靠，密封良好	
其他	隔离密封件填充料			主要	光滑，无龟裂	观察检查
	配合处密封				良好	
	管线及附件防腐				按设计规定	对照图纸检查
	接地或接零					

技能要点2：配线

1. 管内穿线

(1) 对穿管敷设的绝缘导线，其额定电压不应低于500V。

(2) 管内穿线宜在建筑物抹灰、粉刷及地面工程结束后进行；穿线前，应将电线保护管内的积水及杂物清除干净。

(3) 不同回路、不同电压等级和交流与直流的导线，不得穿在同一根管内，但下列几种情况或设计有特殊规定的除外。

①电压为50V及以下的回路。

②同一台设备的电机回路和无抗干扰要求的控制回路。

③照明花灯的所有回路。

④同类照明的几个回路，可穿入同一根管内，但管内导线总数不应多于8根。

(4) 同一交流回路的导线应穿于同一钢管内。

(5) 导线在管内不应有接头和扭结，接头应设在接线盒（箱）内。

(6) 管内导线包括绝缘层在内的总截面积不应大于管子内空截面积的40%。

(7) 导线穿入钢管时，管口处应装设护线套保护导线；在不进入接线盒（箱）的垂直管口，穿入导线后应将管口密封。

2. 瓷夹、瓷柱、瓷瓶配线

(1) 因雨雪堆积在瓷夹、瓷柱表面，使导线绝缘降低而产生漏电现象；瓷瓶倒装会使瓷瓶积水，影响导线的绝缘。为确保用电安全，在雨、雪能落到导线上的室外场所，不宜采用瓷柱、瓷夹配线；室外配线的瓷瓶不宜倒装。

(2) 当室外配线跨越人行道时，导线距地面高度不应小于3.5m；室外配线跨越通车街道时，导线距地面的高度不应小于6m。

(3) 导线敷设应平直，无明显松弛；导线在转弯处，不应有急弯。

(4) 电气线路相互交叉时，应将靠近建筑物、构筑物的导线穿入绝缘保护管内。保护管的长度不应小于100mm，并应加以固定；保护管两端与其他导线外侧边缘的距离均不应小于50mm。

(5) 绝缘导线的绑扎线应有保护层；绑扎线的规格应与导线规格相匹配；绑扎时不得损伤绝缘导线的绝缘层。

(6) 瓷夹、瓷柱或瓷瓶安装后应完好无损、表面清洁、固定可靠。

(7) 导线在转弯、分支和进入设备、器具处，应装设瓷夹、瓷柱或瓷瓶等支持件固定，其与导线转弯的中心点、分支点、设备和器具边缘的距离宜为：瓷夹配线40～60mm；瓷柱配线60～100mm。

(8) 因裸导线易危及人身安全，现已较少采用，但其成本低，现仍有采用的情况，为确保安全运行，配线时应符合下列要求：

①裸导线距地面高度不应小于3.5m；当装有网状遮拦时，不应小于2.5m。

②在屋架上敷设时，导线至起重机铺面板间的净距不应小于2.2m。

③裸导线与网状遮拦的距离不应小于100mm；与板状遮拦的距离不应小于50mm。

④裸导线之间及其与建筑物表面之间的最小距离应符合表8-55的规定。

表 8-55　裸导线之间及其与建筑物表面之间的最小距离

固定点间距 l（m）	最小距离（mm）	固定点间距 l（m）	最小距离（mm）
$l \leqslant 2$	50	$4 < l < 6$	150
$2 < l \leqslant 4$	100	$l \geqslant 6$	200

（9）导线沿室内墙面或顶棚敷设时，固定点之间的最大距离应符合表 8-56 的规定。

表 8-56　固定点之间的最大距离　（mm）

配线方式	线芯截面（mm^2）				
	1～4	6～10	16～25	35～70	95～120
瓷夹配线	600	800	—	—	—
瓷柱配线	1500	2000	3000	—	—
瓷瓶配线	2000	2500	3000	6000	6000

3. 槽板配线

（1）槽板配线宜敷设在干燥场所；槽板内、外应平整光滑、无扭曲变形。木槽板应涂绝缘漆和防火涂料；塑料槽板应经阻燃处理，并有阻燃标记。

（2）槽板应紧贴建筑物、构筑物的表面敷设，且平直整齐；多条槽板并列敷设时，应无明显缝隙。

（3）槽板底板固定点间距离应小于 500mm；槽板盖板固定点间距离应小于 300mm；底板距终端 50mm 和盖板距终端 30mm 处均应固定。三线槽的槽板每个固定点均应采用双钉固定。

（4）导线在槽板内不应设有接头，接头应置于接线盒或器具内；盖板不应挤伤导线的绝缘层。

（5）槽板与各种器具的底座连接时，导线应留有余量，底座应压住槽板端部。

4. 线槽配线

（1）线槽应平整、无扭曲变形，内壁应光滑、无毛刺。金属线槽应经防腐处理。塑料线槽必须经阻燃处理，外壁应有间距不大于 1m 的连续阻燃标记和制造厂标。

（2）线槽的敷设的要求

①线槽应敷设在干燥和不易受机械损伤的场所。

②线槽的连接应连续无间断；每节线槽的固定点不应少于两个；在转角、分支处和端部均应有固定点，并应紧贴墙面固定。

③线槽接口应平直、严密，槽盖应齐全、平整、无翘角。

④固定或连接线槽的螺钉或其他紧固件，紧固后其端部应与线槽内表面光滑相接。

⑤线槽的出线口应位置正确、光滑、无毛刺。

⑥线槽敷设应平直整齐；水平或垂直允许偏差为其长度的 2‰，且全长允许偏差为 20mm；并列安装时，槽盖应便于开启。

（3）线槽内导线的敷设规定

①导线的规格和数量应符合设计规定；当设计无规定时，包括绝缘层在内的导线总截面积不应大于线槽截面积的 60%。

②在可拆卸盖板的线槽内，包括绝缘层在内的导线接头处所有导线截面积之和，不应大于线槽截面积的 75%；在不易拆卸盖板的线槽内，导线的接头应置于线槽的接线盒内。

5. 钢索配线

(1) 在潮湿、有腐蚀性介质及易积贮纤维灰尘的场所，应采用带塑料护套的钢索。配线时宜采用镀锌钢索，不应采用含油芯的钢索。

(2) 钢索中间固定点间距不应大于 12m；中间固定点吊架与钢索连接处的吊钩深度不应小于 20mm，并应设置防止钢索跳出的锁定装置。

(3) 在钢索上敷设导线及安装灯具后，钢索的弛度不宜大于 100mm。

(4) 钢索配线的零件间和线间距离应符合表 8-57 的规定。

表 8-57 钢索配线的零件间和线间距离 (mm)

配线类别	支持件之间最大间距	支持件与灯头盒之间最大距离	线间最小距离
钢管	1500	200	—
硬塑料管	1000	150	—
塑料护套线	200	100	—
瓷柱配线	1500	100	35

6. 动力和照明配线检查

动力和照明配线检查见表 8-58。

表 8-58 动力和照明配线检查

<table>
<tr><th>工序</th><th colspan="2">检验项目</th><th>性质</th><th>质量标准</th><th>检验方法及器具</th></tr>
<tr><td rowspan="3">配线检查</td><td colspan="2">型号、电压及规格</td><td></td><td rowspan="2">按设计规定</td><td rowspan="2">对照图纸检查</td></tr>
<tr><td colspan="2">材 质</td><td></td></tr>
<tr><td colspan="2">绝缘保护层</td><td></td><td>完好，无损伤</td><td>观察检查</td></tr>
<tr><td rowspan="7">配线</td><td colspan="2">管内检查</td><td></td><td>畅通、无杂物、积水</td><td>钢丝贯通检查</td></tr>
<tr><td colspan="2">回路布置</td><td></td><td>按设计规定</td><td>对照图纸检查</td></tr>
<tr><td colspan="2">导线占保护管内空间</td><td></td><td>不大于 40%保护管内空间</td><td>观察检查</td></tr>
<tr><td colspan="2">管口护线套</td><td></td><td>齐全</td><td rowspan="2">观察检查</td></tr>
<tr><td colspan="2">导线穿管</td><td>主要</td><td>无损伤，无打结</td></tr>
<tr><td colspan="2">管内导线</td><td></td><td>无接头</td><td>观察检查</td></tr>
<tr><td colspan="2">导线在补偿装置内的长度</td><td>主要</td><td>有适当余量</td><td>手拉检查</td></tr>
<tr><td rowspan="4">接线</td><td colspan="2">剥线</td><td></td><td>线芯无损伤</td><td rowspan="3">观察检查</td></tr>
<tr><td rowspan="2">导线连接</td><td>单股铜线铰接后焊接</td><td></td><td>紧固、接触良好，焊渣清理干净</td></tr>
<tr><td>套管连接</td><td></td><td>导线与套管规格匹配</td></tr>
<tr><td colspan="2">导线与设备、器具的连接</td><td></td><td>按《建筑电气工程施工质量验收规范》(GB 50303—2002) 规定</td><td>对照规范检查</td></tr>
<tr><td rowspan="3">接线后检查</td><td colspan="2">导线间及导线对地绝缘</td><td>主要</td><td>≥0.5MΩ</td><td>用兆欧表检查</td></tr>
<tr><td colspan="2">保护地线连接</td><td>主要</td><td>可靠</td><td>观察检查</td></tr>
<tr><td colspan="2">盖板、面板</td><td></td><td>齐全，固定牢固、严密</td><td></td></tr>
</table>

技能图解 36　配电线路施工安全检修

技能结构框线图

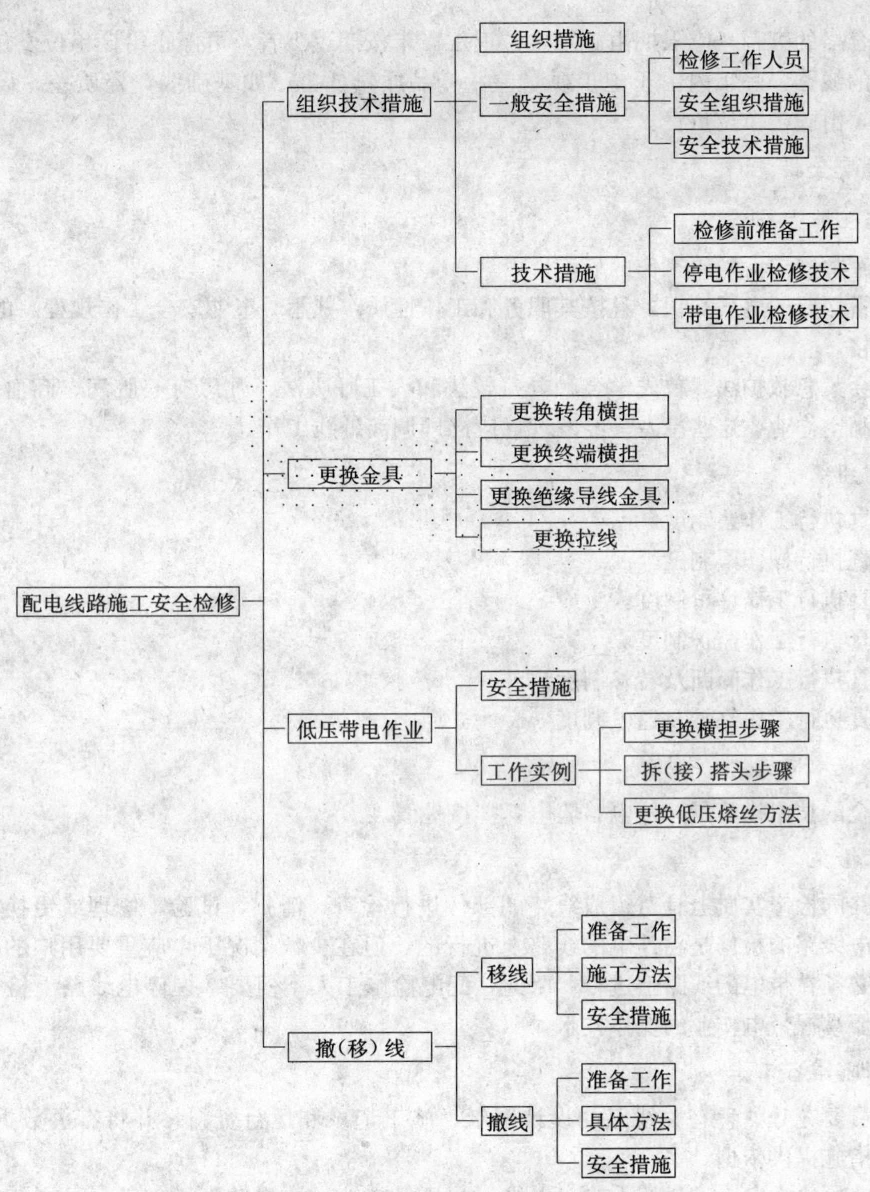

图 8-64　配电线路施工安全检修

技能要点 1：组织技术措施

1. 组织措施

检修班组在接受工程任务后，必须筹备好人员、物资，安排好施工进度，拟订施工安全技术措施，递交开工报告，经有关部门批准后开工。

检修班应加强工程器材管理，应有专人负责工具、材料的管理，进出库应记账。拆回的旧料也应清点上账。各项器材应妥善保管，不得任其锈蚀或丢失。工程中所耗工量、器材、车次及其他费用都应详细记录，定期汇总，工程结束后应有总结。

工程项目全部完成以及缺陷处理完毕，闲置的设备、器材全部回收，交接资料备好后，方可填写竣工报告申请验收。

检修后的线路验收时，清扫检查、缺陷处理工作由巡线员检收；大修、改进工程由验收小组进行验收。

验收不合格的工程，应限期由施工单位返工。未按期返工者，可停止给该单位发包工程。

检修后的线路，一年内由于施工质量差、产品质量低劣（如基础线、瓷质差、设备渗漏等）造成事故者，由施工单位负责。

2. 一般安全措施

1）检修工作人员

（1）经医师鉴定无妨碍工作的病症。

（2）具备必要的电气知识，且按其职务和工作性质，熟悉《电业安全工作规程》的有关部分，并经考试合格。

（3）学会紧急救护法，首先学会触电急救法和人工呼吸法。凡患有心脏病、高血压、癫痫病者，不适于高空作业，这些患者一经发现，应立即调离外线工作。

2）安全组织措施

（1）认真执行工作票制度。

（2）认真执行操作票制度。

（3）认真执行工作许可制度。

（4）认真执行工作监护制度。

（5）认真执行工作间断及转移制度。

（6）认真执行工作终结及送电制度。

3）安全技术措施

保证安全的技术措施是：停电，验电，挂接地线。

3. 技术措施

配电线路的检修实质上是对组成线路的部件进行检查、清扫、试验、修理或更换的过程。多数情况下配电线路的检修是在停电的线路上进行的，但在少数情况下，应重要用户的要求，配电线路的检修必须在带电的线路上进行。因此，配电检修工人不但要掌握停电线路上检修工作的技能，而且还要掌握带电作业的操作技术。

1）检修前准备工作

主管人员要充分熟悉有关线路的设计图纸、施工记录和运行资料，并将有关数据分类汇总，为采取修复措施提供依据。

（1）制定检修方案。设备的小修、中修大多是局部性的检查和更换部件，没有复杂的施工技术问题。但是设备大修的整旧翻新过程中，有时还比新的基建工程复杂，这就需要制定检修方案，作出施工设计。

（2）编制检修计划。从运行角度看，希望设备一旦有缺陷，便立即采取检修措施使所有设备都处于完好状态。但在实际工作中，由于受资金、材料、劳力和电网运行方式等的限制，不可能达到上述要求。这就需要在编制检修计划时，综合平衡诸方面的因素，权衡利弊，最后经过一定的审批手续，拟定检修计划。

（3）进行技术培训。全面提高检修工作人员的技术素质，尤其是要向全体检修工人进行开工前的技术交底工作，由专业技术人员向班长和技术骨干讲解工程的全过程及施工的要点，使全体工人心中有数。

(4) 工具和材料的准备。检修工具必须准备齐全，否则将会对检修质量造成隐患。比如在处理铝导线损伤的故障检修时，如果没有准备压接工具，到现场就只能采取绞缠法接线，而这是不符合规程规定的错误检修方法。

检修器材的准备，包括器材的检验，都是不可缺少的重要环节。对于试验合格证超过有效期，运输或其他原因可能影响质量者，经检查发现变质、变形、绝缘受潮等可能降低电气性能、机械性能的设备和器材，都应重新做试验或鉴定。

2) 停电作业的检修技术

配电线路需要停电检修的部件很多，有关停电检修的安全措施本节不再叙述，下面仅就换杆、正杆、换拉线、换导线等几项检修技术简要地做一叙述。

(1) 更换电杆。分段连接的钢筋混凝土电杆，要由经过焊接专业培训，并考试合格的焊工操作，其他人不得随意操作。电杆更换后，线路的标志应立即恢复。

(2) 更换拉线。当新换的拉线从低压导线中间穿过时，拉线绝缘于距电杆的距离一般不小于3m，这是为了防止在断拉线的情况下，拉线绝缘子距地面不小于2.5m。

(3) 更换部分导线。更换导线时，通常把邻近几档内的导线从针式绝缘子上松开，放置于地面上。将烧伤损坏的导线段切断，并换上与之同材料、同截面、同长度的导线。

导线烧伤断股的截面不超过17%时，可采用同规格的单股线在烧伤处缠绕。其缠绕长度较烧伤段应长出一倍，并且应平均分布在两侧。导线的连接，只有铜线可以用绞缠法，铝导线必须用压接管连接。

(4) 正杆。运行中的电杆发生倾斜有两种情况，一种是在线路的垂直方向发生的倾斜，俗语叫“大面歪”；另一种是顺线路方向发生的倾斜，俗语叫“小面歪”。对于“小面歪”的正杆工作，必须进行停电作业。

正杆时应首先将导线和绝缘子之间的绑线拆掉，在杆顶上结三根调整绳，然后在倾斜侧的另一边挖去部分泥土，再用人力或其他力量慢慢拉动电杆，使电杆扶正，最后添土夯实，拆下调整绳，恢复绝缘子的绑线。

3) 带电作业的检修技术

在配电线路上进行带电作业检修，不但要遵守电力线路安全工作规程的规定，而且还要严格遵守有关带电作业安全工作规程的规定。配电带电作业的项目很多，下面仅就经常发生的带电更换针式绝缘子和带电处理障碍物两项带电检修技术进行介绍，具体见表8-59。

表8-59 带电作业检修技术

项　目	带电更换直线杆针式绝缘子	带电处理障碍物
需要的操作工具	吊线抱杆（包括附件）1套 绝缘把大剪子1把 鸭嘴操作杆2副 无极绳滑轮（包括地锚等附件）或尼龙绳1套 绝缘操作拉杆1副 绝缘胶皮隔离管按需配备	绝缘挡板1～2具 绝缘隔离罩1～2具 绝缘胶皮管1根 绝缘夹钳1把 绝缘把大剪子1把 绝缘操作拉杆1副 绝缘鸭嘴操作杆1副
作业组成员	工作负责人（监护人）1名 杆上电工2名 地面电工1名	工作负责人（监护人）1名 杆上电工1名 地面电工1名

表 8-59（续）

项　　目	带电更换直线杆针式绝缘子	带电处理障碍物
操作步骤及安全技术措施	(1) 停掉同杆架设低压线路电源或在低压线上套以绝缘隔离管。 (2) 杆上电工登杆选好位置并绑好安全带。 (3) 杆上电工上杆后挂好无极绳滑轮（或用尼龙手绳直接上下传递工器具，）固定好起落导线用的“吊线抱杆”（或叫“导线升降器”），并把大剪子等绝缘工器具相继传到杆上。 (4) 杆上电工用鸭嘴操作杆打开抱杆上的吊线钩，钩住导线，拉紧牵引绳。杆上两名电工相互配合用大剪子剪断绝缘子绑线后将导线向上提起0.5m，将牵引绳固定牢固，防止导线突然下落。 (5) 杆上电工用手搬子拧开绝缘子螺帽后将不良绝缘子取下，把完好的绝缘子装好拧紧。 (6) 杆上电工相互配合，松开牵引绳，缓缓地将导线稳落到新装的绝缘子顶槽内。 (7) 两名杆上电工分别站在横担两侧，用鸭嘴操作杆（或专用工具）将绝缘子上事先预备好的绑扎线缠在导线上，最后绞紧绑线，剪去多余线头。 (8) 杆上作业结束后所有工具撤到杆下，检查无误后人员撤离现场	(1) 先将同杆架设低压电源停电。 (2) 杆上电工登杆选好位置并绑好安全带。 (3) 检查导线、横担、绝缘子能否被障碍物短接。如安全距离不够应用绝缘胶皮管、胶皮板及绝缘隔离罩加以绝缘。 (4) 障碍物如过长、过大，可用绝缘夹钳夹紧一端用绝缘大剪子将障碍物截成几部分取下。 (5) 如障碍物在档距中，应使用绝缘斗臂车进行处理

注：在操作处理过程中严防相间混线成接地。

技能要点 2：更换金具

本内容论述的更换转角横担和终端横担的方法，主要是指在更换转角杆和终端杆的时候，同时更换转角横担和终端横担的方法。而这种方法不是指大拆大卸的方法（即不是原位换杆），而是指在原杆贴近处将新杆立起，在新杆上组装相应的横担后，再将导线移设到新杆上，拆除旧杆上横担以便拆除旧杆的方法。

1. 更换转角横担

首先在原有的转角杆不动的情况下，在其杆很贴近处挖一个杆坑后，把新杆立起来，一般情况下都采用吊车立杆的方法。尤其当转角横担上的导线排列是十字花形式时，必须采用吊车立杆。这是因为在这种导线排列形式下的新杆位置，是处在原来四根导线交叉的中间位置，因此立杆时必须将新立电杆的杆头从交叉导线的缝隙中钻上去（俗语叫钻档），如图 8-65 所示。

立杆前在放置水泥杆的时候要考虑到立杆钻档的需要，要使电杆吊离地面后，杆头能顺利地插入线路的空隙中，因此要事先选择好钢丝套的绑扎位置及吊车的站立位置，以免影响电杆的直立程度。

电杆立起后，首先组装横担，为了便于组装，可以将新旧电杆之间的缝隙加大。装完横担后就可以装设拉线了。新换的转角杆装横担、装拉线、紧线、旧杆拆横担应该是连续进行的。在安装转角杆的拉线时，应使电杆向外角偏斜一些，待导线紧好后，电杆能处于竖直或稍偏向拉线侧的位置。

2. 更换终端横担

首先在原有终端杆的导线侧，在其杆根贴近处（为防止旧杆倾斜，杆坑离原杆应大于 150～200mm，具体情况视土质的坚硬程度而定）挖一个杆坑后，把新杆立起来，立杆的方法可以采用吊车，也可以采用以旧杆代替抱杆、使用滑车组立杆的方法。

新杆立起后，就可以组装横担、装设拉线、紧线了。架空配电线路终端横担的组装如图 8-66 所示。

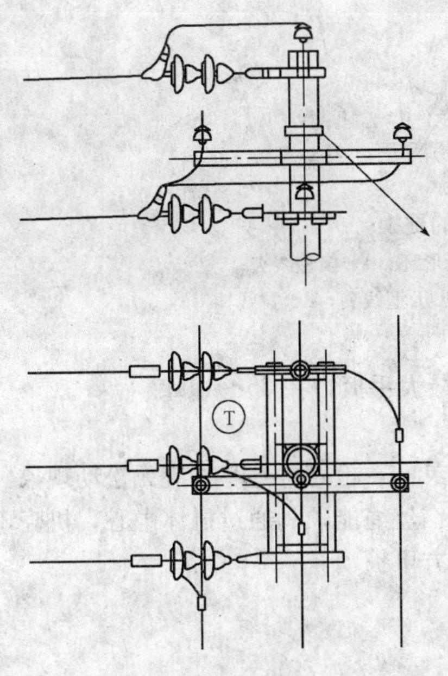

图 8-65　更换转角杆时新立电杆杆位图

（图中 T 就是新立的电杆）

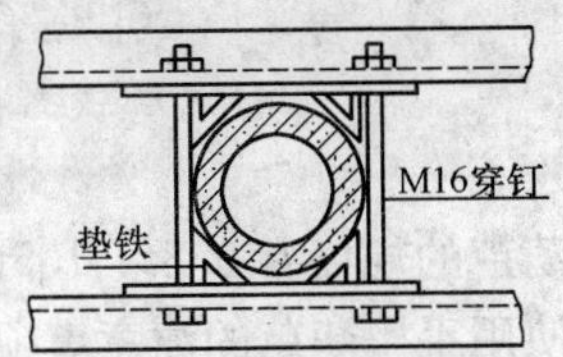

图 8-66　转角横担的组装图

3. 更换绝缘导线金具

更换绝缘支架应该使用高架绝缘斗臂车。一档内连续有三个以上支架损坏时，不要依次更换，应从中间向两侧分别更换，以免绝缘导线的弛度在更换到最后一个支架时，出现过大的情况。

如果采用坐线施工，坐线人员需将安全带同时套在钢线与绝缘线（处在紧起状态）上，不允许只套在钢线或绝缘线上，在一个档距内只允许一人坐线。坐线工作应有专人监护并配合工作，坐线之前监护人应对坐线档内的钢线，终端拉线进行检查，发现有破损断股之处应禁止坐线施工。

绝缘导线的更换与裸导线的更换不同的就是在放紧线的过程中不允许损坏绝缘层。常规架设的绝缘线在紧线时，应采用三角卡线器卡住导线后，再用紧线器（或者用滑车组）紧线。

$240mm^2$ 及以上的绝缘导线的耐张线夹处，一定要剥去绝缘皮，使芯线承受拉力。

4. 更换拉线

（1）更换转角杆、终端杆，一般情况下都同时更换拉线底把，只有在极少数情况下因地形所限，无法再埋设新底把的情况下，才利用原有底把。

在原有拉线底把和杆上的拉线抱箍不更换的基础上更换上把和中把，事先要准备好紧线工具。一般情况下以手搬葫芦为宜。首先将手搬葫芦的牵引吊钩在拉线抱箍处的电杆上固定好，固定方法可用自身缠绕电杆或用事先准备好的钢丝绳套子在杆上缠绕再将牵引吊钩钩住等方法。

手搬葫芦的下端的固定吊钩与拉线底把环之间也用事先准备好的钢丝绳套连接，然后将手搬葫芦收紧。这时需将手搬葫芦下面的钢丝绳尾端头从拉线底把环内穿过，并用钢线卡子与钢丝绳本体卡牢或用铁线绑牢，防止工人上杆时出现手搬葫芦“跑嘴”的意外情况发生。在手搬葫芦收紧过程中，待旧拉线松动时拆下旧拉线，工作人员上杆将新拉线的上把与原拉线抱箍连接好，杆下人员将新拉线紧好、缠绕完（采用 UT 型形线夹的需将 UT 型线夹卡好）后，松开手搬葫芦，拆下两端钢丝绳套，这条拉线就算更换完成了，见图 8-67。

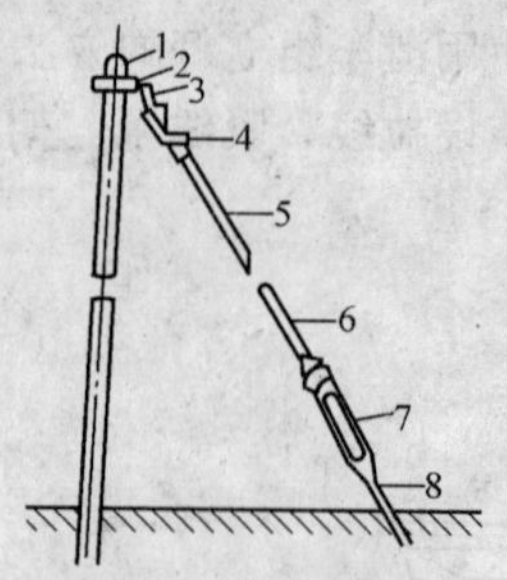

图 8-67 拉线的更换

1—电杆；2—拉线抱箍；3—U 形环；4—楔型线夹；
5—铁线绑扎头；6—钢绞线；7—UT 型线夹；8—拉线棒

手搬葫芦的规格有 0.8t、1.5t、3t，额定载荷的最大手扳力在 35～40kg。

(2) 使用手搬葫芦的注意事项

①使用前应搬动前进与反向手柄，其搬动过程应灵活，检查各部零件应无松动现象。

②在任何情况下，机体结构不能发生横向阻塞，钢丝绳能顺利通过机体中心，机壳不得变形。

③工作时严禁同时扳动前进与反向手柄，卸载后方可扳动。

④切勿超载使用，必要时要增设滑轮组。

⑤禁止随意加长手柄。

⑥使用时严禁与泥砂、碎屑物接近。

⑦日常维护可将机体放入煤油槽中，浸后数分钟，取出摇动将污油倒出，如此重复一、二次，然后重新滴入机油。

(3) 钢丝绳套应该是每个检修班必备的自制工具，钢丝绳套就是指两头带环圈（绳头圈）的钢丝绳，其长度视工作需要而定。钢丝绳套绳头圈的插接长度应为钢丝绳直径的 20 倍以上。插前量好破头长度，且用细铁线将破头段根部绑扎好，以防整体散股。

破头长度应为插接长度的 1.5～2 倍。破成的头子绳端头也要用胶布缠好，以免散丝，影响插接质量。插到尾段要将子绳头甩开，多余部分切除。

技能要点 3：低压带电作业

1. 安全措施

(1) 带电作业应在良好天气下进行。如遇雷、雨、雪、雾时不得进行带电作业，风力大于 5 级时，一般不宜进行带电作业。

(2) 带电作业工作票签发人和工作负责人应具有带电作业实践经验。

(3) 低压带电工作应设专人监护，使用有绝缘柄的工具，工作时站在干燥的绝缘物上进行，并戴两双线手套，若杆上潮湿，必须戴上橡胶绝缘手套和安全帽。工作时必须穿长袖衣和绝缘鞋。

(4) 高低压同杆架设，在低压带电线路上工作时，应先检查与高压线的距离，采取防止误碰带电高压设备的措施。在带电的低压装置上工作时，应采取防止相间短路和单相接地的隔离措施。

(5) 上杆前应先分清相线、零线（地线），选好工作位置。断开导线时，应先断开相线，后断地线；搭接导线时，顺序应相反。人体不得同时接触两根导线的线头。

(6) 带电工作开始前，要详细检查带电工作设备周围有无妨碍带电作业的物体或不安全因素。工作人员要保持与接地线及其他金属体 0.3m 以上的安全距离。

(7) 在带电设备上接线和拆线时，应将负荷设备停电，采取必要的安全措施后方可开始工作。不允许在有负荷电流回路上接线或拆线。

(8) 带电接头时，应先将线皮削好，接线时待两个头接触后，用钳子夹实后方可进行捻缠。导线接完后应随即用绝缘包布包好。

(9) 带电断接线头时，工作人员应戴护目镜。

2. 工作实例（本实例只限更换直线横担）

1) 更换横担步骤

(1) 将导线上的各进户线的接点拆开并拆除接户线。

(2) 将事先准备好的带电作业工具（更换横担的绝缘横担）在电杆上固定牢固，将绝缘横担上的四个插槽由下而上插到四根低压导线上并靠紧。

(3) 卸下原横担上低压绝缘子下面的螺丝帽。

(4) 摇动带电工具的摇把，使绝缘横担徐徐上升，升高 300mm 左右。

(5) 工作人员拆下旧横担，换上新横担。

(6) 恢复顺序与拆除顺序相反。

2) 拆（接）搭头步骤

(1) 拆搭头步骤。搭头指铜导线的非承力接头采用的绑缠法，如图 8-68 所示。

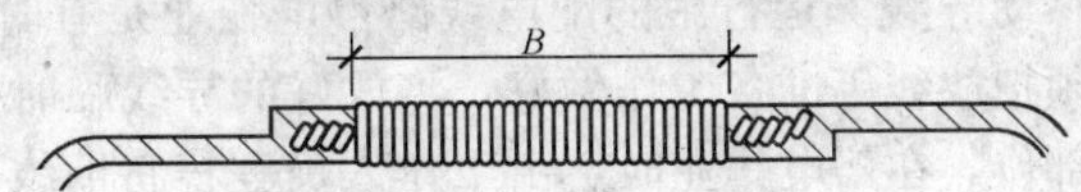

图 8-68　裸铜导线的搭接头

①将此搭头后面的负荷设备停电。

②在搭头周围的铁横担、瓷绝缘子铁脚等金属接地体上及相邻导线上包好绝缘胶皮板或做好绝缘隔离措施。

③工作人员的身体任何部位不可直接紧贴水泥杆、脚扣、铁横担等接地体，不能满足要求时，要做好绝缘隔离措施。尤其是在炎热的夏季，不允许以一层单工作服、单胶鞋的布面鞋帮等紧贴接地体。

④戴手套的工作人员一手握住导线，另一手用钳子拆开扎线，拆时的扎线要盘成直径不大于 100mm 的小盘，边拆边盘。

⑤拆到最后搭头上只剩 3～4 扎时，要用一只手使用钳子夹住两根线头的重叠部分，另一只手拆下这 3～4 扎扎线。

⑥用钳子夹住一根线头，用另一只手将另一根线头在其本线处盘好，再将用钳子夹住的线头也在其本线上盘好，防止松散。

(2) 接搭头步骤

①将此搭头后面的负荷设备停电。

②在搭头周围的铁横担、瓷绝缘子铁脚等金属接地体上及相邻导线上包好绝缘胶皮板或做好绝缘隔离措施。

③工作人员的身体任何部位不可直接紧贴水泥杆、脚扣、铁横担等接地体，不能满足要求时，要做好绝缘隔离措施。尤其是在炎热的夏季，不允许以一层单工作服、单胶鞋的布面鞋帮等紧贴接地体。

④戴手套的工作人员首先在负荷侧的一根导线的线头上缠上扎线 3 扎，然后用一只手使用钳子将其夹住，另一只手将另一根线头插入到钳子缝隙中，使两根导线线头重叠在一起。

⑤工作人员的一只手用钳子将两根线头重叠部分夹牢，另一只手缠绕扎线，缠 4～5 扎。

⑥工作人员一只手握住这4～5扎导线，另一只手用钳子缠绕接头直到够长为止（规程规定TJ－16、TJ－25型导线绑扎长度为100mm及以上；TJ－35、TJ－50型导线绑扎长度为150mm及以上；TJ－70、TJ－95型导线绑扎长度为200mm及以上）。

3）更换低压熔丝方法

（1）登变压器台时要从低压侧上，注意保持与高压侧的安全距离始终不小于0.7m。

（2）用绝缘操作杆先拉开低压开关，使负荷电流不通过低压熔丝。

（3）注意保持与变压器的散热器等接地体之间的安全距离。

（4）用扳手扭开原熔丝片两端的元宝螺栓帽，拆下坏熔丝片。

（5）换上新的熔丝片。

（6）用绝缘操作杆合上低压开关。

技能要点4：撤（移）线

1. 移线

所谓移线，就是更换导线中的一道工序。移线就是移动导线，就是横向移动导线，就是沿与导线的轴向相垂直的方向移动导线。运行中的配电线路停电作业是有时间限制的，因此10kV线路停电作业的前一天就必须把放线等准备工作做好，将放好的导线临时挂紧到运行线路的下方杆塔上的比较安全、合适的部位。在停电作业时，由工作人员登杆将旧线放下来，将新线移到杆上去并紧好。移线又叫翻线。

1）准备工作

（1）工作负责人指定专人将两端终端杆上的临时线松开，在松线之前要检查各档内有无跨越电力线、电车滑线、通信线、通车道路等交叉跨越设施，要保证杆上工作人员在安全的前提下进行工作。

（2）各杆上的工作人员要将影响移线的进户线等障碍物临时拆除（移线后恢复）。

2）施工方法

（1）各杆上人员将手绳从高压横担上绕过，手绳的长度应使绳两头在地面工作人够得着为宜。

（2）地面工作人员将手绳的一头拴好导线，栓导线时要采用琵琶扣（也叫栓马扣），如图8-69所示。拴好扣后，双手拽手绳的另一头，杆上人员也同时向上。将导线提升到高压横担的下方。

图8-69 琵琶扣的结法

（3）截面超过TJ－70、LJ－185、LGJ－120型的导线在跨越中压横担端部时，杆上人员要用肩膀抬过，放到横担上部的坐线滑车上。

（4）移线的过程中要防止三根导线互相交叉，要防止被树枝等障碍物挂住。

（5）三根导线都移好后就可以紧线了。

3）安全措施

（1）在移线段内有跨越有电的电力线、电车滑线、通信线时，不可将导线落到被跨越物上，要采取搭跨越架，临时用高架绝缘斗臂车等隔离措施。

（2）在跨越通车道路时，要派专人持红白信息旗看守路口，防止车辆刮走导线，甚至拽断电杆伤人的事故发生。

(3) 杆上作业人员转位时，不可脱离安全带保护。

2. 撤线

此处所指的撤线是指完好的导线，不是指废旧的导线

1) 施工前准备

(1) 要准备好合适的线轴，并架设于适当位置。

(2) 线路跨过电力线、电车线路、通信线路时，要事先搭好跨越架。

2) 撤线具体方法

(1) 首先将各直线杆上的绝缘子的绑线拆掉，并将导线移到滑车内。

(2) 将耐张杆上的导线用紧线器（或滑车组）和手绳缓慢松开并落地。

(3) 用人力（或畜力及其他机械）拽线，使落地导线向线轴方向拽出一档余线，紧接着一部分往线轴上卷绕，另一部分人拽线，直至将这根导线撤完为止。

3) 施工中注意安全事项

(1) 撤线之前要检查导线中间有无接头，尤其是当接头通过滑车时要派专人看守，看守人持红白旗或无线通信工具，防止接头被滑车或其他障碍物卡住。

(2) 在主要通车路口派专人看守。

(3) 为防止各交叉跨越档内有电线路突然来电的可能，在邻近线轴的第一杆上的滑车要做好可靠的接地。

第九章　配电装置安装

技能图解37　配电室及自备电源

技能结构框线图

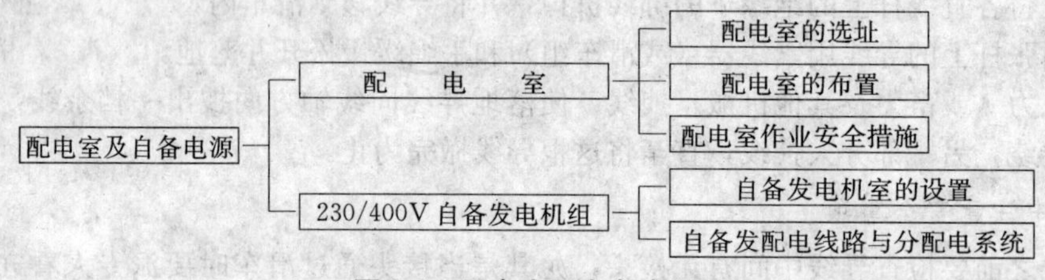

图 9-1　配电室及自备电源

技能要点1：配电室

1. 配电室的选址

(1) 配电室应靠近电源，并应设在灰尘少、潮气少、振动小、无腐蚀介质、无易燃易爆物及道路畅通的地方。

(2) 进出线方便，且便于电气设备的搬运。

(3) 尽量设在污染源的上风侧，以防止因空气污秽而引起电气设备绝缘、导电水平下降。

(4) 不应设在容易积水的地方或者它的正下方。

(5) 成列的配电柜和控制柜两端应与重复接地线及保护零线做电气连接。

(6) 配电室和控制室应能自然通风，并应采取防止雨雪侵入和动物进入的措施。

2. 配电室的布置

(1) 配电柜正面的操作通道宽度，单列布置或双列背对背布置不小于 1.5m，双列面对面布置不小于 2m，如图 9-2、图 9-3 所示。

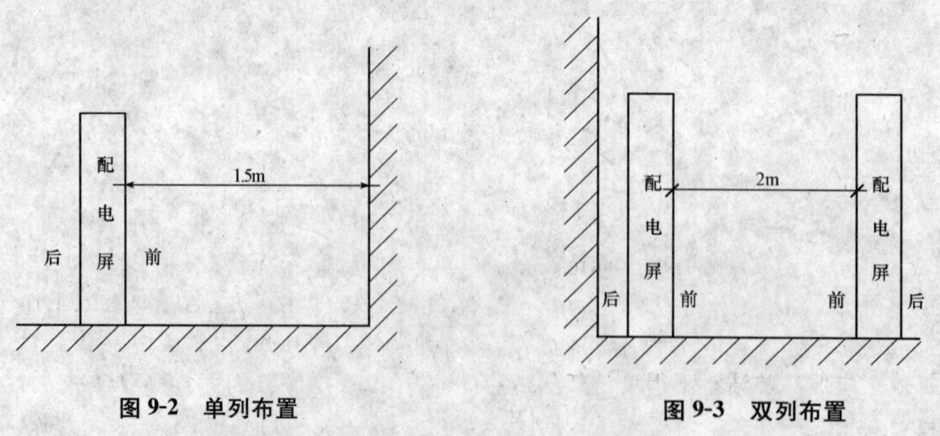

图 9-2　单列布置　　图 9-3　双列布置

(2) 配电柜后面的维护通道宽度，单列布置或双列面对面布置不小于 0.8m，双列背对背布置不小于 1.5m，个别地点有建筑物结构凸出的地方，则此点通道宽度可减少 0.2m，如图 9-4、图 9-5所示。

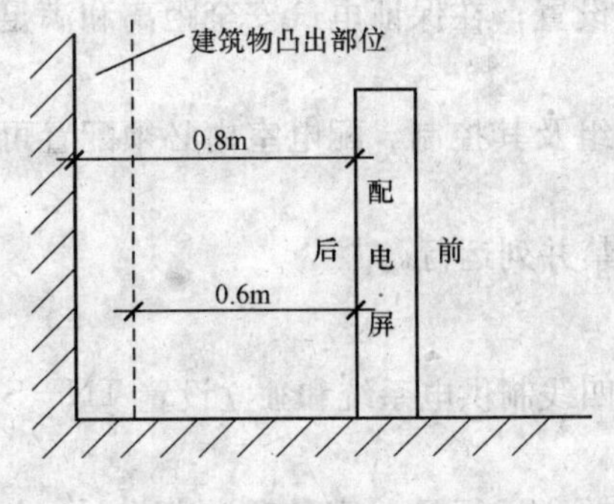

图 9-4 配电屏与墙间距

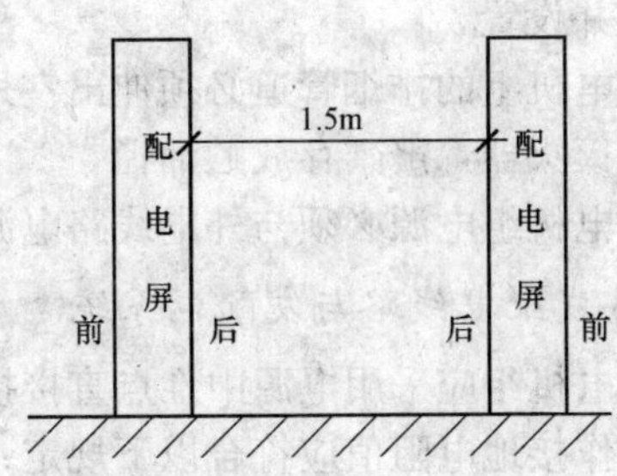

图 9-5 配电屏之间间距

(3) 配电柜侧面的维护通道宽度不小于 1m。

(4) 配电室的顶棚与地面的距离不低于 3m。

(5) 配电室内设置值班或检修室时，该室边缘距配电柜的水平距离大于 1m，并采取屏障隔离。

(6) 配电室内的裸母线与地面垂直距离小于 2.5m 时，采用遮栏隔离，遮栏下面通道的高度不小于 1.9m。

(7) 配电室围栏上端与其正上方带电部分的净距不小于 0.075m。

(8) 配电装置的上端距顶棚不小于 0.5m。

(9) 配电室内的母线涂刷有色油漆，以标志相序；以柜正面方向为基准，其涂色符合表 9-1 规定。

表 9-1 母线涂色

相别	颜色	垂直排列	水平排列	引下排列
L_1（A）	黄	上	后	左
L_2（B）	绿	中	中	中
L_3（C）	红	下	前	右
N	淡蓝	—	—	—

(10) 配电室的建筑物和构筑物的耐火等级不低于 3 级，室内配置砂箱和可用于扑灭电气火灾的灭火器。

(11) 配电室的门向外开，并配锁。

(12) 配电室的照明分别设置正常照明和事故照明。

3. 配电室作业安全措施

(1) 配电柜应装设电度表，并应装设电流、电压表。电流表与计费电度表不得共用一组电流互感器。

(2) 配电柜应装设电源隔离开关及短路、过载、漏电保护电器。电源隔离开关分断时应有明显可见分断点。

(3) 配电柜应编号，并应有用途标记。

(4) 配电柜或配电线路停电维修时，应挂接地线，并应悬挂“禁止合闸、有人工作”停电标志牌。停送电必须由专人负责。

(5) 配电室应保持整洁，不得堆放任何妨碍操作、维修的杂物。

技能要点 2：230/400V 自备发电机组

1. 自备发电机室的设置

(1) 一般设置在室内。

(2) 发电机组及其控制、配电、修理室等可分开设置；在保证电气安全距离和满足防火要求情况下可合并设置。

(3) 发电机组的排烟管道必须伸出室外。发电机组及其控制、配电室内必须配置可用于扑灭电气火灾的灭火器，严禁存放贮油桶。

(4) 发电机组电源必须与外电线路电源连锁，严禁并列运行。

2. 自备发配电线路与发配电系统

(1) 发电机组应采用电源中性点直接接地的三相四线制供电系统和独立设置 TN－S 接零保护系统，其工作接地电阻值应符合以下规定：

①单台容量超过 100kV·A 或使用同一接地装置并联运行且总容量超过 100kV·A 的电力变压器或发电机的工作接地电阻值不得大于 4Ω。

②单台容量不超过 100kV·A 或使用同一接地装置并联运行且总容量不超过 100kV·A 的电力变压器或发电机的工作接地电阻值不得大于 10Ω。

③在土壤电阻率大于 1000Ω·m 的地区，当达到上述接地电阻值有困难时，工作接地电阻值可提高到 30Ω。

(2) 发电机控制屏宜装设下列仪表

①交流电压表；

②交流电流表；

③有功功率表；

④电度表；

⑤功率因数表；

⑥频率表；

⑦直流电流表。

(3) 发电机供电系统应设置电源隔离开关及短路、过载、漏电保护电器。电源隔离开关分断时应有明显可见分断点。

(4) 发电机组并列运行时，必须装设同期装置，并在机组同步运行后再向负载供电。

由于施工现场临时用电工程按规定采用了电源中性点直接接地，具有专用保护零线的三相四线制系统，所以为了充分利用已设临时供配电系统，由自备电源供电的自备发配电系统亦应采用电源中性点直接接地的，并具有专用保护零线的三相四线制系统。

根据以上所述，自备发配电系统线路原理如图 9-6。

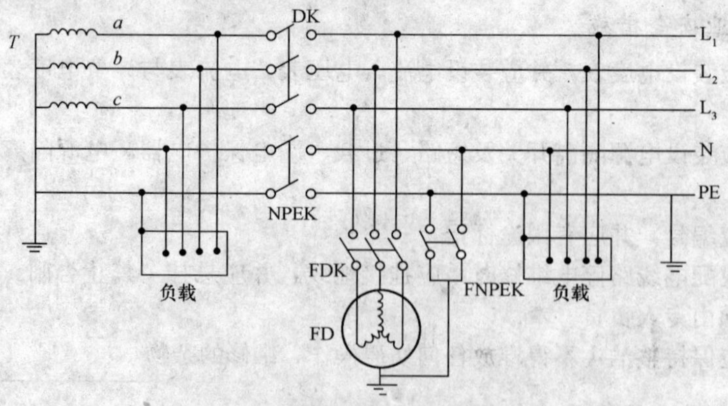

图 9-6　自备发配电系统线路原理图

技能图解 38　施工现场配电箱与开关箱

技能结构框线图

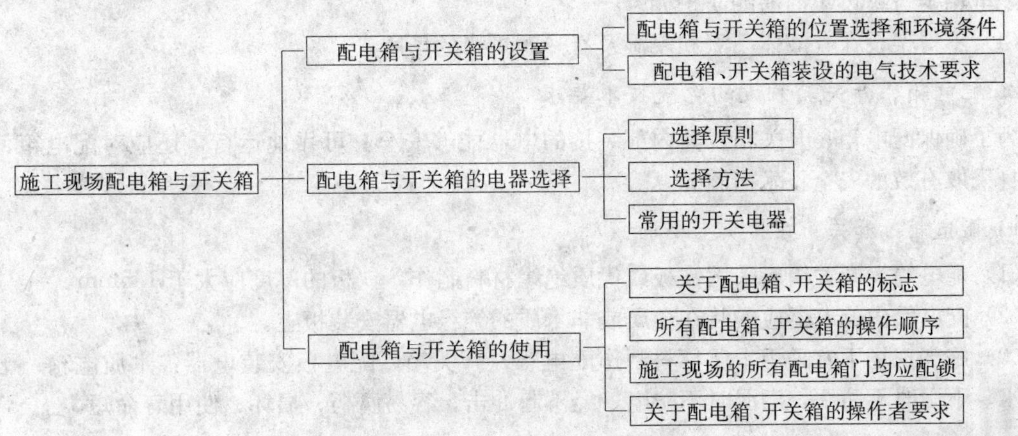

图 9-7　施工现场配电箱与开关箱

技能要点 1：配电箱与开关箱的设置

为了便于对施工现场配电系统作安全技术管理和维护，配电箱应作分级设置，即在总配电箱下，设分配电箱，分配电箱下设开关箱，开关箱以下就是用电设备，即三级配电系统。

对于施工现场照明和安全照明的问题，照明的配电宜与动力配电分开，自成独立配电系统，以不致因动力配电停电或电气故障发生影响到工地的工作照明。

1. 配电箱与开关箱的位置选择和环境条件

配电箱与开关箱的位置选择和环境条件是关系到配电箱和开关箱能否安全使用的重要问题。

1）位置的选择规定

（1）总配电箱应设在靠近电源处；分配电箱应装设在用电设备或负荷相对集中地区，分配电箱与开关箱距离不得超过 30m。

（2）开关箱应装设在所控制的用电设备周围便于操作的地方，与其控制的固定式用电设备水平距离不宜超过 3m。便于发生故障及时处理与防止用电设备的振动给开关箱工作造成不良影响。

（3）配电箱、开关箱周围应有足够两人同时工作的空间和通道，箱前不得堆物、不得有灌木与杂草妨碍工作。

（4）固定式配电箱、开关箱的下底与地面应大于 1.4m，小于 1.6m［图 9-8（a）］；移动式分配电箱、开关箱的下底与地面的垂直距离宜不小于 0.8m，不大于 1.6m［图 9-8（b）］。

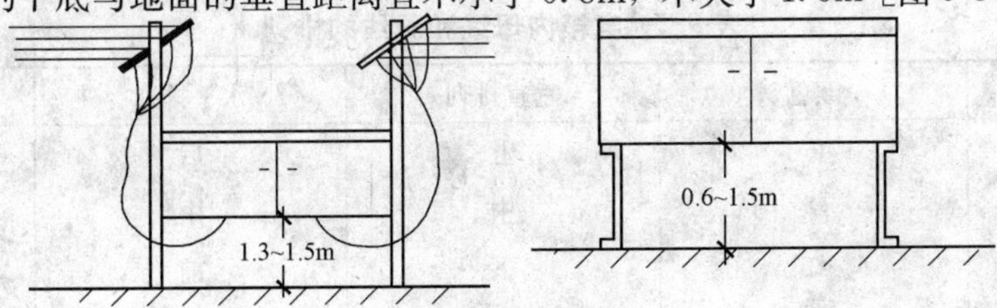

图 9-8　电箱安装示意图

（a）固定式电箱；（b）移动式电箱

2）环境的要求

(1) 配电箱、开关箱应设在干燥、通风及常温的场所，尽量能防雨和防尘的场所。

(2) 不得装设在有严重损伤作用的瓦斯、蒸汽、烟气、液体及其他有害介质的恶劣环境。

(3) 装设处应无外力撞击和落物砸坏及强烈振动。为了防止施工中可能有物体坠落，有些企业在配电箱上方搭设了简易的防护棚。

(4) 不得架设在有液体飞溅和浸湿及有热源烘烤的场所。

2. 配电箱、开关箱装设的电气技术要求

为了确保配电箱、开关箱及其内部装接的电器能够安全、可靠地运行，还应对配电箱、开关箱本身采取有效的安全技术措施。

1）配电箱、开关箱在材质上要求

(1) 配电箱、开关箱应采用铁板或优质绝缘材料制作，铁板的厚度应大于 1.5mm。

(2) 配电箱内的电器应安装在金属或非木质的绝缘电器安装板上。

(3) 施工现场不宜采用木质材料制作配电箱、开关箱、配电板安装电器，木质电箱：干燥时不防水、下雨时不防雨、潮湿时不防电、经不起冲击、容易腐朽、损坏、使用寿命短。

2）内部开关电器安装要求

(1) 箱内电器安装常规是左大右小，大容量的控制开关，熔断器在左面，右面安装小容量的开关电器。

(2) 箱内所有的开关电器应安装端正、牢固，不得有任何的松动、歪斜。

(3) 内部设置电器元件之间的距离和与箱体之间的距离应符合规范要求。

(4) 配电箱、开关箱及其内部开关电器的所有正常不带电的金属部件均应作可靠的保护接零。保护零线必须采用标准的绿/黄双色线，并通过专用接线端子板连接，与工作零线区别。

3）配电箱、开关箱导线进出口处要求

(1) 对于配电箱、开关箱的电源导线进出为下进下出，不能设在上面、后面、侧面，更不应当从箱门缝隙中引进和引出导线。

(2) 在导线的进、出口处加强绝缘，并将导线卡固。

4）配电箱、开关箱内连接导线要求

(1) 配电箱、开关箱内应采用的绝缘导线其性能要良好，接头不得松动，不得有外露导电部分。

(2) 配电箱、开关箱内尽量采用铜线，铝线接头万一松动，造成接触不良产生电火花和高温，使接头绝缘烧毁，导致对地短路故障。为了保证可靠的电气连接，保护零线应采用绝缘铜线。

(3) 电箱内母线和导线的排列应符合表 9-2 的规定。

表 9-2 电箱内母线和导线的排列

相别	颜色	垂直排列	水平排列	引下排列
A	黄	上	后	左
B	绿	中	中	中
C	红	下	前	右
N	蓝	较下	较前	较右
PE	黄绿相同	最下	最前	最右

注：本处电箱内母线和导线的排列指的是从装置的正面观看。

5）配电箱、开关箱的制作要求

(1) 配电箱、开关箱箱体应严密、端正，防雨、防尘，箱门开、关松紧适当，便于开关。

(2) 所有配电箱和开关箱必须配备门、锁，在醒目位置标注名称、编号及每个用电回路的标志。

(3) 端子板一般放在箱内电器安装板的下部或箱内底侧边，并做好接线标注，工作零线、保护零线端子板应分别标注 N、PE，接线端子与电箱底边的距离不小于 0.2m。

技能要点 2：配电箱与开关箱的电器选择

1. 选择原则

(1) 箱内所采用的开关电器必须是合格产品，无论是选用新电器，还是继续使用的旧电器，必须完整、无损、动作可靠、绝缘良好。

(2) 箱内必须设置在任何情况下能够分断、隔离电源的开关电器。手动隔离开关一般用作空载情况下通、断电路；自动开关、接触器等则用在正常负载和故障情况下通、断电路。

(3) 配电箱内的开关电器与配电线路一一对应配合。作分路设置，以确保专控、总开关电器与分路开关电器的额定值，动作整定值应相适应，以确保在故障情况下能分级动作。

(4) 开关箱与用电设备之间实行“一机一闸”制。防止“一机多闸”带来误动作出事故。开关箱内的开关电器的额定值应与用电设备额定容量相适应。

(5) 箱内应设置漏电保护器，其额定漏电动作电流和漏电动作时间应安全可靠（一般额定漏电动作电流为≤30mA，额定漏电动作时间<0.1s），并具有合理的分级配合。

(6) 手动开关电器只许用于小容量的用电设备（5.5kW 以下）和照明电路。大容量的动力电路，尤其是电动机电路，手动开关通、断电速度慢，容易产生强电弧、灼伤人或电器，故应采用自动开关或接触器等进行控制。

2. 选择方法

1）手动电器的选择

(1) 按钮开关的选择。按钮开关简称按钮，用作通断小电流的控制电路的手动开关（如控制井架卷物机用的点动开关）。

常见的有金属外壳和胶木外壳保护式，分为一钮、二钮、三钮等。LA_2 型是老产品，但结构坚固，经久耐用，故仍在普遍使用。LA_{10}系列按钮的形式齐全，均具有金属外壳，但金属外壳在使用中作好接零保护。

(2) 刀开关的选择。刀开关又称闸刀，主要用途是接通和切断长期工作设备的电源。一般用于空载操作（作为隔离开关），也可用作不经常启动容量小于 5.5W 的异步电动机。当用于启动异步电动机时，其额定电流应不小于电动机额定电流的三倍。一般刀开关额定电压为 500V，额定电流分为 30A，60A，200A，300A，…，1500A 等多种等级。有些刀开关还附有熔断体兼有短路保护功能，刀开关在结构上还有单极、双极、三极之分。

选择刀闸开关主要根据电源类别、电压等级、电动机容量、所需极数及使用场合来选用。

(3) 组合开关的选择。组合开关主要用作电源引入开关、又称电源隔离开关，分为保护式和普通板后接线式及普通板前接线式。开关箱内宜使用保护式或者板后接线式（开关体装在开关箱电器安装板后，前面只有开关把）。

使用组合开关时，必须配置熔断器等保护装置。

2）自动电器的选择

（1）熔断器的选择。熔断器主要用作电路的短路保护，亦可作为电源隔离开关使用。熔断器选择的主要内容是熔断器的形式、熔体的额定电流、熔体动作选择性配合，确定熔断器额定电压和额定电流的等级。

①熔断器的形式确定：熔断器的主要形式有 RT 型熔断器，RM 型熔断器，RL 型螺旋式熔断器，RC 型插入式熔断器。熔断器形式的选择主要是依据使用场合，电流、电压等级和周围环境确定。工地中配电箱、开关箱内常选用 RC 型和 RM 型熔断器。RC_1 系列插入式熔断器已淘汰，目前以 RC_1A 系列代替。RC_1A 插入式熔断器具有结构简单、使用方便、价格便宜的特点。

RM 系列无填料封闭管式熔断器：主要用于额定电压交流 380V 或直流 440V 及其以下各电压等级的动力网络，作短路保护和防止连续过负荷之用，目前使用的 RM_{10} 系列为替代 RM_1 的老产品。

②熔断器熔体额定电流的确定要满足的条件

a. 熔体额定电流应不小于线路计算电流，以使熔体在线路正常运行时不致熔断；

b. 熔体额定电流还应躲过线路的尖峰电流，以使熔体在线路出现正常的尖峰电流时也不致熔断。

对于尖峰电流的考虑，在单台电动机回路里熔体额定电流应该取电动机的启动电流。在多台电动机回路里，线路计算电流的尖峰电流一般应取容量最大一台电动机的启动电流与其余各台电动机的额定电流之和。

但应该说明的是：由于熔体是为了对线路进行过负荷和短路保护的，所以讲选择熔体额定电流不小于线路计算电流就等于越大越好，应该是等于或稍大于即可以。如果熔体选择过大就起不到保护作用了。因此说熔体的额定电流的选择，既要能够在线路过负荷时或短路时起到保护作用（熔断），又要在线路正常工作状态（包括正常的尖峰电流）下不动作（不熔断）。

③熔断器熔体熔断时间与启动设备动作时间的配合：为了可靠地分断短路电流，特别是当短路电流超过启动设备的极限遮断电流时，要求熔断器熔断时间小于启动设备的释放动作时间。

也就是要求：熔断器的熔体先于启动设备分断，以免损坏启动设备。一般要求熔断器熔体的熔断时间为启动设备释动作时间的 1/2，即可靠系数为 2。

a. 熔断器与熔断器之间的配合。为保证前、后级熔断器动作的选择性，一般要求前级熔断器的熔体额定电流为后级的额定电流的 2～3 倍。

b. 熔断器与电缆、导线截面的配合。为保证熔断器对线路的保护作用，熔断器熔体的额定电流应小电缆、导线的安全载流量。

④熔断器额定电压与额定电流等级的确定

a. 熔断器的额定电压，应按线路的额定电压选择，即熔断器的额定电压大于线路的额定电压。

b. 熔断器的额定电流等级应按熔体的额定电流确定，在确定熔断器的额定电流等级时，还应考虑到熔断器的最大分断电流，熔断器的最大分断电流应大于线路上的冲击电流有效值。

（2）接触器的选择。接触器分为交流接触器和直流接触器两种。其中交流接触器应用较广泛，接触器在电气控制系统中的作用是自动地接通和分断负载线路。

接触器的型号：CJ_{10}—20、CJ_0 等，其中 CJ—表示交流接触器：10 或 0 表示设计序号；20 表示触头额定电流为20A，接触器的主要技术参数有触头额定电压、触头额定电流，主、副触头数量和种类，额定操作频率及电磁线圈额定电压等。

①接触器主触头电流 I_{ec} 的选择：主触头电流 I_c 按电动机的容量 P_e 计算。对于 CJ_0，CJ_{10} 系列交流接触器，触头电流可按下列经验公式计算：

$$I_e=\frac{P_e\times10^3}{KU_e} \tag{9-1}$$

式中　K——经验常数，一般取1～1.4；

P_e——被控电动机容量（kW）；

U_e——电动机额定线电压（V）。

被选定的接触器应满足

$$I_{ec}\geqslant I_c \tag{9-2}$$

式中 I_{ec} 为被选定接触器的主触头额定电流。

②接触器触头额定电压的选择；通常是：

$$U_{ec}\geqslant U_{es} \tag{9-3}$$

式中　U_{es}——电气线路的额定电压；

U_{ec}——交流接触器触头额定电压，一般为500V或380V。

③接触器的触头数量、种类（动合或动断）等应满足控制系统要求。

④接触器的电磁线圈额定电压与控制线路额定电压一致，一般从安全角度考虑问题，在实际上采用127V者较多，并有控制变压器供电。

(3) 热继电器选择。热继电器是一种过载保护电气元件。热继电器在结构上主要分为三部分：一部分是热元件，相当于一个电阻，连接在控制系统的主线路中；另一部分是触头系统，连接在控制系统中；第三部分是双金属片，受热变形产生驱动力推动触头系动作。热继电器与交流接触器配合使用，可对电机作频繁启动，并作过载保护。

3. 常用的开关电器

1) DZ系列的自动空气开关

自动空气开关包括框架式自动开关（DW系列、原称万能式自动开关），塑料外壳式自动开关（DZ系列，原称装置式自动开关）及直流快速开关等。工地配电箱中常用塑料外壳式自动开关。

DZ系列自动开关适用额定电压交流至380V（50Hz），直流440V的电路中，作配电、保护电动机或保护照明线路之用。自动开关在配电线路中用来分配电能和保护线路的过载的短路，在正常情况下作线路不频繁转换用，还可用来保护电动机的过载、欠电压和短路，在正常情况下可不频繁启动电动机。照明线路用自动开关用来保护线路的过载、短路以及在正常条件下作线路不频繁转换用。

2) 瓷底胶盖开关

HK_1、HK_2 系列瓷底胶盖开关：可在额定电压交流220V、380V（50Hz）、额定电流至60A的照明与电热电路中作为不频繁接通与分断电路及短路保护之用，在一定条件下也可起连续过负荷保护作用，分为二极和三极两种。

3) 铁壳开关

HH_2 系列铁壳开关：由刀开关和熔断器组合的负荷开关，能快速接通和分断、侧面手柄操作，外壳材料为钢板，均为上进线和下出线。规格有额定电压交流380V三组60A、100A、200A

三种。

HH_3、HH_4 系列铁壳开关：侧面手柄操作，装有机械连锁，保证箱盖打开时开关不能闭合及开关闭合时箱盖不能打开。

铁壳开关可作为不频繁地接通与分断负荷电路及短路保护之用，在一定条件下也可起连续过负荷保护作用。

箱内 60A 及以下者采用瓷插式熔断器。100A 及以上者采用封闭管式熔断器。

配电箱、开关箱内应装哪些电器：

(1) 总配电箱内应装设总隔离开关、分路隔离开关、总熔断器、分路熔断器（或总自动开关和分路自动开关），以及漏电保护器，若漏电保护器同时具备过负荷和短路保护功能，则可不设分路熔断器或分路自动开关。总开关电器的额定值、动作整定值应与分路开关电器的额定值、动作整定值相适应。

总配电箱应装设电压表、总电流表、总电度表及其他仪表。

(2) 分配电箱内应装设总隔离开关和分路隔离开关以及总熔断器和分路熔断器（或总自动开关和分路自动开关）。总开关电器和额定值、动作整定值应与分路开关电器的额定值、动作整定值相适应。

(3) 开关箱应装设隔离开关和熔断器，或者装设塑料外壳式自动开关、铁壳开关或瓷底胶盖刀开关等负荷开关：必须装设漏电保护器，且额定漏电动作电流应不大于 30mA，额定漏电动作时间应小于 0.1s（6V 及 36V 以下的用电设备如工作环境干燥可免装漏电保护器）。开关箱内的开关电器必须能在任何情况下，都可以使用电设备实行电源隔离，还可根据需要装设其他启动、保护电器。

如果所装漏电保护器同时具备过负荷和短路保护功能，并且其脱扣器整定电流值与所控制的电动机相适应，则可不装设熔断器。对于一些不经常启动的用电设备，可以考虑只装设漏电保护器控制。

每台用电设备应有各自的专用的开关箱，必须实行“一机一闸”制，严禁用同一个开关电器直接控制两台及两台以上用电设备（含插座）。

技能要点 3：配电箱与开关箱的使用

配电箱与开关箱是施工现场临时用电工程中操作频繁、故障多少发的电气装置。因此，保障其安全运行，对于减少或杜绝电气伤害事故是一项十分重要的工作。为了达到安全用电、供电，对配电箱、分配电箱的维护保养，安全使用应当采取相应的安全技术措施。

配电箱与开关箱在使用过程中应当采取下列安全技术措施。

1. 关于配电箱、开关箱的标志

为加强对配电箱和开关箱的管理，保障其正确的停、送电操作，并防止因误操作而造成的意外触电或其他伤害带来的危害。所有配电箱、开关箱应在其箱门上清晰地标注其编号、名称、用途，并作分路标志。

所有配电箱与开关箱必须专箱专用，不得随意另行挂接其他临时用电设备。

2. 所有配电箱、开关箱的操作顺序

为防止停、送电时电源手动隔离开关带负荷操作，以及便于对用电设备在停、送电时进行监护、配电箱、开关箱之间应当遵循一个合理的操作顺序。即停电时其操作程序应当是：开关箱（图 9-9 至图 9-14）→分配电箱（图 9-15）→总配电箱（图 9-16）；送电时其操作程序应当是：总配电箱（图 9-16）→分配电箱（图 9-15）→开关箱（图 9-9 至图 9-14）。若不遵循上述操作顺序，就有可能发生意外操作事故。例如送电时，如果先合上开关箱里的开关，后合配电箱里开关时，而当某些开关箱控制的用电设备是采用手动控制的，那么这时在配电箱里操作开关又恰恰是手动隔离开关，那么所产生的电弧或电火花对操作者和开关本身都将构成威胁。同时配电箱离用电设备较远，用电设备的突然通电运转动后对用电设备周围缺乏准备的工作人员构成威胁。停电时也是类似情形。关键就是不能随意带负荷合闸和拉闸尤其操作的是手动隔离开关。

但当出现电气故障，尤其是当人体发生触电伤害事故时，允许就地就近将配电箱或开关箱里的有关开关分断。

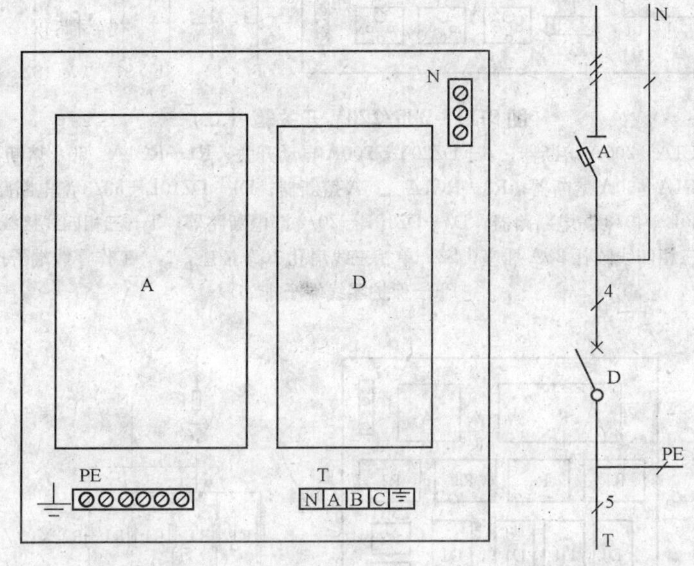

图 9-9　单机开关箱

A—HR5－200/3 隔离开关；D—DZ10L－250/4 漏电断路器；

N—工作零线端子排；PE—保护零线端子排；T—三相五线接线端子

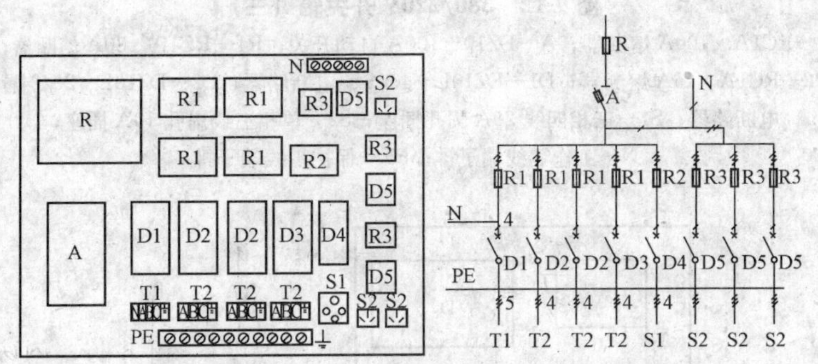

图 9-10　380/220V 开关箱（一）

R—RTO　400A 熔断器；A—DZ20Y－400A 自动开关；R1—RC1A　60A 熔断器；R2—RC1A　30A 熔断器；R3—RC1A　15A 熔断器；D1—DZ10L－100/4 漏电断路器；D2—DZ10L－100/3 漏电断路器；D3—DZ10L－63/3 漏电断路器；D4—DZ10L－40/3 漏电断路器；D5—DZ10L－20/2 漏电断路器；T1—三相五线接线端子；T2—三相四线接线端子；S1—三相四线圆孔 20A 插座；S2—单相三线扁孔 10A 插座；N—工作零线端子排；PE—保护零线端子排

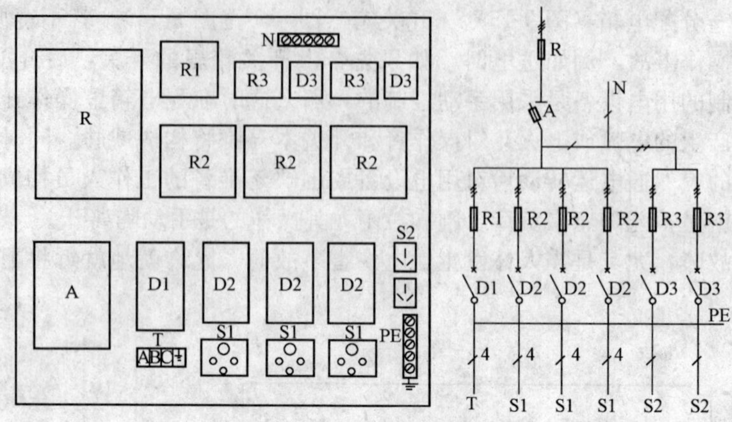

图 9-11　380/220V 开关箱（二）

R—RC1A　200A 熔断器；A—DZ20Y—200A 自动开关；R1—RC1A　60A 熔断器；R2—RC1A　30A 熔断器；R3—RC1A　15A 熔断器；D1—DZ10L—63/3 漏电断路器；D2—DZ10L—40/3 漏电断路器；D3—DZ10L—20/2 漏电断路器；T—三相四线接线端子；S1—三相四线圆孔 20A 插座；S2—单相三线扁孔 10A 插座；N—工作零线端子排；PE—保护零线端子排

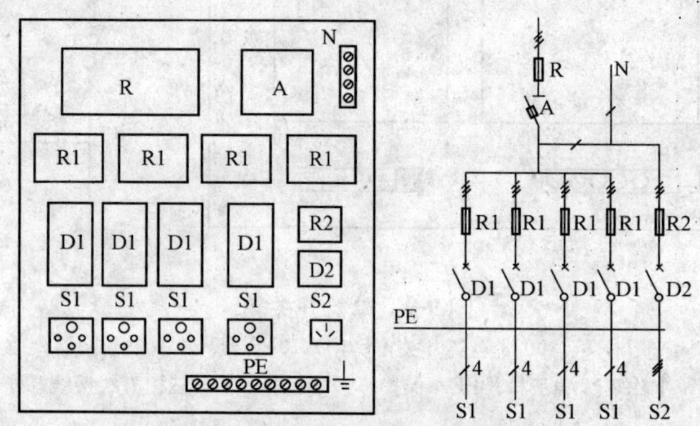

图 9-12　380/220V 开关箱（三）

R—RC1A　100A 熔断器；A—DZ10—100A 自动开关；R1—RC1A　30A 熔断器；R2—RC1A　15A 熔断器；D1—DZ10L—40/3 漏电断路器；D2—DZ10L—20/2 漏电断路器；S1—三相四线 20A 圆孔插座；S2—单相三线扁孔 10A 插座；N—工作零线端子排；PE—保护零线端子排

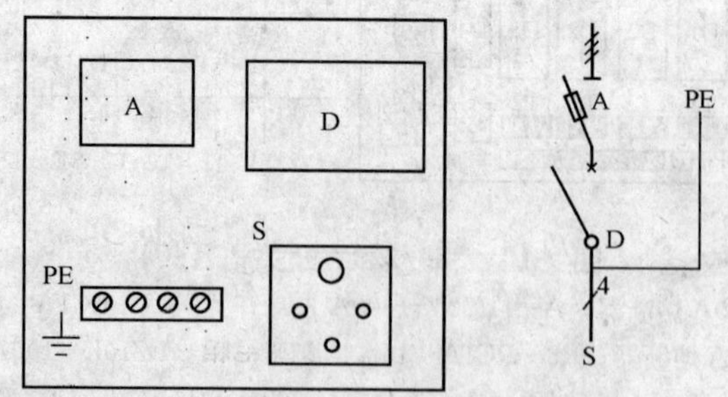

图 9-13　380V 开关箱

A—HG30—32/3 隔离开关；D—AB62—40/3 漏电开关；S—三相四线圆孔 20A 插座；PE—保护零线端子排

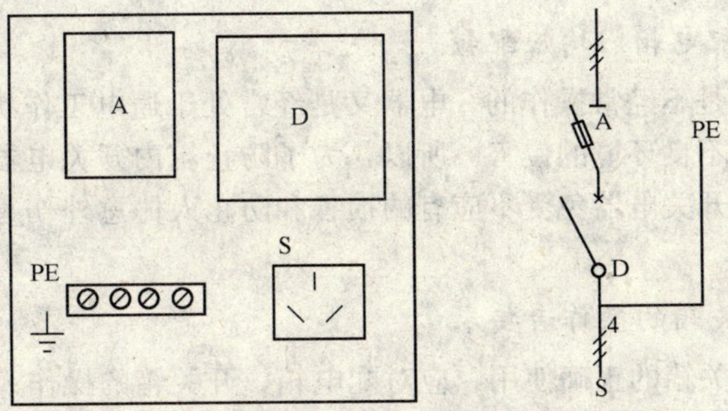

图 9-14　220V 开关箱

A—HG30－32/2 隔离开关；D—AB62－20/2 漏电开关；

S—单相三线扁孔 10A 插座；PE—保护零线端子排

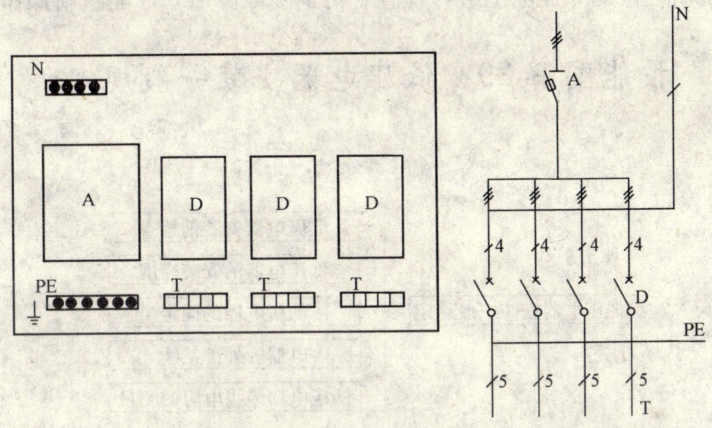

图 9-15　分配电箱

A—HR5－100/3 隔离开关；D—DZ10L－40/4 漏电断路器；

N—工作零线端子排；PE—保护零线端子排；T—三相五线接线端子

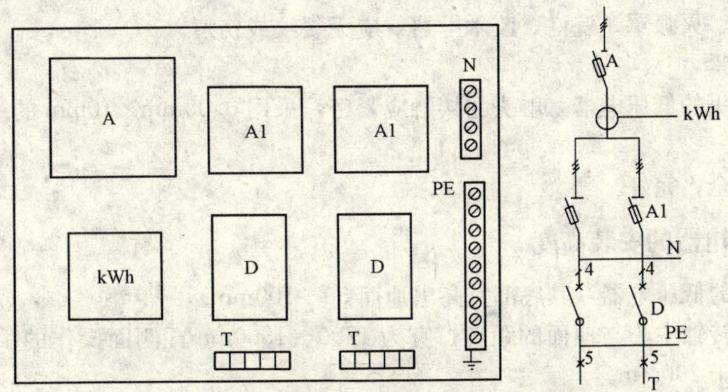

图 9-16　总配电箱

A—HR5－400/3 隔离开关；kWh—DT862－2 电度表；

A1—HR5－200/3 隔离开关；D—DZ10L－250/4 漏电断路器；

N—工作零线端子排；PE—保护零线端子排；T—三相五线接线端子

3. 施工现场的所有配电箱门均应配锁

因为配电箱中的开关是不经常操作的。电器又是经常处于通电工作状态，其箱门长期处在开启着是无益的。容易受到不良环境的侵害。所以，为了防止箱内开关电器意外碰及到人体造成伤害，对于保障配电箱内的开关电器免受不应有的损害和防止人体意外伤害对配电箱加锁也是完全有必要的。

4. 关于配电箱、开关箱的操作者要求

为了确保配电箱、开关箱的正确使用，应对配电箱、开关箱的操作人员进行必要的技术培训与安全教育。配电箱、开关箱的使用人员必须掌握基本的安全用电知识和所使用设备的性能，熟悉有关开关电器的正确操作方法。

配电箱、开关箱的操作者上岗时应按规定穿戴合格的绝缘用品，并检查，认定配电箱、开关箱及其控制设备、线路和保护设施完好后，方可进行操作。如通电后发现异常情况，如电动机不转动，则应立即拉闸断电，请专业电工进行检查，待消除故障后，才能重新操作。

技能图解 39　低压电器安装一般规定

技能结构框线图

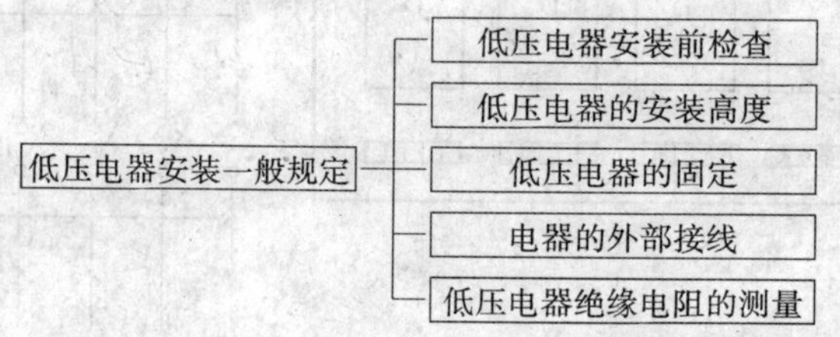

图 9-17　低压电器安装一般规定

技能要点 1：低压电器安装前检查

（1）设备铭牌、型号、规格，应与被控制线路或设计相符。

（2）外壳、漆层、手柄，应无损伤或变形。

（3）内部仪表、灭弧罩、瓷件、胶木电器，应无裂纹或伤痕。

（4）螺丝应拧紧。

（5）具有主触头的低压电器，触头的接触应紧密，采用 0.05mm×10mm 的塞尺检查，接触两侧的压力应均匀。

（6）附件应齐全、完好。

技能要点 2：低压电器的安装高度

（1）落地安装的低压电器，其底部宜高出地面 50～100mm。

（2）操作手柄转轴中心与地面的距离，宜为 1200～1500mm；侧面操作的手柄与建筑物或设备的距离，不宜小于 200mm。

技能要点 3：低压电器的固定

（1）低压电器根据其不同的结构，可采用支架、金属板、绝缘板固定在墙，柱或其他建筑构件上。金属板，绝缘板应平整；当采用卡轨支撑安装时，卡轨应与低压电器匹配，并用固定夹或固定螺栓与壁板紧密固定，严禁使用变形或不合格的卡轨。

（2）当采用膨胀螺栓固定时，应按产品技术要求选择螺栓规格；其钻孔直径和埋设深度应与螺栓规格相符。

(3) 紧固件应采用镀锌制品，螺栓规格应选配适当，电器的固定应牢固、平稳。

(4) 有防震要求的电器应增加减震装置；其紧固螺栓应采取防松措施。

(5) 固定低压电器时，不得使电器内部受额外应力。

技能要点 4：电器的外部接线

(1) 接线应按接线端头标志进行。

(2) 接线应排列整齐、清晰、美观，导线绝缘应良好、无损伤。

(3) 电源侧进线应接在进线端，即固定触头接线端；负荷侧出线应接在出线端，即可动触头接线端。

(4) 电器的接线应采用铜质或有电镀金属防锈层的螺栓和螺钉，连接时应拧紧，且应有防松装置。

(5) 外部接线不得使电器内部受到额外应力。

(6) 母线与电器连接时，接触面应符合现行国家标准《电气装置安装工程母线装置施工及验收规范》的有关规定。连接处不同相的母线最小电气间隙，应符合表 9-3 的规定。

表 9-3　不同相的母线最小电气间隙

额定电压（V）	最小电气间隙（mm）	额定电压（V）	最小电气间隙（mm）
$U \leqslant 500$	10	$500 < U \leqslant 1200$	14

技能要点 5：低压电器绝缘电阻的测量

(1) 测量应在下列部位进行，对额定工作电压不同的电路应分别进行测量

①主触头在断开位置时，同极的进线端及出线端之间。

②主触头在闭合位置时，不同极的带电部件之间、触头与线圈之间以及主电路与同它不直接连接的控制和辅助电路（包括线圈）之间。

③主电路、控制电路、辅助电路等带电部件与金属支架之间。

(2) 测量绝缘电阻所用兆欧表的电压等级及所测量的绝缘电阻值，应符合现行国家标准《电气装置安装工程电气设备交接试验标准》的有关规定。

技能图解 40　保护电器

技能结构框线图

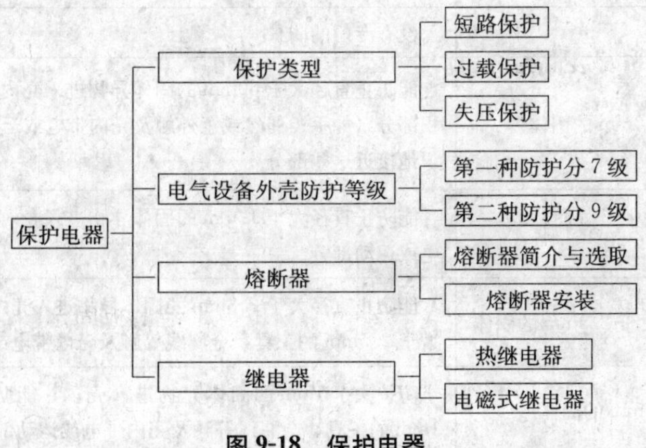

图 9-18　保护电器

技能要点 1：保护类型

保护电器分别起短路保护、过载保护和失压（欠压）保护的作用。

短路保护是指线路或设备发生短路时，迅速切断电源。熔断器、电磁式过电流继电器和脱扣器都是常用的短路保护装置。应当注意，在中性点直接接地的三相四线制系统中，当设备碰壳接地时，短路保护装置应该迅速切断电源，以防触电。在这种情况下，短路保护装置直接承担人身安全和设备安全两方面的任务。

过载保护是当线路或设备的载荷超过允许范围时，能延时切断电源的一种保护。热继电器的热脱扣器的常用的过载保护装置；熔断器可用作照明线路或其他没有冲击载荷的线路或设备的过载保护装置。由于设备损坏往往造成人身事故，过载保护对人身安全也有很大意义。

失压（欠压）保护是当电源电压消失或低于某一限度时，能自动断开线路的一种保护。其作用是当电压恢复时，设备不致突然启动，造成事故；同时，能避免设备在过低的电压下勉强运行而损坏。

技能要点 2：电气设备外壳防护等级

电机和低压电器的外壳防护包括两种防护，第一种防护是对固体异物进入内部以及对人体触及内部带电部分或运动部分的防护；第二种防护是对水进入内部防护。

外壳防护等级按如下方法标志：

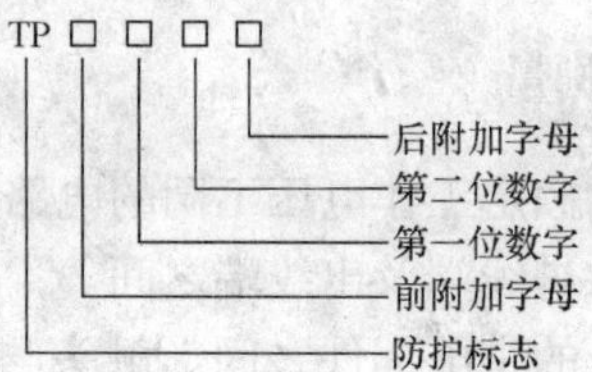

其中，第一位数字表示第一种防护形式等级；第二位数字表示第二种防护形式等级，仅考虑一种防护时，另一位数字用“X”代替。前附加字母是电机产品的附加字母，W 表示气候防护式电机、R 表示管道通风式电机；后附加字母也是电机产品的附加字母，S 表示在静止状态下进行第二种防护形式试验的电机，M 表示在运转状态下进行第二种防护形式试验的电机。如不需特别说明，附加字母可以省略。

第一种防护分为 7 级。各级防护性能见表 9-4。

表 9-4 电气设备第一种防护性能

防护等级	简　称	防护性能
0	无防护	没有专门的防护
1	防护大于 50mm 的固体	能防止直径大于 50mm 的固体异物进入壳内；能防止人体的某一大面积部分（如手）偶然或意外触及壳内带电或运动部分，但不能防止有意识地接近这些部分
2	防护大于 12mm 的固体	能防止直径大于 12mm 的固体异物进入壳内；能防止手指触及壳内带电或运动部分
3	防止直径大于 2.5mm 的固体	能防止直径大于 2.5mm 的固体异物进入壳内；能防止厚度（或直径）大于 2.5mm 的工具，金属线等触及壳内带电或运动部分
4	防护大于 1mm 的固体	防护大于 1mm 的固体异物进入壳内；能防止厚度（或直径）大于 1mm 的工具、金属线等触及壳内带电或运动部分

表 9-4（续）

防护等级	简　　称	防护性能
5	防尘	能防止灰尘进入达到影响产品正常运行的程度；能完全防止触及壳内带电或运动部分
6	尘密	能完全防止灰土进入壳内；能完全防止触及壳内带电或运动部分

注：对用同轴外扇冷却的电机，风扇的防护应能；防止其风叶或轮辐被试指触及在出风口，直径 50mm 的试指插入时，不能通过护板。不包括泄水孔，泄水孔不应低于 2 级的规定。

第二种防护分为 9 级。各级防护性能见表 9-5。

表 9-5　电气设备第二种防护性能

防护等级	简　　称	防护性能
0	无防护	没有专门的防护
1	防滴	垂直的滴水不能直接进入产品的内部
2	15°防滴	与垂线成 15°角范围内的滴水不能直接进入产品内部
3	防淋水	与垂线成 60°角范围内的淋水不能直接进入产品内部
4	防溅	任何方向的喷水水对立品应无有害的影响
5	防喷水	任何方向的溅水对产品应无有害的影响
6	防海浪或强力喷水	强烈的海浪或强力喷水对产品应无有害的影响
7	浸水	产品的规定的压力和时间下浸在水中，进水量应无有害影响
8	潜水	产品在规定的压力下长时间浸在水中，进水量应无有害影响

技能要点 3：熔断器

1. 熔断器简介与选取

熔断器有 RM 系列的和 RT 系列的管式熔断器，RL 系列的螺塞式熔断器、RCIA 系列的插式熔断器，还有盒动式熔断器及其他形式的熔断器。管式熔断器有两种 RM 系列的是配用纤维材料管，由纤维材料分解大量气体灭弧；RT 系列的是配用陶瓷管，管内填充石英砂，由石英砂冷却和熄灭电弧。填料管式熔断器和螺塞式熔断器都是封闭式结构，电弧不容易与外界接触，适用范围较广。管式熔断器多用于较大容量的线路。螺塞式熔断器多用于中、小容量的线路或设备。插式熔断器和盒式熔断器都是防护式结构，用于所在环境条件较好的中、小容量的线路或设备，如图 9-19。

熔断器的熔体做成丝或片的形状。低熔点熔体由锑铅合金、锡铅合金、锌等材料制成。

保护特性和分断能力是熔断器的主要技术指标。流过熔体的电流与熔断时间的关系称作熔断器的保护特性。如图 9-20 所示，熔断器的保护特性是较陡的反时限曲线，而且有一个临界电流 I_b。在临界电流长时间的作用下，熔体能达到刚刚不熔断的稳定温度。熔体的额定电流小于其临界电流。临界电流与额定电流之比为熔化系数。熔化系数越小，则过载保护的灵敏度越高。10A 及 10A 以下的熔体系数约为 1.5；10A 以上、30A 及 30A 以下的约为 1.4；30A 以上约为 1.3。熔断器的保护特性虽然带有反时限特性，但由于热容量小，动作很快，仍宜于用作短路保护元件。

分断能力是指熔断器在额定电压及一定的功率因数下切断短路电流的极限能力，因此通常用极限分断电流表示分断能力。填料管式熔断器的分断能力较强。

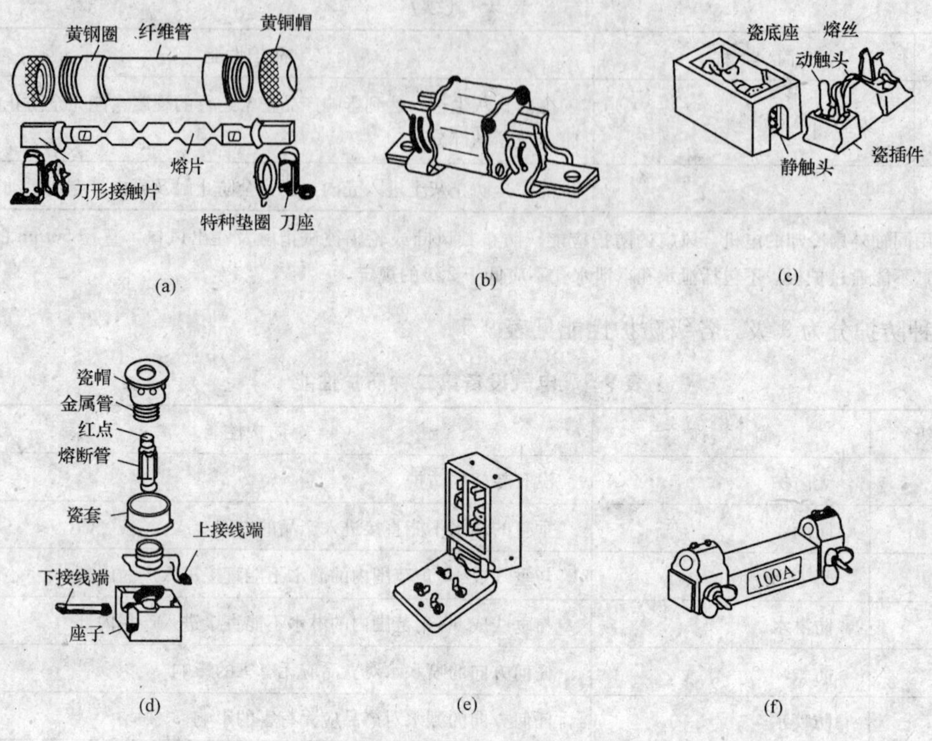

(a) (b) (c) (d) (e) (f)

图 9-19 熔断器

(a) 纤维管式；(b) 填料管式；(c) 螺塞式；(d) 盒式；(f) 羊角式

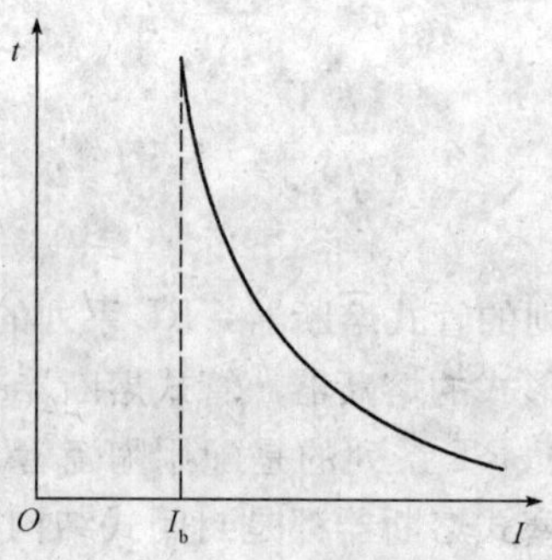

图 9-20 熔断器的保护特性

选用熔断器时，应注意其防护形式满足生产环境的要求；其额定电压符合线路电压；其额定电流满足安全条件和工作条件的要求；其极限分断电流大于线路上可能出现的最大故障电流；其保护特性应与保护对象的过载特性相适应；在多级保护的场合，为了满足选择性的要求，上一级熔断器的熔断时间一般应大于下一级的 3 倍。

同一熔断器可以配用几种不同规格的熔体，但熔体的额定电流不得超过熔断器的额定电流。熔断器的熔体与触刀、触刀与刀座应保持接触良好，触头钳口应用足够的压力。在有爆炸危险的环境，不得装设电弧可能与周围介质接触的熔断器；一般环境也必须考虑防止电弧飞出的措施。应当在停电以后更换熔体；不能轻易改变熔体的规格；不得使用不明规格的熔体，更不准随意使用钢丝或铁丝代替熔丝。

2. 熔断器安装

(1) 熔断器及熔体的容量，应符合设计要求，并核对所保护电气设备的容量与熔体容量相匹配；对后备保护、限流、自复、半导体器件保护等有专用功能的熔断器，严禁替代。

(2) 熔断器安装位置及相互间距离，应便于更换熔体。

(3) 有熔断指示器的熔断器，其指示器应装在便于观察的一侧。

(4) 瓷质熔断器在金属底板上安装时，其底座应垫软绝缘衬垫。

(5) 安装具有几种规格的熔断器，应在底座旁标明规格。

(6) 有触及带电部分危险的熔断器，应配齐绝缘抓手。

(7) 带有接线标志的熔断器，电源线应按标志进行接线。

(8) 螺旋式熔断器的安装，其底座严禁松动，电源应接在熔芯引出的端子上。

技能要点 4：继电器

1. 热继电器

热继电器和热脱扣器也是利用电流的热效应做成的。热继电器的基本结构如图 9-21 所示。它主要由热元件、双金属片、扣板、拉力弹簧、绝缘拉板、触头等元件组成。负荷电流通过热元件，并使其发热。在它近旁的双金属片也受热而变形。双金属片由两层热胀系数不同的金属片冷压粘合而成，上层热胀系数小，下层热胀系数大，受热时向上弯曲。当双金属片向上弯曲到一定程度时，扣板失去约束，在拉力弹簧作用下迅速绕扣板轴逆时针转动，并带动绝缘拉板向右方移动而拉开触头。

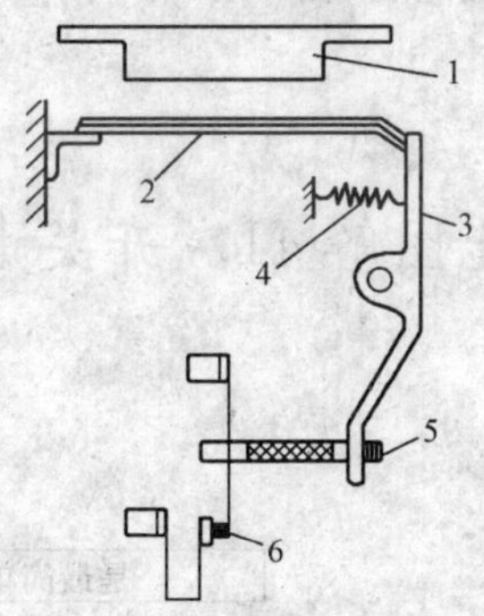

图 9-21　热继电器结构图

1—热元件；2—双金属片；3—扣板；
4—拉力弹簧；5—绝缘拉板；6—触头

对于磁力启动器，热继电器的触头串联在吸引线圈回路中；对于减压启动器，热继电器的触头串联在失压脱扣线圈回路中，而对于自动空气开关，热脱扣器直接把机械运动传递给开关的脱扣轴。这样，热继电器或热脱扣器的动作就能通过磁力启动器、减压启动器或自动空气开关断开线路。同一热继电器或同一热脱扣器可以根据需要配用几种规格的热元件，每种额定电流的热元件，动作电流均可在小范围内调整。为适应电动机过载特性的需要，热元件通过整定电流时，继电器或脱扣器不动作；通过 1.2 倍整定电流时，动作时间将近 20min；通过 1.5 倍整定电流时，动作时间将近 2min；为适应电动机启动要求，热元件通过 6 倍整定电流时，动作时间应超过 5s，可见其热容量较大，动作不可能太快，只宜作过载保护，而不宜作短路保护。继电器或脱扣器的动作电流整定为长期允许负荷电流的大小即可。

2. 电磁式继电器

电磁式过电流继电器（或脱扣器）是依靠电磁力的作用进行工作的。其原理如图 9-22 所示，当线圈中电流超过整定值时，电磁吸力克服弹簧的推力，吸下衔铁使铁芯闭合，改变触头的状态。交流过电流继电器的动作电流可在其额定电流 110%～350%的范围内调节、直流的可在其额定电流 70%～300%的范围内调节。

不带延时的电磁式过电流继电器（或脱扣器）的动作时间不超过 0.1s、短延时的仅为 0.1～0.4s。这两种都适用于短路保护。从人身安全的角度看，采用这种过电流保护电器有很大的优越性，因为它能大大缩短碰壳故障持续的时间，迅速消除触电的危险。长延时的电磁式过电流继电器（或脱扣器）的动作时间都在 1s 以上，而且具有反时限特性，适用于过载保护。

失压（欠压）脱扣器也是利用电磁力的作用来工作的，工作原理如图 9-23 所示。所不同的是正常工作时衔铁处在闭合位置，而且线圈是并联在线路上的。当线路电压消失或降低至 40%～75%时，衔铁被弹簧拉开，并通过脱扣机构使减压启动器或自动空气开关动作而断开线路。

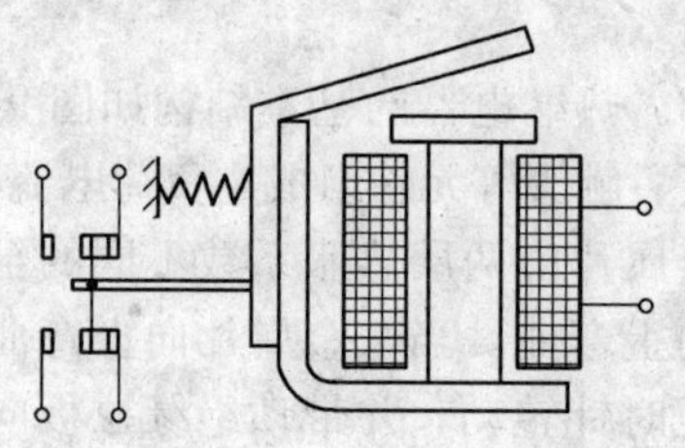

图 9-22 电磁式过电流继电器原理

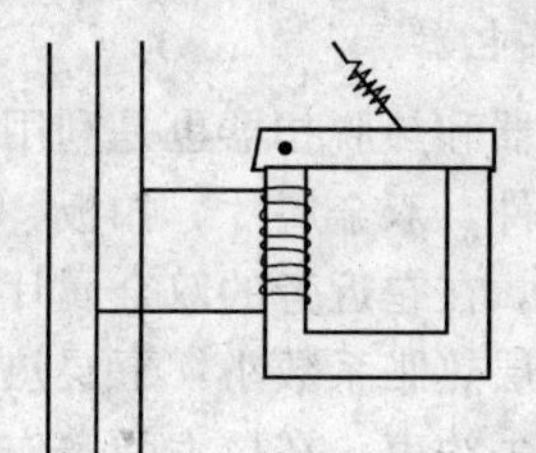

图 9-23 失压脱扣器原理图

技能图解 41 开关电器

技能结构框线图

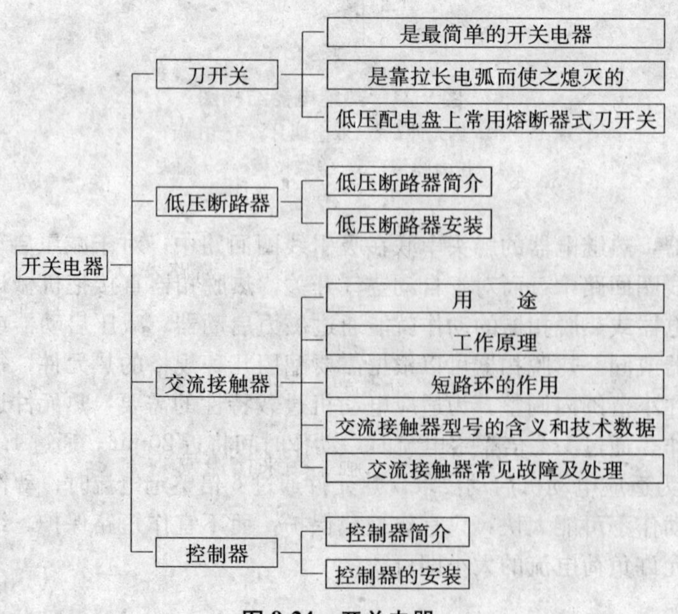

图 9-24 开关电器

技能要点1：刀开关

刀开关是手动开关。包括胶盖刀开关，石板刀开关、铁壳开关、转扳开关、组合开关等。手动减压启动器属于带有专用机构的刀开关。刀开关只能用于不频繁启动。用刀开关操作异步电动机时，开关额定电流应大于或等于电动机额定电流的3倍。

刀开关是最简单的开关电器。由于没有或只有极为简单的灭弧装置，刀开关无力切断短路电流，因此刀开关下方应装有熔体或熔断器。对于容量较大的线路，刀开关须与有切断短路电流能力的其他开关串联使用。

刀开关是靠拉长电弧而使之熄灭的。为了克服手动拉闸不快，电弧强烈燃烧的缺点，容量较大的刀开关常带有快动作灭弧刀片。这种刀开关的基本结构如图9-25所示。拉闸时，主刀片先被拉开，与刀座之间不产生电弧。当主刀片被拉开至一定程度时，灭弧刀片在拉力弹簧作用下迅速断开，电弧被迅速拉长而熄灭。合闸时，由于灭弧刀片先于主刀片接触刀座，主刀片与刀座之间也不产生电弧。

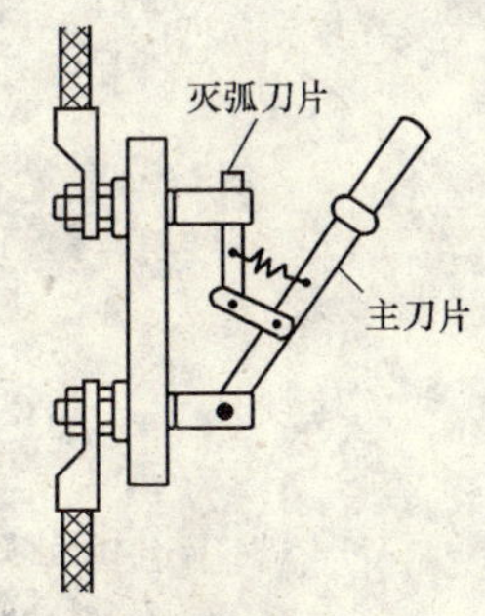

图9-25 带有快动作灭弧刀片的刀开关

刀开关断流能力有限，单独使用时不宜用刀片的开关于大容量线路。胶盖刀开关只能用来控制3.0kW以下的三相电动机。刀开关的额定电压必须与线路电压相适应。380V的动力线路，应采用500V的刀开关；220V的照明线路，可采用250V的刀开关。对于照明负荷，刀开关的额定电流就大于负荷电流的3倍。还应注意刀开关所配用熔断器和熔体的额定电流不得大于开关的额定电流。用刀开关控制电动机时，为了维护和操作的安全，应该在刀上方另装一组熔断器。

转换开关包括组合开关，主要用于小容量电动机的正、反转等控制。转换开关的手柄按45°—0°—45°有三个位置，中间是断开电源的位置，左右两边的或者都是正转位置，或者一个是正转位置，另一个是反转位置。转换开关可用来控制7.5kW以下的电动机。

转换开关的前面最好加装刀开关，以免停机时由某种偶然因素碰撞转换开关的手柄造成误操作。转换开关和插座的前面应加装熔断器。

低压配电盘上，经常用到熔断器式刀开关。这种开关由具有高分断能力的RTO填料管式熔断器、静触头、杠杆操作机构和底座组成。熔断器作为动触刀，其上方和下方分别装有两个栅片灭弧室。在正常供电的情况下，由开关的触头接通和分断电路，线路短路时由熔断器分断故障电流。

技能要点2：低压断路器（自动开关）

1. 低压断路器简介

按照结构形式，低压断路器可分为框架式（万能式）和塑料外壳式（装置式）两类。前者结构灵活多变，可装较多种类的脱扣器和辅助触头；后者结构紧凑、体积小、质量轻、使用比较安全。除一般低压断路器外，还有具有限流功能的快速型低压断路器（直流的全部动作时间为10～30ms，交流的为10～20ms）、具有漏电保护功能的漏电断路器等。目前，应用较多的是DW15系列框架式低压断路器、DZ20系列塑料外壳式低压断路器和DZX系列限流型低压断路器。

低压断路器主要由感受元件、执行元件和传递元件组成。感受元件感受电路中不正常的状态参量或操作人员的操作指令，经传递元件推动执行元件动作。过电流脱扣器、失压脱扣器、分励脱扣器都属于感受元件。执行元件指触头和灭弧室。触头用来接通或断开电路：灭弧室用来配合触头熄灭电弧。传递元件是承担力的传递和变换的零部件，包括传动机构、脱扣机构、主轴、脱扣轴等。

低压断路器的动作原理见图9-26。其主触头、辅助触头由传动杆连动，当逆时针方向推动操作手柄时，操作力经自由脱扣机构传递给传动杆，主触头闭合；随之锁扣将自由脱扣机构锁住，使电路保持接通状态。断路器由储能弹簧实现分闸，分闸速度很高。

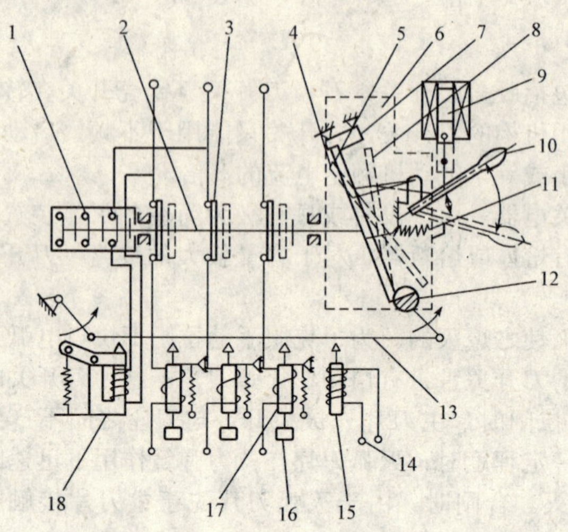

图 9-26 低压断路器动作原理

1—辅助触头；2—传动杆；3—主触头；4—自由脱扣位置；5—闭合位置；6—自由脱扣机构；
7—锁；8—再扣位置；9—闭合电磁铁；10—操作手柄；11—断开弹簧；12—脱扣半轴；
13—脱扣杆；14—接控制电源；15—分励脱扣器；16—延时装置；17—过电流脱扣器；18—欠压脱扣器

低压断路器可以装有多种形式的脱扣器。老式 DW 系列的断路器一般装有瞬时动作的欠电压脱扣器和电磁式过电流脱扣器：新式 DW 系列的断路器一般装有瞬时动作或延时动作的欠电压脱扣器和热式及半导体式脱扣器。半导体式脱器包括长延时、短延时、瞬时动作的过电流脱扣器和延时动作的欠电压脱扣器。新式 DZ 系列的断路器装有电磁式或热式（或两者都有）过电流脱扣器；DZ15 系列的断路器装有液压电磁流式过电流脱扣器。电磁式过电流脱扣器的励磁线圈串联在主线路中，当主电路任何一相的电超过整定值时，过电流脱扣器产生的电磁力克服弹簧的反作用力吸引衔铁向上运动，其上顶板推动脱扣杆，使脱扣半轴反时针方向运动，从而使自由脱扣机构脱扣，在分闸弹簧的作用下，主触头断开，将电路分断。当主电路内电压消失或降低至额定电压的 40%～75%时，欠电压脱扣器的电磁吸力不足以继续吸引住衔铁，在弹簧力的作用下衔铁的顶板推动脱扣杆，从而使低压断路器分断电路。分励脱扣器控制电源供电，它可以按照操作人员的命令或继电保护信号将线圈接通电源，其衔铁也向上运动，推动脱扣杆，使低压断路器分断电路。分励脱扣器的工作电压为额定电压的 75%～105%，DZ 系列的断路器多不装设欠电压脱扣器和分励脱扣器。

欠电压脱扣器和公厕脱扣器以及信号灯的接线见图 9-27。图中，1kV 和 2kV 分别表示欠电压脱扣线圈和分励脱扣线圈；*GN* 表示绿灯，指示电源有电水 *RD* 表示红灯，指示断路器在合闸位置：QF_1、QF_2、QF_3 和 QF_4。表示断路器的辅助触头。

为了充分利用线路或设备的过载能力，以及为了提高电网供电的可靠性和有选择地断开线路，往往要求过电流脱扣器经一定延时后才使低压断路器跳闸。热式、电磁感应式或半导体式过电流脱扣器可以取得动作延时；电磁式过电流脱扣器可加装钟表式、空气阻尼式或液压式延时装置取得动作延时。

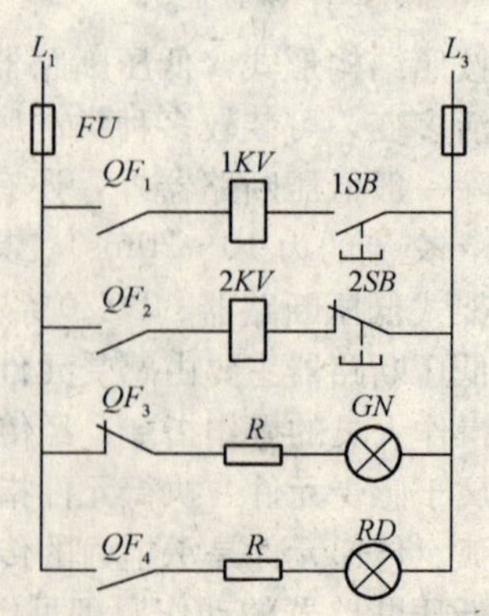

图 9-27 低压断路器的二次接线

低压断路器常采用对接式触头、桥式触头或插入式触头。DW 系列和部分 DZ 系列断路器装有辅助触头。大型低压断路器的主触头包含导电触头和弧触头。二者并联，接通时弧触头先接通，分断时弧触头后断开，以免在导电触头上产生电弧。为了提高接触性能，在导电触头接触处焊有银质或银基合金镶块。触头必须具备额定电流下长期工作的载流能力；必须能安全可靠地接通和分断极限短路电流，还必须有足够的电气寿命。

交流低压断路器采用金属栅片式灭弧室。室壁用石棉水泥或耐弧塑料等材料制作，在电弧高温的作用下能产生有利于灭弧的气体。灭弧室必须保证迅速而可靠地熄灭电弧，并尽可能减小飞弧距离，灭弧室还必须有良好的绝缘性能、耐热性能和机械强度。

不同型式的低压断路器装有手柄传动、杠杆传动、电磁铁传动、电动机传动、气动传动和液压传动等多种操作方式。低压断路器的自由脱扣机构实现传动机构与触头系统之间的连锁。自由脱扣机构扣上的，传动机构才能带动触头系统一起运动，并使之闭合；而当脱扣之后，传动机构与触头之间失去制约关系，触头分断，而且在脱扣器和自由脱扣机构复位之前，不论传动机构在什么位置，都将暂时失去操作功能。

低压断路器有很强的分断能力。例如，DZ10－100 型断路器的额定电流为 100A，而对于交流 380V，$\cos\varphi \geqslant 0.4$ 电路的最大分断电流为 12kA。低压断路器有良好的保护特性，能在极短的时间内，乃至在线路电流尚未达到稳定的短路电流之前即完全断开线路。其反时限特性能与被保护对象的过载特性理想地配合；其特性便于调节和整定，便于实现多级保护。低压断路器的自由脱扣机构有连锁作用，当线路未恢复正常，脱扣器未恢复原位时，不能合闸送电。由于低压断路器有以上优点，它广泛用于交、直流配电线路，控制线路的通断，并使之免受过电流、逆电流、短路、欠电压等故障的危害；低压断路器也可用于电动机的不频繁的启动以及电路不频繁的操作和切换。

选用时，应当注意低压断路器的额定电压及其欠电压脱扣器的额定电压不得低于线路额定电压；断路器的额定电流及其过电流脱扣器的额定电流不应小于线路计算负荷电流；断路器的极限通断能力不应小于线路最大短路电流；低压断路器瞬时（或短延时）过电流脱扣器的整定电流应小于线路末端单相短路电流的 2/3 等。

低压断路器的瞬时动作过电流脱扣器的整定电流应大于线路上可能出现的峰值电流。低压断路器的瞬时动作过电流脱扣器动作电流的调整范围多为其额定电流的 4～10 倍。长延时动作过电流脱扣器应按照线路计算负荷电流或电动机额定电流整定，具有反时限特性，以实现过载保护。短延时动作过电流脱扣器一般都是定时限的，延时为 0.1～0.4s。该脱扣器亦按线路峰值电流整定，但其值应大于或等于下级低压断路器短延时或瞬时动作过电流脱扣整定值的 1.2 倍。一台低压断路器可能装有以上三种过电流脱扣器，也可能只装有其中的两种或一种。如图 9-28 所示，上级断路器保护特性应高于下级的保护特性，二者不能交叉。

为了提高保护性能，可将低压断路器与熔断器串联使用。这样，既提高了分断能力又保留了自动操作的优点。这时，熔断器特性与低压断路器特性的交接电流 I_{J} 必须小于低压断路器的极限分断电流 I_{J}（图 9-29），以减轻后者的负担。

低压断路器是一种比较复杂的电器，除正确选用和调整外，还需妥善维护，才能保证其安全运行。为此，应注意以下几点：

（1）使用前将电磁铁工作面上的防锈油脂擦净，以免影响其动作值。

（2）定期检修时清除落在断路器上的灰尘，以免降低其绝缘。

（3）使用一定次数后，应清除触头表面的毛刺、颗粒等物，以保持接触良好，触头磨损超过原来厚度的 1/3 时，应予更换。

（4）经分断短路电流或多次正常分断后，清除灭弧室内壁和栅片上的金属颗粒和烟垢，以保持良好的绝缘和灭弧性能。

（5）必要时，给操作机构的转动部位加润滑油。

（6）定期检查各脱扣器的整定值和延时。

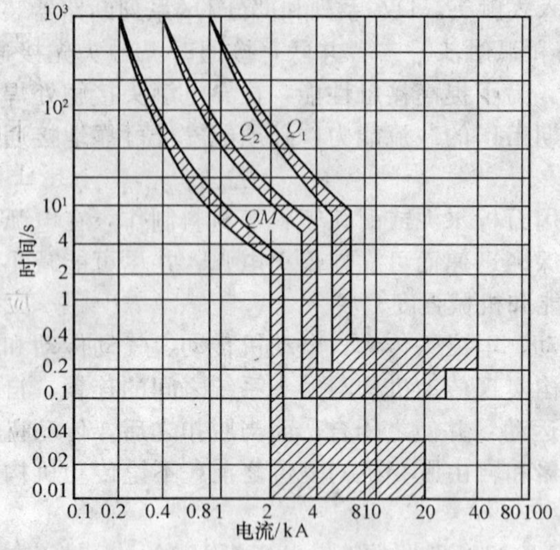

图 9-28 低压断路器的保护特性

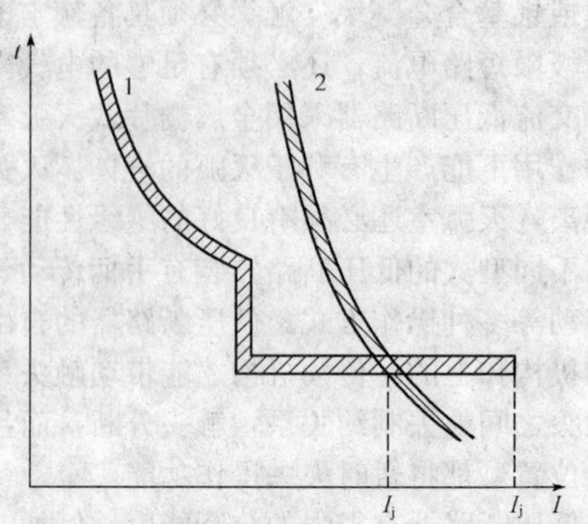

图 9-29 熔断器与低压断路器的特性配合

1—低压断路器的特性；2—熔断器的特性

2. 低压断路器安装

(1) 低压断路器安装前的检查要求

①衔铁工作面上的油污应擦净。

②触头闭合、断开过程中，可动部分与灭弧室的零件不应有卡阻现象。

③各触头的接触平面应平整；开合顺序、动静触头分闸距离等，应符合设计要求或产品技术文件的规定。

④受潮的灭弧室，安装前应烘干，烘干时应临测温度。

(2) 低压断路器的安装要求

①低压断路器的安装，应符合产品技术文件的规定；当无明确规定时，宜垂直安装，其倾斜度不应大于5°。

②低压断路器与熔断器配合使用时，熔断器应安装在电源侧。

(3) 低压断路器作机构的安装要求

①操作手柄或传动杠杆的开、合位置应正确；操作力不应大于产品的规定值。

②电动操作机构接线应正确；在合闸过程中，开关不应跳跃；开关合闸后，限制电动机或电磁铁通电时间的连锁装置应及时动作；电动机或电磁铁通电时间不应超过产品的规定值。

③开关辅助接点动作应正确可靠，接触应良好。

④抽屉式断路器的工作、试验、隔离三个位置的定位应明显，并应符合产品技术文件的规定。

⑤抽屉式断路器空载时进行抽、拉数次应无卡阻，机械连锁应可靠。

(4) 低压断路器的接线要求

①塑料外壳断路器在盘、柜外单独安装时，由于接线端子裸露在外部，且很不安全，为此在露出的端子部位包缠绝缘带或做绝缘保护罩作为保护。

②为确保脱扣装置动作可靠，可用试验按钮检查动作情况，并做相序匹配调整，必要时应采取抗干扰措施确保脱扣器不误动作。

(5) 直流快速断路器的安装、调整和试验要求

①安装时应防止断路器倾倒、碰撞和激烈震动；基础槽钢与底座间，应按设计要求采取防震

措施。

②断路器极间中心距离及与相邻设备或建筑物的距离，不应小于 500mm。当不能满足要求时，应加装高度不小于单极开关总高度的隔弧板。

在灭弧室上方应留有不小于 1000mm 的空间；当不能满足要求时，在开关电流 3000A 以下断路器的灭弧室上方 200mm 处应加装隔弧板；在开关电流 3000A 及以上断路器的灭弧室上方 500mm 处应加装隔弧板。

③灭弧室内绝缘衬件应完好，电弧通道应畅通。

④触头的压力、开距、分断时间及主触头调整后灭弧室支持螺杆与触头间的绝缘电阻，应符合产品技术文件要求。

(6) 直流快速断路器的接线要求

①与母线连接时，出线端子不应承受附加应力；母线支点与断路器之间的距离，不应小于 1000mm。

②当触头及线圈标有正、负极性时，其接线应与主回路极性一致。

③配线时应使控制线与主回路分开。

(7) 直流快速断路器调整和试验要求

①轴承转动应灵活，并应涂以润滑剂。

②衔铁的吸、合动作应均匀。

③灭弧触头与主触头的动作顺序应正确。

④安装后应按产品技术文件要求进行交流工频耐压试验，不得有击穿、闪络现象。

⑤脱扣装置应按设计要求进行整定值校验，在短路或模拟短路情况下合闸时，脱扣装置应能立即脱扣。

技能要点 3：交流接触器

1. 用途

在各种电力传动系统中，用来频繁接通和断开带有负载的主电路或大容量的控制电路，便于实现远距离自动控制。

2. 工作原理

交流接触器由电磁部分、触头部分和弹簧部分组成。其工作原理如图 9-30 所示，主触头接于主电路中，电磁铁的线圈接于控制电路中。当线圈通电后，产生电磁吸力，使动铁芯吸合，带动动触头与静触头闭合，接通主电路。若线圈断电后，线圈的电磁吸力消失，在复位弹簧作用下，动铁芯释放，带动动触头与静触头分离，切断主电路。

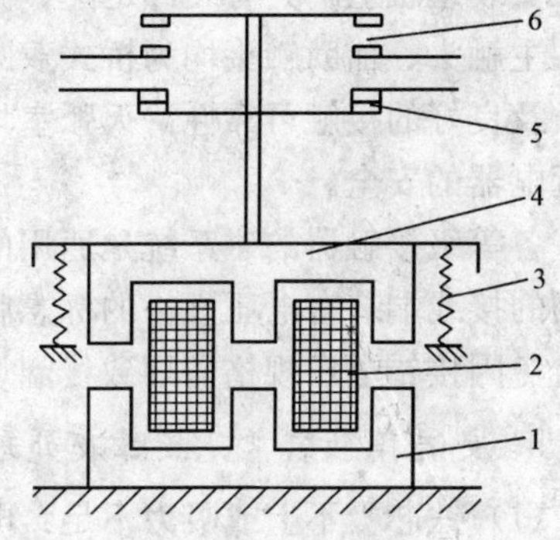

图 9-30　接触器原理

1—铁芯；2—线圈；3—推力弹簧；4—衔铁；5—常闭触头；6—常开触头

3. 短路环的作用

当线圈中通入交流电时，由于交流电的大小随时间周期性的变化，因此线圈铁芯的吸力也随之不断变化，造成衔铁的振动，发出呼声。为防止这种现象的发生，在铁芯极面下安装了一个短路环，这样当磁通变化时，在短路环中将产生感应电流，而感应电流所产生的磁通将滞后原磁通变化的 90°，因此整个铁芯磁场将发生变化，其吸力也变化。衔铁振动变小，噪声减小。

4. 交流接触器型号的含义和技术数据

现以常用的交流接触器 CJ10—20 为例说明：

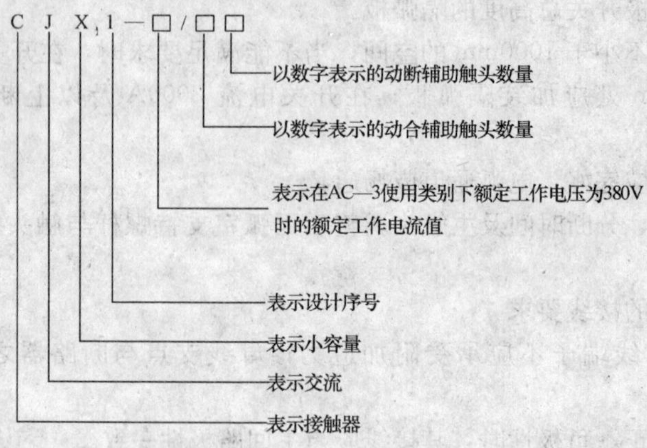

GJ10—20 交流接触器主触头长期允许通过的电流为 20A，辅助触点通过的电流为 5A，线圈电压有交流 127V、220V、380V 等三种，使用时要特别注意控制电压的等级。

我国生产的交流接触器有 GJ0、CJ1、CJ2、CJ3、CJ10（已属淘汰产品）和 CJ12 等系列。其中 CJ10 与 GJ10 基本相似，适用于机床控制设备，CJ12 与 GJ1、CJ2、CJ3 相似，适用于冶金轧钢和起重设备的控制系统。

下面再以新型常用的交流接触器 CJX_1 为例说明：

CJX_1 系列交流接触器相当于西门子公司 3TB。CJX_1 系列产品的主要性能和安全尺寸完全能够替代 3TB。

接触器为 E 字形铁芯，双断点触头的直动式运动结构：辅助触头可有一常开、一常闭或二常开、二常闭。接触器动作机构灵活，手动检查方便，结构设计紧凑，可防止外界杂物及灰尘落入接触器活动部位。接线端都有罩覆盖，人手不能直接接触带电部位，可确保使用安全，符合安全用电标准。接触器外形尺寸小巧，安装面积小。安装方式可用螺钉紧固，也可扣装在 35mm 宽的标准安装道轨上，具有装卸迅速、方便之优点。

主触头、辅助触头均为桥式双断点结构，触头材料由电性能优越的银合金制成，具有使用寿命长及良好的接触可靠性。灭弧室均呈封闭形，并有阻燃型材料阻挡电弧向外喷溅，保证人身及邻近电器的安全。

各等级接触器的磁系统是通用的，电磁铁工作可靠、损耗小、噪音小，具有很高的机械强度，线圈的接线端装有电压规格的标志牌，标志牌按电压等级着有特定的颜色，清晰醒目，接线方便，可避免因接错电压规格而导致线圈烧毁。

5. 交流接触器常见故障及处理

(1) 铁芯吸不上或吸力不足：电流电压过低，线圈技术参数不符合使用要求，线圈烧毁或断线，卡住，生锈，弹力过大。

(2) 铁芯不放开或释放过慢：触头熔焊或压力过小，卡住，生锈，磁面有油污或尘埃，剩磁过大（铁芯材料或加工问题）。

(3) 线圈过热或烧损：铁芯不能完全吸合，使用条件不符，操作频率过高（交流），空气潮湿或含有腐蚀性气体。

(4) 电磁铁噪音过大：电压过低，压力过大，磁面不平、有油污、尘埃，短路环断裂。

(5) 触头熔焊：操作频率过高或过负荷，触头表面有金属颗粒突起或异物，有卡住现象。

技能要点 4：控制器

1. 控制器简介

控制器是电力传动控制中用来改变电路状态的多触头开关电器。常见的有平面控制器和凸轮控制器，前者的动触头在平面内运动；后者由凸轮的转动推动动触头运动。

凸轮控制器的触头机构如图 9-31 所示，凸轮控制器常用来控制绕线式电动机的启动和正、反转。图 9-32 是用凸轮控制器控制绕线式电动机的接线原理图。控制器的操作手轮零位左右各有 5 个位置。控制器有大小 12 幅触头。图中，带点的位置表示相应的触头是接通的。最上面 4 副触头用来换接电动机定子接线，控制电动机正反转。这 4 副触头需要切换比较大的电流，装有灭弧装置。中间的 5 副触头是逐级切除转子外接电阻用的。下面 3 副是辅助触头，上面的两副串联于行程开关 SA 线路中，起连锁作用：下面的一副是用作零位保护的，即停车时，如果手轮不在零位，不能接通主线路。

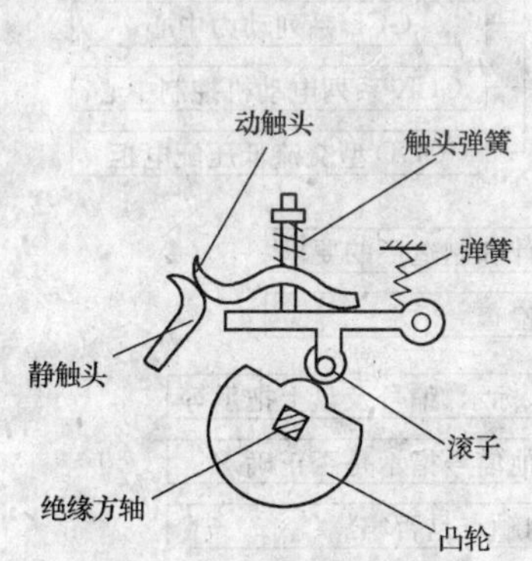

图 9-31　凸轮控制器的触头机构

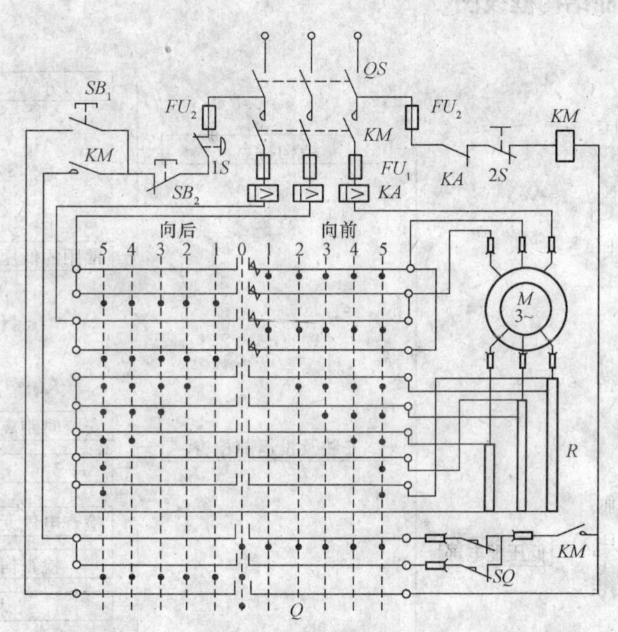

图 9-32　凸轮控制器接线原理图

电动机的主线路靠接触器 KM 操住，主线路由熔断器 FU1 和过电流继电器 KA 分别担任短路保护和过载保护。接触器 KM 的控制线路中装有熔断器 FU_2、紧急闸刀开关 IS、停车按钮 SB_2、启动按钮 SB_1、过电流继电器的常闭触头 KA、门窗安全开关 2S、凸轮控制器的零位保护触头等元件。与启动按钮并联的连锁分支装有接触器的常开触头 KM、行程开关 SQ、凸轮控制器的辅助触头等元件。上述元件对人身安全和设备安全起着重要作用。例如，FU_2 作短路保护之用、IS 作紧急停车之用、KA 作过载保护之用、2S 作安全连锁之用 SQ 作行程限制之用等。

控制器的安装应便于操作，手轮高度以 1～1.2m 为宜。接线时应注意手轮方向与机械动作方向一致。控制器不带电的金属部分应当接零（或接地）。

2. 控制器的安装

（1）控制器的工作电压应与供电电源电压相符。

（2）凸轮控制器及主令控制器，应安装在便于观察和操作的位置上；操作手柄或手轮的安装高度，宜为 800～1200mm。

(3) 控制器操作应灵活；档位应明显、准确。带有零位自锁装置的操作手柄，应能正常工作。

(4) 操作手柄或手轮的动作方向，宜与机械装置的动作方向一致；操作手柄或手轮在各个不同位置时，其触头的分、合顺序均应符合控制器的开、合图表的要求，通电后应按相应的凸轮控制器件的位置检查电动机，并应运行正常。

(5) 控制器触头压力应均匀；触头超行程不应小于产品技术文件的规定。凸轮控制器主触头的灭弧装置应完好。

(6) 控制器的转动部分及齿轮减速机构应润滑良好。

技能图解 42 低压配电屏

技能结构框线图

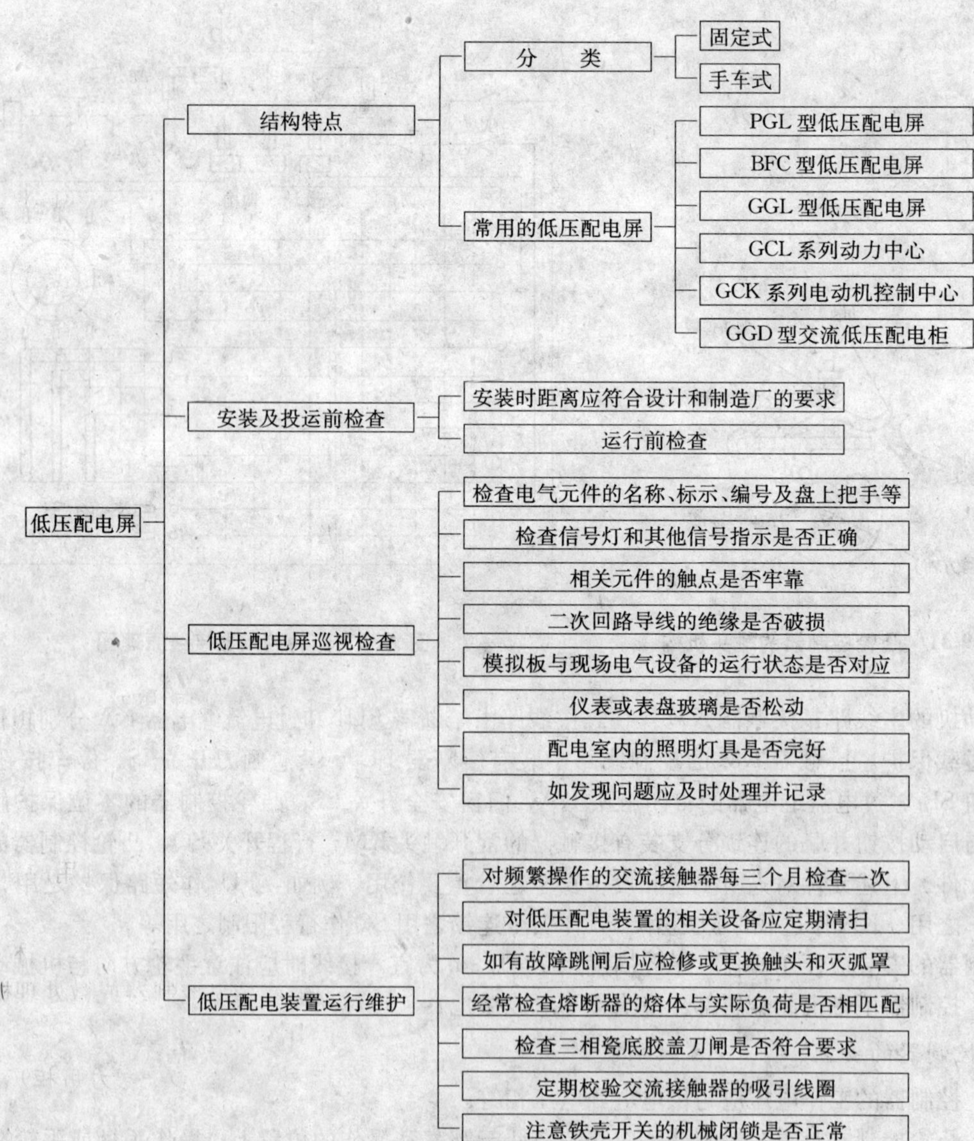

图 9-33 低压配电屏

技能要点 1：低压配电屏结构特点

我国生产的低压配电屏基本可分为固定式和手车式（抽屉式）两大类，基本结构方式可分为焊接式和组合式两种。常用的低压配电屏有：PGL 型交流低压配电屏、BFC 系列抽屉式低压配电屏、GGL 型低压配电屏、GCL 系列动力中心、GCK 系列电动机控制中心和 GGD 型交流、低压配电柜。

现将以上几种低压配电屏分别介绍如下。

1. PGL 型低压配电屏（P—配电屏，G—固定式，L—动力用）

现在使用的通常有 PGL1 型和 PGL2 型低压配电屏，其中 1 型分断能力为 15kA，2 型分断能力为 30kA，是用于户内安装的低压配电屏，其结构特点如下：

（1）采用型钢和薄钢板焊接结构，可前后开启，双面进行维护。屏前有门，上方为仪表板，是一可开启的小门，装设指示仪表。

（2）组合屏的屏间加有钢制的隔板，可限制事故的扩大。

（3）主母线的电流有 1000A 和 1500A 两种规格，主母线安装于屏后柜体骨架上方，设有母线防护罩，以防上方坠落物件而造成主母线短路事故。

（4）屏内外均涂有防护漆层，始端屏，终端屏装有防护侧板。

（5）中性母线装置于屏的下方绝缘子上。

（6）主接地点焊接在下方的骨架上，仪表门有接地点与壳体相连，构成了完整、良好的接地保护电路。

2. BFC 型低压配电屏（B—低压配电柜（板）、F—防护型，C—抽屉式）

BFC 低压配电屏的主要特点为各单元的主要电器设备均安装在一个特制的抽屉中或手车中，当某一回路单元发生故障时，可以换用备用“抽屉”或手车，以便迅速恢复供电。而且，由于每个单元为抽屉式，密封性好，不会扩大事故，便于维护，提高了运行可靠性。BFC 型低压配电屏的主电器在抽屉或手车上均为插入式结构，抽屉或手车上均设有连锁装置，以防止误操作。

3. GGL 型低压配电屏（G—柜式结构，G—固定式，L—动力用）

GGL 型低压配电屏为组装式结构，全封闭形式，防护等级为 IP30，内部选用新型的电器元件，内部母线按三相五线配置。此种配电屏具有分断能力强、动稳定性好、维修方便等优点。

4. GCL 系列动力中心（G—柜式结构，C—抽屉式，L—动力中心）

GCL 系列动力中心适用于变电所、工矿企业大容量动力配电和照明配电，也可作电动机的直接控制使用。其结构型式为组装式全封闭结构，防护等级为 IP30，每一功能单元（回路）均为抽屉式，有隔板分开，可以防止事故扩大，主断路器导轨与柜门有机械连锁，可防止误入有电间隔，保证人身安全。

5. GCK 系列电动机控制中心（G—柜式结构，C—抽屉式；K—控制中心）

GCK 系列电动机控制中心，是一种工矿企业动力配电、照明配电与电动机控制用的新型低压配电装置。根据功能特征分为 JX（进线型）和 KD（馈线型）两类。

GCK 系列电动机控制中心为全封闭功能单元独立式结构、防护等级为 IP40 级，这种控制中心保护设备完善，保护特性好，所有功能单元均可通过接口与可编程序控制器或微处理机连接，作为自动控制系统的执行单元。

6. GGD 型交流低压配电柜（G—交流低压配电柜，G—固定安装，D—电力用柜）

GGD 型交流低压配电柜是本着安全、经济、合理、可靠的原则设计的新型低压配电柜。具有分断能力高，动热稳定性好，电气方案灵活，组合方便，系列性、实用性强，结构新颖，防护等级高等特点，可作为低压成套开关设备的更新换代产品。

GGD型配电柜的构架采用冷弯型钢材局部焊接拼接而成，主母线列在柜的上部后方，柜门采用整门或双门结构：柜体后面采用对称式双门结构，柜门采用镀锌转轴式铰链与构架相连，安装、拆卸方便。柜门的安装件与构架间有完整的接地保护电路。防护等级为IP30。

技能要点2：低压配电屏安装及投运前检查

安装时，配电屏相互间及其与建筑物间的距离应符合设计和制造厂的要求，且应牢固、整齐美观。若有振动影响，应采取防振措施，并接地良好。两侧和顶部隔板完整，门应开闭灵活，回路名称及部件标号齐全，内外清洁无杂物。

低压配电屏在安装或检修后，投入运行前应进行下列各项检查试验：

(1) 检查柜体与基础型钢固定是否牢固，安装是否平直。屏面油漆应完好，屏内应清洁，无积垢。

(2) 各开关操作灵活，无卡涩，各触点接触良好。

(3) 用塞尺检查母线连接处接触是否良好。

(4) 二次回路接线应整齐牢固，线端编号符合设计要求。

(5) 检查接地是否良好。

(6) 抽屉式配电屏应检查推抽是否灵活轻便，动、静触头应接触良好，并有足够的接触压力。

(7) 试验各表计是否准确，继电器动作是否正常。

(8) 用1000V兆欧表测量绝缘电阻，应不小于0.5MΩ，并按标准进行交流耐压试验，一次回路的试验电压为工频1kV，也可用2500V兆欧表试验代替。

技能要点3：低压配电屏巡视检查

为了保证对用电场所的正常供电，对配电屏上的仪表和电器应经常进行检查和维护，并做好记录，以便随时分析运行及用电情况，及时发现问题和消除隐患。

对运行中的低压配电屏，通常应检查以下内容：

(1) 配电屏及屏上的电气元件的名称、标志、编号等是否清楚、正确，盘上所有的操作把手、按钮和按键等的位置与现场实际情况是否相符，固定是否牢靠，操作是否灵活。

(2) 配电屏上表示“合”、“分”等信号灯和其他信号指示是否正确。

(3) 隔离开关、断路器、熔断器和互感器等的触点是否牢靠，有无过热、变色现象。

(4) 二次回路导线的绝缘是否破损、老化，并摇测其绝缘电阻。

(5) 配电屏上标有操作模拟板时，模拟板与现场电气设备的运行状态是否对应。

(6) 仪表或表盘玻璃是否松动，仪表指示是否正确，并清扫仪表和其他电器上的灰尘。

(7) 配电室内的照明灯具是否完好，照度是否明亮均匀，观察仪表时有无眩光。

(8) 巡视检查中发现的问题应及时处理，并记录。

技能要点4：低压配电装置运行维护

(1) 对低压配电装置的有关设备，应定期清扫和摇测绝缘电阻（对工作环境较差的应适当增加次数），如用500V兆欧表测量母线、断路器、接触器和互感器的绝缘电阻，以及二次回路的对地绝缘电阻等均应符合规程要求。

(2) 低压断路器故障跳闸后，应检修或更换触头和灭弧罩，只有查明并消除跳闸原因后，才可再次合闸动行。

(3) 对频繁操作的交流接触器，每三个月进行检查，测试项目有检查时应清扫一次触头和灭弧栅，检查三相触头是否同时闭合或分断，摇测相间绝缘电阻。

（4）定期校验交流接触器的吸引浅圈，在线路电压力额定值的 85%～105%时吸引线圈应可靠吸合，而电压低于额定值的 40%时则应可靠地释放。

（5）经常检查熔断器的熔体与实际负荷是否相匹配，各连接点接触是否良好，有无烧损现象，并在检查时清除各部位的积灰。

（6）注意铁壳开关的机械闭锁是否正常，速动弹簧是否锈蚀、变形。

（7）检查三相瓷底胶盖刀闸是否符合要求，用作总开关的瓷底胶盖刀闸内的熔体是否已更换为铜或铝导线，在开关的出线侧是否加装了熔断器与之配合使用。

技能图解 43　低压电器施工质量检验

技能结构框线图

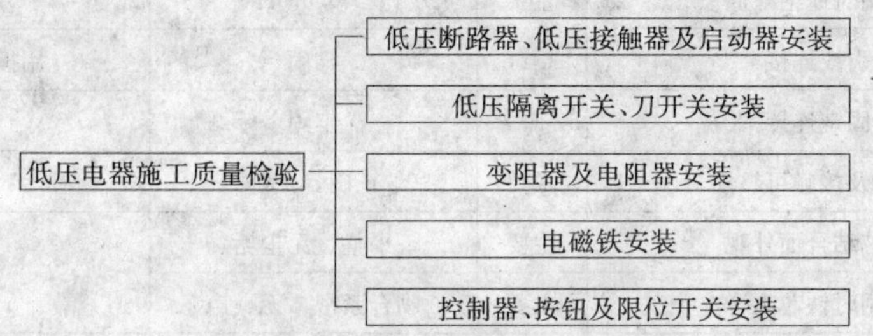

图 9-34　低压电器施工质量检验

技能要点 1：低压断路器、低压接触器及启动器安装

（1）低压断路器、低压接触器及电动机启动器的检验数量按进线低压断路器 100%检查、其他低压断路器按 10%数量抽查。低压接触器及电动机启动器按 10%数量抽查。

（2）低压断路器、低压接触器及电动机启动器的安装检查见表 9-6。

表 9-6　低压断路器、低压接触器及电动机启动器的安装

<table>
<tr><th>工序</th><th colspan="2">检验项目</th><th>性质</th><th>质量标准</th><th>检验方法及器具</th></tr>
<tr><td rowspan="2">外观检查</td><td colspan="2">铭牌标志</td><td></td><td>清晰</td><td>观察检查</td></tr>
<tr><td colspan="2">型号及规格</td><td></td><td>按设计规定</td><td>对照图纸检查</td></tr>
<tr><td rowspan="7">电器安装</td><td colspan="2">水平及垂直度偏差</td><td>主要</td><td>≤2mm</td><td>用尺检查</td></tr>
<tr><td colspan="2">固定连接</td><td></td><td>牢固</td><td>扳动检查</td></tr>
<tr><td colspan="2">抽屉式断路器空载时抽、拉试验</td><td></td><td>无卡阻、机械连锁可靠</td><td>操动检查</td></tr>
<tr><td colspan="2">直流快速断路器极间中心距离与相邻设备或建筑物的距离</td><td></td><td>≥500mm</td><td rowspan="2">用尺检查</td></tr>
<tr><td colspan="2">直流快速断路器接线时母线支点与断路器之间的距离</td><td></td><td>≥1000mm</td></tr>
<tr><td rowspan="2">导体</td><td>漏电距离</td><td>主要</td><td>≥20mm</td><td rowspan="2">用尺检查</td></tr>
<tr><td>电气间隙</td><td>主要</td><td>≥12mm</td></tr>
</table>

表 9-6（续）

工序	检验项目		性质	质量标准	检验方法及器具
导电部分检查	触头外观		主要	光洁、无毛刺	触摸及观察
	端子上连接的不同相母线距离		主要	≥10mm	用尺检查
	合闸时动静触头接触		主要	紧密	观察检查
	触头动作检查			对栅片无碰触	扳动检查
	同相两侧、相间及对地绝缘		主要	≥0.5MΩ	用兆欧表检查
灭弧装置	灭弧罩完好度			无裂纹、损伤	观察检查
	灭弧室检查		主要	完整、清洁、畅通	
线圈检查	直流有极性快速开关触头线圈极性检查			和主回路极性一致	观察检查
	线圈对地绝缘值		主要	≥0.5MΩ	用兆欧表检查
	引线连接			牢固	用扳手或螺丝刀检查
辅助触点检查	固定连接			牢固	用螺丝刀检查
	动作及接触可靠性		主要	正确、良好	导通检查
电磁铁检查	铁芯结合面外观		主要	平整、无尘垢	观察检查
	合闸时铁芯吻合		主要	吻合紧密，无噪声	
传动机构检查	轴销连接			可靠	观察检查
	可动部分配合			灵活、无卡阻	操动检查
	半轴与再扣板接触宽度		主要	1～1.3mm	用尺检查
	脱扣电磁铁与脱扣指间距		主要	2～3mm（或按制造厂规定）	
	分合闸可靠性		主要	无拒动	操动试验
	可逆磁力启动器连锁装置动作			正确，可靠	
	电动机构	合闸过程		开关无跳跃	操动试验
		线圈或电机通电时间		按制造厂规定	
		连锁装置动作		可靠	
保护装置	热元件	规格		按设计规定	对照图纸检查
		整定值	主要		
	过流保护动作			准确、可靠	检查试验报告
接地	接地连接			牢固、可靠	扳动及导通检查

技能要点 2：低压隔离开关、刀开关安装

（1）低压隔离开关、刀开关、负荷开关（铁壳开关）安装的质量检验按 10%的数量抽查。

（2）低压隔离开关、刀开关、负荷开关（铁壳开关）的安装检查见表 9-7。

表 9-7　低压隔离开关、刀开关、负荷开关（铁壳开关）的安装

工序	检验项目	性质	质量标准	检验方法及器具
外观检查	铭牌标志		清晰	观察检查
	型号及规格		按设计规定	对照图纸检查
	安装面垂直度		无明显倾斜	观察检查
	安装孔眼横向中心线水平度		平直	
	固定连接	主要	牢固	扳动检查
开关检查	刀片绞接点弹簧压力	主要	充足	操动检查
	固定触头钳口压力	主要		
	刀口与触头钳口中心线相对位置	主要	重合	观察检查
	带弹簧的消弧触头动作试验	主要	三相一致，且动作迅速	操作观察
	带铁壳的负荷开关绝缘内衬外观		完好、无脱损	观察检查
	双投刀开关分闸时刀片位置固定		固定可靠	
	导体　漏电距离	主要	≥20mm	用尺检查
	导体　电气间隙		≥12mm	
	底板及刀片连杆绝缘 MΩ	主要	按设计规定	用兆欧表检查
	端子上连接的不同相母线间距离		≥10mm	用尺检查
	用连杆操纵的刀开关操动试验		灵活，无卡阻	操动检查
	同列布置的操作手柄分合闸位置		整齐、一致	观察检查

技能要点 3：变阻器及电阻器安装

变阻器及电阻器安装检查见表 9-8。

表 9-8　变阻器及电阻器安装

工序	检验项目	性质	质量标准	检验方法及器具
外观检查	型号及规格		按设计规定	对照图纸检查
	装置外观		无损伤	观察检查
变阻器检查安装	电阻与固定触点连接		牢固	导通检查
	动静触头接触紧力		压力充足，接触良好	
	动静触头滑动过程接触检查		无瞬间开路或卡阻	操动检查
	对地绝缘		按制造厂规定	用兆欧表检查
	分断及操作方向标志		齐全、清晰	观察及操作检查
	传动试验	主要	平滑、无卡阻	操动检查
	频敏变阻器抽头及气隙检查		按制造厂规定	对照厂家说明书检查
	电传动时终端开关及信号指示动作		正确、可靠	观察检查
	两侧齿轮位置		平行，在同一垂直面内	齿链传动时吊线检查
电阻器检查安装	片间接触面连接	主要	紧固、可靠	用试灯导通检查
	片间绝缘检查	主要	良好、无损伤	观察检查
	电阻器紧固连接		牢固	用扳手检查
	电阻片间距		中间无碰触	观察检查
	电阻值检查	主要	按铭牌标志	电桥测量
	有震动场所的防震措施		良好	观察检查
接地	接地连接	主要	牢固，导通良好	扳动并导通检查

技能要点 4：电磁铁安装

电磁铁安装检查见表 9-9。

表 9-9　电磁铁安装

工序	检验项目		性质	质量标准	检验方法及器具
外观检查	线圈及铁芯外观			完好、无损伤	观察检查
	型号及规格			按设计规定	对照图纸检查
	缓冲器气孔通畅检查			无堵塞	观察检查
电磁铁安装	固定连接			牢固	用扳手检查
	线圈绝缘			按制造厂规定	用兆欧表检查
	直流线圈并联放电回路连接			完整、无开路	用万用表检查
	碳刷对滑环接触紧力			合适	用扳手检查
	衔铁及传动机构动作试验			灵活、无卡阻	观察检查
电磁铁调整	缓冲器通电吸合冲击试验		主要	无剧烈冲击	观察检查
	铁芯	音响	主要	正常	听察
		动静铁芯贴合	主要	紧密、平整	观察检查
		直流电磁铁释放速度	主要	正常、无剩磁阻滞	
		动作行程		按制造厂规定	对照厂家说明书检查
		吸合时间	主要	≤0.5s	观察或秒表检查
接地	接地连接		主要	牢固，导通良好	扳动并导通检查

技能要点 5：控制器、按钮及限位开关安装

（1）按钮及限位开关安装的质量检验按 10％的数量抽查。

（2）按钮及限位开关的安装检查见表 9-10。

表 9-10　按钮及限位开关的安装

工序	检验指标	性质	质量标准	检验方法及器具
按钮及开关检查	触点通断可靠性	主要	良好	操作检查
	机械性能		灵活，无卡阻	
按钮安装	固定连接		牢固	触动观察
	壁柱上安装的就地操作按钮高度		1.3～1.5m	用尺检查
	同一场所按钮高度	主要	相互一致	用尺测量、观察
	用途标志	主要	清晰	观察检查
限位开关安装	固定连接		牢固	触动观察
	开关安装部位		按机械装置要求	观察检查
	撞杆配合定位要求	主要	开关能可靠动作	观察、试动
	撞杆固定连接		牢固	触动观察
接地	接地连接	主要	牢固，导通良好	扳动并导通检查

技能图解44　低压电气动力设备试验与试运行

技能结构框线图

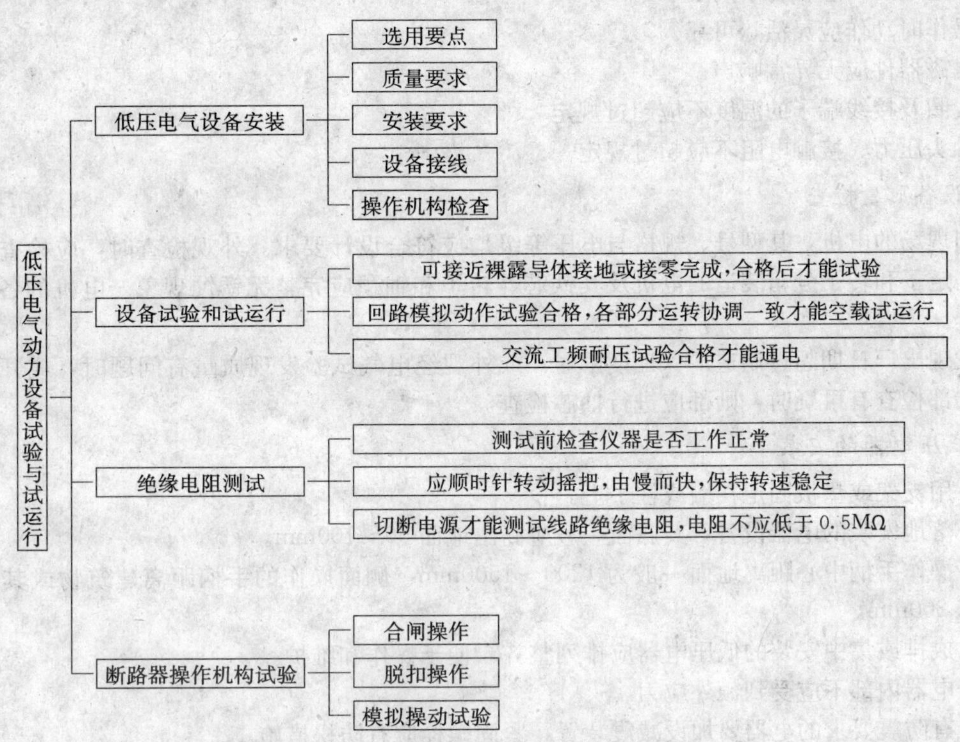

图9-35　低压电气动力设备试验与试运行

技能要点1：低压电气设备安装

1. 低压电器的选用

(1) 控制对象（如电动机或其他用电设备）的分类和使用环境。

(2) 确认有关的技术数据，如控制对象的额定电压、额定功率、启动电流倍数、负载性质、操作频率和工作制等。

(3) 了解电器的正常工作条件，如环境空气温度、相对湿度、海拔高度、允许安装方位角度和抗冲击震动、有害气体、导电尘埃、雨雪侵袭的能力。

(4) 了解低压电器的主要技术性能（或技术条件），如用途、分类、额定电压、额定控制功率、接通能力、分断能力、允许操作频率、工作制和使用寿命等。

此外，正确的选用还要结合不同的控制对象和具体电器确定。

2. 设备质量要求

1) 设备基本要求

(1) 产品规格应符合设计要求，附件、备件齐全，电器的技术文件齐全，并有合格证铭牌和出厂试验记录。

(2) 低压电器的外壳、漆层、手柄无损伤或变形，内部仪表、灭弧罩、瓷件等无裂纹或伤痕。

(3) 电器安装牢固、平正，符合设计及产品技术文件的要求。

(4) 电器的接零、接地可靠。

(5) 电器的连接线排列整齐、美观。

(6) 绝缘电阻值符合要求。

(7) 活动部件动作灵活、可靠，连锁传动装置动作正确。

(8) 标志齐全完好、字迹清晰。

(9) 通电后，应符合下列要求：

①操作时动作应灵活、可靠。

②电磁器件应无异常响声。

③线圈及接线端子的温度不应超过规定。

④触头压力、接触电阻不应超过规定。

2) 设备质量检查

运到现场的电机，其型号、规格与电压等级均应符合设计要求。外观检查时，应检查电机完好程度，定子和转子分箱装运的电机及其铁芯、转子和轴颈应完整无锈蚀现象。电机的备件、附件应齐全。

当发现出厂日期超过制造厂保证期限时，或外观经电气试验发现质量有问题时，或开启式电机经过端部检查有可疑时，则都应进行抽芯检查。

3. 低压电器的安装

(1) 用支架或垫板固定在墙或柱子上。

(2) 落地安装的电器设备，其底面一般应高出地面 50～100mm。

(3) 操作手柄中心距离地面一般为 1200～1500mm，侧面操作的手柄距离建筑物或其他设备不宜小于 200mm。

(4) 成排或集中安装的低压电器应排列整齐，便于操作和维护。

(5) 电器内部不应受到额外应力。

(6) 有防震要求的电器要加设减震装置，紧固螺栓应有防松措施。

4. 设备接线

(1) 根据电器接线端头标志接线。

(2) 电源测导线应连接在进线端（固定触头接线端），负荷侧的导线应接在出线端（可动触头接线端）。

(3) 电器接线螺栓及螺钉应采取防锈措施，连接时螺钉应拧牢固。

(4) 母线与电器的连接，连接处不同相母线的最小净距应不小于表 9-3 的规定。

(5) 铁壳开关的电源进出线不能接反，遵循 60A 以上开关的电源进线座在上方，60A 以下开关的电源进线座在下方的原则，外壳必须有可靠的接地或接零。

(6) 电阻器与电阻元件间的连线采用裸导线，保证在电阻元件允许发热条件下，能可靠接触。

5. 操作机构检查

(1) 自动开关操作机构的操作手柄或传动杠杆的开、合位置应正确，操作力不应大于产品允许的规定值。

(2) 电动操作机构的接线应正确，在合闸过程中开关不应跳跃，开关合闸后，限制电动机或电磁铁通电时间的连锁装置应及时动作，使电磁铁或电动机通电时间不超过产品允许规定值。

(3) 触头接触面应平整，合闸后接触应紧密，在闭合，断开过程中，可动部分与灭弧室的零件不应有卡阻现象。

(4) 有脱扣装置的自动开关，脱扣装置动作应可靠。

(5) 铁芯表面应无锈斑及油垢，衔铁吸合后无异常响声。

技能要点 2：设备试验和试运行

（1）设备的可接近裸露导体接地（PE）或接零（PEN）连接完成，经检查合格，才能进行试验。

（2）动力成套配电（控制）柜、屏、台、箱、盘的交流工频耐压试验、保护装置的动作试验合格，才能通电。

（3）控制回路模拟动作试验合格，盘车或手动操作，电气部分与机械部分的转动或动作协调一致，经检查确认，才能空载试运行。

技能要点 3：绝缘电阻测试

仪表测试线用绝缘良好的多股软线，两根线不能绞合在一起，否则造成测试数据不准确。

（1）测试前，应检查仪器是否工作正常，把表水平放置，转动摇把，试验表的指针是否指在"∞"处，再慢慢地转动摇把，短接两个测试棒（线），看指针是否指在"0"处，若能指在"0"处，说明表是好的，否则不能使用。

（2）在测试时，按顺时针转动摇表的发电机摇把，摇把的转数应由慢而快，待调速器发生滑动后，要保持转速均匀稳定，不要时慢时快，一般来讲转速每分钟 120 转左右，发电机应达到额定输出电压。当发电机转速稳定后，表盘上的指针也稳定下来，这时表针指示的数值，就是所测得的绝缘电阻值。

（3）测试线路绝缘电阻时，需切断电源，所测的线路上应无人工作，并需卸下电路里所有的用电器，合上各用电器的开关（也可保留用电器，断开用电器开关），然后用兆欧表两根测试棒（线），接触在分回路或总回路开关负荷侧接线桩头上，若接触在两相线接线桩头上，量出的是相线与相线间的绝缘电阻，即 L_1、L_2；L_2、L_3；L_3、L_1 之间的绝缘电阻。如果接触在某相线与中性线的接线桩头上，量出的是相线对中性线间的绝缘电阻，即 L_1、N；L_2、N；L_3、N 之间的绝缘电阻。若一测试棒（线）接触在相线接线桩头上，另一测试棒（线）接触在接地体（线）（或与接地体连接的用电器的金属外壳）上，量出的是相线对地的绝缘电阻。需指出的是中性线重复接地和保护接地（零），共同一组接地体时，不需再测试相线对地的绝缘电阻。但需测试工作零线与保护线间的绝缘电阻。如果是在中性线不接地系统中，尚需测量中性线对地的绝缘电阻。

测试时要注意，测试棒（线）与测试点要保持良好的接触，否则测出的是接触电阻和绝缘电阻之和，不能真实反映线路绝缘电阻的情况。

（4）测试的线路绝缘电阻值，不应低于 0.5MΩ。否则需要寻找原因，查找影响绝缘电阻的原因不是一件容易的事，所以在安装时就应注意防患于未然。

技能要点 4：断路器操作机构试验

1. 合闸操作

（1）当操作电压、液压在表 9-11 范围内时，操动机械应可靠动作。

表 9-11　断路器操动机合闸操作试验电压、液压范围

电压		液压
直流	交流	
(85～110)%Un	(85～110)%Un	按产品规定的最低及最高值

注：对电磁机构，当断路器关合电流峰值小于 50kA 时，直流操作电压范围为（80～110）%Un。Un 额定电源电压。

（2）弹簧、液压操动机构的合闸线圈以及电磁操动机构的合闸接触器动作要求，均应符合上项的规定。

2. 脱扣操作

（1）直流或交流的分闸电磁铁，在其线圈端钮处测得的电压大于额定值的65%时，应可靠地分闸；当此电压小于额定值的30%时，不应分闸。

（2）附装失压脱扣器的，其动作特性应符合表9-12的规定。

表9-12　附装失压脱扣器的脱扣试验

电源电压与额定电源电压的比值	小于35%	大于65%	大于85%
失压脱扣器的工作状态	铁芯应可靠地释放	铁芯不得释放	铁芯应可靠地吸合

注：当电压缓慢下降至规定比值时，铁芯应可靠地释放。

（3）附装过流脱扣器的，其额定电流规定不小于2.5A脱扣电流的等级范围及其准确度，应符合表9-13的规定。

表9-13　附装过流脱扣器的脱扣试验

过流脱扣器的种类	延时动作的	瞬时动作的
脱扣电流等级范围（A）	2.5～10	2.5～15
每级脱扣电流的准确度	±10%	
同脱扣器各级脱扣电流准确度	±5%	

注：对于延时动作的过流脱扣器，应按制造厂提供的脱扣电流与动作时延的关系曲线进行核对，另外，还应检查在预定时延终了前主回路电流降至返回值时，脱扣器不应动作。

3. 模拟操动试验

（1）当具有可调电源时，可在不同电压、液压条件下，对断路器进行就地或远控操作，每次操作断路器均应正确，可靠地动作，其连锁及闭锁装置回路的动作应符合产品及设计要求；当无可调电源时，只在额定电压下进行试验。

（2）直流电磁或弹簧机构的操动试验，应按表9-14的规定进行；液压机构的操动试验，应按表9-15的规定进行。

表9-14　直流电磁或弹簧机构的操动试验

操作类别	操作线圈端钮电压与额定电源电压的比值（%）	操作次数
合、分	110	3
合闸	85（80）	3
分闸	65	3
合、分、重合	100	3

注：括号内数字适用于装有自动重合闸装置的断路器及表9-12“注”的情况。

表 9-15　液压机构的操动试验

操作类型	操作线圈端电压与额定电源电压的比值（%）	操作液压	操作次数
合、分	110	产品规定的最高操作压力	3
合、分	100	额定操作压力	3
合	85（80）	产品规定的最低操作压力	3
分	65	产品规定的最低操作压力	
合、分、重合	100	产品规定的最低操作压力	

注：1. 括号内数字适用于装有自动重合闸装置的断路器。
2. 模拟操动试验应在液压自动控制回路能准确，可靠动作状态进行。
3. 操动时，液压的压降允许值应符合产品技术条件的规定。

技能图解 45　常见故障及处理

技能结构框线图

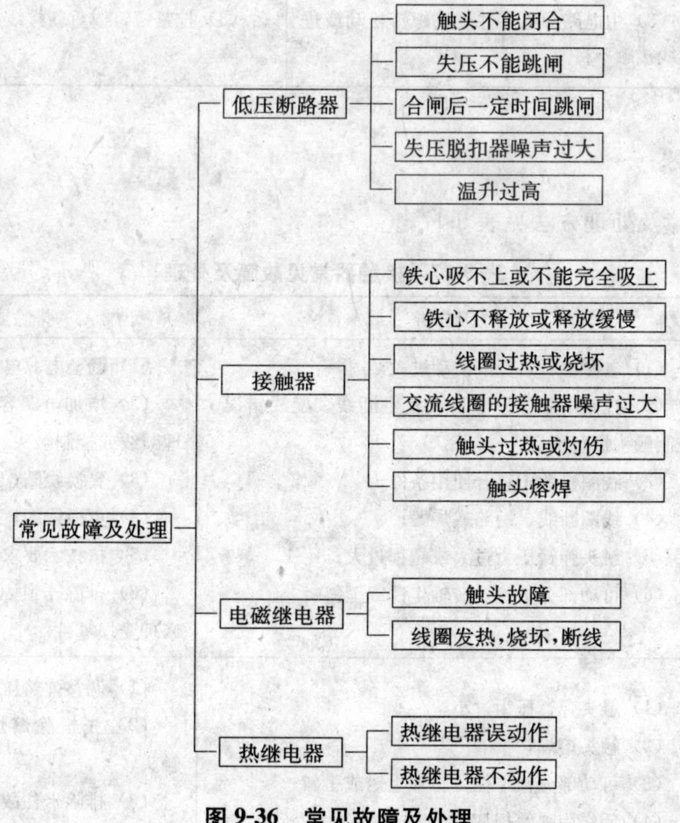

图 9-36　常见故障及处理

技能要点 1：低压断路器

低压断路器常见的故障及处理方法见表 9-16。

表 9-16 低压断路器常见故障及处理

故　障	原因分析	排除或处理方法
触头不能闭合	(1) 失压脱扣器无电压或线圈断路； (2) 贮能弹簧变形，导致闭合力减小； (3) 反作用弹簧力过大； (4) 机构不能复位再扣	(1) 检查线路，恢复电压或更换线圈； (2) 更换贮能弹簧； (3) 调整反作用弹簧； (4) 调整再扣接触面至规定值
失压不能跳闸	(1) 反作用弹簧力变小； (2) 贮能弹簧力变小； (3) 机构卡死	(1) 调整弹簧； (2) 调整贮能弹簧； (3) 清除卡死原因
合闸后一定时间跳闸	(1) 过电流脱扣器长延时整定值不对； (2) 热元件变质； (3) 主电路进出线接触不良而发热，导致热脱扣器动作	(1) 重新调整； (2) 更换热元件； (3) 重新接线，使接触良好
失压脱扣器噪声过大	(1) 反作用弹簧力过大； (2) 铁心端面不清洁； (3) 短路环断裂	(1) 重新调整； (2) 清理端面； (3) 修理短路环或更换铁心
温升过高	(1) 触头压力不足； (2) 触头过分磨损或接触不良； (3) 主电路导电零件连接螺钉松动或进出线接触不良	(1) 调整触头弹簧； (2) 清理接触面，更换触头或更换整个开关； (3) 拧紧螺钉或重新接线

技能要点 2：接触器

接触器常见故障及处理方法见表 9-17。

表 9-17 接触器常见故障及处理

故　障	原因分析	排除或处理方法
铁心吸不上或不能完全吸上	(1) 电源电压过低或波动过大； (2) 控制电源容量不足或发生断线、配线错误、控制触头接触不良 (3) 线圈参数不符合使用条件； (4) 线圈断线、短路或烧毁； (5) 触头弹簧压力过大或超程过大； (6) 可动部分卡住、转轴生锈或歪斜	(1) 调整电源电压； (2) 增加电源容量，纠正配线错误，修理断线或控制触头； (3) 更换线圈； (4) 更换线圈； (5) 按技术要求调整触头参数； (6) 排除卡住故障，除锈并润滑轴承，修理受损零件
铁心不释放或释放缓慢	(1) 触头弹簧压力过小； (2) 触头熔焊； (3) 可动部分被卡住、转轴生锈或歪斜； (4) 反作用弹簧损坏； (5) 铁心端面有油污； (6) E 形铁心的去剩磁气隙过小	(1) 调整弹簧压力； (2) 先根除熔焊原因，再修理或更换触头； (3) 排除卡住故障，修理受损零件； (4) 更换反作用弹簧； (5) 清理铁心端面； (6) 将中铁心端面锉去少许或更换铁心

表 9-17（续）

故　　障	原因分析	排除或处理方法
线圈过热或烧坏	（1）电源电压过高或过低； （2）线圈技术参数（如电压、频率、持续率、工作制等）与实际使用条件不符 （3）操作频率（交流线圈）过高； （4）线圈绝缘损坏，有匝间短路或机械损伤； （5）环境条件恶劣，如潮湿、有腐蚀性气体、环境温度过高等； （6）交流动铁心不能吸上； （7）交流铁心端面不平、歪斜、消剩磁气隙过大或有污垢	（1）调整电源电压； （2）更换线圈或更换接触器； （3）另选合适的接触器； （4）更换线圈，并排除引起机械损伤的原因 （5）采用特殊设计的接触器； （6）排除不能吸上的原因； （7）清理铁心端面，修理或更换铁心
交流线圈的接触器噪声过大	（1）电源电压过低； （2）触头弹簧压力过大； （3）铁心歪斜或机械上卡住而不能吸平； （4）铁心端面生锈或有油污灰尘； （5）短路环断裂或脱落； （6）铁心端面磨损过度而不平	（1）调整电源电压； （2）调整弹簧压力； （3）排除机械故障，修理可动系统； （4）清理铁心端面； （5）修理或恢复短路环； （6）更换铁心
触头过热或灼伤	（1）触头弹簧压力过小； （2）触头表面不平、有油污或金属颗粒； （3）环境温度过高或控制箱密闭； （4）直流接触器的消弧线圈接反； （5）操作频率过高、电流过大、触头的断开容量不够； （6）触头的超程太小	（1）调整弹簧压力； （2）清理触头表面； （3）更换更大容量的接触器； （4）更正接线； （5）更换更大容量的接触器； （6）调整超程或更换触头
触头熔焊	（1）操作频率过高或过负载使用； （2）负载侧短路； （3）触头表面有金属颗粒突起或异物； （4）触头弹簧压力过小； （5）电源电压过低或机械上卡住，致使吸合过程中有停滞现象，触头停顿在刚接触的位置上	（1）更换合适类型的接触器； （2）先排除短路故障，再更换触头； （3）清理触头表面或更换触头； （4）调整弹簧压力； （5）调整电源电压或排除卡住故障使吸合可靠

技能要点 3：电磁继电器

电磁继电器常见故障及处理方法见表 9-18。

表 9-18　电磁继电器常见故障及处理

故　　障	原因分析	排除或处理方法
触头故障	（1）触头咬合（熔焊）； （2）触头接触电阻变大和不稳定； （3）负载过大或触头容量过小、或负载性质变化等引起触头不能分合电路 （4）因电压过高，触头间隙变小而出现触头间隙重复击穿的现象； （5）由于操作频率过高，触头间隙过大，使触头不能分合电路	（1）调换触头组； （2）清理触头表面或调换触头组； （3）可调换继电器或采用触头并联等办法解决； （4）调换继电器，调整间隙或采用触头串联等方法 （5）采用特殊的继电器或调整触头间隙

表 9-18（续）

故　障	原因分析	排除或处理方法
线圈发热，烧坏，断线	（1）环境温度超出规定值，导致线圈温升过高而使绝缘损坏；由于潮湿引起绝缘强度下降；由于腐蚀引起断线或匝间短路； （2）使用维护中由于机械损伤，使线圈绝缘破坏； （3）线圈电压超过110%额定值而导致发热或烧坏； （4）操作频率过高或交流线圈在其电压低于85%额定值时，因衔铁不吸合也会导致线圈发热或损坏； （5）由于机械可动部件卡住，在交流线圈接入电路时，也会因衔铁不吸合造成线圈烧坏	（1）选用特殊的继电器； （2）更换线圈及其他损坏部件； （3）调整电源电压，更换损坏部件； （4）选择特殊的继电器，调整电源电压，换去损坏部件； （5）排除机械可动部件故障或调换部件

技能要点 4：热继电器

热继电器常见故障及处理方法见表 9-19。

表 9-19　热继电器常见故障及处理

故　障	原因分析	排除或处理方法
热继电器误动作	（1）整定值偏低； （2）电动机启动时间过长； （3）反复短时工作，操作频率过高 （4）强烈的冲击振动； （5）连接导线太细。	（1）合理调整整定值或更换符合要求的继电器； （2）按电动机启动时间要求选择合适的热继电器或从线路上采取措施（在启动过程中将继电器短接）； （3）合理选用热继电器； （4）选用带防冲击振动装置的专用的热继电器； （5）按技术条件规定选用标准导线
热继电器不动作	（1）整定值偏高； （2）触头接触不良； （3）热元件烧断或脱焊； （4）动作机构卡住； （5）导板脱出； （6）连接导线太粗	（1）调整整定值或换上合适的继电器； （2）清洗触头或更换有关零件； （3）更换继电器； （4）修理或调换继电器； （5）重新放入，调整好； （6）按技术条件规定选用标准导线

第十章　常用电动机安装与运行

技能图解 46　直流电动机的结构与工作原理

技能结构框线图

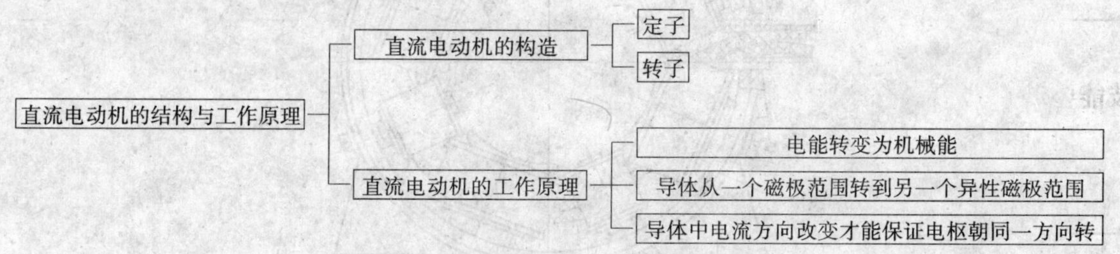

图 10-1　直流电动机的结构与工作原理

技能要点 1：直流电动机的构造

直流电机主要由定子（固定的磁极）和转子（旋转的电枢）组成，在定子与转子之间留有气隙，图 10-2 所示为直流电动机的外形和结构图。

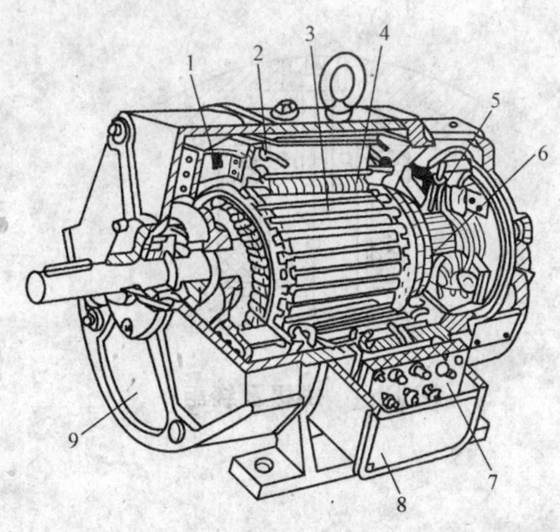

图 10-2　直流电动机的结构

1—风扇；2—机座；3—电枢；4—主磁极；5—刷架；6—换向器；7—接线板；8—出线盒；9—端盖

1. 定子

定子由主磁极、电刷和机座等组成。主磁极由主磁极铁心和励磁绕组构成，如图 10-3 所示。

定子为了导磁，机座采用钢板或铸钢制成，或用硅钢片冲压叠成。为了帮助换向，定子除主磁极外，还有换向极和补偿极。转子称为电枢，由 0.5mm 硅钢片制成电枢铁心，其槽内嵌电枢绕组。另外有换向器和电刷装置。

直流电机的机座（又称磁轭）是磁路的一部分，由铸钢或铸铁制成。机座内安装主磁极和换向磁极。磁极由 1mm 左右的钢片叠成，用螺栓固定在机座上，如图 10-4 所示为具有励磁绕组的磁极。主磁极包括极身和极掌，用来产生电机的主要磁场。极身上安装励磁绕组，极掌使得电机空气隙内磁感应强度呈最有利的分布。换向磁极装在两相邻主极之间，用来改善换向性能。

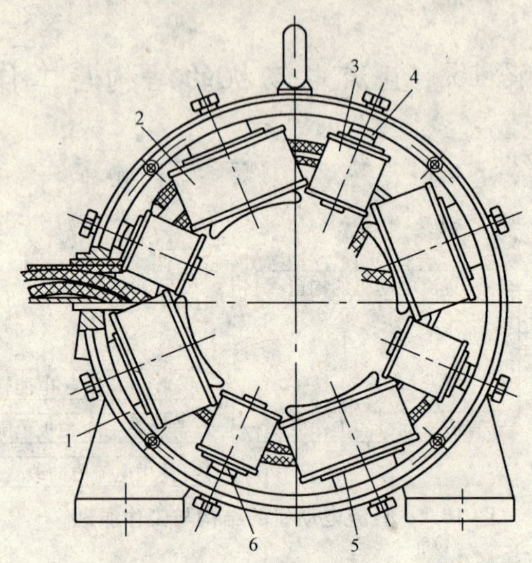

图 10-3　直流电动机定子结构

1—机座；2—主极绕组；3—换向极绕组；4—非磁性垫片；
5—主极铁心；6—换向极铁心

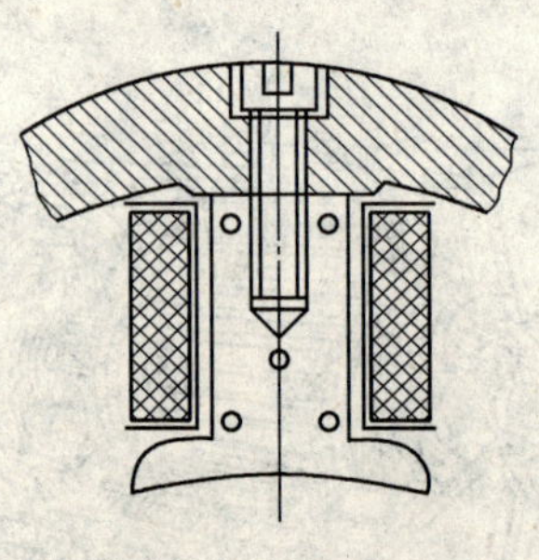

图 10-4　磁极及绕组

2. 转子

转子又称电枢，主要由电枢和换向器组成，它们一起装在电动机的转轴上。

电枢铁心由 0.5mm 厚硅钢片叠成，片间涂以绝缘漆以减小涡流损耗。

电枢一端的轴上装有换向器，换向器由许多铜片组成，每两个换向片之间用云母隔离保持绝缘，如图 10-5 所示。

换向器的作用是和电刷一起把直流电变换为电枢绕组所需要的交流电，即对通入绕组的电流起换向的作用。

与换向器滑动接触的炭质电刷借助于弹簧的压力与换向器保持接触，每一电刷对应一主磁极，电刷的“+”、“−”极性与磁极的“N”、“S”也相对应。

在电机中有两个电路：定子的励磁绕组电路和转子线圈的电枢电路。图 10-6 所示为直流电机各部分的组成，图 10-7 表示两极（具有两个磁极）直流电机的磁路情况。

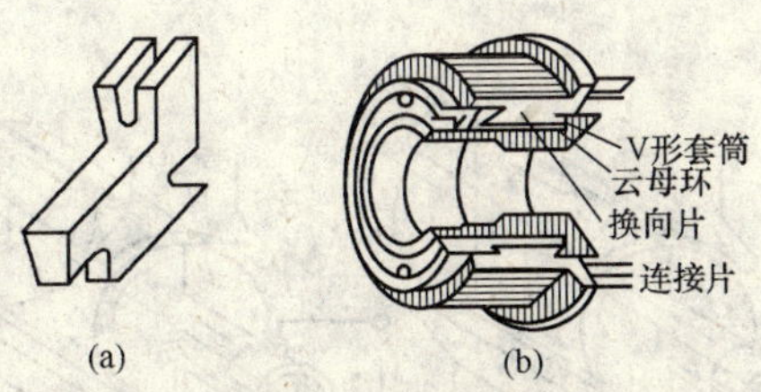

图 10-5　换向器结构

(a) 换向片；(b) 换向器

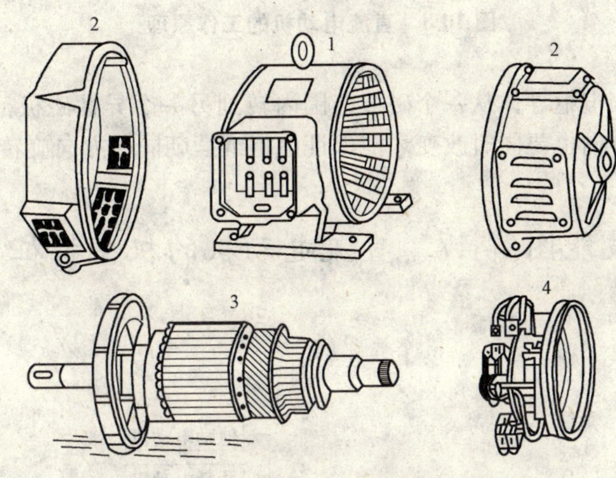

图 10-6　拆卸后的直流电机

1. 机座；2. 由铸铁制成的端盖；

3. 电枢（左端装有风扇）；4. 刷握及电刷架

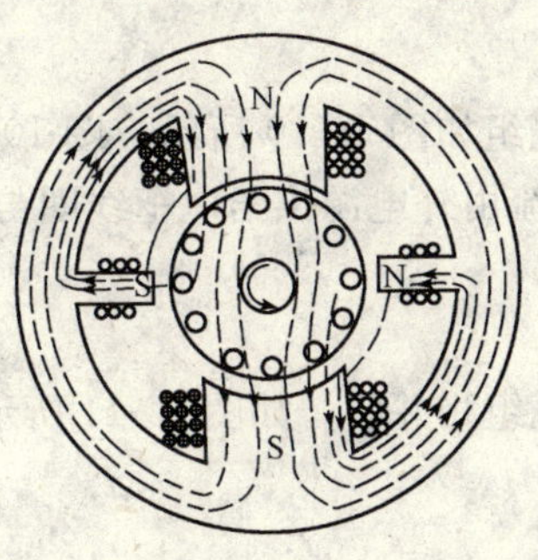

图 10-7　直流电机的磁路

技能要点 2：直流电动机的工作原理

直流电动机是将电源输入的电能转变为从转轴上输出的机械能的电磁转换装置。其工作原理如图 10-8 所示。

定子励磁绕组接入直流电源，便有直流通入励磁绕组内，产生励磁磁场。当电枢绕组引入直流电并经电刷传给换向器，再通过换向器将此直流电转化为交流电进入电枢绕组，并产生电枢电流，此电流产生磁场，与励磁磁场合成为气隙磁场。电枢绕组切割气隙合成磁场，按左手定则可判断出电枢产生转矩，这就是直流电动机的简单工作原理。

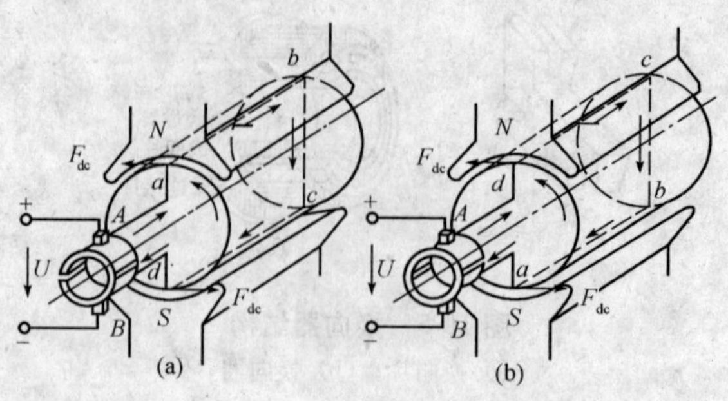

图 10-8 直流电动机的工作原理

从以上分析可知，当电枢导体从一个磁极范围内转到另一个异性磁极范围内，即导体经过中性面时，导体中电流的方向也要同时改变才能保证电枢继续朝同一方向旋转。

技能图解 47 直流电动机的机械特征

技能结构框线图

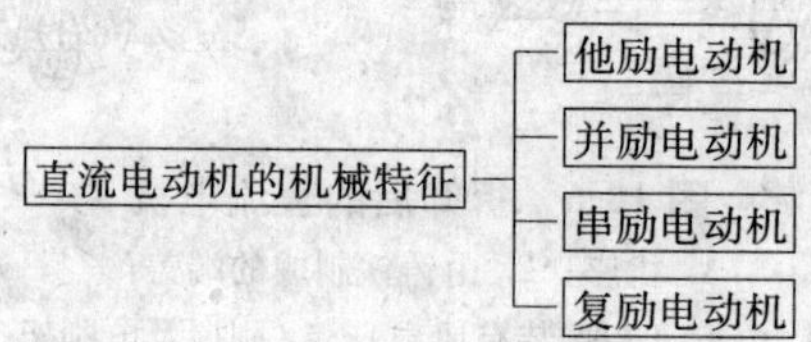

图 10-9 直流电动机的机械特征

技能要点 1：他励电动机

他励电动机的励磁绕组与电枢绕组如图 10-10 所示。图 10-10 中 L_F 线圈代表励磁绕组，G 代表电枢（不同）。他励电机的励磁电流由外电源供给电枢线圈与励磁绕组。

技能要点 2：并励电动机

并励电动机的励磁绕组和电枢绕组相并联，如图 10-11 所示。

图 10-10 他励电动机

图 10-11 并励直流电动机电路

并励直流电动机的转速是基本恒定的，它适用于带负载后要求转速变化不大的场合。

技能要点 3：串励电动机

串励电动机的励磁绕组和电枢绕组相串联，励磁电流等于电枢电流，如图 10-12 所示。

串励电动机转速随转矩增加显著下降的特性适合于负载转矩变化很大的场合。

一般串励电动机运行的最小负载不应小于额定负载的25%～30%。串励电动机与生产机械必须直接连接，禁止使用皮带或链条传动，以免皮带滑脱和链条断裂而发生严重的飞车事故。

技能要点4：复励电动机

复励直流电动机有两个励磁绕组，它们分别与电枢绕组串联和并联，如图10-13所示。如果两个励磁绕组所产生的磁通方向一致，就叫积复励；相反，则叫差复励。

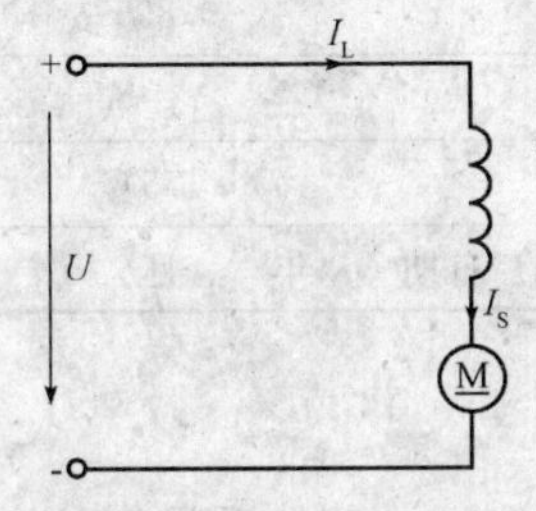

图10-12　串励电动机电路图

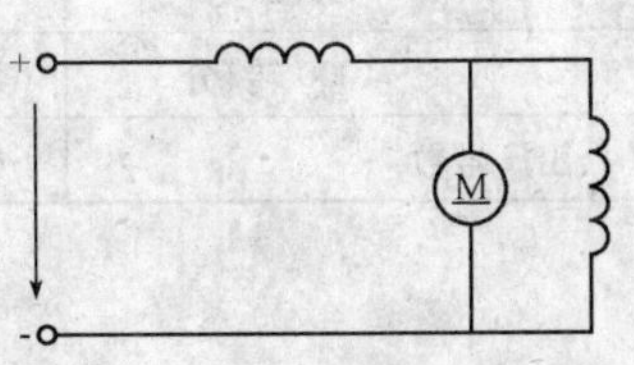

图10-13　复励电动机电路

在空载或轻载运行时，复励电动机的电枢电流很小，串联绕组产生的磁通很小，电动机的磁场主要是由并励绕组建立的，其机械特性近于并励直流电动机。

由串励绕组所建立的磁场起主要作用的复励电动机主要用于负载转矩变化很大而又可能出现空载的场合，如吊机等。其机械特性近于串励电动机，但在空载时，不会发生飞车的危险，克服了串励电动机不能空载或轻载运行的缺点。

并励、串励、复励电机在作发电机时，其励磁电流都是由发动机本身供给，故统称为自励发电机。

当自励发电机从静止状态开始旋转时，由于磁极中有少量剩磁存在，电枢绕组切割剩磁的磁力线，首先感应出一个不大的剩磁电动势，通过电刷返回励磁绕组产生电流。如果该电流所产生的磁场方向与剩磁磁场方向相同，则磁场加强，使电枢电动势也增大，励磁电流随之增大，如此反复直到电枢端电压稳定在某一定值。

技能图解48　直流电动机的型号及铭牌数据

技能结构框线图

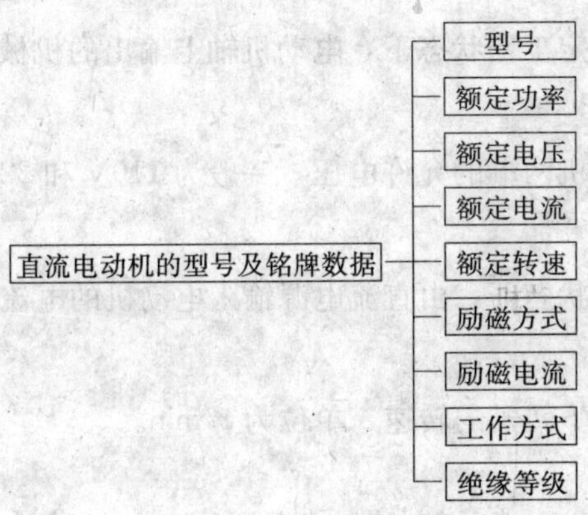

图10-14　直流电动机的型号及铭牌数据

技能要点：

表 10-1 所示是一台直流电动机的铭牌，它标明了这台电动机的类型和各项额定数据。

表 10-1 直流电动机的铭牌

型　号	Z_2—32	励　磁	并　励
功率	1.1 千瓦	励磁电压	110 伏
电压	110 伏	励磁电流	0.895 安
电流	13.3 安	定额	连续
转速	1000 转/分	温升	75℃
出厂号数		出厂日期　　年　　月	

1. 型号

直流电动机的型号采用大写汉语拼音字母和阿拉伯数字表示，例如型号为：

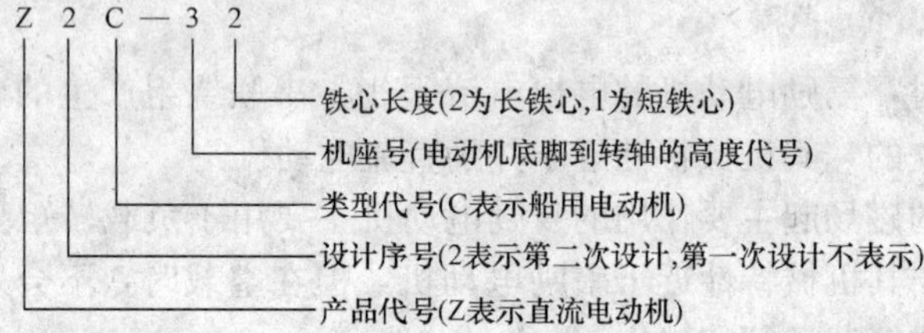

直流电动机型号中汉语拼音字母代号的意义见表 10-2 所示。

表 10-2 直流电动机型号中各代号的含义

汉语拼音代号	含　义	汉语拼音代号	含　义
Z	直流	C	船用
W	卧式	K	高速
L	立式	Q	牵引
O	封闭	Y	冶金

2. 额定功率

额定功率是指电动机在额定工作状态下，电动机轴上输出的机械功率，单位为 kW。

3. 额定电压

额定电压是指输入到电动机两端的允许电压，一般为 110V 和 220V。

4. 额定电流

额定电流是指在额定工作状态下，由直流电源输入电动机的电流，单位为 A。

5. 额定转速

额定转速是指在额定状态下转子的转速，单位为 r/min。

6. 励磁方式

励磁方式是指励磁绕组与电枢绕组的连接方式。

7. 励磁电流

励磁电流是指在额定励磁电压下，通过励磁绕组的电流。

8. 工作方式

工作方式是指电动机的运行方式，工作方式有连续、断续和短时三种。

9. 绝缘等级

绝缘等级是指直流电动机定子绕组所使用的绝缘材料的等级。

技能图解 49 直流电动机的安装与运行

技能结构框线图

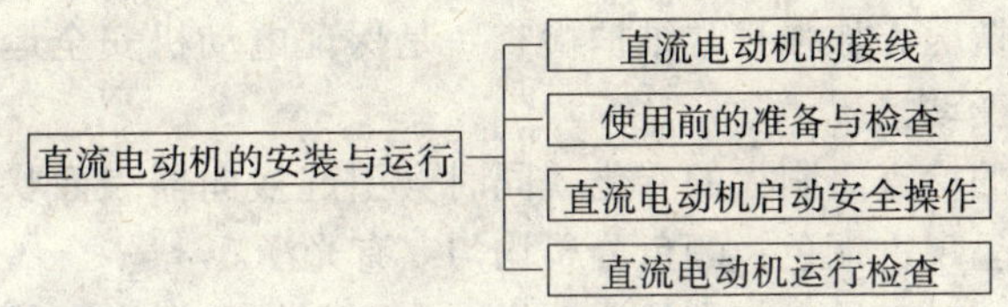

图 10-15 直流电动机的安装与运行

技能要点 1：直流电动机的接线

直流电动机的接线一定要正确，并保证接线牢固可靠，否则会引起事故。串、并励直流电动机内部接线关系以及在接线板出线端的标记如图 10-16 所示。图中 A1、A2 分别表示电枢绕组的始端和末端；E1、E2 分别表示并励绕组的始端和末端；D1、D2 分别表示串励绕组的始端和末端；B1、B2 分别表示换向磁极绕组的始端和末端。

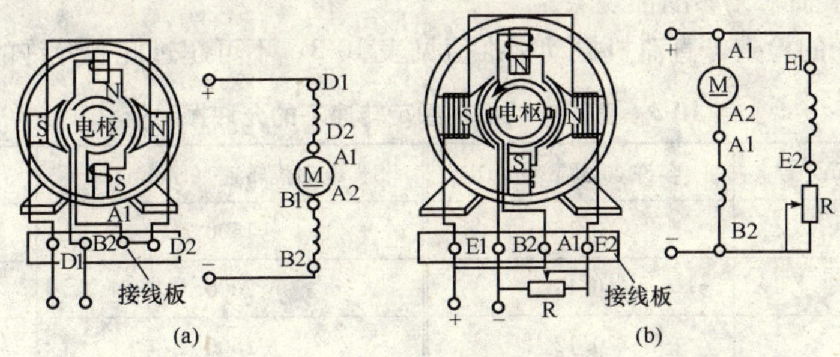

图 10-16 串、并励直流电动机的接线

(a) 串励电动机的接线；(b) 并励电动机的接线

技能要点 2：使用前的准备与检查

(1) 熟悉电动机的各项技术参数的含义。

(2) 清扫电动机内外灰尘和杂物。

(3) 拆除与电动机连接的所有多余的接线。用兆欧表测量绕组对机壳的绝缘电阻，若绝缘电阻小于 0.5MΩ，就应进行干燥处理。

(4) 检查换向器表面是否光洁，如发现有烧痕或机械损伤，应进行研磨或车削处理。

(5) 检查电刷与换向器的接触情况和电刷磨损情况，如发现接触不够紧密或电刷太短，应调整电刷压力或更换电刷。

技能要点3：直流电动机启动安全操作

在启动他励直流电动机时，其要求为：

(1) 必须先接通励磁电源，有励磁电流存在，而后再接通电枢电压。

(2) 在启动电动机时要采取限制启动电流的措施，使启动电流控制在额定电流的1.5～2倍。

(3) 采用手动方式调节外施电枢电压U时，U值不能升得太快，否则电枢电流会发生较大的冲击，所以要小心地调节。

(4) 要保证必须的启动转矩，启动转矩不可过大过小。

(5) 分级启动时，控制附加电阻值，使每一级最大电流和最小电流大小一致。

技能要点4：直流电动机运行检查

(1) 运行中观察刷火情况。加强日常维护检查，是保证电动机安全运行的关键，运行维护人员首先应观察电动机刷火变动情况。

(2) 换向器表面状态的检查。刷火的变化，同时会引起换向器表面状态的变化。正常的换向器表面因有氧化膜存在，呈现古铜色，颜色分布均匀，有光泽。

(3) 电刷工作的检查。对于换向正常的电动机，电刷与换向器表面接触的电刷工作面应呈现平滑、明亮的“镜面”。

(4) 通风冷却系统的检查。通风冷却系统出现故障时会使电动机温升增高。要求详细检查过滤器是否堵塞、电动机通风管是否堵塞、电动机内部灰尘是否影响电动机散热、冷却水是否正常，有无漏水现象发生。要求冷却水的水压不低于9.8×10^4Pa，进水温度不超过25℃，出口水温差不得超过10℃。

(5) 润滑系统的检查。检查轴承温升，当环境温度在35℃以下时，滚动轴承温升为60℃，滑动轴承为45℃。要求轴承无渗漏油现象。

(6) 电动机振动的检查。直流机振动标准值见表10-3，不可超过此表允许的范围。

表10-3 直流电动机在额定转速下的允许振动值

电动机转速（r/min）	容许双振幅（mm）	电动机转速（r/min	容许双振幅（mm）
500	0.16	1500	0.08
600	0.14	2000	0.07
750	0.12	2500	0.06
1000	0.10	3000	0.05

(7) 按电动机容量、转速和振动值，据表10-4判别电动机运行的振动情况是否良好。

表10-4 判别电动机振动值优劣情况 (mm)

电动机规格	最好	好	允许
100kW以上1000r/min	0.04	0.07	0.10
100kW以上1500r/min	0.03	0.05	0.09
100kW以上1500～3000r/min	0.01	0.03	0.05

技能图解 50　三相异步电动机的构造

技能结构框线图

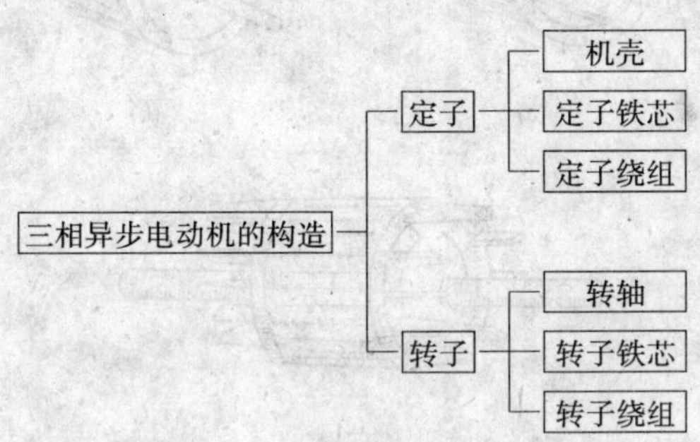

图 10-17　三相异步电动机的构造

技能要点 1：定子

定子由机壳、定子铁芯、定子绕组三部分组成。

（1）机壳。它是电动机的支架，一般用铸铁或铸钢制成。机壳的内圆中固定着铁芯，机壳的两头端盖内固定轴承，用以支承转子。封闭式电动机机壳表面有散热片，可以把电动机运行中的热量散发出去。

（2）定子铁芯。定子铁芯由 0.35～0.5mm 的圆环形硅钢片叠压制成，以提供磁通的通路。铁芯内圆中有均匀分布的槽，槽中安放定子绕组。

（3）定子绕组。定子绕组是电动机的电流通道，一般由高强度聚酯漆包铜线绕成。三相异步电动机的定子绕组有 3 个，每个绕组有若干个线圈组成，线圈与铁芯间垫有青壳纸和聚酯薄膜作为绝缘。三相绕相的 6 根引出线，连接在机座外壳的接线盒中，如图 10-18 所示。

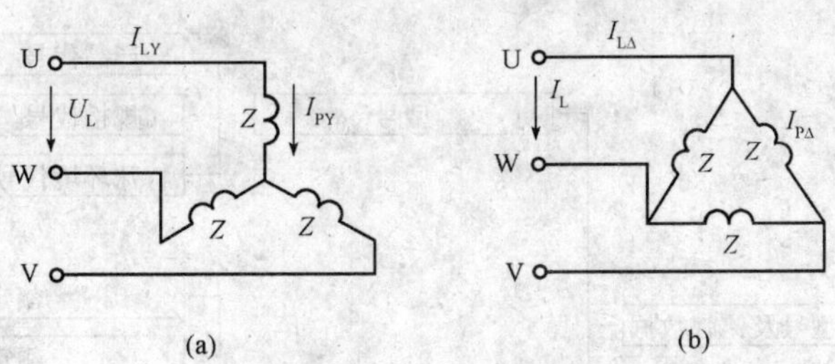

图 10-18　定子绕组的连接

（a）星形连接；（b）三角形连接

技能要点 2：转子

转子结构可分为笼型（以前称鼠笼型）和绕线型两类，笼型转子较为多见，主要由转轴、转子铁芯、转子绕组等组成。

（1）转轴。一般用中碳钢制成，两端用轴承支撑，转子铁芯和绕组都固定在转轴上，在端盖的轴上装有风扇，帮助外壳散热。

（2）转子铁芯。转子铁芯由厚 0.35～0.5mm 的硅钢片叠压制成，在硅钢片外圆上冲有若干个线槽，用以浇制转子笼条。

(3) 转子绕组。将转子铁芯的线槽内浇制上铝质笼条，再在铁芯两端浇注两个圆环，与各笼条连为一体，就成为鼠笼式转子，如图 10-19 所示。

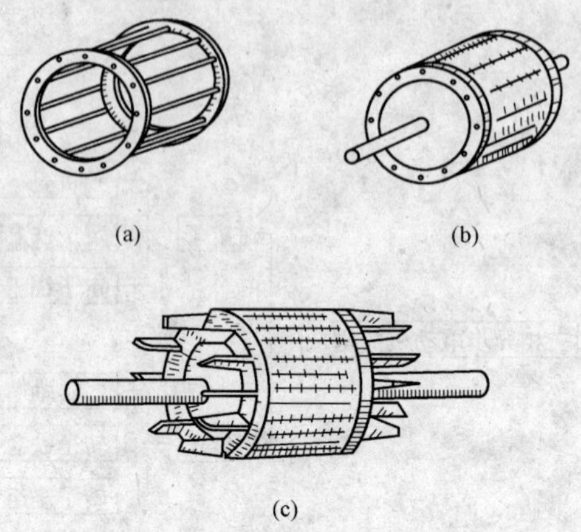

图 10-19 笼形转子

(a) 笼形绕组；(b) 笼形转子；(c) 铸铝转子

绕线式转子的绕组和定子绕组相似，也是由绝缘导线绕制成绕组，放在转子铁心槽内。绕组引出线接到装在转轴上的 3 个滑环上，通过一级电刷引出与外电路变阻器相连接，以便启动电动机。

技能图解 51 三相异步电动机的型号及铭牌数据

技能结构框线图

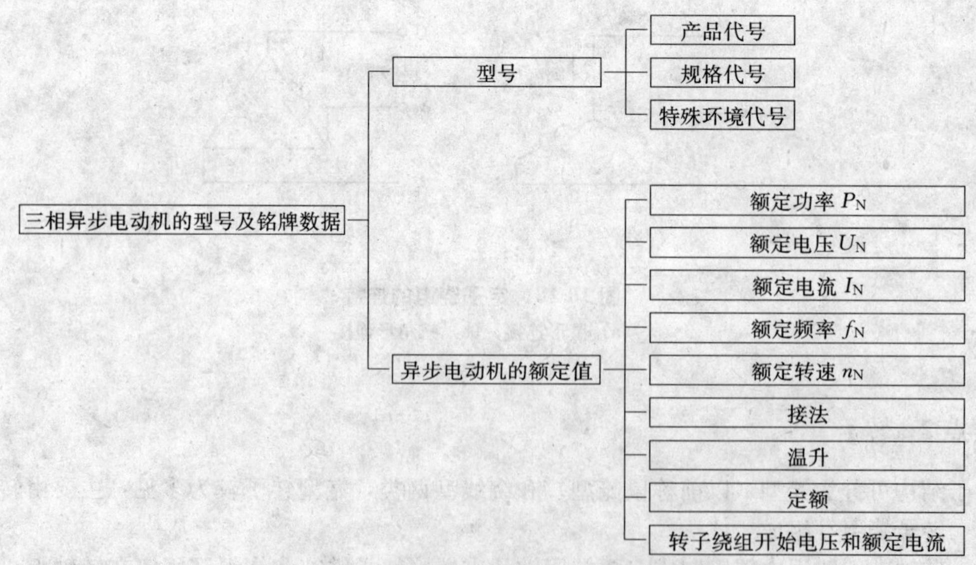

图 10-20 三相异步电动机的型号及铭牌数据

技能要点 1：型号

电动机产品型号的组成形式为：

产品代号 ⟶ 规格代号 ⟶ 特殊环境代号

异步电动机产品代号由类型代号、特点代号和设计序号等三小节表示，表 10-5 为部分产品代号。新系列异步电动机用“Y”取代“J”的类型代号，目前生产的老产品及其派生系列仍用“J”表示。

表 10-5　异步电动机产品代号

电机名称	产品代号	电机名称	产品代号
异步电动机	Y	大型高速（快速）异步电动机	YK
绕线转子异步电动机	YR	多速异步电动机	YD
高启动转距异步电动机	YQ	电磁调速异步电动机	YCT
高转差率异步电动机	YH	立式深井泵用异步电动机	YLB

规格代号用中心高或铁芯外径或机座号或凸缘代号、铁芯长度、功率、转速或磁极表示。中小型电机机座长度可用国际通用符号来表示，如 S 表示短机座，M 表示中机座，L 表示长机座。

特殊环境代号按表 10-6 规定，如果同时具备一个以上的特殊环境条件，则按表中顺序排列。

表 10-6　特殊环境代号

高原用	G	热带用	T
船（海）用	H	湿热用	TH
户外用	W	干热带用	TA
化工防腐用	F		

电机产品型号举例：

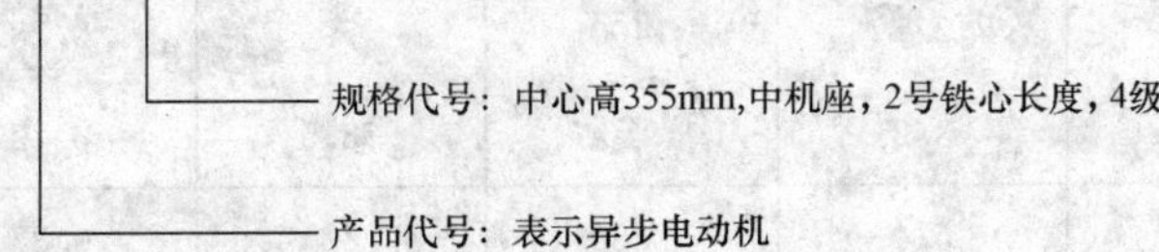

技能要点 2：异步电动机的额定值

（1）额定功率 P_N。是指轴上输出的机械功率，单位为 W 或 kW。

（2）额定电压 U_N。指电动机在额定运行时的线电压，单位为 V 或 kV。

（3）额定电流 I_N。指电动机在额定运行时线电流，单位为 A。

（4）额定频率 f_N。指电动机在额定运行时的频率，单位 Hz。

（5）额定转速 n_N。指电动机在额定运行时的转速，单位 r/min。

（6）接法。指电动机在额定电压时定子三相绕组采用的连接方法。一种标为 380/220V，接法

Y，d，表明电动机绕组只能承受 220V 线电压的三相交流电。故在我国 380V 线电压的低压网中，电动机只能接成星形，不能误接为三角形，否则每相绕组电压超过额定值$\sqrt{3}$倍，铁心高度饱和致使电流过大烧毁。另一种标为 660V/380V，接法为 Y，d，则我国 380V 线电压的低压网中，电动机只能接成三角形，不能误接成星形，否则电动机每相绕组上电压，只有额定值 $1/\sqrt{3}$，致使转矩不够，电动机只能在空、轻载下运行。

(7) 温升。温升是电动机运行时温度高出环境温度的数值。容许温升和绝缘材料的耐热性能有关。电机容许温升与绝缘等级关系列如表 10-7。

表 10-7　电机容许温升与绝缘等级的关系

绝缘等级	A	E	B	F	H	C
绝缘材料的允许温度（℃）	105	120	130	155	180	180 以上
电机的允许温升（℃）	60	75	80	100	125	125

(8) 定额。指电动机允许连续使用时间，通常分为三种：①连续定额，指额定运行可长时间持续使用；②短时定额，只允许在规定时间内按额定运行使用，标准的持续时间限值分为 10min、30min、60min 和 90min 四种；③断续定额，间歇运行，但可按一定周期重复运行，每周期包括一个额定负载时间和一个停止时间，额定负载时间与一个周期之比称为负载持续率、用百分数表示。标准的负载持续率为 15%、25%、40%、60%，每个周期为 10min。短时定额的电机，由于有一段时间电机不发热，所以比同容量连续运行的电机，体积可以小一些。故连续定额的电机用作短时定额或断续定额运行时，所带负载可以超过额定值，但短时定额和断续定额运行的电机不能按容量作连续定额运行，否则电机将过热，甚至烧毁。

(9) 转子绕组开始电压和额定电流。这是线绕式异步电机特有的，可用作配用启动、调速电阻的依据。

常用电动机的技术数据如表 10-8。

表 10-8　常用电动机技术数据

型　号	功　率 (kW)	电　流 (A)	转　速 (rpm)	效　率 (%)	功率因数 ($\cos\varphi$)	启动电流倍数
Y802—2	1.1	2.6	2825	76	0.86	7.0
Y90S—4		2.7	1400	79	0.78	6.5
Y90L—6		3.2	910	73.5	0.72	6.0
Y100L—2	3.0	6.4	2880	82	0.87	7.0
Y100L—4		6.8	1420	82.5	0.81	7.0
Y132S—6		7.2	960	83	0.76	6.5
Y132M—8		7.7	710	82	0.72	5.5
Y132S—2	5.5	11.1	2900	85.5	0.88	7.0
Y132S—4		11.6	1440	85.5	0.84	7.0
Y132M—6		12.6	960	85.3	0.78	6.5
Y160M—8		13.3	720	85	0.74	6.0

表 10-8（续）

型　号	功　率 (kW)	电　流 (A)	转　速 (rpm)	效　率 (%)	功率因数 (cosφ)	启动电流倍数
Y160M—2	11.0	21.8	2930	87.2	0.88	7.0
Y160M—4		22.6	1460	88	0.84	7.0
Y160L—6		24.6	970	87	0.78	6.5
Y180L—8		25.1	730	86.5	0.77	6.0
Y160L—2	18.5	35.5	2930	89	0.89	7.0
Y180M—4		35.9	1430	91	0.86	7.0
Y200L—6		37.7	970	89.8	0.83	6.5
Y225S—8		41.3	730	89.5	0.76	6.0
L200L—2	30.0	56.9	2950	90	0.89	7.0
L200L—4		56.8	1470	92.2	0.87	7.0
Y225M—6		59.5	980	90.2	0.85	6.5
Y250M—8		63	730	90.5	0.80	6.0
Y225M—2	45.0	83.9	2970	91.5	0.89	7.0
Y225M—4		84.2	1480	92.3	0.88	7.0
Y280S—6		85.4	980	92	0.87	6.5
Y280M—8		93.2	740	91.7	0.80	6.0
Y280S—2	75.0	140.1	2970	91.4	0.89	7.0
Y280S—4		139.7	1480	92.7	0.88	7.0
Y280M—2	90.0	167	2970	92	0.89	7.0
Y280M—2		164.3	1480	93.5	0.89	7.0

常用电动机的外形如图 10-21。

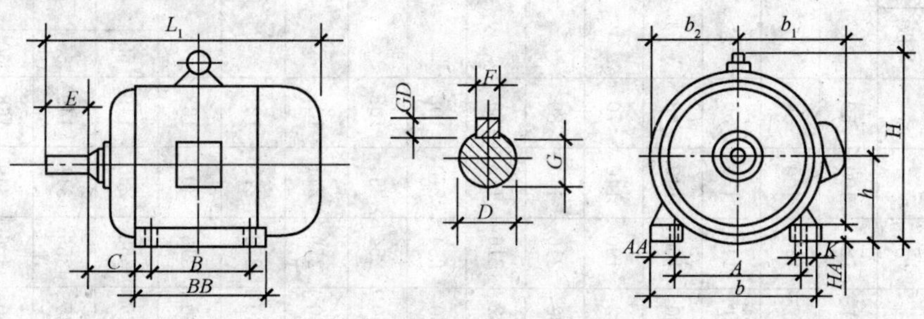

图 10-21　电动机外形尺寸

常用电动机的外形尺寸如表 10-9。

表 10-9 电动机外形尺寸表

中心高	尺寸(mm)																					
	H	A	B	C	D		E		$F\times GD$		G		K	b	b_1	b_2	h	AA	BB	HA	L_1	
					2极	4、6、8极	2极	4、6、8极	2极	4、6、8极	2极	4、6、8极									2极	4、6、8极
80	80	125	100	50	19		40		6×6		15.5		10	160	150	85	170	34	130	10	285	
90S	90	140	100	56	24		50		8×7		20		10	180	155	90	190	36	130	12	310	
90L	90	140	125	56	24		50		8×7		20		12	180	155	90	190	36	155	12	335	
100L	100	160	140	63	28		60		8×7		24		12	205	180	105	245	40	170	14	380	
112M	112	190	140	70	28		60		8×7		24		12	245	190	115	265	50	180	15	400	
132S	132	216	140	89	38		80		10×8		33		12	280	210	135	315	60	200	18	475	
132M	132	216	178	89	38		80		10×8		33		12	280	210	135	315	60	238	18	515	
160M	160	254	210	108	42		110		12×8		37		15	325	255	165	385	70	270	20	600	
160L	160	254	254	108	42		110		12×8		37		15	325	255	165	385	70	314	20	645	
180M	180	279	241	121	48		110		14×9		42.5		15	355	285	180	430	70	311	22	670	
180L	180	279	279	121	48		110		14×9		42.5		15	355	285	180	430	70	349	22	710	
200L	200	318	305	133	55		110		16×10		49		19	395	310	200	475	70	379	25	775	
225S	225	356	286	149	55	60	110	140	16×10	18×11	49	58	19	435	345	225	530	75	368	28		820
252M	225	356	311	149	55	60	110	140	16×10	18×11	49	53	19	435	345	225	530	75	393	28	815	845
250M	250	406	349	168	60	65	140		18×11		53	53	24	490	385	250	575	80	455	30	930	
280S	280	457	368	190	65	75	140		18×11	20×12	58	67.5	24	545	410	250	640	85	530	35	1000	
200M	280	457	419	190	65	75	140		18×11	20×12	58	67.5	42	545	410	280	640	85	581	35	1050	

技能图解52　三相异步电动机的选择

技能结构框线图

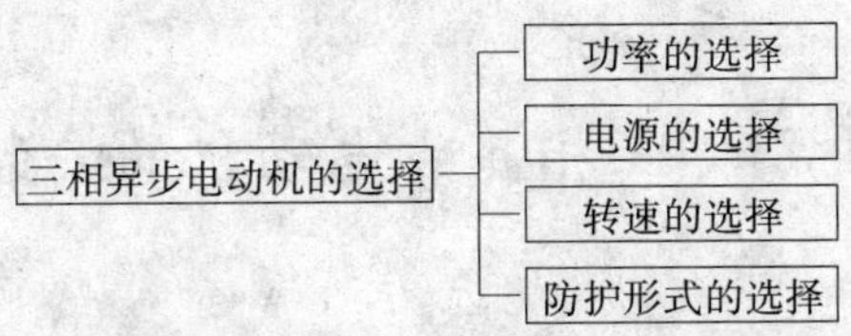

图 10-22　三相异步电动机的选择

技能要点1：功率的选择

电动机的功率选择，应考虑到机械传动时的功率损失，并留有一定余地。配用电动机的功率应略大于机械负载的功率。

电动机功率选择得太小，电动机电流过大，绝缘会过热损坏；电动机功率选择得太大，则会造成大马拉小车现象。不仅增加投资费用，增加电动机空载损耗，而且电动机功率因数和效率均降低。一般感应电动机的效率和功率因数随负载率的变化情况，如表 10-10 所列。可以看出轻载运行时，效率和功率因数均会降低。

表 10-10　感应电动机负载率和功率因数、效率的关系

电动机负载率	空载	0.25	0.5	0.75	1
功率因数	0.20	0.50	0.77	0.85	0.89
效率	0	0.78	0.85	0.88	0.875

技能要点2：电源的选择

电动机按电流种类不同可分为直流电动机、交流电动机两大类。直流电动机调速性能好，但结构复杂、维护工作量大、价格高，又需要专门的直流电源，故除了矿井卷扬机，调速要求高的纺织工业用电机外，一般优先选择交流感应式异步电动机。

电动机额定电压应和使用地点电源电压来确定，低压电网中线电压 380V，所以一般采用低压电动机。如电动机功率较大，且距电源较远，可选用 6kV 高压异步电动机。

技能要点3：转速的选择

电动机的转速，要与它拖动的机械转速相匹配，电动机的转速越低，启动转矩越大，体积也越大，价格就越贵。一般情况下以 4 极电动机用的较多，它的转速 1500 转/min 左右，适应性强，功率因数和效率都较高。

技能要点4：防护形式的选择

电动机按安装位置的不同，分为卧式和立式两种。卧式电动机它的轴是水平安装的，普遍用的都是这种，只有极少数采用轴垂直于地面的立式电动机。

（1）防护式。这种电动机外壳有通风孔，两侧通风孔上有遮盖，可防止水滴、铁屑、砂粒等物从上面或与垂直方向成 45°以内掉入电动机内部，但不能阻止灰尘、潮气入侵。它通风良好、价

格便宜，又有一定防护能力，凡是干燥、灰尘不多及没有腐蚀性和易爆性气体地方可以选用。

(2) 封闭式。这种电动机，定转子绕组都装在一个封闭的机壳内，机壳上有散热的片状凸起，轴的另一端上装风叶，用罩子从一端罩住，电动机旋转时带动风叶，风吹拂散热片冷却电机。它的封闭并不十分严密，不能杜绝气体进入电动机内部，在尘埃较多、水土飞溅及潮湿环境下选用。

(3) 开启式。这种电动机带电部分和旋转部分设任何遮盖。散热条件好，但使用时不安全，故很少使用。

技能图解 53　三相异步电动机的安装与运行

技能结构框线图

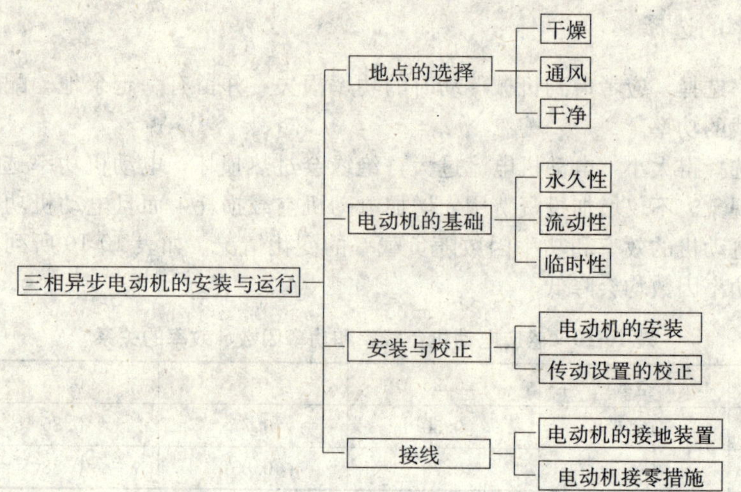

图 10-23　三相异步电动机的安装与运行

技能要点 1：安装地点的选择

电动机安装地点是否妥当，不仅影响电动机能否正常工作，而且关系到安全运行的问题。所以在安装前要选择好地点，选择电动机安装地点时，必须注意以下几个问题：

(1) 干燥。电动机绝缘的主要危害是潮湿，安装地点必须干燥。如果是流动使用的电动机，应采取防潮措施，更不可受日晒雨淋。

(2) 通风。电动机工作时，铁损、铜损、摩擦损失等均以热量形式散发，为保证电动机绝缘的寿命，必须限制温升，只有通风好，降温才良好。室外工作，顶部可做遮盖，但不能将电动机罩在箱子里，以免影响散热。

(3) 干净。电动机不应装在不受灰尘、泥沙和腐蚀性气体侵害的地方。

技能要点 2：电动机的基础

电动机在运行中，不但受牵引力而且还产生振动，如果位置不平、基础不牢固，电动机会发生倾斜或滑动现象，故电动机应装设在基础的固定底座上。

一般中小型电动机根据工作的需要，有的装设在埋于墙壁的三角构架上，有的装设在地坪上的平面构架上，有的装设在混凝土的基础上。前两种是将电动机用螺栓固定在构架上，后一种是电动机固定在埋入基础的底脚螺栓上。

电动机的基础有永久性、流动性和临时性几种。

永久性基础一般采用混凝土和砖石结构。基础的边沿应大于机组外壳 150mm 左右，上水平面应高出地面 150mm 左右。在砌筑基础时，要用水平尺校正水平，还要注意预埋电动机的地脚螺丝，地脚螺丝的大小和相互间距离尺寸，应与电动机底座的螺孔相对应。

临时性的电动机，功率在 20kW 以下的，可安装在木架或铁架上，再将架腿深埋地下。

流动使用的电动机，功率大都较小，可以和被拖动的机械固定在同一个架子上，到使用地点再将架体用打桩的方法固定好。

技能要点 3：安装与校正

1. 电动机的安装

安装电动机时，要将电动机抬到基础上，质量 100kg 以下的小型电动机，可用人力抬。比较重的电动机可采用三脚架上挂链条葫芦或用吊车来安装，将电动机按事先划好的中心线位置搬正。

电动机应先初步检查水平，用水平尺校正电动机的纵向和横向水平情况，如图 10-24 所示。如果不平，可用 0.5～5mm 厚的钢片垫在机座下面来校正，切不可用木片、竹片来垫。

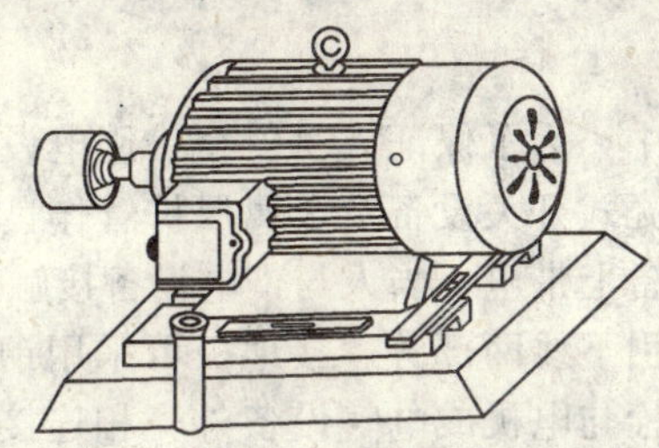

图 10-24　用水准器校正电动机的水平

2. 传动装置的校正

电动机初步水平调整好以后，就应对传动装置校正，现将皮带传动和联轴器传动时校正方法介绍如下：

(1) 皮带传动。为了使电动机和它传动的机器能正常运行，必须使电动机皮带轮的轴和被传动机器皮带轮的轴保持平行，同时还要使它们的皮带轮宽度中心线在同一条直线上。

如果两皮带轮的宽度是相同的，那么校正轴的平行可在皮带轮的侧面进行，如图 10-25 所示。

如果皮带轮宽度不同，则首先要测量出两皮带轮的中心线，并画出其中心线位置，如图 10-26 所示的 1、2 和 3、4 两根线，然后拉一根线绳，对准 1、2 这根线，校正到 3、4 线也在同一条直线上为止。

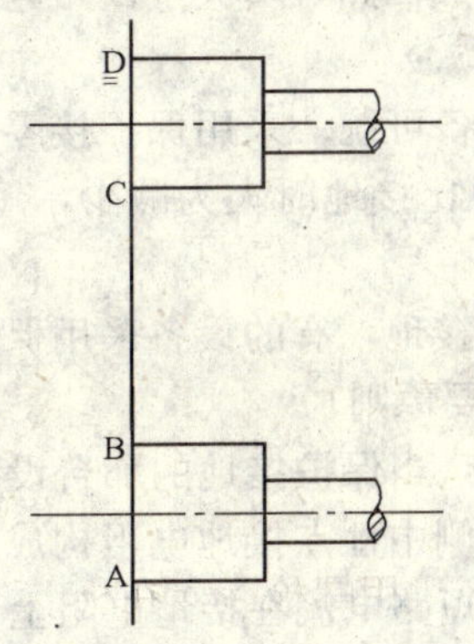

图 10-25　宽度相同皮带轮的校正方法

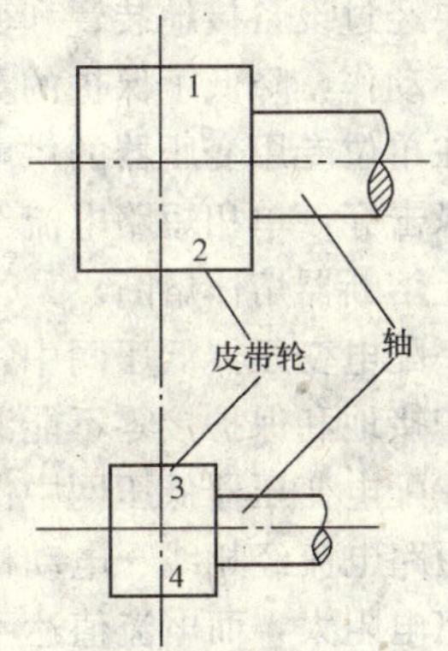

图 10-26　皮带轮宽度不同的校正方法

（2）联轴器传动。电动机的轴是有质量的，所以联轴器在垂直平面内永远有挠度，如图 10-27 所示。假如两相连接的机器转轴安装绝对水平，那么联轴器的接触水平面将不会平行，如图 10-27（a）所示位置。校准联轴器最简单的方法是用钢板尺校正，如图 10-28 所示。

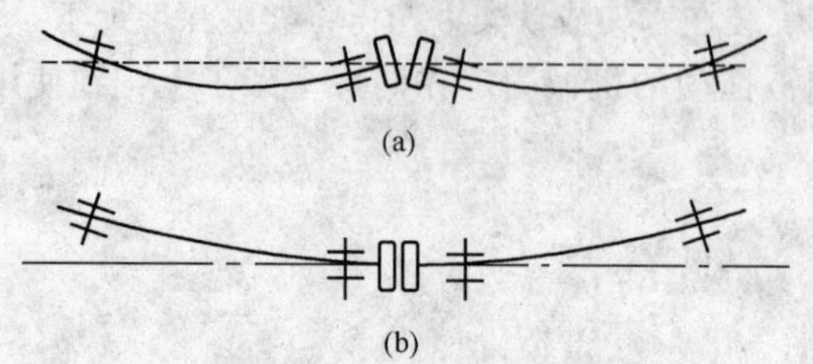

图 10-27　电动机转子产生挠度

（a）两相联轴器等高；（b）网端轴承较高

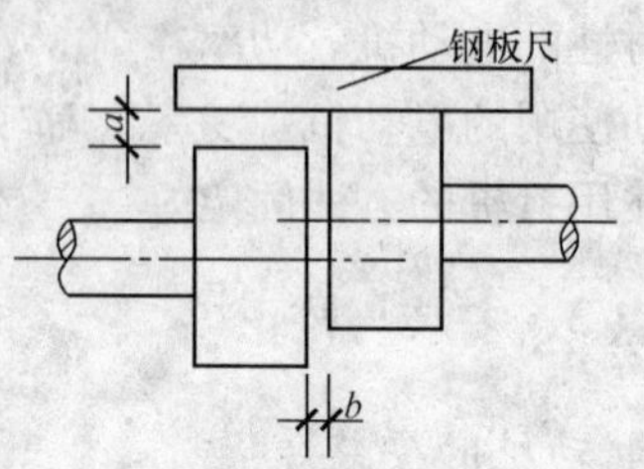

图 10-28　用钢板尺校正联轴器

技能要点 4：接线

1. 电动机的接地装置

在公用配电变压器低压网络中，为了保证人身安全，用电设备都必须外壳接地，所以电动机安装中也包括将电动机外壳、铁壳式开关设备及金属保护管作良好接地。否则如果电动机等设备的绝缘损坏，造成机壳或电气设备上带电，当人与带电设备接触时，就会发生触电事故。

接地装置包括接地极和接地引下线两部分。接地极可采用钢管、角铁及带钢等制成。接地引下线最好用钢绞线，其上端用螺栓与电机或电气设备外壳相连接，其下端应用焊接的方法，接于接地装置上。

接地极采用钢管时，其管壁厚不得小于 3.5mm，管径为 35～50mm；采用角铁时，不得小于 5 号角钢（∟50×50×5），长度在 1.5～2m；采用钢带时，其厚度不可小于 4mm，截面不得小于 $48mm^2$，长度在 2.5～3m 左右。

接地引下线如用裸铜线，其截面不得小于 $4mm^2$。按规定 1000V 以下电动机保护接地电阻不应大于 4Ω。

在砂土、夹砂土及干燥地区，由于土壤电阻率较大，接地电阻值不能满足要求时，可采取适当措施，降低接地电阻。其方法为增加接地极个数或在接地极坑内加入降阻剂。接地极埋设深度，一般为距地面下 0.5～0.8m。

2. 电动机接零措施

每台电动机和电气设备均要埋设接地装置，显然价格昂贵且工作量大，而且设备单相接地时，其短路电流要经过设备接地装置和变压器中性点接地装置构成回路，增大了回路电阻，可能使相线上熔断器不动作，降低了保护的灵敏和可靠性。

为此，在单位专用变压器的供电网中的电动机和电气设备可统一采用保护接零方法。这种情况下设备绝缘击穿，单相短路电流经接零线构成回路，电阻比接地时大为减少，短路电流增加，以保证相线上熔断器熔体熔断。

但在同一配电变压器低压网中，不能有的设备采用保护接地，有的设备采用保护接零。即同一网络中保护接地和保护接零不能混用。这是必须注意的重要原则。

如果同一配电变压器低压网中保护接地和保护接零混用，当保护接地的那台设备发生单相接地短路时，短路电流经相线→电动机接地电阻→变压器低压侧中性点接地电阻构成回路，其短路电流由于回路电阻大，而电流值达不到熔断器熔断值。这样短路电流在接地电阻上的压降使变压器中性线均带上对人身有危害的电压。即在所有无故障的接零设备的外壳上均出现对人身有危险的高电压。故保护接地和保护接零，不能在同一低压系统中混用。

技能图解 54　三相异步电动机启动前后的安全检查

技能结构框线图

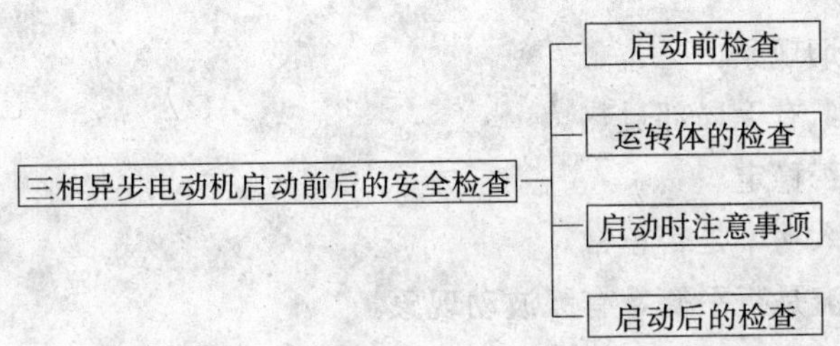

图 10-29　三相异步电动机启动前后的安全检查

技能要点 1：启动前的检查

(1) 了解电动机铭牌所规定的事项。

(2) 电动机是否适应安装条件、周围环境和保护形式。

(3) 检查接线是否正确，机壳是否接地良好。

(4) 检查配线尺寸是否正确，接线柱是否有松动现象，有无接触不好的地方。

(5) 检查电源开关、熔断器的容量、规格与继电器是否配套。

(6) 检查传动带的张紧力，是否偏大或偏小；同时要检查安装是否正确，有无偏心。

(7) 用手或工具转动电动机的转轴，是否转动灵活，添加的润滑油量和材质是否正确。

(8) 集电环表面和电刷表面是否脏污，检查电刷压力、电刷在刷握内活动情况以及电刷短路装置的动作是否正常。

(9) 测试绝缘电阻。

(10) 检查电动机的启动方法。

技能要点 2：启动时注意事项

(1) 操作人员要站立在刀闸一侧，避开机组和传动装置，防止衣服和头发卷入旋转机械。

(2) 合闸要迅速果断，合闸后发现电动机不转或旋转缓慢声音异常时，应立即拉闸，停电检查。

(3) 使用同一台变压器的多台电动机，要由大到小逐一启动，不可几台同时合闸。

(4) 一台电动机连续多次启动时，要保持一定的时间间隔，连续启动一般不超过 3～5 次，以免电动机过热烧毁。

(5) 使用双闸刀启动、星三角启动或补偿启动器启动时，必须按规定顺序操作。

技能要点 3：启动后的检查

(1) 检查电动机的旋转方向是否正确。

(2) 在启动加速过程中，电动机有无振动和异常声响。

(3) 启动电流是否正常，电压降大小是否影响周围电气设备正常工作。

(4) 启动时间是否正常。

(5) 负载电流是否正常，三相电压电流是否平衡。

(6) 启动装置是否正确。

(7) 冷却系统和控制系统动作是否正常。

技能要点 4：运转体的检查

(1) 有无振动和噪声。

(2) 有无臭味和冒烟现象。

(3) 温度是否正常，有无局部过热。

(4) 电动机运转是否稳定。

(5) 三相电流和输入功率是否正常。

(6) 三相电压、电流是否平衡，有无波动现象。

(7) 有无其他方面的不良因素。

(8) 传动带是否振动、打滑。

技能图解 55　同步电动机

技能结构框线图

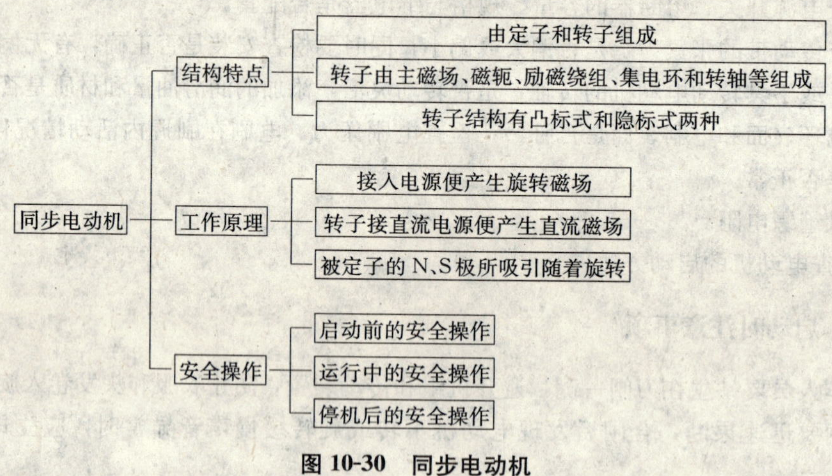

图 10-30　同步电动机

技能要点 1：结构特点

同步电动机的结构也同一般旋转电动机一样，由定子和转子两大部分组成。

定子与三相异步电动机的定子相同，而转子不同，转子是由主磁极、磁轭、励磁绕组、集电环和转轴等部件组成。直流电源通过集电环流入转子的励磁绕组内建立恒定磁场。

转子结构有凸极式和隐极式两种，由于同步电动机容量大、极数多，通常是采用凸极式的样子。

凸极式转子铁心是用 1～1.5mm 厚的钢板冲制而成，在转子磁极上装有集中式的励磁绕组，在磁极的外圆的极面处还冲有圆槽孔，其中穿入铜条，构成笼形绕组，也叫阻尼绕组，是供同步电动机异步启动用的，所以叫启动绕组。

技能要点 2：工作原理

同步电动机定子接入三相电源后，便产生旋转磁场，当转子接入直流电之后，转子便产生直流磁场，像永久磁铁一样有 N、S 极，被定子的 N、S 极所吸引，随着旋转磁场旋转，这就是同步电动机旋转的简单原理。在未通入励磁电流，转子未形成磁场时，因转子有启动绕组，这时电动机已启动，和笼形异步电动机一样，当转速达到同步转速 n_1（即旋转磁场的转速）的 95%左右时，接通转子励磁电流，产生同步转矩，将转子拉入同步转速旋转。即电动机的转速 $n=n_1$，所以叫“同步”电动机。

技能要点 3：同步电动机的安全操作

1. 同步电动机启动前的安全操作

（1）做好励磁装置的调试工作。调试和整定好灭磁、脉冲、投励、移相等装置，调试好之后，要检查各装置环节工作是否正常。

（2）检查同步电动机定子回路控制开关、操纵装置是否可靠，各保护系统是否正常。

（3）电动机在启动之前，检查绕组绝缘表面、集电环以及各零部件是否正常，清理铜环表面和调整电刷，保证接触良好。

（4）清扫和检查启动设备、励磁设备，清查电动机和附属设备有无他人正在工作。

（5）异步启动时，励磁绕组不可开路，否则启动时励磁绕组内会感应出危险的高压，击穿绕组绝缘，又会引起人身事故。

（6）应按制造厂规定的允许连续启动的次数以及两次启动的最小间隔时间进行启动，以防误操作造成电机温升的超限。

2. 同步电动机运行中的安全操作

（1）轴承最高温度：滑动轴承为 75℃，滚动轴承为 95℃。

（2）用温度计法测量，绕组与铁心的最高温升不应超过 75℃（B 级绝缘）。

（3）电源频率在（50±1%）Hz 范围内。

（4）电源电压在额定电压的±5%范围内，三相电压不平衡不应大于 5%。

（5）环境温度：最低为 5℃，最高为 35℃。长期停用的电动机要保存在温度为 5～15℃的环境中。空气相对湿度应在 75%以下，风道应保持清洁、无水。

（6）电动机允许的最大振动值，见表 10-11。

（7）电动机的轴承间隙不应超过电动机轴颈的 2%。

表 10-11　同步电动机允许的最大振动值

同步电动机转速（r/min）	3000	1500	1000	750 及以下
双振幅振动值（mm）	0.05	0.09	0.10	0.12

3. 停机后的安全操作

（1）同步电动机停转后，要进行吹风清扫工作，详细检查绕组绝缘有无损伤。

（2）检查各部绝缘绑扎和垫片有无松动，转子支架和机械零部件是否有开焊和裂缝现象，磁轭紧固磁极螺栓、穿芯螺栓是否松动。

最后检查轴承状态和电刷装置是否正常，如刷盒应与集电环保持平行、对准，电刷在刷盒内要间隙合适（一般为0.1～0.2mm），刷压符合规定，刷盒底边与集电环表面距离为2～3mm。

技能图解56　电动机常见故障及维修

技能结构框线图

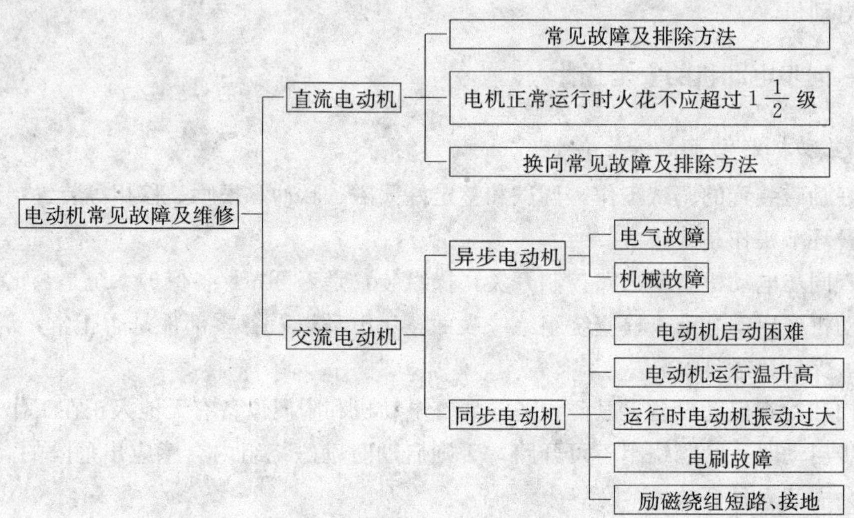

图10-31　电动机常见故障及维修

技能要点1：直流电动机

（1）直流电动机常见故障及排除方法见表10-12。

表10-12　直流电动机的故障原因及排除方法

故障现象	产生原因	排除或处理方法
直流发电机不能建立电压	（1）他激发电机的激磁电路中没有激磁电流； （2）分激和复激发电机没有剩磁； （3）分激线圈与电枢的连接方法不对，致使剩磁和自激磁的作用相反； （4）分激线圈、电枢线圈、电刷及连接线等有短信、接地或断路； （5）电刷不在中性线上	（1）接上激磁电源； （2）用直流电源加于分激线圈使其磁化，如仍无效，可将极性变换，重新磁化。所加的直流电压必须低于额定激磁电压； （3）按该电机所附的接线图正确的接线。如无此种接线图，可按图10-32和图10-33接线； （4）测量各线圈的直流电阻、电压降或绝缘电阻，以确定故障原因并消除之； （5）可用感应法确定中性线的位置
发电机的空载电压较额定电压低	（1）发电机的转数较额定电压低； （2）他激线圈回路中激磁电流较额定值低； （3）主磁极线圈有匝间短路或连接线错误	（1）检查原动机的转数，如用皮带轮传动，还应检查皮带有无打滑现象； （2）提高激磁电流到额定值； （3）可在主磁极线圈中通以直流电，测量其电压降，或用双臂电桥（凯文电桥）测量各主磁极线圈的直流电阻值。并检查连接线是否有错。然后按故障情况消除之

表 10-12（续一）

故障现象	产生原因	排除或处理方法
发电机的空载电压正常，加负载后电压显著下降	(1) 电刷不在中性线上； (2) 复激发电机的串激线圈接反； (3) 发电机的换向极线圈接反或主磁极与换向极的顺序不对； (4) 拖动发电机的原动机特性太软，加负载后转速降落太大	(1) 可用感应法调整电刷位置； (2) 可将田串激线圈的两端钮互相更换位置； (3) 可将换向极线圈的端钮互相更换位置，或用指南针检查主磁极（N.S）和换向极（n.s）的极性顺序。对于直流发电机，顺转子旋转方向，各磁极极性的顺序应为 N—s—S—n；对于交流电动机，顺转子旋转方向，各磁极极性的顺序应为 N—n—S—s； (4) 检验原动机的工作情况，如用皮带传动时还应检查皮带是否打滑
直流电动机不能启动或转数达不到额定转数	(1) 电枢的电源电压低于额定值； (2) 电枢线圈或连接线中有短路或接地等故障； (3) 复激电动机的串激线圈接反； (4) 换向极线圈接反	(1) 提高电源电压到额定值； (2) 检查电枢线圈和各连接线，并消除故障； (3) 将串激线圈的两端钮互相更换位置，或按照该电机所附的接线图正确地接线，如果没有这种接线图，则可参考图 10-33 的接法； (4) 可将换向极线圈的端钮互相更换一次，或按照该电机所附的接线图正确地接线，如无接线图，则可参考图 10-33 的接法
绝缘电阻低	(1) 电动机绕组和导电部分有灰尘、金属屑和油污物； (2) 绝缘受潮； (3) 绝缘老化	(1) 用压缩空气吹净，这样若无效时，可用中性洗涤剂与水混合溶液进行清洗，然后进行干燥处理； (2) 烘干处理； (3) 浸漆处理或更换绝缘
直流电机线圈和铁心的温度过高	(1) 所加电压高于额定值； (2) 电机超载； (3) 电机线圈有短路或接地的故障； (4) 电机的通风散热情况不好	(1) 降低电压到额定值； (2) 降低电机的负载或换一台容量较大的电机； (3) 检查电机各线圈的发热情况，按故障情况修理； (4) 检查环境温度是否过高，风扇是否脱落，风扇旋转方向是否正确，电机内部通风道是否被堵塞
直流电机向某一方向旋转时，电刷下的火花比反方向旋转时大	(1) 电刷不在中性线上； (2) 电刷臂架上各电刷臂之间的距离不相等； (3) 电动机没有换向极或换向极的安匝数不够	(1) 可用感应法调整电刷位置。对于可逆旋转的直流电动机应将电刷严格地装于中性线上； (2) 调整各电刷臂或各刷握的位置； (3) 更换一台有换向极的电动机或增加换向极的安匝数
直流电动机转速过高	(1) 电枢电压超过额定值； (2) 激磁电流减少过多或激磁电路有断路故障； (3) 电刷未在中性线上	(1) 降低电枢电压到额定值； (2) 增加激磁电流或检查激磁电路中有无断路； (3) 可用感应法调整电刷位置
电动机振荡	(1) 电刷未在中性线上； (2) 串激绕组或换向极绕组接反； (3) 激磁电流太小或激磁电路有断路； (4) 电动机的电源电压波动	(1) 可用感应法调整电刷位置； (2) 改正接线； (3) 增加激磁电流或检查激磁电路中有无断路； (4) 检查电枢电压

表 10-12（续二）

故障现象	产生原因	排除或处理方法
电动机过热	（1）负载过大； （2）电枢（主极）线圈短路； （3）电枢铁心绝缘损坏； （4）冷却空气量不足，环境温度高，电动机内部不洁净	（1）减少和限制负载； （2）按正确接线纠正电枢线圈与升高片的连接；用测量片间压降的方法查出故障点，清除故障物；更换绝缘；查出短路点，补强绝缘； （3）局部或全部进行绝缘处理； （4）清理电动机内部，增大风量，改善周围冷却条件
电动机转速不正常	（1）励磁线圈断路、短路、接线错误，电刷不在中性线位置； （2）启动器接触不良，电阻不适当，负载力矩过大	（1）纠正接线错误，消除短路，调整电刷到中性线位置； （2）更换适当启动器，并减少负载阻力矩
滚动轴承发热、噪声	（1）轴承内润滑脂充得太满； （2）滚珠磨损，轴承与轴配合太松	（1）减少润滑脂； （2）更换轴承，使轴与轴承达到要求的配合精度
滑动轴承发热、漏油	（1）轴颈与轴瓦间隙太小，轴瓦研刮不好； （2）油环停滞，压力润滑系统的油泵有故障，油路不畅通； （3）油牌号不适合，油内含有杂质和脏物，油箱内油位太高； （4）轴承挡油盖密封不好，轴承座上下接合面间隙大	（1）研刮轴瓦，使轴颈和轴瓦间隙合适； （2）更换新油环，排除油路系统故障，保证有足够的润滑油量； （3）更换润滑油，清除杂质，减少油量； （4）改进轴承挡油盖的密结构，研刮轴承座上下接合面，使之密合

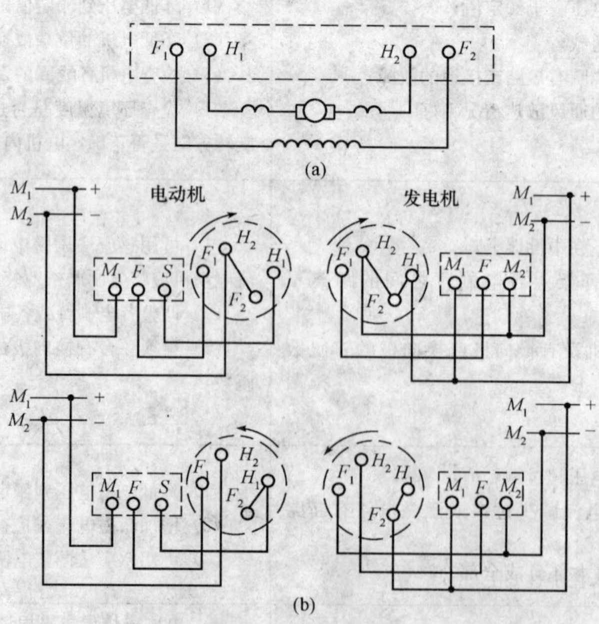

图 10-32　Z—28.5 至 Z—85 分激直流电机接线图

（a）内部接线图；（b）外部接线图

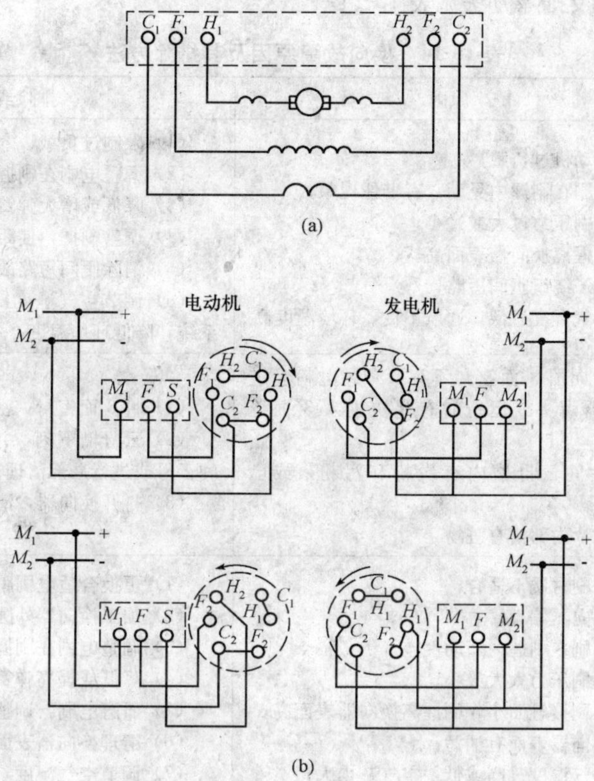

图 10-33　Z—28.5 至 Z—85 复激直流电机接线图

(a) 内部接线图；(b) 外部接线图

(2) 直流电机工作时，电刷与换向片接触处的火花过大会损坏换向装置，按国家标准规定，火花分为 5 级，如表 10-13 所示。电机正常运行时火花不应超过$1\frac{1}{2}$级。如火花过大，应及时维修。

表 10-13　换向的火花等级

火花等级	电刷下的火花程度	换向器及电刷的状态
1	无火花	换向器上没有黑痕及电刷上没有灼痕
$1\frac{1}{4}$	电刷边缘仅小部分（约 1/5 至 1/4 刷边长）有断续的几点点状火花	
$1\frac{1}{2}$	电刷边缘大部分（大于 1/2 刷边长）有连续的较稀的颗粒状火花	换向器上有黑痕但不发展，用汽油擦其表面即能除去，同时电刷有轻微灼痕
2	电刷边缘大部分或全部有连续的较密的颗粒状火花，开始有断续的舌状火花	换向器上有黑痕用汽油不能擦除，同时电刷上有灼痕，如短时出现这一级火花，换向器上不出现灼痕，电刷未烧焦或未损坏
3	电刷整个边缘有强烈的舌状火花，伴有爆裂声音	换向器上黑痕较严重，用汽油不能擦除，同时电刷有灼痕，如在这一火花等级下短期进行，则换向器上将出现灼痕，同时电刷将被烧焦或损坏

(3) 换向常见故障及排除方法见表10-14。

表10-14 换向故障原因及其排除方法

故障现象	产生原因	排除或处理方法
电刷、刷握及换向器过热	(1) 电动机过负载； (2) 电刷在刷握中晃动，有卡住现象； (3) 电刷压力过大或过小； (4) 刷握离换向器表面高； (5) 转子绕组匝间短路； (6) 空气湿度过低，通风不良，环境温度高	(1) 限制过负载； (2) 调整电刷在刷握中的配合间隙； (3) 降低或增大弹簧压力，或更换弹簧； (4) 调整刷握，使距离合适； (5) 消除匝间短路故障； (6) 调节空气湿度，增加喷雾装置，改善通风系统，降低环境温度
片间短路	(1) 换向器3°面密封不存，有导电粉尘进入，换向器焊头或运行时有锡块进入3°面缝隙内； (2) 片间云母槽内有炭粉和污粉，或已损坏； (3) 铜片内部槽有脏物	(1) 将3°面密封，密封前彻底清理3°面内粉尘； (2) 云母槽下刻，并吹风清理干净，或更换片间云母或进行局部清理； (3) 打开换向器，清理短路点和脏物
换向器表面有条纹	(1) 电刷材质不适合； (2) 换向器偏心； (3) 电刷在刷握内随动性差； (4) 电刷压力太大或小； (5) 电刷接触面小，刷握离换向器表面高； (6) 换向器表面有油污； (7) 空气湿度过高或低，空气灰尘大； (8) 刷面镀铜； (9) 电刷电密过低； (10) 换向器表面有油雾覆盖	(1) 更换合适电刷牌号； (2) 加工换向器外圆度； (3) 调整电刷在刷握内配合间隙； (4) 降低或提高弹簧压力； (5) 研磨电刷，调整刷握位置，使距离合适； (6) 清理换向器表面油污； (7) 调节空气湿度，过滤冷却空气； (8) 防止潮气和有害气体进入，选用合适电刷； (9) 要避免在低电密下长期运行； (10) 防止油雾进入，清擦换向器表面
电刷振动、有噪声	(1) 电刷材质不合适； (2) 换向器云母片突出，换向片凸出、凹下或偏心； (3) 电刷在刷握内晃动或随动性差； (4) 电刷压力太小或倾斜角不适当； (5) 刷握离换向器表面高； (6) 空气湿度过低； (7) 电动机振动	(1) 换符合要求牌号的电刷； (2) 下刻云母，加工换向器外圆度； (3) 调整电刷在刷握内配合间隙； (4) 增大压力或调整倾斜角； (5) 调整刷握位置； (6) 调节空气湿度； (7) 校好平衡和排除电动机振动
换向器表面烧伤：对称烧伤	(1) 电刷牌号不符； (2) 换向极磁场太强（弱）； (3) 换向极气隙太小或太大，且不均； (4) 换向区太宽或太窄； (5) 电刷压力太大或太小； (6) 刷握离换向器表面近； (7) 电刷刷距不均； (8) 定子极距不等； (9) 电动机过负载； (10) 换向极磁路饱和； (11) 电刷在刷握内随动性差； (12) 转子绕组焊接不良或开焊； (13) 换向极、补偿绕组接反或短接	(1) 更换合适电刷； (2) 加大（减少）气隙或加大换向极绕组分流； (3) 增大或减少气隙，调整各极气隙的均匀度； (4) 减少或增加刷宽； (5) 降低或增大弹簧压力； (6) 调整刷握位置； (7) 调整刷距； (8) 调整极矩； (9) 限制过负载； (10) 限制负载，并加补偿绕组； (11) 调整电刷在刷握内配合间隙； (12) 进行补焊； (13) 改变接头或消除短路点

表 10-14（续）

故障现象		产生原因	排除或处理方法
换向器表面烧伤	不对称烧伤	（1）云母片突出，换向片凸出、凹下或偏心 （2）电刷压力太小 （3）刷握离换向器表面高 （4）电枢绕组匝向短路	（1）下刻云母片，加工换向器外圆度； （2）增加压力； （3）调整刷握位置； （4）消除短路故障
电刷电流分布不均		（1）混用不同牌号电刷； （2）电刷粘结在刷握内； （3）刷压不相等； （4）电刷在刷握中间隙过小； （5）刷辫螺钉未拧紧	（1）改用同一材质或牌号电刷； （2）清扫刷握内表面； （3）调整各刷压，使一致； （4）调整间隙，研磨电刷； （5）固定刷辫螺钉

技能要点 2：交流电动机

1. 异步电动机

异步电动机故障一般可分为电气故障和机械故障两类。电气故障发生得较多，如电源问题，电机绕组短路、断路，缺相运行等等。表现为不能启动或转动很慢、运转中异常声响、局部过热甚至将绝缘烧坏等。机械方面的故障有轴承过热、损坏，转子扫膛，电机振动等。可用更换轴承、核直弯曲变形的转子轴等方法。

异步电动机常见故障及处理方法见表 10-15。

表 10-15　异步电动机常见故障及处理方法

故障现象	产生原因	排除或处理方法
电动机不能启动	（1）电源未接通，绕组断路、短路、接地、接线错误； （2）控制设备接线错误； （3）熔体烧断； （4）统线转子电动机启动时误操作； （5）过电流继电器整定值过小； （6）老式启动开关油杯缺油	（1）采用仪表检查，并进行修理处理； （2）校正接线； （3）查出故障后，按电动机规格配新熔体； （4）检查集电环短路装置及启动变阻器位置；启动时隔开短路装置、串接变阻器； （5）适当进行调大； （6）加新油，达到油面线止
电动机空载或加负荷时三相电流不平衡	（1）三相电源电压不平衡； （2）定子绕组有部分线圈短路，同时线圈局部过热； （3）重换定子绕组后，部分线圈匝数有错误或线圈之间的接线错误	（1）用电压表测量电源电压； （2）可用电流表测量三相电流或用手检查过热的线圈； （3）可用双臂电桥测量各相绕组的直流电阻，并按正确的接线法改正接线
电动机不能满载运行或启动	（1）保险丝松动，闸刀开关或启动设备触点损坏，造成接触不良； （2）把三角形接线接为“Y”线； （3）电源电压过低或负载过重； （4）鼠笼式转子绕组断裂； （5）被拖动的机械发生故障	（1）拧紧保险丝，修复损坏触点或更换新的启动设备； （2）按铭牌规定正确连接； （3）减少所拖的负载；调节电源电压； （4）焊接修补断裂处； （5）检查修理

表 10-15（续一）

故障现象	产生原因	排除或处理方法
电动机剧烈发热，有全部过热，也有局部过热	（1）电机的通风不好，电机受潮或浸漆后烘干不彻底； （2）电机周围环境温度过高； （3）电源电压较电动机的额定电压过高或过低； （4）更换线圈后的电机由于接线错误或绕制线圈时匝数错误； （5）在运转中的三相电动机一相短路，如电源断一相或电机绕组断一组； （6）定子铁心部分硅钢片之间绝缘漆不良或有毛刺； （7）由于转子在运转时和定子相摩擦致使定子局部过热； （8）定子绕组有短路或接地故障； （9）绕线型转子绕组的焊接点脱焊，因而转子过热，且转速和转矩出显著降低	（1）应检查风扇旋转方向，风扇是否脱落，通风孔道是否堵塞，受潮后要彻底烘干； （2）应换以B级或F级绝缘的电机，或采用管道通风； （3）应调整电源电压。允许波动范围为±5%； （4）按正确图纸检查和改正； （5）分别检查三相电源电压和电机绕组； （6）拆开电机，检修定子铁心； （7）拆开电机，抽出转子，检查铁心是否变形，轴是否弯曲，端盖的止口是否过松，轴承是否磨损； （8）拆开电视，抽出转子，用电桥测量各相线圈或各元件的直流电阻，或用兆欧表测量对机壳的绝缘电阻，局部或全部更换线圈； （9）仔细检查各焊接点，将脱焊点重焊
集电环过热，出现刷火	（1）电刷牌号不符； （2）电刷数目不够或截面积过小； （3）集电环椭圆或偏心； （4）集电环表面污垢，表面粗糙度不符合要求，导电不良； （5）电刷压力太小或刷压不均； （6）电刷被卡在刷握内，使电刷与集电环接触不良	（1）采用制造厂规定的牌号电刷或选性能符合制造厂要求的电刷； （2）增加电刷数目或增加电刷接触面积，使电流密度符合要求； （3）将集电环磨圆或车光； （4）清除污物，用干净布沾汽油擦净集电环表面，并消除漏油故障； （5）调整刷压，使其符合要求； （6）修磨电刷，使电刷在刷握内配合间隙正确
电动机内部冒火或冒烟	鼠笼式两级电动机在启动时，由于启动时间较长，启动电流较大，转子绕组中感应电势较高，因而产生微小的火花，启动完毕后火花也就消失	这种火花对于电机的正常运行是没有妨害的，但必须经常检查有关部位的通风和散热是否良好
电动机有不正常的振动和声响 电动机振动	（1）轴承磨损，轴承间隙不合要求； （2）机壳强度不够； （3）铁心变椭圆形或局部突出； （4）转子不平衡； （5）基础强度不够，安装不平，重心不稳； （6）电扇片不平衡； （7）电动机绕组故障； （8）转轴弯曲、铁心松动； （9）联轴器或带轮安装不符合要求，齿轮接合松动； （10）电动机地脚螺栓松动	（1）更换轴承，调整气隙，使符合规定； （2）找出薄弱点，加固并增加机械强度； （3）车或磨铁心内、外圆； （4）紧固各部螺钉，清扫加固后进行校动平衡工作； （5）加固基础，将电动机地脚找平固定，重新找正，使重心平稳； （6）校正几何尺寸，找平衡； （7）采用仪表检查绕组有短路，断路，接地，接错故障，查出后进行修理； （8）矫直转轴，紧固铁心和压紧冲片； （9）重新找正，必要时重新安装，检查齿轮接合，进行修理，并使其符合要求； （10）紧固电动机地脚螺栓，或更换不合格的地脚螺栓

表 10-15（续一）

<table>
<tr><th colspan="2">故障现象</th><th>产生原因</th><th>排除或处理方法</th></tr>
<tr><td>电动机有不正常的振动和声响</td><td>电动机运行时噪声大</td><td>（1）轴承间隙过度磨损，轴承有故障；
（2）电源电压过高或三相不平衡；
（3）定、转子铁心松动；
（4）绕组有故障；
（5）线圈重绕时，每相匝数不均，且槽配合不当；
（6）轴承缺少润滑脂；
（7）风扇碰风罩或风道堵塞；
（8）气隙不均匀，定转子相擦</td><td>（1）检修或更换新轴承；
（2）检查原因，并进行处理；
（3）紧固铁心冲片或重新叠装；
（4）用仪表检查后对故障线圈进行处理；
（5）重新绕线，改正匝数，使三相绕组匝数相等，并重新校正定、转子槽配合；
（6）清洗轴承，添加适量润滑脂（一般为轴承室的 1/2～2/3）；
（7）修理风扇和风罩，使其几何应尺寸正确，清理通风道；
（8）调整气隙，提高装配质量</td></tr>
<tr><td colspan="2">轴承过热</td><td>（1）装配不当使轴承受有外力；
（2）轴承弯曲使轴承受有外界压力；
（3）轴承内无润滑油，或轴承内的润滑油内有铁屑灰尘或其他脏物；
（4）皮带过紧或其他连接器配合不好；
（5）轴承滚珠、滚槽有斑痕或保护架磨损</td><td>（1）重新装配；
（2）校正转轴；
（3）用汽油清洗轴承注入新的润滑油，适量加入润滑油；
（4）适当放松皮带，修理连接器；
（5）更换轴承</td></tr>
<tr><td colspan="2">电动机初次启动时响声大，启动电流大，且三相电流相差很大</td><td>定子三相绕组的 6 根引出线中有一相的起端和末端接反</td><td>先用兆欧表决定哪一对引出线是同一相的。再将任何两相绕组串联起来，接于电压较低的单相交流电源（电压约为电动机额定电压的 40%左右）上，第三相绕组的两根引出线上接一只交流电压表或白炽灯泡（灯泡的电压应不低于第三相绕组的感应电压）。接线图见图 10-34。如果电压表指示读数或灯发光，即表示第一相绕组的末端和第二相绕组的起端是接在一起（图 10-34）；如电压表没有指示读数或灯不发光，即表示第一相绕组的末端是和第二相绕组的末端接在一起（图 10-34）。然后将第一相和第二相绕组的起端和末端做好标志，再用同样的方法决定第三相绕组的起端和末端</td></tr>
</table>

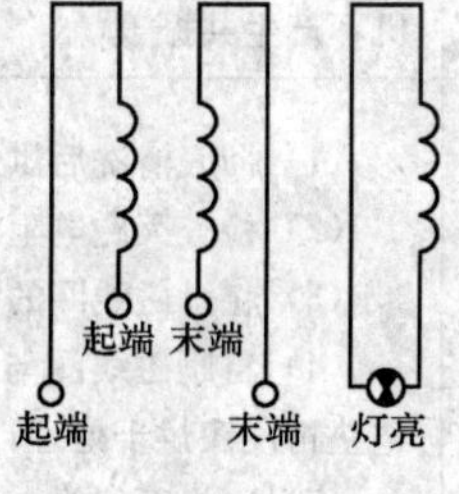

(a)

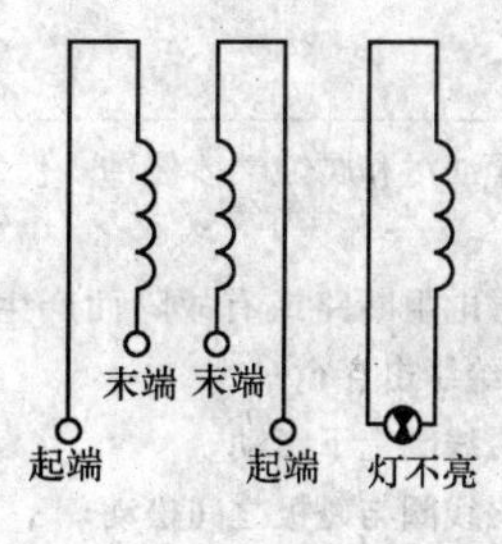

(b)

图 10-34　辨别三相绕组起端和末端的接线图

2. 同步电动机

三相同步电动机定子绕组及机械结构，与三相异步电动机相同，故产生的故障现象、原因分析以及修理方法可参照异步电动机常见故障的检查及修理的有关内容。

同步电动机运行故障的修理方法见表 10-16。

表 10-16 同步电动机运行故障的处理方法

故障现象	产生原因	排除或处理方法
电动机启动困难或不启动	(1) 定子三相绕组断相； (2) 定子绕组故障； (3) 阻尼绕组故障； (4) 励磁回路串入的灭磁电阻太小； (5) 励磁绕组匝间短路； (6) 定、转子扫膛	(1) 检查熔断器、断路器等启动装置、是否接触不良； (2) 定子绕组有接地、短路、断路等故障，查出后进行修理； (3) 检查阻尼绕组断条、开焊等故障，重新焊接好； (4) 检查测量后进行调整； (5) 用直流电压表测量线圈上的电压降，电压降低便是短路线圈，进行检修； (6) 检查气隙后进行调整
电动机运行温升高	(1) 电动机扫膛； (2) 电源电压过高、过低或三相不平衡； (3) 电动机绕组故障； (4) 转子励磁电流调整不当； (5) 重绕线圈的匝数过多； (6) 负载过重，通风不良	(1) 检查气隙及转轴、轴承是否正常； (2) 检查电源调整电压值，应使其符合要求； (3) 检查绕组是否有接地、短路、断路等故障，并予以排除； (4) 重新调整适当； (5) 检查出来后，按正确匝数重绕； (6) 减轻负载，检查通风系统，排除故障
运行时电动机振动过大	(1) 定子三相电压不对称； (2) 电机绕组故障； (3) 铁心装配不紧； (4) 励磁绕组匝间短路或接线错误； (5) 电动机带励或失励失步运行； (6) 转轴弯曲； (7) 轴瓦磨损； (8) 转子磁极松动； (9) 负载不平衡； (10) 机组定中心不好； (11) 基础自由振动频率与电动机的振动频率接近	(1) 检查电源供三相电压平衡； (2) 对绕组进行检查，检查故障并排除； (3) 重新拧紧拉紧螺杆或在松动的铁心片中打入楔子固定； (4) 测量励磁绕组的直流电阻和极性； (5) 查出失步原因，进行检修； (6) 进行调直或更新； (7) 重新铸瓦； (8) 检查固定键、垫铁和线圈固定情况，重新紧固； (9) 检查出机械负载故障并排除； (10) 重新定中心； (11) 改变基础的自由振动频率，使基础与电动机不产生共振
励磁绕组短路、接地：励磁绕组短路	(1) 由于油污和腐蚀气体侵蚀，使绕组匝间短路； (2) 灭磁电阻断路或有故障而产生高电压，将绕组匝间绝缘击穿； (3) 励磁线圈上下窜动； (4) 励磁线圈与磁极之间松动； (5) 极身绝缘和励磁线圈绝缘老化； (6) 相邻两励磁绕组因松动相撞造成绕组短路	(1) 彻底清洗后烘干； (2) 检查灭磁电阻回路，排除故障； (3) 将励磁线圈的上下垫板垫紧或更新； (4) 将励磁线圈与磁极之间塞入绝缘板和导形毡垫再浸漆烘干处理； (5) 更换新绝缘； (6) 调整相邻两励磁线圈距离，并固定好

表 10-16（续）

故障现象		产生原因	排除或处理方法
励磁绕组短路、接地	励磁绕组接地	(1) 励磁绕组绝缘受潮，表面脏污； (2) 电动机长期过载、过热； (3) 线圈松动； (4) 励磁绕组突然断开产生高压击穿绝缘，并烧焦绝缘； (5) 集电环绝缘有刷粉和油污	(1) 进行烘干处理，吹风清扫或清洗干燥； (2) 更换老化的绝缘； (3) 检查出原因进行固定； (4) 更换绝缘，装设新的过压保护装置； (5) 清理集电环绝缘或更换新绝缘
电刷故障		(1) 电刷型号不对，不同牌号电刷混用； (2) 电刷磨损快； (3) 电刷压力不正常； (4) 运行时更换电刷造成同步电动机失步	(1) 更换合适牌号的电刷，一般用金属石墨电刷和电化石墨电刷； (2) 清理集电环工作面，使其表面粗糙度达到 $Ra0.4\mu m$； (3) 一般刷压为 1.5～4N/cm^2，要调整弹簧压力，磨短的电刷要更换； (4) 更换方法不对，应该是： ①每次只更换一个电刷，不可同时将正、负集电环上的电刷更换； ②电刷牌号应符合要求； ③电刷工作面与集电环接触面≥80%； ④更换电刷前，应将励磁电流降低到大于失步时的临界励磁电流值，以保证电动机不失步

第十一章 施工现场保护接零、接地及防雷

技能图解 57 保护接地概述

技能结构框线图

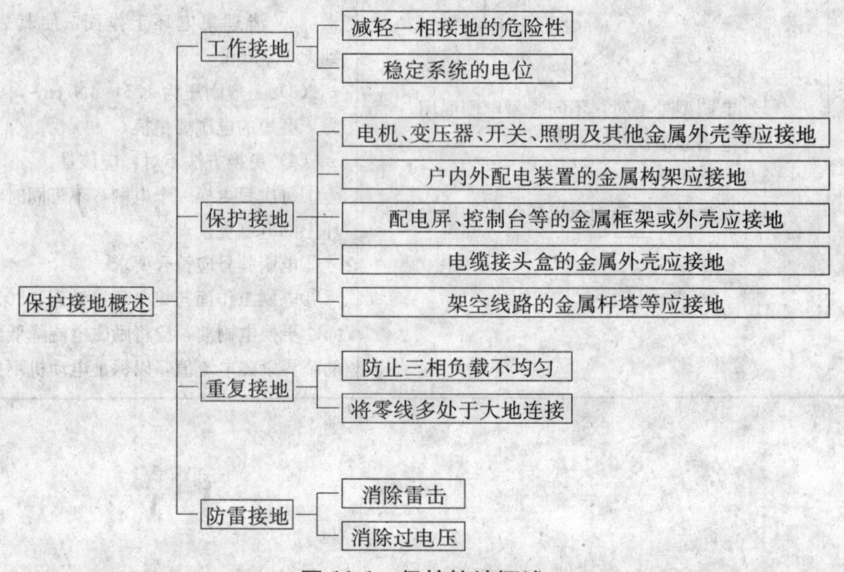

图 11-1 保护接地概述

技能要点 1：工作接地

在正常或故障情况下，为了保证电气设备能安全工作，必须把电力系统（电网上）某一点，通常为变压器的中性点接地，称为工作接地工作接地在减轻故障接地的危险、稳定系统的电位等方面起着重要的作用。

（1）减轻一相接地的危险性

如果低压三相供电网中，变压器低压中性点不接地，当发生一相接地时（图 11-2），接地的电流不大，设备仍能正常运转，此故障能够长时间存在。当用电设备采用接零保护时，如人体触及设备外壳时，接地故障电流通过人体和设备到零线构成回路，将十分危险，极易发生触电事故。

如果变压器低压侧中特点采用直接接地，其工作接地如图 11-3 所示，则触电事故可以减少。

（2）稳定系统的电位

采用工作接地能稳定系统的电位，将系统对地电压限制在某一范围以内，同时也能减轻高压窜入低压的危险。

工作接地的接地电阻应≤4Ω。

技能要点 2：保护接地

在正常情况下把不带电，而在故障情况下可能呈现危险的对地电压的金属外壳和机械设备的金属构件，用导线和接地体连接起来，称为保护接地。

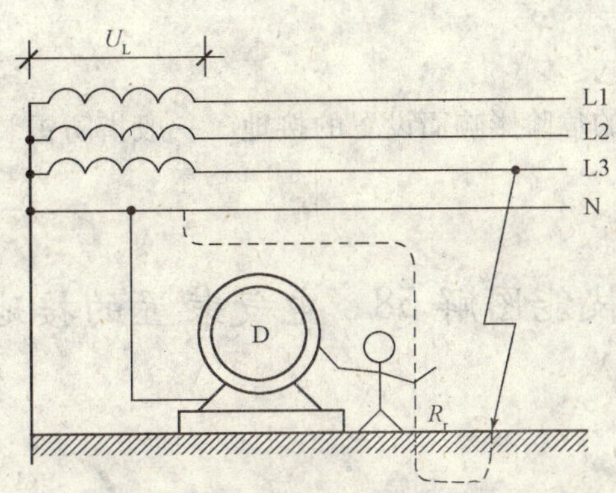

图 11-2　变压器中性点不接地的低压系统中一相接地

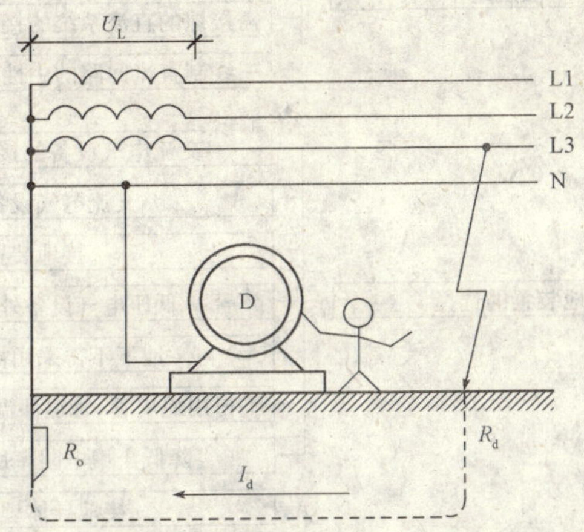

图 11-3　变压器中性点接地的低压系统中一相接地时对人体的危害

保护接地适用于不接地电网。在这种电网中，无论环境如何，凡是由于绝缘破坏或其他原因而可能呈现危险电压的金属部分，除另有规定外，都应采取保护接地措施，主要包括：

（1）电机、变压器、开关设备、照明器具及其他电气设备的金属外壳、底座及与其相连的传动装置。

（2）户内外配电装置的金属构架或钢筋混凝土构架以及靠近带电部分的金属遮栏或围栏。

（3）配电屏、控制台、保护屏及配电柜（箱）的金属框架或外壳。

（4）电缆接头盒的金属外壳、电缆的金属外皮和配线的钢管。

（5）架空电力线路的金属杆塔和钢筋混凝土杆塔、互感器的二次线圈等。

保护接地的作用是降低接触电压和减小流经人体的电流，避免和减轻触电事故的发生。通过降低接地的电阻值，最大限度地保障人身安全。

在中性点非直接接地的低压电力网中，电力装置应采用低压接地保护。保护接地的接地电阻一般不大于 4Ω。

技能要点 3：重复接地

在保护接地系统中为了防止三相负载不均匀特别是零线断后使中心点飘移，造成单相用电设备损坏，将零线多处于大地连接的措施称为重复接地。

重复接地对稳定相电压能起到一定作用。

技能要点 4：防雷接地

为了消除雷击和过电压的危险影响而设置的接地。一般指防雷装置（避雷针、避雷器、避雷线等）的接地。

技能图解 58　电气装置的接地

技能结构框线图

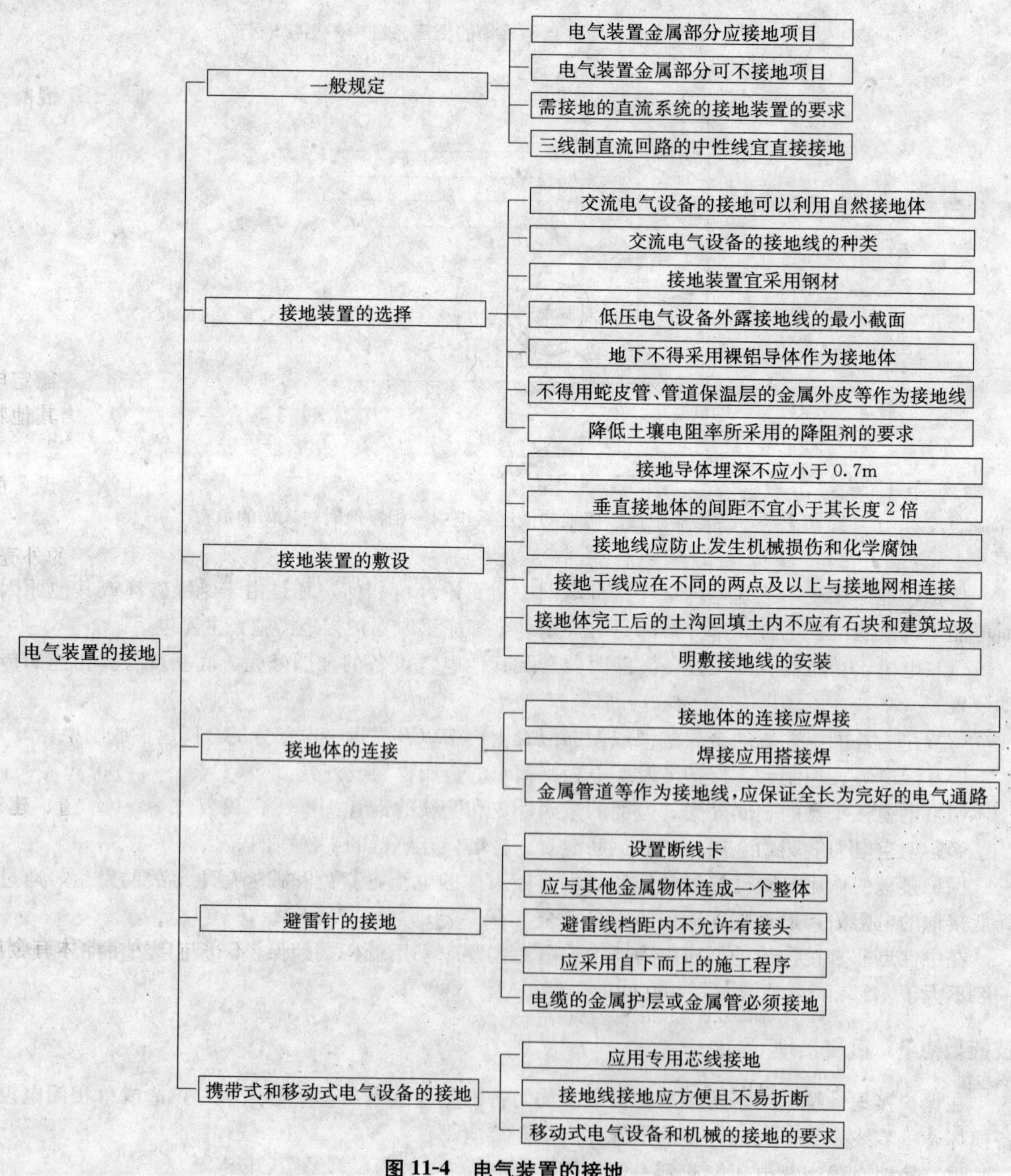

图 11-4　电气装置的接地

技能要点 1：一般规定

（1）电气装置的下列金属部分均应接地或接零

①电机、变压器、电器、携带式或移动式用电器具等的金属底座和外壳。

②电气设备的传动装置。

③屋内外配电装置的金属或钢筋混凝土构架以及靠近带电部分的金属遮栏和金属门。

④配电、控制、保护用的屏（柜、箱）及操作台等的金属框架和底座。

⑤交、直流电力电缆的接头盒、终端头和膨胀器的金属外壳和电缆的金属护层、可触及的电缆金属保护管和穿线的钢管。

⑥电缆桥架、支架和井架。

⑦装有避雷线的电力线路杆塔。

⑧装在配电线路杆上的电力设备。

⑨在非沥青地面的居民区内，无避雷线的小接地电流架空电力线路的金属杆塔和钢筋混凝土杆塔。

⑩电除尘器的构架。

⑪封闭母线的外壳及其他裸露的金属部分。

⑫六氟化硫封闭式组合电器和箱式变电站的金属箱体。

⑬电热设备的金属外壳。

⑭控制电缆的金属护层。

（2）电气装置的下列金属部分可不接地或不接零

①在木质、沥青等不良导电地面的干燥房间内，交流额定电压为 380V 及以下或直流额定电压为 440V 及以下的电气设备的外壳；但当有可能同时触及上述电气设备外壳和已接地的其他物体时，则仍应接地。

②在干燥场所，交流额定电压为 127V 及以下或直流额定电压为 110V 及以下的电气设备的外壳。

③安装在配电屏、控制屏和配电装置上的电气测量仪表、继电器和其他低压电器等的外壳，以及当发生绝缘损坏时，在支持物上不会引起危险电压的绝缘子的金属底座等。

④安装在已接地金属构架上的设备，如穿墙套管等。

⑤额定电压为 220V 及以下的蓄电池室内的金属支架。

⑥由发电厂、变电所和工业、企业区域内引出的铁路轨道。

⑦与已接地的机床、机座之间有可靠电气接触的电动机和电器的外壳。

（3）需要接地的直流系统的接地装置要求

①能与地构成闭合回路且经常流过电流的接地线应沿绝缘垫板敷设，不得与金属管道、建筑物和设备的构件有金属的连接。

②在土壤中含有在电解时能产生腐蚀性物质的地方，不宜敷设接地装置，必要时可采取外引式接地装置或改良土壤的措施。

③直流电力回路专用的中性线和直流两线制正极的接地体、接地线不得与自然接地体有金属连接；当无绝缘隔离装置时，相互间的距离不应小于 1m。

（4）三线制直流回路的中性线宜直接接地。

技能要点 2：接地装置的选择

（1）交流电气设备的接地可以利用下列自然接地体

①埋设在地下的金属管道，但不包括有可燃或有爆炸物质的管道。

②金属井管。

③与大地有可靠连接的建筑物的金属结构。

④水工构筑物及其类似的构筑物的金属管、桩。

(2) 交流电气设备的接地线可利用下列接地体接地

①建筑物的金属结构（梁、柱等）及设计规定的混凝土结构内部的钢筋。

②生产用的起重机的轨道、配电装置的外壳、走廊、平台、电梯竖井、起重机与升降机的构架、运输皮带的钢梁、电除尘器的构架等金属结构。

③配线的钢管。

(3) 为节约有色金属，接地装置宜采用钢材。钢接地体（线）耐受腐蚀能力差。钢材镀锌后能将耐腐蚀性能提高一倍左右，在腐蚀性较强场所的接地装置采用镀锌钢材好，我国运行经验是热镀锌防腐效果好，因此在腐蚀性较强场所的接地装置宜采用热镀锌钢材。发电厂、变电所重要性大，其接地装置亦宜采用热镀锌钢材。

接地装置的导体截面应符合热稳定和机械强度的要求，但不应小于表 11-1 所列规格。

表 11-1 钢接地体和接地线的最小规格

种类、规格及单位		地上		地下	
		室内	室外	交流电流回路	直流电流回路
圆钢直径（mm）		6	8	10	12
扁钢	截面（mm^2）	60	100	100	100
	厚度（mm）	3	4	4	6
角钢厚度（mm）		2	2.5	4	6
钢管管壁厚度（mm）		2.5	2.5	3.5	4.5

注：表 11-1 所列的钢接地体（线）规格是最小规格，而不能作为施工中选择接地体（线）规格的依据。在实际施工中应根据设计选用接地体（线）的规格进行实施。但当设计选用的接地体（线）规格小于表 11-1 中所列规格时，实际施工应采用表 11-2 所列钢接地体规格。

土壤对接地装置的腐蚀性可参考表 11-2 规定。

表 11-2 土壤腐蚀性等级及防腐措施

项　目	土壤腐蚀性等级				
	特高	高	较高	中等	低
土壤电阻率（Ω·m）	＜5	5～10	10～20	20～100	＞100
含盐量（%）	0.75	0.75～0.1	0.1～0.05	0.05～0.01	＜0.01
含水（%）	12～25	10～12	10～5	5	＜5
在 ΔV=500mV 时极化电流密度（mA/cm^2）	0.3	0.3～0.08	0.08～0.025	0.025～0.001	＜0.001
防腐措施	特加强	加强	加强	普通	普通

(4) 低压电气设备地面上外露的铜和铝接地线的最小截面应符合表 11-3 的规定。

表 11-3 低压电气设备地面上外露的铜和铝接地地线的最小截面

名称	铜（mm^2）	铝（mm^2）
明敷的裸导体	4	6
绝缘导体	1.5	2.5
电缆的接地芯或与相线包在同一保护外壳内的多芯导线的接地芯	1	1.5

(5) 在地下不得采用裸铝导体作为接地体或接地线。

(6) 利用化学方法降低土壤电阻率时，采用的降阻剂应符合下列要求：

①材料的选择应符合设计要求。

②使用的材料必须符合国家现行技术标准，并有合格证件。

③严格按照生产厂家使用说明书规定的操作工艺施工。

(7) 不得利用蛇皮管、管道保温层的金属外皮或金属网以及电缆金属护层作接地线。

技能要点3：接地装置的敷设

(1) 一般在地表下0.15～0.5m处，是处于土壤干湿交界的地方，接地导体易受腐蚀，因此规定埋深不应小于0.7m，并规定了接地网的引出线在通过地表下0.7m引至地面外的一段需作防腐处理，以延长使用寿命。在作防腐处理前，表面必须除锈并去掉焊接处残留的焊药。

(2) 垂直接地体的间距不宜小于其长度的2倍。水平接地体的间距应符合设计规定。当无设计规定时不宜小于5m。

(3) 接地线应防止发生机械损伤和化学腐蚀。在与公路、铁路或管道等并叉及其他可能使接地线遭受损伤处，均应用管子或角钢等加以保护。接地线在穿过墙壁，楼板和地坪处应加装钢管或其他坚固的保护套，有化学腐蚀的部位还应采取防腐措施。

(4) 接地干线应在不同的两点及以上与接地网相连接。自然接地体应在不同的两点及以上与接地干线或接地网相连接。

(5) 每个电气装置的接地应以单独的接地线与接地干线相连接，不得在一个接地线中串接几个需要接地的电气装置。

(6) 接地体敷设完后的土沟其回填土内不应夹有石块和建筑垃圾等；外取的土壤不得有较强的腐蚀性；在回填土时应分层夯实。

(7) 明敷接地线的安装要求

①应便于检查。

②敷设位置不应妨碍设备的拆卸与检修。

③支持件间的距离，在水平直线部分宜为0.5～1.5m；垂直部分宜为1.5～3m；转弯部分宜为0.3～0.5m。

④接地线应按水平或垂直敷设，亦可与建筑物倾斜结构平行敷设；在直线段上，不应有高低起伏及弯曲等情况。

⑤接地线沿建筑物墙壁水平敷设时，离地面距离宜为250～300mm；接地线与建筑物墙壁间的间隙宜为10～15mm。

⑥在接地线跨越建筑物伸缩缝、沉降缝处时，应设置补偿器。补偿器可用接地线本身弯成弧状代替。

(8) 明敷接地线的表面应涂以用15～100mm宽度相等的绿色和黄色相间的条纹。在每个导体的全部长度上或只在每个区间或每个可接触到的部位上宜作出标志。当使用胶带时，应使用双色胶带。

中性线宜涂淡蓝色标志。

(9) 在接地线引向建筑物的入口处和在检修用临时接地点处，均应刷白色底漆并标以黑色记号，其代号为"⊥"。

(10) 进行检修时，在断路器室、配电间、母线分段处、发电机引出线等需临时接地的地方，应引入接地干线，并应设有专供连接临时接地线使用的接线板和螺栓。

(11) 当电缆穿过零序电流互感器时，电缆头的接地线应通过零序电流互感器后接地；由电缆头至穿过零序电流互感器的一段电缆金属护层和接地线应对地绝缘。

(12) 直接接地或经消弧线圈接地的变压器、旋转电机的中性点与接地体或接地干线的连接，应采用单独的接地线。

(13) 变电所、配电所的避雷器应用最短的接地线与主接地网连接。

(14) 全封闭组合电器的外壳应按制造厂规定接地；法兰片间应采用跨接线连接，并应保证良好的电气通路。

(15) 高压配电间隔和静止补偿装置的栅栏门绞链处应用软铜线连接，以保持良好接地。

(16) 高频感应电热装置的屏蔽网、滤波器、电源装置的金属屏蔽外壳，高频回路中外露导体和电气设备的所有屏蔽部分和与其连接的金属管道均应接地，并宜与接地干线连接。

(17) 接地装置由多个分接地装置部分组成时，应按设计要求设置便于分开的断接卡。自然接地体与人工接地体连接处应有便于分开的断接卡。断接卡应有保护措施。

技能要点 4：接地体（线）的连接

(1) 接地体（线）的连接应采用焊接，焊接必须牢固无虚焊。接至电气设备上接地线，应用镀锌螺栓连接；有色金属接地线不能采用焊接时，可用螺栓连接。螺栓连接处的接触面应按现行国家标准《电气装置安装工程母线装置施工及验收规范》的规定处理。

(2) 接地体（线）的焊接应采用搭接焊，其搭接长度必须符合下列规定：

①扁钢为其宽度的 2 倍（且至少 3 个棱边焊接）。

②圆钢为其直径的 6 倍。

③圆钢与扁钢连接时，其长度为圆钢直径的 6 倍。

④扁钢与钢管、扁钢与角钢焊接时，为了连接可靠，除应在其接触部位两侧进行焊接外，并应焊以由钢带弯成的弧形（或直角形）卡子或直接由钢带本身弯成弧形（或直角形）与钢管（或角钢）焊接。

(3) 利用本节技能要点 2 中 (2) 所述的各种金属构件、金属管道等作为接地线时，应保证其全长为完好的电气通路。利用串联的金属构件、金属管道作接地线时，应在其串接部位焊接金属跨接线。

技能要点 5：避雷针（线、带、网）的接地

(1) 焊接为了安全，设置断线卡便于测量接地电阻及检查引下线的连接情况，断线卡加保护防止意外断开。

①避雷针（带）与引下线之间的连接应采用焊接。

②目前镀锌制品使用较为普遍，为确保接地装置长期运行可靠，强调了提高材料防腐能力的要求，均应使用镀锌制品。至于地脚螺栓，现在还没有统一规格，无镀锌成品供应，故应采取防腐措施。

③建筑物上防雷设施采用多根引下线时，宜在各引下线距地面的 1.5～1.8m 处设置断接卡，断接卡应加保护措施。

④装有避雷针的金属筒体，当其厚度不小于 4mm 时，可作避雷针的引下线。筒体底部应有两处与接地体对称连接。

⑤独立避雷针及其接地装置与道路或建筑物的出入口等的距离大于 3m。当小于 3m 时，应采取均压措施或铺设卵石或沥青地面。

⑥独立避雷针（线）应设置独立的集中接地装置。当有困难时，该接地装置可与接地网连接，但避雷针与主接地网的地下连接点至 35kV 及以下设备与主接地网的地下连接点，沿接地体的长

度不得小于 15m。

⑦独立避雷针的接地装置与接地网的地中距离不应小于 3m。

⑧配电装置的架构或屋顶上的避雷针应与接地网连接，并应在其附近装设集中接地装置。

(2) 建筑物上的避雷针或防雷金属网应和建筑物顶部的其他金属物体连接成一个整体。防止静电感应的危害。

(3) 装有避雷针和避雷线的构架上的照明灯电源线，必须采用直埋于土壤中的带金属护层的电缆或穿入金属管的导线。电缆的金属护层或金属管必须接地，埋入土壤中的长度应在 10m 以上，方可与配电装置的接地网相连或与电源线、低压配电装置相连接。

(4) 为防止保护发电厂和变电所的避雷线断线造成事故，避雷线档距内不允许有接头。

(5) 避雷针（网、带）及其接地装置，应采取自下而上的施工程序。首先安装集中接地装置，后安装引下线，最后安装接闪器。

技能要点 6：携带式和移动式电气设备的接地

(1) 因携带式电气设备经常移动，导线绝缘易损坏或导线折断，危及人身安全，因此要求应有专用芯线接地，严禁利用其他设备的零线接地，以防零线断开后造成设备没有接地。

(2) 携带式电气设备的接地线应考虑接地方便且不易折断。为了安全可靠，要求采用截面不小于 $1.5mm^2$ 的软铜绞线。该截面是保证安全需要的最低要求，具体截面应根据相导线选择。

(3) 由固定的电源或由移动式发电设备供电的移动式机械的金属外壳或底座，应和这些供电电源的接地装置有金属的连接；在中性点不接地的电网中，可在移动式机械附近装设接地装置，以代替敷设接地线，并应首先利用附近的自然接地体。

(4) 移动式电气设备和机械的接地应符合固定式电气设备接地的规定，但下列情况可不接地：

①移动式机械自用的发电设备直接放在机械的同一金属框架上，又不供给其他设备用电。

②当机械由专用的移动式发电设备供电，机械数量不超过 2 台，机械距移动式发电设备不超过 50m，且发电设备和机械的外壳之间有可靠的金属连接。

技能图解 59 保护接零概述

技能结构框线图

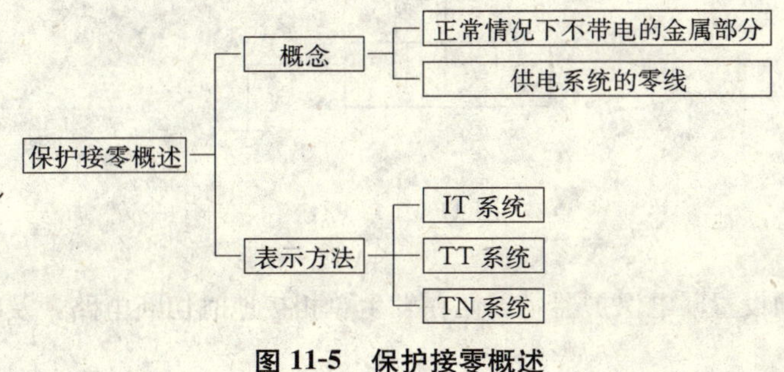

图 11-5 保护接零概述

技能要点 1：概念

所谓保护接零，就是将电气设备在正常情况下不带电的金属部分与供电系统的零线（中性线）直接连接起来。

建筑施工现场的临时供电系统，通常是采用380/220V三相四线制供电、变压器中性点直接接地的系统。为了防止发生间接触电事故，技术上的安全措施普遍是采用保护接零（简称接零）。

技能要点2：表示方法

在380/220V三相四线制低压供电电网中，变压器中心点接地方式和设备采用的保护方式，可分成以下几种可由字符表示如下：

□□：IT或TT

□□—□：TN—C或TN—S

□□—□—□：TN—C—S

第一个字符表示三相电力变压器中心点对地关系：I表示不接地或经阻抗接地；T表示直接接地。

第二个字符表示用电设备外露导电部分采用的保护方式：T表示采用保护接地；N表示采用保护接零。

第三、四个字符表示在TN系统中工作零线N和保护零线PE按不同的分合状态可分成三种型式：

TN—C系统：表示的380/220V三相四线制低压供电电网中，工作零线N和保护零线PE合二为一为PEN。

TN—S系统：表示在380/220V三相四线制低压供电电网中，工作零线N和保护零线PE从变压器工作接地线或变压器总配电房总零母排处分别引出。

TN—C—S系统：表示的380/220V三相四线制低压供电电网中，前部分工作零线N和保护零线PE未分开设置，而后部分工作零线N和保护零线PE分开设置。

从上面的分类可以看出，IT系统就是接地保护系统，TT系统就是将电气设备的金属外壳作接地保护的系统，而TN系统就是将电气设备的金属外壳作接零保护的系统。

1. IT系统

IT系统是指在中性点不接地或经过高阻抗接地的电力系统中，用电设备的外露可导电部分经过各自的PE线（保护接地线）接地（图11-6）。

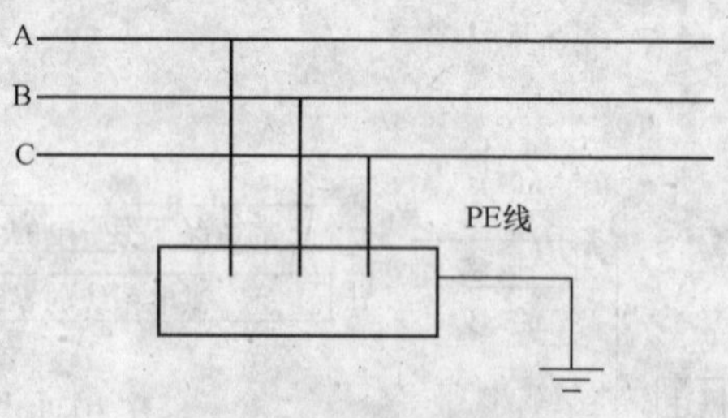

图11-6　IT系统

在IT系统中必须设置漏电保护器，以便在发生单相接地时切断电路，及时处理。

2. TT系统

TT系统是指在电源（变压器）中性点直接接地的电力系统中，电气设备的外露可导电部分，通过各自的PE线直接接地的保护系统（图11-7）。

一般情况下，在施工现场不宜采用TT保护系统。

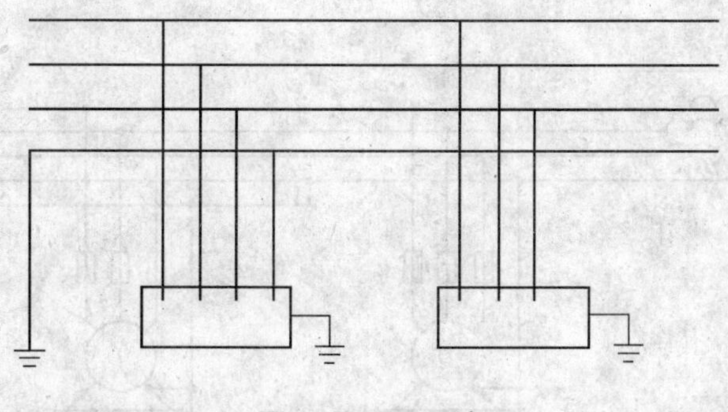

图 11-7　TT 系统

3. TN 系统

TN 系统是指在中性点直接接地的电力系统中，将电气设备的外露可导电部分直接接零的保护系统。

1）TN－C 保护接零系统

在 380/220V 三相四线制低压供电电网中，当采用 TN－C 保护接零系统时，如图 11-8，由于工作零线和保护零线未分开设置合二为一，因此当有单相设备工作或三相负荷不平衡时，零线上有工作电流通过；如有设备发生故障使外壳带电时，零线中有单相短路电流通过，这时都有可能产生危险对地电压。假如零线断裂则后果更为严重，所有保护接零设备外壳都将带电，极易发生触电事故，因而在施工现场不能采用 TN－C 系统。

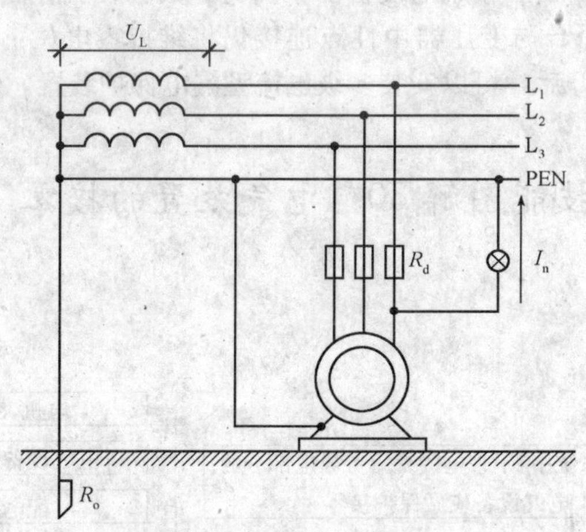

图 11-8　TN－C 保护接零系统

在采用保护接零的低压中性点直接接地的 380/220V 的三相四线制供电电网中，将零线上的一处或多处通过接地装置与大地再次连接，称为重复接地。重复接地对保护接零的安全技术措施起着重要作用，主要反映在下面几方面：

（1）当零线断裂时能起到保护作用。

（2）能使设备碰壳时短路电流增大，加速线路保护装置的动作。

（3）降低零线中的电压损失。

2）TN－C－S 保护接零系统

当建筑施工现场临时用电由公用 380/220V 的三相四线制低压电网供电时，由于受到供电条件的限制，则建筑施工现场临时用电必须采用 TN－C－S 保护接零系统，如图 11-9 所示。

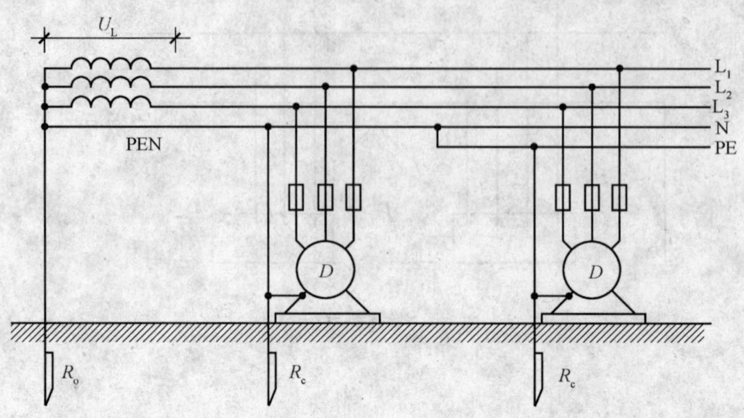

图 11-9 TN－C－S 保护接零系统

3）TN－S 保护接零系统

建筑施工现场设有专用三相电力变压器为其提供电源，工作零线 N 和保护零线 PE 从变压器工作接地线或变压器总配电房总零母排处分别引出。

由此可见工作零线和保护零线从变压器工作接地线或变压器总配电房总零母线排处分开，相互独立工作互不影响，当工作零线断裂后只影响到断线后的单相用电设备，而不会在保护接零用电设备外壳上产生危险电压；当三相用电设备不平衡时，只会在工作零线上产生电位差，而各用电设备外壳则通过保护零线 PE 与变压器中性点连接仍将维持零电位，不会产生危险电压；同时由于工作零线和保护零线分开后，可以安装多级电流型漏电保护装置，做到多级分片保护。

技能图解 60　电气装置的接零

技能结构框线图

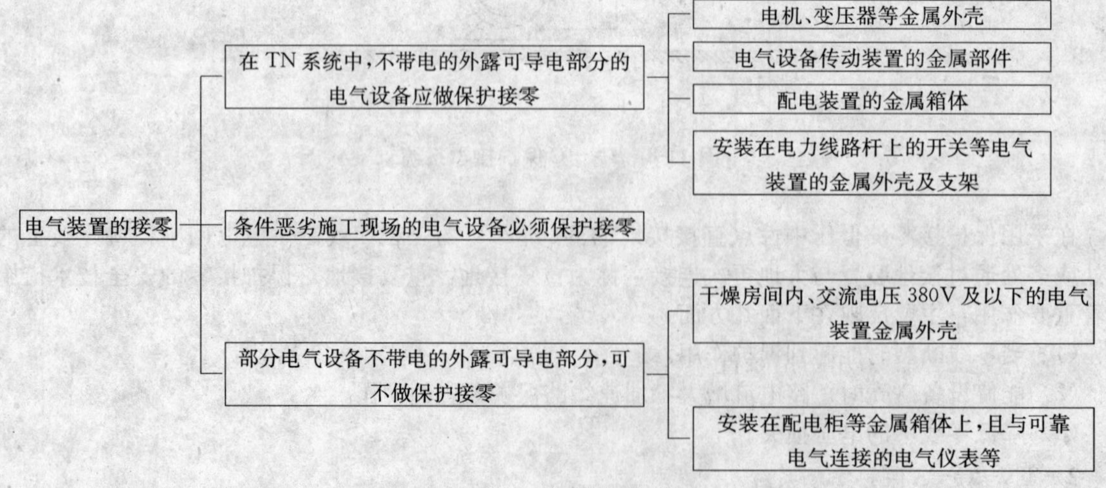

图 11-10 电气装置的接零

技能要点：

（1）在 TN 系统中，下列电气设备不带电的外露，可导电部分应做保护接零：

①电机、变压器、电器、照明器具、手持式电动工具的金属外壳；

②电气设备传动装置的金属部件；

③配电柜与控制柜的金属框架；

④配电装置的金属箱体、框架及靠近带电部分的金属围栏和金属门；

⑤电力线路的金属保护管、敷线的钢索、起重机的底座和轨道、滑升模板金属操作平台等；

⑥安装在电力线路杆（塔）上的开关、电容器等电气装置的金属外壳及支架。

（2）城防、人防、隧道等潮湿或条件特别恶劣施工现场的电气设备必须采用保护接零。

（3）在 TN 系统中，下列电气设备不带电的外露可导电部分，可不做保护接零：

①在木质、沥青等不良导电地坪的干燥房间内，交流电压 380V 及以下的电气装置金属外壳（当维修人员可能同时触及电气设备金属外壳和接地金属物件时除外）；

②安装在配电柜、控制柜金属框架和配电箱的金属箱体上，且与其可靠电气连接的电气测量仪表、电流互感器、电器的金属外壳。

技能图解 61　防　雷

技能结构框线图

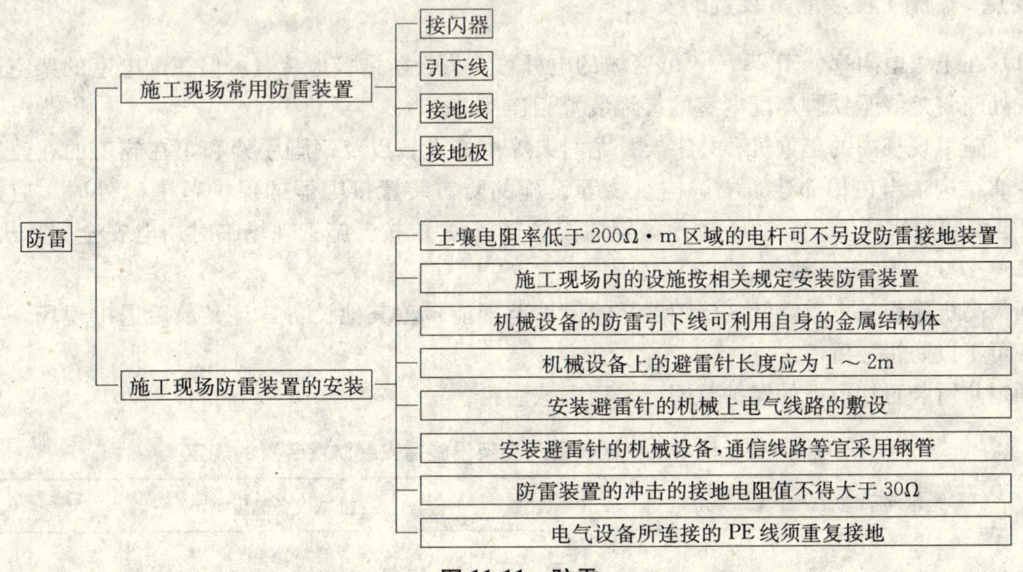

图 11-11　防雷

技能要点 1：施工现场常用防雷装置

1. 接闪器

接闪器又称受雷装置，是接受雷电流的金属导体，其主要有避雷针、避雷带和避雷网三种。

（1）避雷针分为独立式避雷针和装在被保护物顶端的避雷针，常用水泥杆或金属构架立在地面上设置独立式的避雷针，根据保护范围来设计高度和根数。其作用是保护地面上高度不高的构筑物，如变电站、油库等。装在被保护物顶端的避雷针一般用来保护较为突出但水平面积很小的构物，如工地上的塔吊、井字架与龙门架等高大建筑机械设备。

（2）避雷带。避雷带是一种接闪器，水平敷设在建筑物顶部突出部位，如屋脊、屋檐、女儿墙、山墙等位置，对建筑物易受雷击部位进行保护。避雷带一般采用镀锌圆钢或扁钢制成，其尺寸不小于下列数值：圆钢直径为 8mm；扁钢截面积 50mm²；扁钢厚度 4mm。

避雷带进行安装时，每隔 1m 用支架固定在墙上或现浇在混凝土的支座上。

（3）避雷网。这是金属导体做成网式的一种接闪器。网格不应大于 8～10m，使用的材料与避雷带相似，采用截面积不小于 50mm² 的圆钢和扁钢，交叉点必须进行焊接。

2. 引下线

引下线是连接接闪器和接地装置的金属导线，它可以把接闪器上的雷电流引到接地装置上去。引下线可以用圆钢和扁钢制成，截面积不小于 48mm²，它既可以明装，也可以暗装。引下线在地面上 2m 至低于地面 0.2m 之间穿金属管或塑料管加以保护，免受机械损伤。

3. 接地线与接地极

接地线与接地极组成接地装置，接地装置是引导雷电流安全入地的导体。接地极是指与大地作良好接触的导体。接地极分垂直接地极和水平接地极两种。

连接引下线和接地极的导体称为接地线。接地线通常采用直径为 10mm 以上的镀锌钢筋制成。当雷电流通过接地装置向大地流散时，接地点的电位仍然是很高的，人体走近接地极时会有触电危险。因此，接地极应埋设在行人较少的地方，要求接地极距被保护的建筑物不小于 3m。

技能要点 2：施工现场防雷装置的安装

（1）在土壤电阻率低于 200Ω·m 区域的电杆可不另设防雷接地装置，但在配电室的架空进线或出线处应将绝缘子铁脚与配电室的接地装置相连接。

（2）施工现场内的起重机、井字架、龙门架等机械设备以及钢脚手架和正在施工的在建工程等的金属结构，当在相邻建筑物、构筑物等设施的防雷装置接闪器的保护范围以外时，应按表 11-4规定安装防雷装置。表 11-4 中地区年均雷暴日（d）应按《施工现场临时用电安全技术规范》（JGJ 46—2005）附录 A 执行。

当最高机械设备上避雷针（接闪器）的保护范围能覆盖其他设备，且又最后退出现场，则其他设备可不设防雷装置。

确定防雷装置接闪器的保护范围可采用滚球法：

表 11-4 施工现场内机械设备及高架设施需安装防雷装置的规定

地区年平均雷暴日（d）	机械设备高度（m）
≤15	≥50
>15，<40	≥32
≥40，<90	≥20
≥90 及雷害特别严重地区	≥12

①按照滚球法，单支避雷针（接闪器）的保护范围应按下列方法确定：

a. 当避雷针高度（h）小于或等于滚球半径（h_r）时（图 11-12），避雷针在被保护物高度的

XX'平面上的保护半径和在地面上的保护半径可按下列公式确定：

$$r_x=\sqrt{h\ (2h_r-h)}-\sqrt{h_x\ (2h_r-h_x)} \quad (11\text{-}1)$$

$$r_0=\sqrt{h\ (2h_r-h)} \quad (11\text{-}2)$$

式中　h——避雷针高度（m）；

h_x——被保护物高度（m）；

r_x——在被保护物高度的 XX'平面上的保护半径（m）；

r_0——在地面上的保护半径（m）；

h_r——滚球半径（m）。

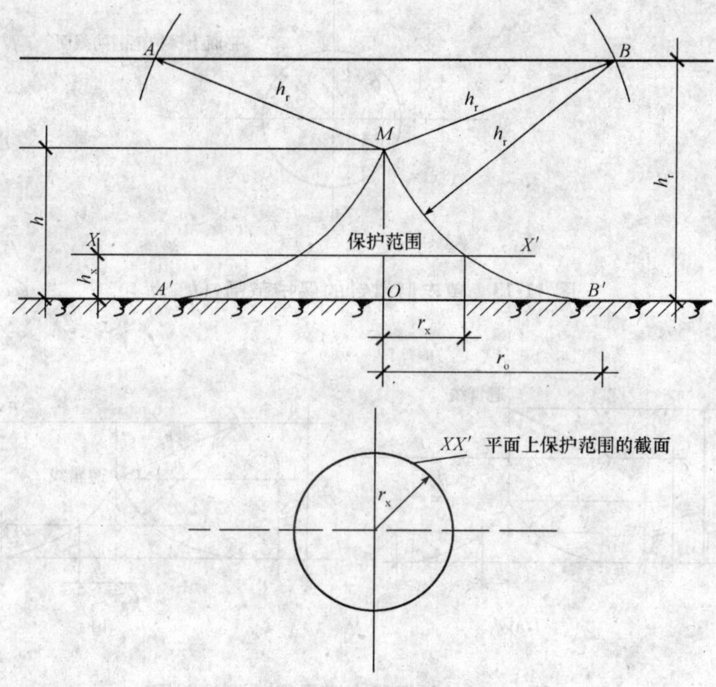

图 11-12　单支避雷针的保护范围（$h \leqslant h_r$）

在现行国家标准《建筑物防雷设计规范》（GB 50057）中，对于第一、二、三类防雷建筑物的滚球半径分别确定为 30m、45m、60m。对一般施工现场，在年平均雷暴日大于 15d/a 的地区，高度在 15m 及以上的高耸建构筑物和高大建筑机械；或在年平均雷暴日小于或等于 15d/a 的地区，高度在 20m 及以上的高耸建构筑物和高大建筑机械，可参照第三类防雷建筑物。

b. 当避雷针高度（h）大于滚球半径（h_r）时（图 11-13），避雷针在被保护物高度 XX'平面上的保护半径和在地面上的保护半径可按下列公式确定：

$$r_x=h_r-\sqrt{h_x\ (2h_r-h_x)} \quad (11\text{-}3)$$

$$r_0=h_r \quad (11\text{-}4)$$

②按照滚球法，单根避雷线（接闪器）的保护范围应按下列方法确定：

当避雷线的高度大于或等于 2 倍滚球半径时，无保护范围；当避雷线的高度小于 2 倍滚球半径时（图 11-14），滚球半径的 2 圆弧线（柱面）与地面之间的空间即是保护范围。

当 $h_r<h<2h_r$ 时，保护范围最高点的高度 h_0 可按下式计算：

$$h_0=2h_r-h \quad (11\text{-}5)$$

当 $h \leqslant h_r$ 时，保护范围最高点的高度即为 h：

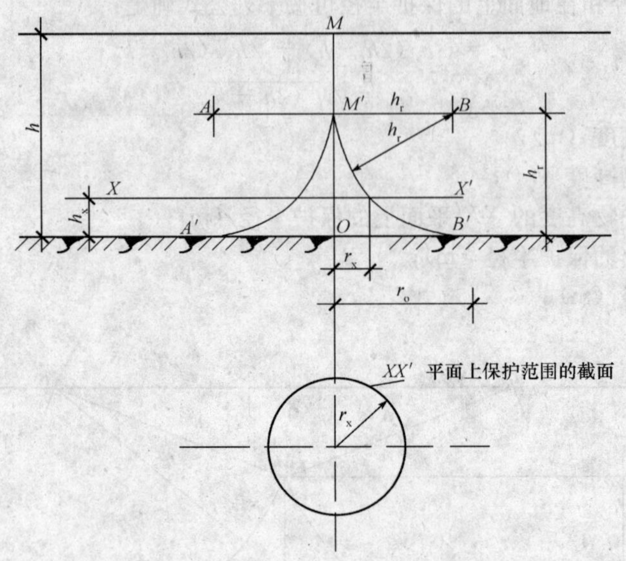

图 11-13　单支避雷针的保护范围（$h>h_r$）

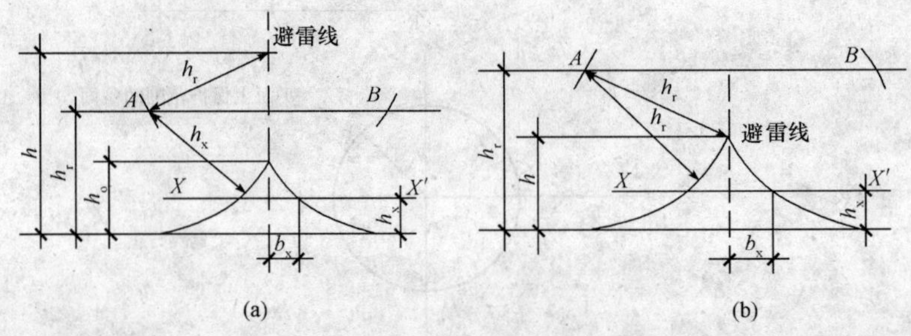

图 11-14　单根架空避雷线的保护范围

(a) $h_f<h<2h_r$ 时；(b) $h\leqslant h_r$ 时

$$h_0=h \tag{11-6}$$

避雷线在 h_x 高度的 XX'平面上的保护宽度 b_x 可按下式计算：

$$b_x=\sqrt{h\ (2h_r-h)}-\sqrt{h_x\ (2h_r-h_x)} \tag{11-7}$$

避雷线两端的保护范围按单支避雷针的方法确定。

(3) 机械设备或设施的防雷引下线可利用该设备或设施的金属结构体，但应保证电气连接。

(4) 机械设备上的避雷针（接闪器）长度应为 1～2m。塔式起重机可不另设避雷针（接闪器）。

(5) 安装避雷针（接闪器）的机械设备，所有固定的动力、控制、照明、信号及通信线路，宜采用钢管敷设。钢管与该机械设备的金属结构体应做电气连接。

(6) 施工现场内所有防雷装置的冲击接地电阻值不得大于 30Ω。

(7) 做防雷接地机械上的电气设备，所连接的 PE 线必须同时做重复接地，同一台机械电气设备的重复接地和机械的防雷接地可共用同一接地体，但接地电阻应符合重复接地电阻值的要求。

(8) 安装避雷针的机械上电气线路的敷设。对装有避雷针的机械设备上所用动力、照明、信号及通信等线路，均应采取钢管敷设。并将钢管与该机械设备的金属构架作电气连接。

施工现场的防雷措施，要根据施工的所在地区的实际情况而确定采取什么防雷措施及请求。但有些工地处于旷野地区施工，周围根本没有保护伞，但按当地雷暴日天数，机械的高度等因素可以考虑不设避雷保护，但是往往会受到雷击，所以处在这种环境条件下施工，对于工地上突出机械设备，还有架空线路等，应采取防雷措施为好；有的施工处于高坡和土岗上，应按附近坡下的地面计算高度。

第十二章　施工现场电气照明装置

技能图解 62　电光源与照明器

技能结构框线图

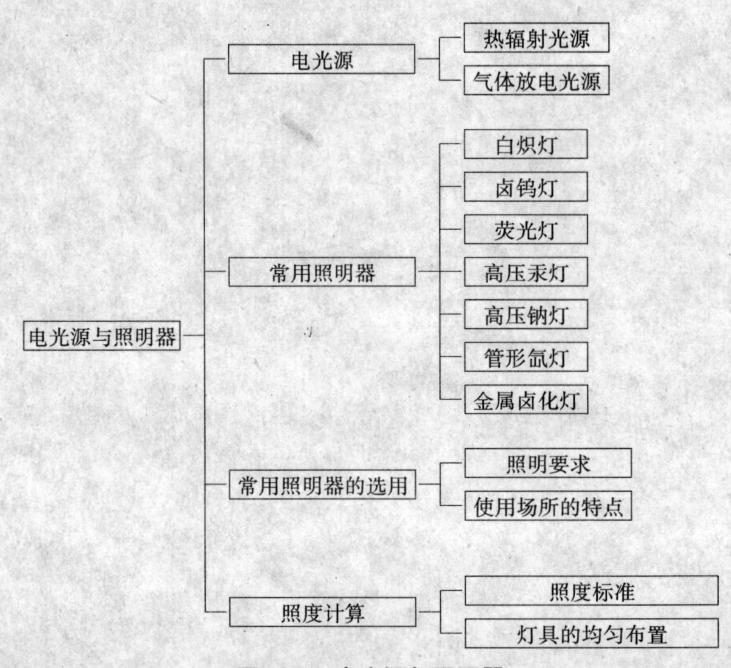

图 12-1　电光源与照明器

技能要点 1：电光源

电光源按其发光机理的不同一般分为两大类：①是热辐射光源，它是利用物体发热至白炽状后辐射发光的原理，如白炽灯、卤钨灯等；②是气体放电光源，它是利用击穿的气体持续放电，使电子、原子等碰撞而发光的原理，如荧光灯、高压汞灯等。

技能要点 2：常用照明器

1. 白炽灯

白炽灯是第一代电光源的代表作。它主要由灯丝、灯头和玻璃灯泡等组成，如图 12-2 所示。灯丝是由高熔点的钨丝绕制而成，并被封入抽成真空状的玻璃泡内，主要依靠钨丝白炽体的高热辐射发光，其构造简单，使用方便。

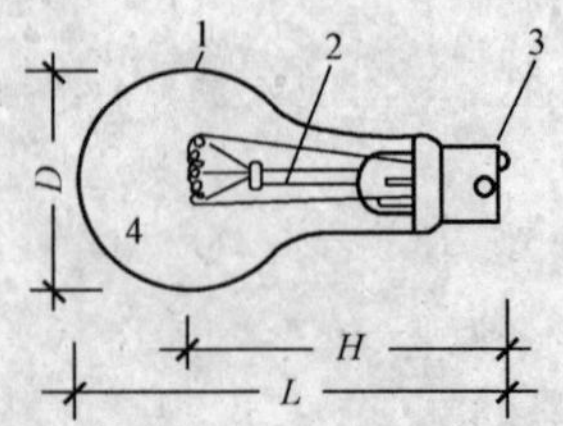

图 12-2　白炽灯的构造

1—玻壳；2—玻璃支柱；3—灯头；4—灯丝

当电流通过白炽灯的灯丝时，由于电流的热效应，使灯丝达到白炽状（钨丝的温度可达到 2400～2500℃）而发光。但热辐射中只有 2%～3%为可见光，发光效率低，平均寿命为 1000h，经不起振动。电源电压变化对灯泡的寿命和光效有严重影响，故电源电压的偏移不宜大于±2.5%。

使用白炽灯时应注意：①白炽灯表面温度较高，严禁在易燃场所使用；②白炽灯吸收的电能只有20%以下被转换成了光能，其余的均被转换为红外线辐射能和热能，故玻璃壳内的温度很高，在使用中应防止水溅到灯泡上，以免玻璃壳炸裂；③装卸灯泡时，应先断开电源，更不能用潮湿的手去装卸灯泡。

2. 卤钨灯

卤钨灯是卤钨循环白灯泡的简称，是一种较新型的热辐射光源。它是在白炽灯的基础上改进而来，与白炽灯相比，它有体积小、光效好、寿命长等特点。

它是由具有钨丝的石英灯管内充入微量的卤化物（碘化物或溴化物）和电极组成，如图12-3所示。

图12-3　卤钨灯

1—电极；2—封套；3—支架；4—灯丝；5—石英管；6—碘蒸气

卤钨灯的发光原理与白炽灯相同，钨丝通电后产生热效应至白炽状态而发光，但它利用卤钨循环的作用，相对白炽灯而言，提高了发光效率、延长了使用寿命，且它的光通量比白炽灯更稳定，光色更好。

使用卤钨灯时应注意：①卤钨灯灯管管壁温度高达600℃左右，所以在易燃场所不宜安装；②卤钨灯的安装必须保持水平，倾斜角不得超过±4°；③卤钨灯的耐震性较差，不易在有振动的场所使用，也不宜作移动式照明电器使用；④卤钨灯需配专用的照明灯具。

3. 荧光灯

荧光灯又称日光灯，是第二代电光源的代表作。它主要由荧光灯管、镇流器和启辉器等组成，如图12-4所示。

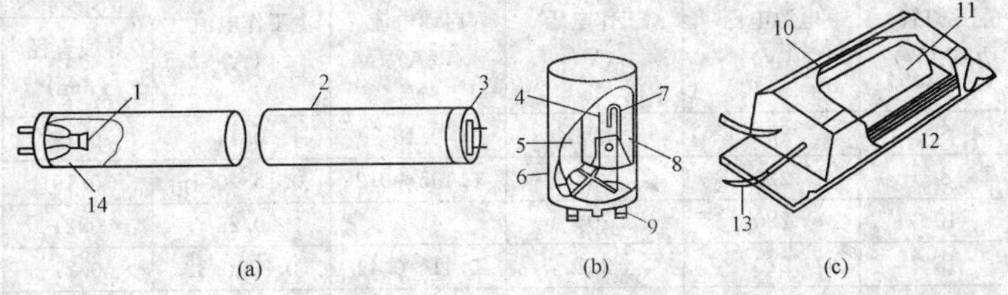

图12-4　荧光灯

（a）灯管；（b）启辉器；（c）镇流器

1—阴极；2—玻璃管；3—灯头；4—静触头；5—电容器；6—外壳；
7—双金属片；8—玻璃壳内充惰性气体；9—电极；10—外壳；
11—线圈；12—铁心；13—引线；14—水银

荧光灯靠汞蒸气放电时发出可见光和紫外线，后者激励灯管内壁的荧光粉而发光，光色接近白色。荧光灯是低气压放电灯，工作在弧光放电区，当外电压变化时工作不稳定，所以必须与镇流器一起使用，将灯管的工作电流限制在额定数值。

荧光灯具有光色好，特别是日光灯接近天然光；发光效率高，约比白炽灯高2～3倍；在不频繁启燃工作状态下，其寿命较长，可达3000h以上。

荧光灯安装接线工作电路图如图 12-5 所示，为了便于选用日光灯的配套附件，现将日光灯的技术数据列于表 12-1 中；镇流器、启辉器的有关数据见表 12-2 和表 12-3。

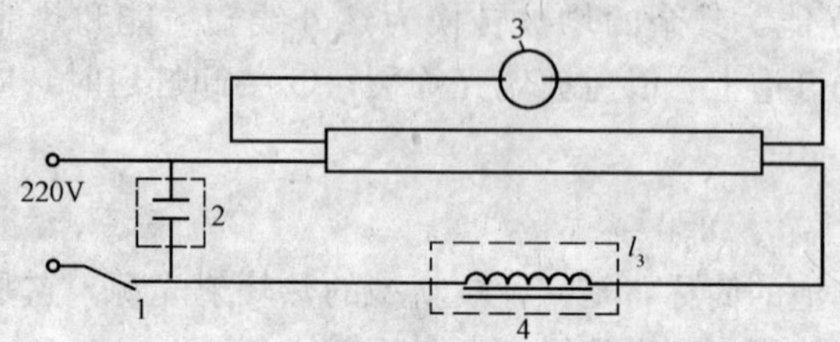

图 12-5 日光灯电气原理图

1—开关；2—电容器；3—启辉器；4—镇流器

表 12-1 日光灯的技术数据

灯管型号	技术指数					外形尺寸（mm）	
	功率（W）	启动电流（mA）	工作电流（mA）	灯管电压（V）	电源电压（V）	长度	直径
RR—6	6	180	140	55	110/220	226	15
RR—3	8	195	150	65		301	15
RR—15	15	440	320	52		451	38
RR—20	20	460	350	60		604	
RR—30	30	560	360	95		909	
RR—40	40	650	410	108		1215	
RR—100	100	1800	1500	87		1215	

表 12-2 镇流器的技术数据

镇流器型号	配用灯管功率（W）	电源电压（V）	工作电压（V）	启动电流（A）	工作电流（A）	线圈数据	
						导线直径（mm）	匝数
PYZ—6	6	220	208	0.18	0.14	0.19	1000×2
PYZ—8	8	220	206	0.195～0.2	0.15～0.16	0.19	1000×2
PYZ—10	10	220	204		0.25	0.21	1000×2
PYZ—15	15	220	202	0.41～0.44	0.3～0.32	0.21	980×2
PYZ—20	20	220	198	0.46	0.35	0.25	760×2
PYZ—30	30	220	182	0.56	0.36	0.25	760×2
PYZ—40	40	220	165	0.65	0.41	0.31	750×2

表 12-3 启辉器的技术数据

启辉器型号	配用灯管功率（W）	电压（V）	启动速度		欠压启动		启动电压（V）	使用寿命（次）
			电压（V）	时间（s）	电压（V）	时间（s）		
PYJ4—8	4～8	220	220	1～4	180	＜15	＞135	5000
PYJ15—20	15～20	220	220	1～4	180	＜15	＞135	5000
PYJ30—40	30～40	220	220	1～4	180	＜15	＞135	5000
PYJ100	100	220	220	1～4	200	2～5		5000

使用荧光灯时应注意：

（1）荧光灯带有镇流器，所以是感性负载，功率因素较低，且频闪效应显著；它对环境的适应性较差，如温度过高或过低会造成启辉困难；电压偏低，会造成荧光灯启燃困难甚至不能启燃；同时，普通荧光灯点燃需一定的时间，所以不适用于要求不间断的场所，最适宜的温度为18～25℃。

（2）不同规格的镇流器与不同规格的日光灯不能混用。因为不同规格的镇流器的电气参数是根据灯管要求设计的。在额定电压、额定功率的情况下，相同功率的灯管和镇流器配套使用，才能达到最理想的效果。如果不注意配套，就会出现各种问题，甚至造成不必要的损失。表 12-4 是通过实测得到的镇流器与灯管的功率配套的数据。

表 12-4　镇流器与灯管的功率配套情况

电流值（mA）　灯管功率（W） 镇流器功率（W）	15	20	30	40
15	320	280	240	200 以下（启动困难）
20	385	350	290	215
30	460	420	350	265
40	590	555	500	410

（3）破碎的灯管要及时妥善处理，防止汞害。

4. 高压汞灯

高压汞灯又称高压水银灯，是一种较新型的电光源，分荧光高压汞灯、反射型荧光高压汞灯和自镇流荧光高压汞灯三种，主要由涂有荧光粉的玻璃泡和装有主、辅电极的放电管组成。玻璃泡内装有与放电管内辅助电极串联的附加电阻及电极引线，并将玻璃泡与放电管间抽成真空，充入少量惰性气体，如图 12-6 所示。

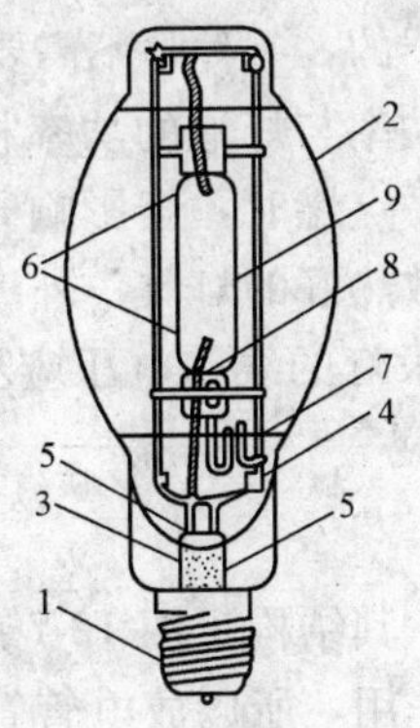

图 12-6　高压汞灯

1—灯头；2—玻璃壳；3—抽气管；4—支架；5—导线；
6—主电极；7—启动电阻；8—辅助电极；9—石英放电管

荧光高压汞灯的光效比白炽灯高三倍左右，寿命也长，启动时不需加热灯丝，故不需要启辉器，但显色性差。电源电压变化对荧光高压汞灯的光电参数有较大影响，故电源电压变化不宜大于±5%。

反射型荧光高压汞灯玻壳内壁上部镀有铝反射层，具有定向反射性能，使用时可不用灯具；

自镇流荧光高压汞灯用钨丝作为镇流器，是利用高压汞蒸气放电、白炽体和荧光材料三种发光物质同时发光的复合光源。这类灯的外玻壳内壁都涂有荧光粉，它能将汞蒸气放电时辐射的紫外线转变为可见光，以改善光色，提高光效。

高压汞灯主要的优点有发光效率高，寿命长、省电，耐震，且对安装无特殊要求，所以被广泛用于施工现场、广场、车站等大面积场所的照明。

为了提供选用时方便，将目前我国生产并常用的高压汞灯和自镇流高压汞灯的技术数据及规格型号列于表 12-5 及表 12-6 中。

表 12-5　常用高压汞灯的技术数据

灯泡型号	光电参数							
	电源电压（V）	灯泡功率（W）	灯泡电压（V）	工作电流（A）	启动时间（min）	再启动时间（min）	配用镇流器阻抗（Ω）	寿命（h）
GGY125	220	125	115±15	1.25	4～8	5～10	134	2500
GGY250		250	130±15	2.15			70	5000
GGY400		400	135±15	3.25			45	
GGY1000		1000	145±15	7.5			18.5	

表 12-6　自镇流高压汞灯的技术数据

灯泡型号	电源电压（V）	灯泡功率（W）	工作电流（A）	启动电压（A）	再启动时间（min）	寿命（h）
GLY－250	220	250	1.2	180	3～6	2500
GLY－450		450	2.25			3000
GLY－750		750	3.56			

高压汞灯有两种，一种是需要镇流器的，一种是不需要镇流器的。所以安装时一定要看清楚。需配镇流器的高压汞灯一定要使镇流器功率与灯泡的功率相匹配。否则，灯泡会损坏或者启动困难。高压汞灯可在任意位置使用，但水平点燃时，会影响光通量的输出，而且容易自灭。高压汞灯工作时，外玻壳温度很高，必须配备散热好的灯具。外玻壳破碎后的高压汞灯应立即换下，因为大量的紫外线会伤害人的眼睛。高压汞灯的线路电压应尽量保持稳定，当电压降低 5%时，灯泡可能会自行熄灭。

5. 高压钠灯

高压钠灯也是一种气体放电的光源，其结构见图 12-7 所示。放电管细长，管壁温度达 700℃以上，因钠对石英玻璃具有较强的腐蚀作用，所以放电管管体采用多晶氧化铝陶瓷制成。用化学性能稳定而膨胀系数与陶瓷相接近的铌做成端帽，使得电极与管体之间具有良好的密封。电极间连接着双金属片，用来产生启动脉冲。灯泡外壳由硬玻璃制成，灯头与高压钠灯一样，制成螺口型。

高压钠灯是利用高压钠蒸气放电的原理进行工作的。由于它的发光管（放电管）既细又长，不能采用类似高压汞灯通过辅助电极启辉发光的办法，而采用荧光灯的启动原理，但是启辉器被组合在灯泡内部（即双金属片），其启动原理见图 12-8 所示。接通电源后，电流通过双金属片 b 和加热线圈 H，b 受热后发生变形使触头打开，镇流器 L 产生脉冲高压使灯泡点燃。

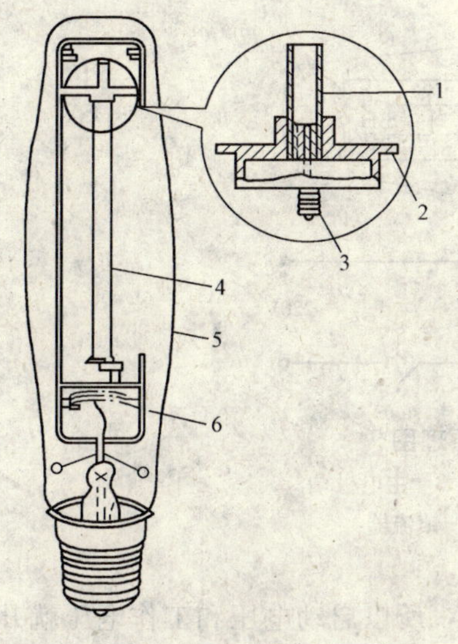

图 12-7　高压钠灯的外形和结构

1—金属排气管；2—铌帽；3—电极；

4—放电管；5—玻璃泡体；6—双金属片

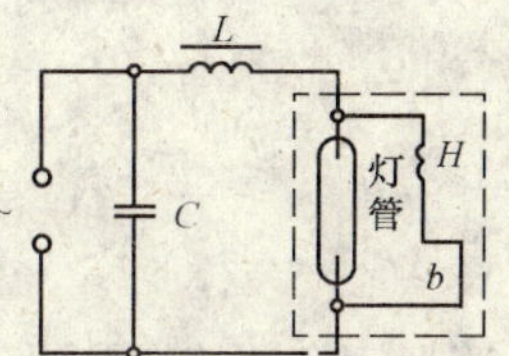

图 12-8　高压钠灯启动原理

高压钠灯的光效比高压汞灯高，寿命长达 2500～5000h；紫外线辐射少；光线透过雾和水蒸气的能力强。缺点是显色性差，光源的色表和显色指数都比较低，适用于道路、车站、码头、广场等大面积的照明。

灯泡的工作电压为 100V 左右，因此安装时要配用瓷质螺口灯座和带有反射罩的灯具。最低悬挂高度 NG—400 型为 7m，NG—250 型为 6m。

6. 管形氙灯

管形氙灯又称长弧氙灯，放电时能产生很强的白光，接近连续光谱，和太阳光十分相似，故有“小太阳”之称，特别适合于大面积场所照明。

管形氙灯点燃瞬间即能达到 80%光输出，光电参数一致性好，工作稳定，受环境温度影响小，电源电压波动时容易自熄。

使用管形氙灯时应注意下列事项：①灯管工作温度很高，灯座及灯头的引入线应采用耐高温材料。灯管需保持清洁，以防止高温下形成污点，降低灯管透明度。②应注意触发器的使用，触发器为瞬时工作设备，每次触发时间不宜超过 10s，更不允许用任何开关代替触发按钮，以免造成连续运行而烧坏触发器。当它触发瞬间，将产生数万伏脉冲高压，应注意安全。

7. 金属卤化灯

金属卤化灯是在高压汞灯的基础上为改善光色而发展起来的一种新型电光源。它不仅光色好，而且发光效率高。在高压汞灯内添加某些金属卤化物，靠金属卤化物的不断循环，向电弧提供相应的金属蒸气，于是就发出表征该金属特征的光谱线。常用的金属卤化物灯有钠铊铟灯和管形镝灯。

（1）钠铊铟灯的接线和工作原理：图 12-9 为 400W 钠铊铟灯工作原理图。电源接通后，电流流经加热线圈 1 和双金属片 2 受热弯曲而断开，产生高压脉冲，使灯管放电点燃；点燃后，放电的热量使双金属片一直保持断开状态，钠灯进入稳定的工作状态。1000W 钠铊铟灯工作线路比较复杂，必须加专门的触发器。

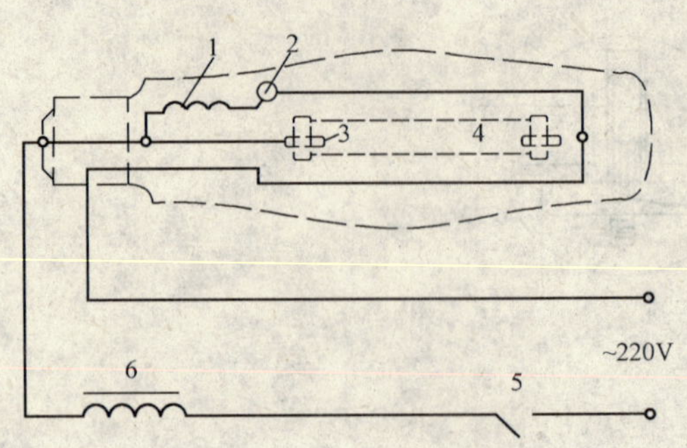

图 12-9 钠铊铟灯原理图

1—加热线圈；2—双金属片；3—主电极；
4—主电极；5—开关；6—镇流器

（2）管形镝灯的接线及原理：因在管内加了碘化镝，所以启动电压和工作电压就升高了。这种镝灯必须接在380V线路中，而且要增加两个辅助电极（引燃极）3和4，见图12-10，使得接通电源后，首先在1、3与2、4之间放电，再过渡到主电极1、2间的放电。

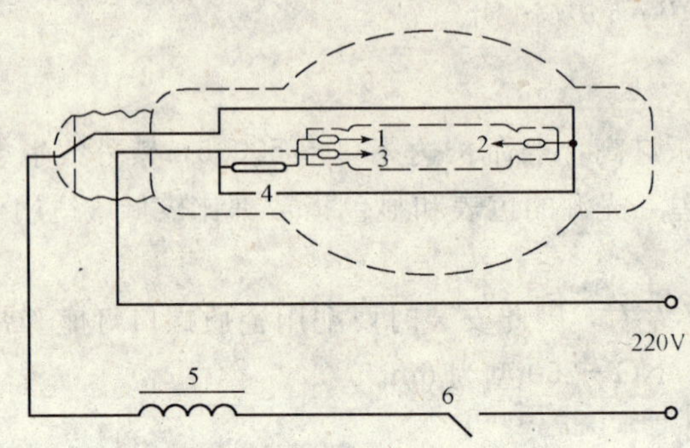

图 12-10 管形镝灯原理图

1、2—主电极；3、4—辅助电极；5—镇流器；6—开关

镝钍灯具有全波长光谱，被称为第三代光源。它在刚点燃时，光色不正常，启动时要用触发器，有直流、交流二种。钪钠灯是国内金属卤化物灯的新产品，属节能光源，具有光效高、光色好的特点，且启动快、启动电流小、控制方便，节电效果好，显色性比高压钠灯有很大提高，适用于道路、车间大面积照明。

安装金属卤化灯时应注意：①电源电压要比较稳定，电源电压的变化不宜大于±5%。电压的降低不仅影响发光效率及管压的变化，而且会造成光色的变化，以致熄灭；②灯具安装高度宜在5m以上；③无外玻璃壳的金属卤化物灯紫外线辐射较强，灯具应加玻璃罩，或悬挂在高度14m以上，以保护眼睛和皮肤；④管形镝灯的结构有水平点燃、灯头在上的垂直点燃和灯头在下的垂直点燃三种。安装时，必须认清方向标记，正确使用；⑤由于温度较高，配用灯具必须考虑散热，而且镇流器必须与灯管匹配使用；⑥电源线应经接线柱连接，并不得使电源线靠近，并不得使电源线靠近灯具表面；⑦灯管必须与触发器和限流器配套使用。

技能要点3：常用照明器的选用

现场照明的质量保证和基本条件就是要保证电压的正常和稳定。电压偏低与偏移会造成光线灰暗，影响施工；电压过高了会使灯具过亮，发出很强的眩光，使施工人员难以适应，也会造成灯具寿命缩短甚至当即烧毁。因此照明器的选用应根据照明要求和使用场所的特点，一般考虑如下：

(1) 照明开闭频繁，需要及时点亮，需要调光的场所，或因频闪效应影响视觉效果的场所，宜采用白炽灯或卤钨灯。

(2) 识别颜色要求较高、视看条件要求较好的场所，宜采用日光色荧光灯、白炽灯和卤钨灯。

(3) 振动较大的场所，宜采用荧光高压汞灯或高压钠灯，有高挂条件并需要大面积照明的场所，宜采用金属卤化物灯或长弧氙灯。

(4) 对于一般性生产用工棚间、仓库、宿舍、办公室和工地道路等，应优先考虑选用投资低廉的白炽灯和日光灯。

技能要点 4：照度计算

1. 照度标准

我们国家是根据建筑物的功能，从保护人民视力健康的要求和节约能源、技术先进、经济合理、使用安全及维护方便等诸方面出发，制定了照度标准。

照度标准是指工作面或生活场所参考平面上的平均照度值，它对各种建筑环境、工作环境及生活环境等其标准值是不一样的。在标准中还根据不同地区、不同工作环境人对照度的不同要求和适应性作了高、中、低三档标准。

2. 灯具的均匀布置

灯具的均匀布置是由两个参数确定的，一是安装高度，其次是水平间距。灯具的安装高度主要从防止眩光、防止碰撞等方面考虑，灯具的水平间距却是根据布置方式不同而不同。

1) 常用照明器的悬挂高度

照明器的悬挂高度主要考虑防止眩光，保证照明质量和安全，照明器距地面最低悬挂高度见表 12-7。

表 12-7　照明灯具距地面最低悬挂高度的规定

光源种类	灯具形式	光源功率（W）	最低悬挂高度（m）
白炽灯	有反射罩	≤60	2.0
		100～150	2.5
		200～300	3.5
		≥500	4.0
	有乳白玻璃反射罩	≤100	2.0
		150～200	2.5
		300～500	3.0
卤钨灯	有反射罩	≤500	6.0
		1000～2000	7.0
荧光灯	无反射罩	<40	2.0
		>40	3.0
	有反射罩	≥40	2.0
荧光高压汞灯	有反射罩	≤125	3.5
		250	5.0
		≥400	6.5

表 12-7（续）

光源种类	灯具形式	光源功率（W）	最低悬挂高度（m）
高压汞灯	有反射罩	≤125	4.0
		250	5.5
		≥400	6.5
金属卤化物灯	搪瓷反射罩	400	6.0
	铝抛光反射罩	1000②	14.0
高压钠灯	搪瓷反射罩	250	6.0
	铝抛光反射罩	400	7.0

注：①表中规定的灯具最低悬挂高度在特殊情况可降低 0.5m，但不应低于 2m。如一般照明的照度低于 30lx 时。

②当有紫外线防护措施时，悬挂高度可适当降低。

2）常用照明器安装水平间距

灯具的悬挂高度应与灯具的距离同时考虑，故引出了灯具的距离与高度之比，即距离比的概念来选择灯具的布置方式，它能较好地解决灯具布置时这两个参数之间的相互关系。表 12-8 和表 12-9 列出了常见的灯具距离比 L/H 的参考值。

表 12-8　部分常用灯具的最大允许距高比

灯具类型	光源种类及容量	灯具最大允许距高比（L/H）		单行布置的房间最大宽度	最低照度维护系数
		单行布置	多行布置		
配照型灯具	B150、G125	1.8～2.0	1.8～2.5	1.2H	0.33、1.29
广照型灯具	B200、G125	1.9～2.5	2.3～3.2	1.3H	1.33、1.32
深照型灯具	B300、G200	1.5～1.8	1.6～1.8	1.0H	1.29、1.32

注：表中 L 代表灯具间的距离（m）；对代表灯具与工作面的距离（m）。

表 12-9　荧光灯的最大允许距高比

名称		容量	最大允许距高比（L/H）		最低维护系数 Z 值	$A-A$、$B-B$ 方向确定
			$A-A$	$B-B$		
筒式荧光灯	YG_{1-1}	1×40	1.62	1.22	1.29	
	YG_{2-1}	2×40	1.46	1.28	1.28	
	YG_{2-2}	2×40	1.33	1.28	1.29	
吸顶式荧光灯	YG_{6-2}	2×40	1.48	1.22	1.29	A B—B A
	YG_{6-3}	3×40	1.5	1.26	1.30	
嵌入式荧光灯	YG_{15-2}	2×40	1.25	1.20		
	YG_{15-3}	3×40	1.07	1.05	1.30	
密闭型荧光灯	YG_{4-1}	1×40	1.50	1.27		
	YG_{4-2}	2×40	1.41	1.26		

注：表中 L 代表灯具间的距离（m）；H 代表灯具与工作面的距离（m）。

技能图解63　电气照明系统安装

技能结构框线图

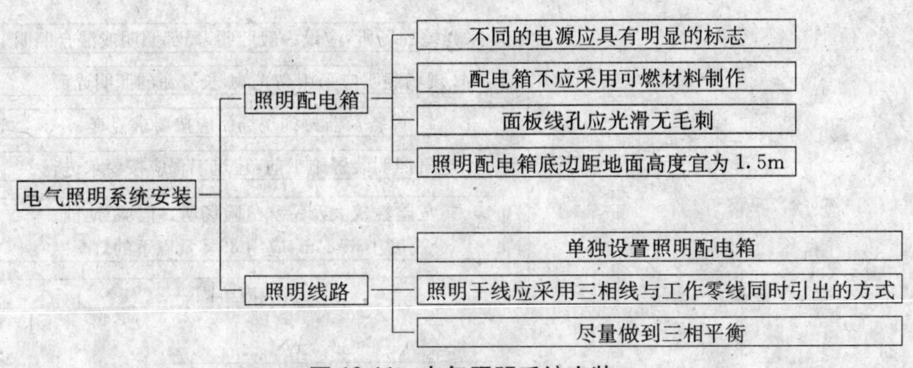

图12-11　电气照明系统安装

技能要点1：照明配电箱（板）

（1）照明配电箱（板）内的交流、直流或不同电压等级的电源，应具有明显的标志。

（2）照明配电箱（板）不应采用可燃材料制作；在干燥无尘的场所，采用的木制配电箱（板）应经阻燃处理。

（3）导线引出面板时，面板线孔应光滑无毛刺，金属面板应装设绝缘保护套。

（4）照明配电箱（板）应安装牢固，其垂直偏差不应大于3mm；暗装时，照明配电箱（板）四周应无空隙，其面板四周边缘应紧贴墙面，箱体与建筑物、构筑物接触部分应涂防腐漆。

（5）照明配电箱底边距地面高度宜为1.5m；照明配电板底边距地面高度不宜小于1.8m。

（6）照明配电箱（板）内，应分别设置零线和保护地线（PE线）汇流排，零线和保护线应在汇流排上连接，不得绞接，并应有编号。

（7）照明配电箱（板）内装设的螺旋熔断器，其电源线应接在中间触点的端子上，负荷线应接在螺纹的端子上。

（8）照明配电箱（板）上应标明用电回路名称。

技能要点2：照明线路

施工现场照明线路的引出处，一般从总配电箱处单独设置照明配电箱。为了保证三相平衡，照明干线应采用三相线与工作零线同时引出的方式。也可以根据当地供电部门的要求和工地具体情况，照明线路也可从配电箱内引出，但必须装设照明分路开关，并注意各分配电箱引出的单相照明应分相接地，尽量做到三相平衡。

工作零线截面的选择：

（1）单相及两相线路中，零线截面与相线截面相同。

（2）三相四线制线路中，当照明器为白炽灯时，零线截面按相线载流量的50%选择；当照明器为气体放电灯时，零线截面按最大负荷相的电流选择。

（3）在逐相切断的三相照明电路中，零线截面与相线截面相同；若数条线路共用一条零线时，零线截面按最大负荷相的电流选择。

技能图解64 照明设备的安装

技能结构框线图

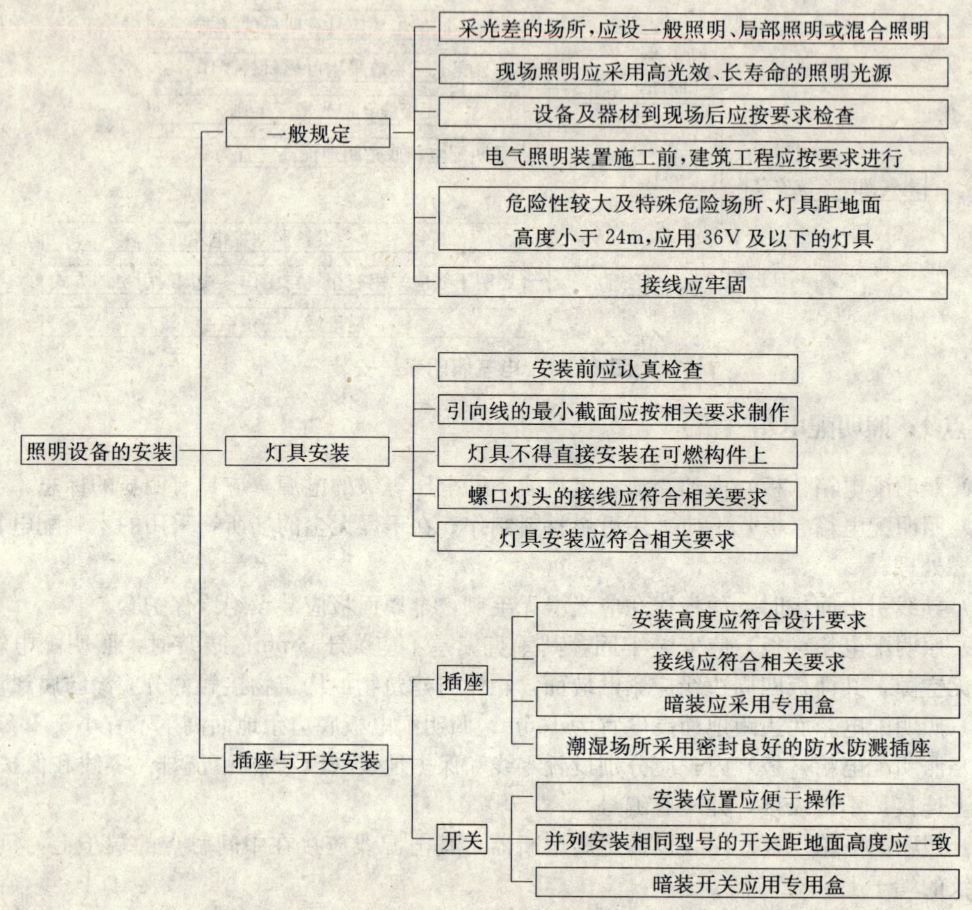

图 12-12 照明设备的安装

技能要点1：一般规定

(1) 在坑、洞、井内作业、夜间施工或厂房、道路、仓库、办公室、食堂、宿舍、料具堆放场及自然采光差等场所，应设一般照明、局部照明或混合照明。

在一个工作场所内，不得只设局部照明。

停电后，操作人员需及时撤离的施工现场，必须装设自备电源的应急照明。

(2) 现场照明应采用高光效、长寿命的照明光源。对需大面积照明的场所，应采用高压汞灯、高压钠灯或混光用的卤钨灯等。

(3) 设备及器材到达施工现场后，应按下列要求进行检查：

①技术文件应齐全。

②型号、规格及外观质量应符合设计要求。

(4) 电气照明装置施工前，建筑工程应符合下列要求：

①对灯具安装有妨碍的模板、脚手架应拆除。

②顶棚、墙面等抹灰工作应完成，地面清理工作应结束。

（5）电气照明装置施工结束后，对施工中造成的建筑物、构筑物局部破损部分，应修补完整。

（6）当在砖石结构中安装电气照明装置时，应采用预埋吊钩、螺栓、螺钉、膨胀螺栓、尼龙塞或塑料塞固定；严禁使用木楔。当设计无规定时，上述固定件的承载能力应与电气照明装置的质量相匹配。

（7）在危险性较大及特殊危险场所，当灯具距地面高度小于 2.4m 时，应使用额定电压为 36V 及以下的照明灯具，或采取保护措施。

关于危险性场所的解释如下：

危险性较大的场所，是指有下列特征之一的场所：

①特别潮湿：相对湿度经常在 90%以上；

②高温：环境温度经常在 40℃以上；

③导电地面：金属或特别潮湿的土、砖、混凝土地面等；

④有导电性尘埃。

特殊危险场所是指有下列特征之一的场所：

①相对湿度：经常接近于 100%；

②同时具有两条及两条以上危险性较大场所特征；

③在空气中，经常含有对电气装置起破坏作用的蒸汽或游离物。

（8）安装在绝缘台上的电气照明装置，其导线的端头绝缘部分应伸出绝缘台的表面。

（9）电气照明装置的接线应牢固，电气接触应良好；需接地或接零的灯具、开关、插座等非带电金属部分，应有明显标志的专用接地螺钉。

技能要点 2：灯具安装

（1）灯具一般由玻璃、塑料、搪瓷、铝合金等原材料制成，且零件较多，运输保管中易破损或丢失，安装前应认真检查，防止安装破损灯具，影响美观和质量。

（2）根据灯具的安装场所及用途，引向每个灯具的导线线芯最小截面应符合表 12-10 的规定。

（3）灯具不得直接安装在可燃构件上；当灯具表面高温部位靠近可燃物时，应采取隔热、散热措施。

表 12-10　导线线芯最小截面

灯具的安装场所及用途		线芯最小截面（mm^2）		
		铜芯软线	铜线	铝线
灯头线	民用建筑室内	0.4	0.5	2.5
	工业建筑室内	0.5	0.8	2.5
	室外	1.0	1.0	2.5
移动用电设备的导线	生活用	0.4	—	—
	生产用	1.0	—	—

（4）在变电所内，高压、低压配电设备及母线的正上方，不应安装灯具。

（5）室外灯具的安装高度过低易发生意外撞击而损坏，如行人手持肩扛的物件撞击，车辆装载货物的撞击等，故室外安装的灯具，距地面的高度不宜小于 3m；当在墙上安装时，距地面的高度不应小于 2.5m。

（6）螺口灯头的接线要求

①相线应接在中心触点的端子上，零线应接在螺纹的端子上。

②灯头的绝缘外壳不应有破损和漏电。

③对带开关的灯头，开关手柄不应有裸露的金属部分。

(7) 对装有白炽灯泡的吸顶灯具，灯泡不应紧贴灯罩；当灯泡与绝缘台之间的距离小于5mm时，灯泡与绝缘台之间应采取隔热措施，如在灯泡与绝缘台间设置隔热阻燃制品等。

(8) 灯具的安装要求

①采用钢管作灯具的吊杆时，钢管内径不应小于10mm；钢管壁厚度不应小于1.5mm。

②吊链灯具的灯线不应受拉力，灯线应与吊链编叉在一起。

③软线吊灯的软线两端应作保护扣；两端芯线应搪锡。

④同一室内或场所成排安装的灯具，其中心线偏差不应大于5mm。

⑤日光灯和高压汞灯及其附件应配套使用，安装位置应便于检查和维修。

⑥灯具固定应牢固可靠。每个灯具固定用的螺钉或螺栓不应少于2个；当绝缘台直径为75mm及以下时，可采用1个螺钉或螺栓固定。

(9) 公共场所用的应急照明灯和疏散指示灯，应有明显的标志。无专人管理的公共场所照明宜装设自动节能开关。

(10) 每套路灯应在相线上装设熔断器。由架空线引入路灯的导线，在灯具入口处应做防水弯。

(11) 36V及以下照明变压器的安装要求

①电源侧应有短路保护，其熔丝的额定电流不应大于变压器的额定电流。

②外壳、铁芯和低压侧的任意一端或中性点，均应接地或接零。

(12) 移动构架上的局部照明灯具需随着使用方向的变化而转动，在使用时，为了能确保导线不受机械应力和磨损，固定在移动结构上的灯具，其导线宜敷设在移动构架的内侧；在移动构架活动时，导线不应受拉力和磨损。

(13) 金属卤化物灯包括钠铊铟灯、镝灯等，金属卤化物灯点燃后，灯具表面温度高，光线较强，易刺伤人的眼睛，同时产品有特殊的要求，因而应结合产品说明书进行安装，才能确保安全使用。其安装应符合下列要求：

①灯具安装高度宜大于5m，导线应经接线柱与灯具连接，且不得靠近灯具表面。

②灯管必须与触发器和限流器配套使用。

③落地安装的反光照明灯具，应采取保护措施。

(14) 在实际使用中，由于灯泡温度过高，玻璃罩常有破碎现象发生，为确保安全，避免发生事故，需有切实的防止玻璃罩碎裂后向下溅落伤人的措施。

(15) 下列特殊场所应使用安全特低电压照明器：

①隧道、人防工程、高温、有导电灰尘、比较潮湿或灯具离地面高度低于2.5m等场所的照明，电源电压不应大于36V；

②潮湿和易触及带电体场所的照明，电源电压不得大于24V；

③特别潮湿场所、导电良好的地面、锅炉或金属容器内的照明，电源电压不得大于12V。

(16) 使用行灯要求

①电源电压不大于36V；

②灯体与手柄应坚固、绝缘良好并耐热耐潮湿；

③灯头与灯体结合牢固，灯头无开关；

④灯泡外部有金属保护网；

⑤金属网、反光罩、悬吊挂钩固定在灯具的绝缘部位上。

(17) 远离电源的小面积工作场地、道路照明、警卫照明或额定电压为12～36V照明的场所，其电压允许偏移值为额定电压值的－10％～5％；其余场所电压允许偏移值为额定电压值的±5％。

(18) 照明变压器必须使用双绕组型安全隔离变压器，严禁使用自耦变压器。

(19) 照明系统宜使三相负荷平衡，其中每一单相回路上，灯具和插座数量不宜超过 25 个，负荷电流不宜超过 15A。

(20) 携带式变压器的一次侧电源线应采用橡皮护套或塑料护套铜芯软电缆，中间不得有接头，长度不宜超过 3m，其中绿/黄双色线只可作 PE 线使用，电源插销应有保护触头。

(21) 对夜间影响飞机或车辆通行的在建工程及机械设备，必须设置醒目的红色信号灯，其电源应设在施工现场总电源开关的前侧，并应设置外电线路停止供电时的应急自备电源。

技能要点 3：插座与开关安装

1. 插座

(1) 插座的安装高度应符合设计的规定。

(2) 插座的接线应符合下列要求：

①单相两孔插座，面对插座的右孔或上孔与相线相接，左孔或下孔与零线相接；单相三孔插座，面对插座的右孔与相线相接，左孔与零线相接。

②单相三孔、三相四孔及三相五孔插座的接地线或接零线均应接在上孔。插座的接地端子不应与零线端子直接连接。

③当交流、直流或不同电压等级的插座安装在同一场所时，应有明显的区别，且必须选择不同结构、不同规格和不能互换的插座；其配套的插头，应按交流、直流或不同电压等级区别使用。

④同一场所的三相插座，其接线的相位必须一致。

(3) 暗装的插座应采用专用盒；专用盒的四周不应有空隙，且盖板应端正，并紧贴墙面。

(4) 在潮湿场所，应采用密封良好的防水防溅插座。

2. 开关

(1) 开关安装的位置应便于操作，开关边缘距门框的距离宜为 0.15～0.2m；开关距地面高度宜为 1.3m；拉线开关距地面高度宜为 2～3m，且拉线出口应垂直向下。

(2) 并列安装的相同型号开关距地面高度应一致，高度差不应大于 1mm；同一室内安装的开关高度差不应大于 5mm；并列安装的拉线开关的相邻间距不宜小于 20mm。

(3) 暗装的开关应采用专用盒；专用盒的四周不应有空隙，且盖板应端正，并紧贴墙面。

技能图解 65　现场电气照明装置施工质量检验

技能结构框线图

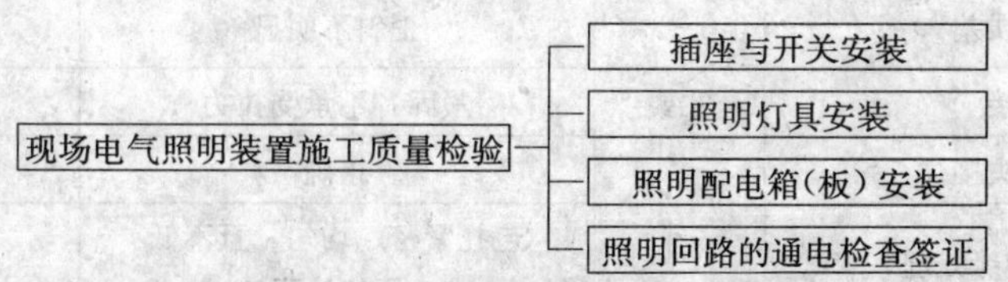

图 12-13　现场电气照明装置施工质量检验

技能要点 1：插座与开关安装

插座、开关的安装检查见表 12-11。

表 12-11　插座、开关安装

工序	检验项目		性质	质量标准	检验方法及器具
检查	型式、容量			按设计规定	对照图纸检查
	附件			齐全	清点
	外观			完好	观察检查
安装	位置、高度		主要	按设计规定	对照图纸检查
	型式			同一室内力求一致	观察检查
	插座	接线	主要	按 GB 50303 规定	用试电笔检查
		接地	主要		
	开关	动作情况		灵活、可靠	扳动检查
		接线方式	主要	接相线	用试电笔检查
	固定螺栓数量			按制造厂规定	观察检查
	固定强度		主要	牢靠	手扳动检查
	误差调整	同一室内		≤5mm	拉线和用尺
		成排安装		≤1mm	用尺检查
其他	暗式板面			端正、紧贴墙面	观察检查
	固定螺栓防松件			齐全	

技能要点 2：照明灯具安装

照明、灯具安装检查见表 12-12。

表 12-12　照明、灯具安装

工序	检验项目	性质	质量标准	检验方法及器具
灯具检查	种类、型号、规格		按设计规定	对照图纸检查
	附件		配套、齐全	核对清单
	外观		无缺损	观察检查
	连接件		配套、灵活、无卡涩	试装检查
灯架组装	装配顺序		按制造厂规定	对照厂家规定检查
	引出线截面	主要	按设计规定	对照图纸检查
	引出线和灯具端子连接	主要	紧固，绝缘良好	观察检查
	组装部件		完整	
灯杆组立	中心线横向移位		≤50mm	拉线并用尺检查
	垂直误差		歪斜不明显	观察检查
电源接线	连接	主要	紧固，不承受拉力	观察检查
	螺口灯头接线		正确	用试电笔检查
	接线处绝缘处理		包扎紧密、均匀，且不低于原绝缘强度	观察检查
固定	位置		按设计规定	对照图纸检查
	固定方式		按制造厂规定	对照厂家规定检查
	固定螺丝，点数	主要		

表 12-12（续）

工序	检验项目		性质	质量标准	检验方法及器具
调整	同一室内成排灯具			横平竖直，高度在同一平面上	观察检查
	嵌入顶棚装饰灯			边框在一条直线上	
其他	灯泡、灯管	功率		按设计规定	对照图纸检查
		与灯座连接		紧密、不松动	扳动检查
	外罩			无破损，与灯具紧密结合	观察检查
	附件（启辉器、整流器等）			齐全、固定牢固便于灯光维修	
	应急疏散指示灯			标志清晰，指示正确	
	36V 及以下照明变压器			按 GB 50303 规定	对照规范检查
	密封有特殊要求的灯具		主要	按制造厂规定	对照厂家规定检查
	金属外壳接地或接零		主要	按 GB 50169 规定	对照规范检查

技能要点 3：照明配电箱（板）安装

照明配电箱（板）的安装检查见表 12-13。

表 12-13　照明配电箱（板）安装

工序	检验项目		性质	质量标准	检验方法及器具
箱或板安装	型式及回路数			按设计规定	对照图纸检查
	位置、高度				
	箱体误差	箱高<50cm		歪斜不明显	观察检查
		箱高>50cm		≤3mm	吊线检查
	固定强度		主要	牢固	观察检查
箱（板）接地			主要	牢固，导通良好	扳动并导通检查
内部检查	回路绝缘		主要	≥0.5MΩ	用兆欧表检查
	负荷分配			按设计规定	计算
	闸刀开关			与负荷匹配，动作灵活、无卡涩	扳动检查
	螺旋熔断器			底座无松动，规格按 GB 50303—2002 规定	扳动并对照规范检查
	导线与端子连接			紧固	手拉检查
	零线、保护线连接			固定在汇流排上，编号齐全	观察检查
其他	箱（板）多余孔洞封堵		主要	严密	观察检查
	箱（板）内部清理			干净，无杂物	
	控制回路标识			齐全、清晰	
	暗式箱盖固定			牢固，紧贴墙面无空隙	
	焊接处防腐			完好	

技能要点 4：照明回路的通电检查签证

照明回路的通电检查见表 12-14。

表 12-14 （分部工程名称）照明回路通电检查签证

通电检查验收范围		
检验项目	检验结果	备注
照明箱标识		
照明箱是否直接接地		
电缆牌是否齐全		
照明开关命名与回路对照		
熔断器容量与设计对照检查		
回路绝缘最低值 MΩ	环境温度： ℃；湿度： %	
照明箱封堵及内部清洁		
漏电保护动作试验		
应急灯试投试验		
直流常明灯投入		
通电检查验收范围		
光电控制器试验		
交、直流电源自动切换试验		
照明灯投入 24h 时间	年 月 日 时 分 至 月 日 时 分	
插座回路通电 24h 时间	年 月 日 时 分 至 月 日 时 分	
观感质量评价： （可就保护管、电缆、线槽排列，照明箱、开关、插座及灯具安装等是否整齐、美观等进行评价）		
检查结论：		
质检机构	验收意见	签 名
工地		年 月 日
质检部		年 月 日
监理		年 月 日
建设单位		年 月 日

第十三章　施工用电的电气防火和防爆

技能图解66　电气火灾和爆炸的原因

技能结构框线图

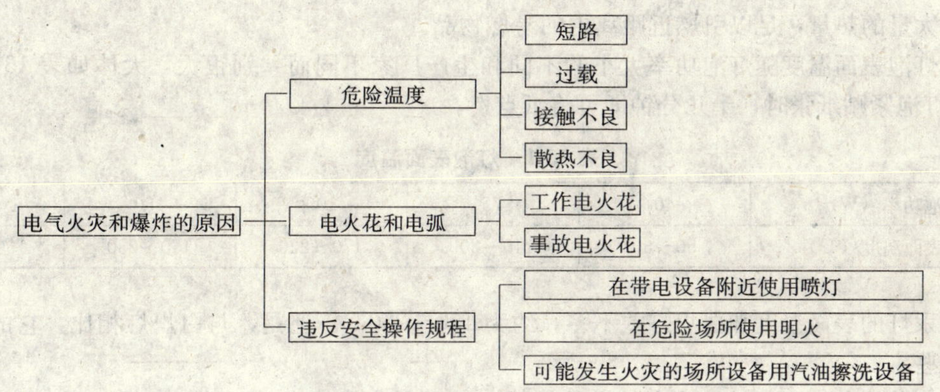

图 13-1　电气火灾和爆炸的原因

技能要点 1：危险温度

危险温度是电气设备过热引起的，而电气设备过热的主要原因是由电流的热量造成的。

(1) 对于电机和变压器等带有铁磁材料的电气设备，除电流通过导体产生的热量外，交变电流的交变磁场还会在铁磁材料中产生热量。这部分热量是由于交变磁场在铁磁材料中产生的涡流损耗和磁滞损耗而造成的。

(2) 一些有机械运动的电气设备，工作中也会由于轴承摩擦、电刷摩擦等引起发热，致使温度升高。

(3) 当电气设备的绝缘质量降低时，通过绝缘材料的泄漏电流增加，也会导致绝缘材料温度升高。

由此可知电气设备运行时总会发出热量。当电气设备的正常运行遭到破坏时，则发热量增加，温度升高，在一定条件下会引起火灾。引起电气设备过度发热的不正常运行大体可归纳为以下几种情况：

1. 短路

发生短路中，线路中的电流增加为正常时的几倍甚至几十倍，而产生的热量又和电流平方成正比，使得温度急剧上升，而大大超过允许范围。如果温度达到自燃物的自燃点或可燃物的燃点，即会引起燃烧，导致火灾。

2. 过载

过载也会引起电气设备发热，造成过载的原因如下：

(1) 设计、选用的线路或设备不合理，以致在额定负载下出现过热。

(2) 设备故障运行造成设备和线路过载，如三相电动机断相运行，三相变压器不对称运行，均可造成过热。

(3) 乱拉电线，过多地接入用电负荷，造成过热。

3. 接触不良

电路相互连接的接触处是电路中的薄弱环节，是发生过热的一个重点部位。

（1）可拆卸的接头连接不紧密，或由于振动而松动，也会导致过热。

（2）电刷的滑动接触处没有足够的压力或接触表面脏污、不光滑，也会导致过热。

（3）对于铜铝接头，由于铜和铝的性质不同，接头处易受电解作用而腐蚀，从而导致过热。

4. 散热不良

建筑施工现场使用大量照明灯具，以满足工程施工和生活需要。照明灯具在工作时除产生大量光能以外同时也产生一定的热量。特别是一些大功率照明灯具（如镝灯、碘钨灯等），在其工作时能发出大量的热量，足以引燃近距离内的易燃物品。

白炽灯泡表面温度随灯泡功率大小的不同和生产厂家不同而差别很大，大体如表 13-1 所示。200W 的灯泡紧贴纸张时，十几分钟即可将纸点燃。

表 13-1 灯泡表面温度

灯泡功率（W）	40	75	100	150	200
灯泡表面温度（℃）	50～60	140～200	170～220	150～230	160～300

高压汞灯的表面温度和白炽灯差不多，约为 150～250℃。但是，与白炽灯相比，它的火灾危险性更大些。

总之，散热条件不好时，功率越大的灯具，温度升高得越快。灯具与可燃物质的距离愈近，愈容易烤燃起火。

对电器设备在运行中的超载、设备自身的缺陷、损坏、焊接过程的火花飞溅，都是构成危险的火源。

另外对民工宿舍内的违章使用电炉、电加热器、冬季的电热毯都是危险的火源。

技能要点 2：电火花和电弧

电火花是由电极间击穿放电而形成的，电弧是由大量密集的电火花汇集而成的。

一般电火花的温度都很高，特别是电弧，其温度可高达 3000～6000℃，因此电火花和电弧不仅能引起可燃物燃烧，还能使金属熔化、飞溅，构成危险的火源。在有爆炸性危险的场所，电火花和电弧更是一个十分危险的因素。

电火花大体包括工作电火花和事故电火花两类。

1. 工作电火花

工作电火花是指电气设备正常工作时或正常操作过程中产生的火花，如直流电机电刷与换向器滑动接触处、交流电机电刷与集电环滑动接触处电刷后方的微小火花；开关或接触器开合时的火花；插销拔出或插入时的火花等。

2. 事故电火花

事故电火花是线路或设备发生故障时出现的火花，如发生短路或接地时出现的火花；绝缘损坏时出现的闪络及导电连接松脱时的火花；熔体熔断时的火花；过电压放电火花；静电火花；感应电火花以及修理工作中错误操作引起的火花等。

技能要点 3：违反安全操作规程

（1）在带电设备、变压器、油开关等附近使用喷灯。

（2）在火灾与爆炸危险的场所使用明火。

（3）在可能发生火灾的设备或场所用汽油擦洗设备等。

技能图解 67 电气火灾和爆炸的预防

技能结构框线图

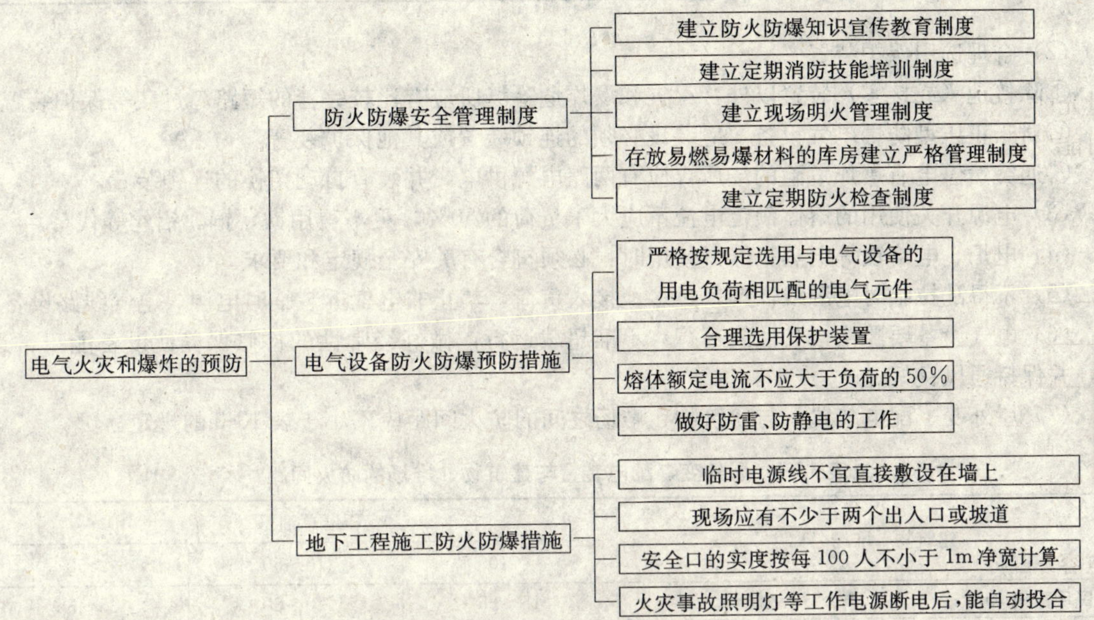

图 13-2 电气火灾和爆炸的预防

技能要点 1：防火防爆安全管理制度

（1）建立防火防爆知识宣传教育制度。组织施工人员认真学习《中华人民共和国消防条例》和公安部《关于建筑工地防火的基本措施》，教育参加施工的全体职工认真贯彻执行消防法规，增强全员的法律意识。

（2）建立定期消防技能培训制度。定期对职工进行消防技能培训，使所有施工人员都懂得基本防火防爆知识，掌握安全技术，能熟练使用工地上配备的防火防爆器具，能掌握正确的灭火方法。

（3）建立现场明火管理制度。施工现场未经主管领导批准，任何人不准擅自动用明火。从事电、气焊的作业人员要持证上岗（用火证），在批准的范围内作业。要从技术上采取安全措施，消除火源。

（4）存放易燃易爆材料的库房建立严格管理制度。现场的临建设施和仓库要严格管理，存放易燃液体和易燃易爆材料的库房，要设置专门的防火防爆设备，采取消除静电等防火防爆措施，防止火灾、爆炸等恶性事故的发生。

（5）建立定期防火检查制度。定期检查施工现场设置的消防器具，存放易燃易爆材料的库房、施工重点防火部位和重点工种的施工操作，不合格者责令整改，及时消除火灾隐患。

技能要点 2：电气设备防火防爆预防措施

（1）要严格按规定，选用与电气设备的用电负荷相匹配的开关、电器，线路的设计与导线的规格也要符合规定，以保护装置的完好。在火灾和爆炸危险场所，电气线路应符合防火防爆的要求。其导线可参照表 13-2 进行选择。

表 13-2 电气线路导线的选择

场所类别	导线及安装方式
干燥无尘	绝缘导线暗敷设或明敷设
潮湿或特殊潮湿	有保护的绝缘导线明敷设或绝缘导线穿管敷设
高温	耐热绝缘导线穿瓷管、石棉管或沿低压绝缘子敷设
腐蚀性	耐腐蚀的绝缘导线（铅包导线）明敷设或耐腐蚀的穿管敷设

(2) 合理选用保护装置

①除接地（或接零）装置以外，火灾和爆炸危险场所应有比较完善的短路、过载等保护装置。

②对于正压型防爆电气设备，应装设必须的连锁装置或其他保护装置。

③遇突然停电有爆炸危险的场所，应有两路电源供电，并装有自动切换的连锁装置。

(3) 电源开关使用的熔体额定电流不应大于负荷的50%，更不得用铁、铜、铝丝等代替。

(4) 电炉、电烙铁等电热工器具使用时，必须符合有关安全规定和要求。

(5) 不得乱拉临时电源线，严禁过多地接入负荷，禁止非电工拆装临时电源、电气线路设备。

(6) 电气设备要严格按其性能运行，不准超载运行，做好经常性的检修保养使设备能正常运行，并保持通风良好。

(7) 屋外变、配电装置，与建筑物、堆场之间的防火间距应不小于表 13-3 的规定。

表 13-3 屋外变、配电装置与建筑物、堆场的防火间距

建筑物、堆场名称	变压器总油量（t）		
	<10	10～50	>50
民用建筑（m）	15～25	20～30	25～35
丙、丁、戊类生产厂房和库房（m）	12～20	15～25	20～30
甲、乙类生产厂房（m）	25		
甲类库房（m）	25～40		
稻草、麦秸、芦苇等易燃材料堆物（m）	50		
易燃液体贮罐（m）	25～50		
可燃液体贮罐（m）	25～50		
液化石油气贮罐（m）	40～90		
水槽式可燃气体贮罐（m）	25～40		

注：1. 防火间距应从距建筑物、堆场最近的变压器外壁算起，但屋外变、配电构架距堆物、贮罐和甲、乙类厂房、库房不宜小于25m，距其他建筑物不宜小于10m。

2. 干式可燃气体贮罐的防火间距，应按本表增加25%。

3. 发电厂的主变压器，其油量可按单台考虑。

4. 本表内屋外变、配电装置，是指电压为35～330kV的装置，且每台变压器容量在5000kV·A以上的屋外变、配电所，以及工业企业屋外总降压变电所的配电装置。

(8) 在有易燃易爆的危险场所，使用电气设备时应符合防爆要求，并采取防止着火、爆炸等安全措施。

(9) 在运行中，电气设备及其通风、充气系统内的正压应不低于0.2kPa，当低于0.1kPa时，应自动断开电气设备的主电源或发出信号。

(10) 对于闭路通风的防爆通风型电气设备及其通风系统，应供给清洁气体以补充漏损，并保持系统内的正压。

(11) 雷电也能引起火灾，对避雷装置要注意检修保养，保持接地良好。有静电时还要做好防

静电火灾的防护。

（12）变配电所的耐火等级要根据变压器的容量及环境条件，提高耐火性能。

技能要点 3：地下工程施工防火防爆措施

地下工程施工中除遵守正常施工中的各项防火安全管理制度和要求，还应遵守以下防火安全要求：

（1）施工现场的临时电源线不宜直接敷设在墙壁或土墙上，应用绝缘材料架空安装。配电箱应采取防火措施，潮湿地段或渗水部位照明灯具应采取相应措施或安装防潮灯具。

（2）施工现场应有不少于两个出入口或坡道，施工距离长应适当增加出入口的数量。施工区面积不超过 $50cm^2$，且施工人员不超过 20 人时，可只设一个直通地上的安全出口。

（3）安全出入口、疏散走道和楼梯的宽度应按其通过人数每 100 人不小于 1m 的净宽计算。每个出入口的疏散人数不宜超过 250 人。安全出入口、疏散走道、楼梯的最小净宽不应小于 1m。

（4）疏散走道、楼梯及坡道内，不宜设置突出物或堆放施工材料和机具。

（5）疏散走道、安全出入口、疏散马道（楼梯）、操作区域等部位，应设置火灾事故照明灯。火灾事故照明灯在上述部位的最低光照度应不低于 5lx（勒［克斯］）。

（6）疏散走道及其交叉口、拐弯处、安全出口处应设置疏散指示标志灯。疏散指示标志灯的间距不易过大，距地面高度应为 1～1.2m，标志灯正前方 0.5m 处的地面照度不应低于 1lx。

（7）火灾事故照明灯和疏散指示灯工作电源断电后，应能自动投合。

（8）地下工程施工区域应设置消防给水管道和消火栓，消防给水管道可以与施工用水管道合用。特殊地下工程不能设置消防用水时，应配备足够数量的轻便消防器材。

（9）大面积油漆粉刷和喷漆应在地面施工，局部的粉刷可在地下工程内部进行，但一次粉刷的量不宜过多，同时在粉刷区域内禁止一切火源，加强通风。

（10）禁止中压式乙炔发生器在地下工程内部使用及存放。

（11）地下工程施工前必须制定应急的疏散计划。

技能图解 68　电气火灾的扑救

技能结构框线图

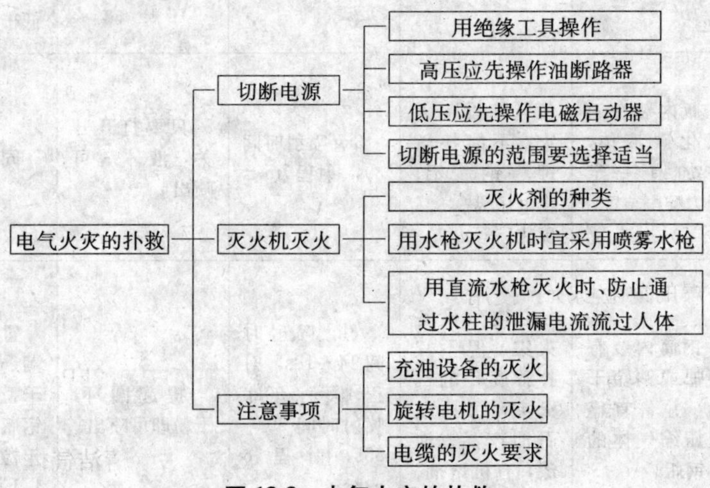

图 13-3　电气火灾的扑救

技能要点 1：切断电源

电气设备或电气线路发生火灾，如果没有及时切断电源，扑救人员身体或所持器械可能触及带电部分，造成触电事故。火灾发生后，电气设备可能因绝缘损坏而碰壳短路，电气线路也可能因电线断落而接地短路，使正常时不带电的金属框架、地面等部位带电，也可能导致因接触电压或跨步电压而触电的危险。因此，发生火灾后，首先要设法切断电源，切断电源时应注意以下事项：

(1) 火灾发生后，由于受潮或烟熏，开关设备的绝缘性能会降低，因此拉闸时最好用绝缘工具操作。

(2) 高压应先操作油断路器，而不应先操作隔离开关切断电源；低压应先操作电磁启动器，而不应先操作刀开关切断电源，以免引来弧光短路。

(3) 切断电源的范围要选择适当，防止断电后影响灭火工作和扩大停电范围。

技能要点 2：灭火机灭火

(1) 当一时无法切断电源时，为了争取时间，就需要采取带电灭火。带电灭火剂有二氧化碳、四氯化碳、二氟一氯一溴甲烷（简称 1211）、二氧二溴甲烷或干粉灭火剂都是不导电的。泡沫灭火机的灭火剂有导电性能，带电灭火严禁使用。具体可参考表 13-4。

表 13-4 各种灭火机的主要性能

种类	规格	药剂	用途	效能	使用方法	保管与检查
二氧化碳	2kg 以下 2～3kg 5～7kg	瓶内装有压缩成液态的二氧化碳	不导电，扑救电气设备、精密仪器、油类和酸类火灾，不能扑救钾、钠、镁、铝等物质火灾	接近着火点，保持 3m 距离	一手拿好喇叭筒对着火源；另一手打开开关即可	保管： (1) 置于取用方便的地方 (2) 注意使用期限 (3) 防止喷嘴堵塞 (4) 冬季防冻，夏季防晒 检查： (1) 对于二氧化碳灭火机，每月测量一次，质量减少 1/10 时，应充气 (2) 对于四氯化碳灭火机，应检查压力情况，低于规定压力时，应充气
四氯化碳	2kg 以下 2～3kg 5～8kg	瓶内装有四氯化碳液体，并加有一定压力	不导电，扑救电气设备火灾，不能扑救钾、钠、铝、镁、乙炔、二硫化碳等火灾	3kg 喷射时间 30s，射程 7m	只要打开开关，液体就可喷出	同二氧化碳
干粉	8kg 50kg	钢筒内装有钾盐或钠盐干粉，并备有盛装压缩气体的小钢瓶	不导电，可扑救电气设备火灾，但不宜扑救旋转电机火灾，可扑救石油产品、油漆、有机熔剂、天然气和天然气设备火灾	8kg 喷射时间 14～18s，射程 4.5m；50kg 喷射时间 50～55s，射程 6～8m	提起圆环，干粉即可喷出	置于干燥通风处，防受潮、日晒，每月检查一次干粉是否受潮或结块，小钢瓶内的气压压力，每半年检查一次，如质量减少 1/10，应换气

表 13-4（续）

种类	规格	药剂	用途	效能	使用方法	保管与检查
1211	1kg 2kg 3kg	铜筒内装有二氟一氯一溴甲烷，并充填压缩氮	不导电，扑救油类、电气设备、化工、化纤原料等初起火灾	1kg 喷射时间 6～8s，射程 2～3m	拔下铅封或横销，用力压下压把即可	置于干燥处，勿摔碰，每年检查一次质量
泡沫	10L 65～130L	筒内装有碳酸氢钠、发沫剂和硫酸铝溶液	扑救油类或其他易燃液体火灾，不能扑救忌水和带电物体火灾	10L 喷射时间 60s，射程 8m；65L 喷射时间 170s，射程 13.5m	倒过来稍加摇动或打开开关，药剂即喷出	一年检查一次，泡沫发生倍数低于本身体积 4 倍时，应换药

注：1211 指二氟一氯一溴甲烷。

(2) 用水枪灭火机时宜采用喷雾水枪，这种水枪通过水柱的泄漏电流较小，带电灭火比较安全。

(3) 用普通直流水枪灭火时，为防止通过水柱的泄漏电流流过人体，可将水枪喷嘴接地（即将水枪喷嘴接向埋入接地体，或接向粗铜线网格接地板，或接向粗铜线网格鞋套）；也可让灭火人员穿戴绝缘手套或绝缘靴或穿戴均压服工作。

(4) 用二氧化碳等不导电灭火剂的灭火机灭火时，机体喷嘴至带电体的最小距离见表 13-5。

表 13-5　带电灭火时接地体对带电体的最小距离

电压（kV）	10	35	66	110	159	220	330
距离（m）	0.4	0.6	0.7	1.0	1.4	1.8	2.4

(5) 对架空线路等空中设备进行灭火时，人体位置与带电体之间的仰角应不超过 45°，以防导线断落危及灭火人员的安全。

技能要点 3：灭火注意事项

1. 充油设备的灭火

(1) 设备外部起火，可用二氧化碳、四氯化碳、二氟一氯一溴甲烷、干粉等灭火机带电灭火。

(2) 如果火势较大，对附近的电气设备有威胁时，应切断起火设备和受威胁设备的电源，并可用水灭火。

(3) 如果油箱破坏，喷油燃烧，火势很大时，除切断电源外，如设有事故贮油坑的，应设法将油放进贮油坑，而坑内和地上的油火可用泡沫扑灭。同时要防止燃烧着的油流入电缆沟而顺沟蔓延（若电缆沟内已有油火，则只能用泡沫覆盖扑灭）。

具体的选用方法可参考表 13-4。

2. 旋转电机的灭火

(1) 为防止轴承变形，可令其慢慢转动，用喷雾水灭火，并使其均匀冷却；

(2) 也可用二氧化碳、四氯化碳、二氟一氯一溴甲烷或蒸气灭火，但不宜用干粉、砂子、泥土灭火，以免损伤电气设备的绝缘。

值得注意的是用四氯化碳灭火时，灭火人员应站在上风侧，防止中毒，灭火后要及时注意通风。

3. 电缆的灭火要求

(1) 电缆灭火必须先切断电源。灭火时，一般常用水枪喷雾、二氧化碳、1211 等，也可用干粉、砂子、黄土等。

(2) 电缆着火时，在未有确认停电和放电前，严禁用手直接接触电缆外皮，更不准移动电缆。必要时，应戴绝缘手套，穿绝缘靴用绝缘拉杆操作。

(3) 电缆沟、井、隧道内电缆着火时，应先将起火电缆周围的电缆电源切断，再用手提式干粉灭火机、二氧化碳、1211 灭火，也可用喷雾水枪、干砂、黄土（必须干燥）灭火。

当沟内电缆较少而距离较短时，可将两端井口堵住封死窒息灭火。

当电缆沟内火势较大，一时难以扑灭时，先将电源切断，再向沟内灌水，直到将着火点用水封住，火便会自行熄灭。

灭火人员应戴防毒面具，戴绝缘手套，穿绝缘靴。

参 考 文 献

[1] JGJ 46—2005 施工现场临时用电安全技术规范 [S]. 北京：中国建筑工业出版社，2005.
[2] JGJ 59—1999 建筑施工安全检查标准 [S]. 北京：中国建筑工业出版社，1999.
[3] JGJ 33—2001 建筑机械使用安全技术规程 [S]. 北京：中国建筑工业出版社，2001.
[4] GB 50194—1993 建设工程施工现场供用电安全规范 [S]. 北京：中国计划出版社，1993.
[5] GB 13955—1992 漏电保护器安装与运行 [S]. 北京：中国建筑工业出版社，1992.
[6] GB 50168—1992 电气装置安装工程电缆线路施工及验收规范 [S]. 北京：中国计划出版社，1992.
[7] GB 50169—1996 电气装置安装工程接地装置施工及验收规范 [S]. 北京：中国计划出版社，1996.
[8] GB 50254—1996 电气装置安装工程低压电器施工及验收规范 [S]. 北京：中国计划出版社，1996.
[9] 姜敏. 现场电工 [M]. 北京：中国建筑工业出版社，2004.
[10] 芮静康. 袖珍电工材料手册 [M]. 北京：中国建筑工业出版社，2004.
[11] 杨其富. 现场电工必读 [M]. 北京：中国电力出版社，2005.